工业和信息化"十三五"
人才培养规划教材

嵌入式技术与应用开发项目教程（STM32版）

Embedded Technology and Application Development

郭志勇 ◎ 编著

人民邮电出版社
北京

图书在版编目（CIP）数据

嵌入式技术与应用开发项目教程 : STM32版 / 郭志勇编著. -- 北京 : 人民邮电出版社, 2019.5（2024.6重印）
工业和信息化“十三五”人才培养规划教材
ISBN 978-7-115-50826-3

Ⅰ. ①嵌… Ⅱ. ①郭… Ⅲ. ①微处理器－系统设计－高等学校－教材 Ⅳ. ①TP332

中国版本图书馆CIP数据核字(2019)第054346号

内 容 提 要

本书基于 ST 公司的 STM32 芯片，包括 8 个项目、19 个任务，分别介绍 LED 控制设计与实现、跑马灯控制设计与实现、数码管显示设计与实现、按键控制设计与实现、定时器应用设计与实现、串行通信设计与实现、模数转换设计与实现以及嵌入式智能车设计与实现等内容，涵盖了嵌入式系统的基本知识和嵌入式应用开发的基本内容。

本书引入 Proteus 仿真软件，采用“任务驱动、做中学”的编写思路，每个任务均将相关知识和职业岗位技能融合在一起，将知识、技能的学习结合任务完成过程来进行。

本书可作为嵌入式技术与应用、物联网应用技术等电子信息类专业嵌入式课程的教材，也可作为广大智能电子产品制作爱好者的自学用书。

◆ 编　　著　郭志勇
责任编辑　祝智敏
责任印制　马振武

◆ 人民邮电出版社出版发行　　北京市丰台区成寿寺路 11 号
邮编　100164　　电子邮件　315@ptpress.com.cn
网址　http://www.ptpress.com.cn
三河市祥达印刷包装有限公司印刷

◆ 开本：787×1092　1/16
印张：19.75　　2019 年 5 月第 1 版
字数：497 千字　　2024 年 6 月河北第19次印刷

定价：59.80 元

前言 FOREWORD

党的二十大报告指出“我们要坚持教育优先发展、科技自立自强、人才引领驱动，加快建设教育强国、科技强国、人才强国，坚持为党育人、为国育才，全面提高人才自主培养质量，着力造就拔尖创新人才，聚天下英才而用之”。本书全面贯彻党的二十大精神，以社会主义核心价值观为引领，传承中华优秀传统文化，弘扬精益求精的专业精神、职业精神和工匠精神，培养学生的创新意识，使内容更好体现时代性、把握规律性、富于创造性，为建设社会主义文化强国添砖加瓦。

本书基于 ST 公司的 STM32 芯片，共有 8 个项目 19 个任务。采用“项目引导、任务驱动”的编写模式，突出“做中学”的基本理念。前 7 个项目主要介绍嵌入式系统的基本概念、基本知识，嵌入式应用系统的编程入门以及用 C 语言进行程序设计、运行、调试等内容，培养读者分析问题和解决问题的能力。最后一个项目主要围绕全国职业院校技能大赛“嵌入式技术与应用开发”赛项的竞赛平台（嵌入式智能车），介绍嵌入式智能车的停止、前进、后退、左转、右转、速度和寻迹等控制，以及对道闸、LED 显示（计时器）、立体旋转、隧道风扇、烽火台报警等标志物控制，并完成光强度测量和超声波测距等任务，培养读者嵌入式技术与应用开发的能力。

本书主要特色如下：

（1）立德树人，融入思政

依据专业课程的特点，本书精心设计、自然融入科学精神和爱国情怀等元素，注重挖掘其中的思政教育要素，弘扬精益求精的专业精神、职业精神和工匠精神，培养学生的创新意识，将“为学”和“为人”相结合。

（2）校企合作，双元开发

本书由省级教学名师和企业工程师共同开发。由企业提供真实项目案例，有丰富教学经验的一线教师执笔，贯穿融入全国职业院校技能大赛“嵌入式技术应用开发”赛项关键知识点，将项目实践与理论知识相结合，体现“做中学，做中教”等职业教育理念，突显教材的职教特色。

（3）项目驱动，产教融合

本书精选企业真实项目，每个项目均由若干具体岗位任务组成，每个任务将理论知识和职业技能融合一起，将实际工作过程真实再现到书的内容，以项目驱动的方式培养学生，提升学生参与感。本书获安谋科技（中国）有限公司（Arm China）和百科荣创（北京）科技发展有限公司支持，指定为全国职业院校技能大赛“嵌入式技术应用开发”赛项的培训教材。

（4）引入仿真教学模式，支持线上线下混合式教学

本书内容与职业岗位技能融合在一起，引入 Proteus 仿真软件，将读者从 STM32 复杂的硬件结构中解放出来，实现了在计算机上完成 STM32 电路设计、软件设计、调试与仿真等一系列工作，便于读者掌握从设计到产品的完整过程。本书作为新形态教材，针对重点、难点，录制了微课视频，方便学生通过计算机或移动终端学习，支持线上线下混合式教学。

（5）配套齐全，资源完整

本书除微课视频外，还提供丰富的教学资源，包括课件、电子教案、教学大纲、课程标准、教学设计、习题答案、项目源程序和仿真电路等，并能做到实时更新。读者可以从人邮教育社区“http://www.ryjiaoyu.com”下载使用。

本书建议教学学时为 60~90 学时，参考学时分配为：项目一 6~10 学时、项目二 6~10 学时、项目三 6~8 学时、项目四 8~10 学时、项目五 8~10 学时、项目六 6~10 学时、项目七 4~8 学时、项目八 16~24 学时。

本书由安徽电子信息职业技术学院省级教学名师郭志勇编著，由百科荣创（北京）科技发展有限公司张明伯、石浪、黄文昌、杨贵明等技术人员提供全国职业院校技能大赛“嵌入式技术与应用开发”赛项中的典型应用项目，并对本书的编写提供了宝贵的参考意见和相关课程资源。参加本书电路调试、程序调试、校对等工作的还有郑其、王顺顺、钱政、彭瑾、杨振宇、郭丽等，在此一并表示衷心感谢。

由于时间紧迫和编者水平有限，书中难免会有疏漏和不妥之处，敬请广大读者和专家批评指正。

编　者

2021 年 12 月

目录 CONTENTS

Chapter

1

项目一

LED 控制设计与实现

能力目标

建立基于 STM32 固件库的工程模板，通过 C 语言程序完成嵌入式 STM32 芯片输出控制，实现对 LED 控制的设计、运行与调试。

知识目标

1. 知道嵌入式系统基本概念，认识 STM32 固件库；
2. 会新建 Keil μVision4 工程、工程配置与编译，能构建任何一款 STM32 的最基本框架；
3. 利用 STM32 的 GPIO 引脚，实现点亮一个 LED 和控制一个 LED 闪烁。

素养目标

培养读者技能报国的爱国主义情怀、精益求精的工匠精神，激发读者对嵌入式技术与应用开发课程学习的兴趣。

1.1 任务 1　新建一个基于 STM32 固件库的工程模板

建立一个基于 V3.5 版本固件库的 Keil μVision4 工程模板，方便以后每次新建工程时，可以直接复制使用该模板。

1.1.1　新建基于 STM32 固件库的 Keil μVision4 工程模板

本书使用的是 Keil μVision4 版本。Keil μVision4 源自德国的 Keil 公司，集成了业内最领先的技术，包括 μVision4 集成开发环境与 RealView 编译器，支持 Arm 7、Arm 9 和最新的 Cortex-M3 核处理器，可以自动配置启动代码，集成了 Flash 烧写模块，具备强大的 Simulation 设备模拟、性能分析等功能。

1. 新建工程模板目录

下面介绍怎样建立基于 V3.5 版本固件库的工程模板目录，以后新建工程时，可以直接复制使用该模板。

（1）先在计算机的某个盘符下新建一个 STM32_ Project 目录，作为基于 STM32 固件库的工程模板目录。

（2）在 STM32_Project 工程模板目录下，新建 USER、CORE、OBJ 以及 STM32F10x_FWLib 4 个子目录，如图 1-1 所示。

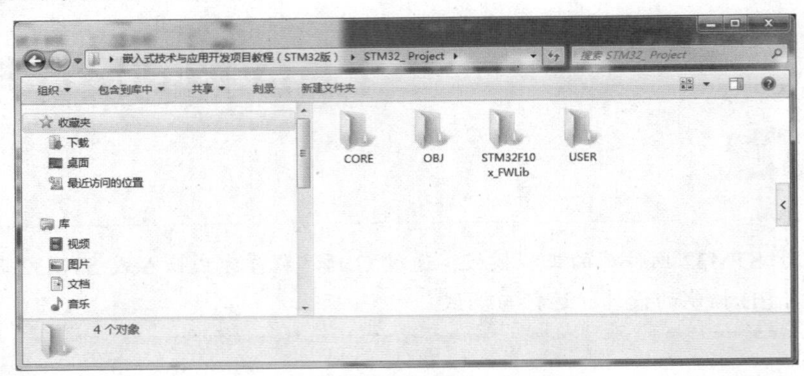

图1-1　工程STM32_ Project模板目录

其中，CORE 用来存放核心文件和启动文件；OBJ 用来存放编译过程文件以及 hex 文件；STM32F10x_FWLib 用来存放 ST 公司（意法半导体公司）官方提供的库函数源码文件；USER 除了用来存放工程文件，还用来存放主函数文件 main.c，以及 system_stm32f10x.c、STM32F10x.s 等文件。另外，很多人喜欢把子目录“USER”取名为“Project”，将工程文件都保存到“Project”子目录下面，也是可以的。

（3）把官方固件库“Libraries\STM32F10x_StdPeriph_Driver”下面的 src 和 inc 子目录复制到子目录 STM32F10x_FWLib 下面，如图 1-2 所示。

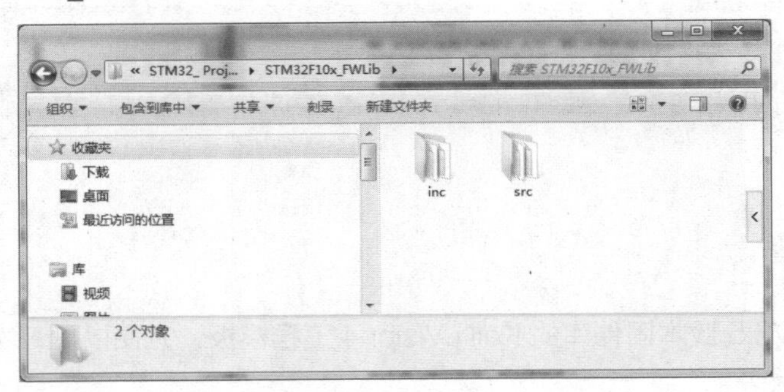

图1-2　STM32F10x_FWLib子目录

其中，src 存放的是固件库的“.c”文件，inc 存放的是其对应的“.h”文件。每个外设都对应一个“.c”文件和一个“.h”头文件。

（4）把官方固件库里相关的启动文件复制到 CORE 文件夹里面。

把官方固件库“Libraries\CMSIS\CM3\CoreSupport”下面的 core_cm3.c 和 core_cm3.h 文件复制到子目录 CORE 下面；把“Libraries\CMSIS\CM3\DeviceSupport\ST\STM32F10x\

startup\arm”下面的 startup_stm32f10x_ld.s 文件复制到 CORE 文件夹下面，如图 1-3 所示。

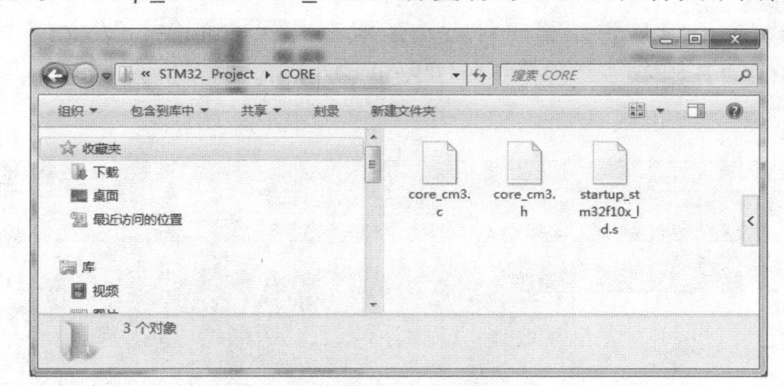

图1-3　CORE子目录

本项目采用 STM32F103R6 芯片，该芯片的 FLASH 大小是 32KB，属于小容量产品，所以启动文件使用 startup_stm32f10x_ld.s 文件。若采用其他容量的芯片，可以使用 startup_stm32f10x_md.s 或 startup_stm32f10x_hd.s 启动文件。

（5）先把官方固件库“Libraries\CMSIS\CM3\DeviceSupport\ST\STM32F10x”下面的 stm32f10x.h、system_stm32f10x.c、system_stm32f10x.h 文件复制到子目录 USER 下面，然后把官方固件库“Project\STM32F10x_StdPeriph_Template”下面的 stm32f10x_conf.h、stm32f10x_it.c、stm32f10x_it.h 文件复制到子目录 USER 下面，如图 1-4 所示。

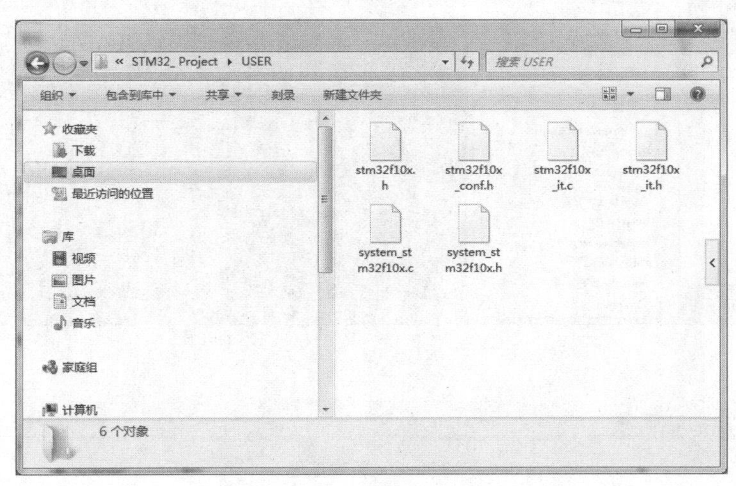

图1-4　USER子目录

通过前面几个步骤，就把需要的官方固件库相关文件复制到了工程目录模板“STM32_Project”下面。在以后的任务中，直接复制工程模板目录，然后修改成需要的名字即可使用。

2. 新建 Keil μVision4 工程模板

在建立工程之前，先在计算机的某个盘符下新建一个子目录“任务 1 STM32_Project 工程模板”；然后把工程目录模板“STM32_ Project”复制到“任务 1 STM32_Project 工程模板”子目录里面，并修改工程目录模板名为“STM32_Project 工程模板”。

（1）运行 Keil μVision4 软件。第一种方法是双击桌面上的 Keil μVision4 图标；第二种方法是单击桌面左下方的“开始”→“程序”→“Keil μVision4”，进入 Keil μVision4 集成开发环境，如图 1-5 所示。

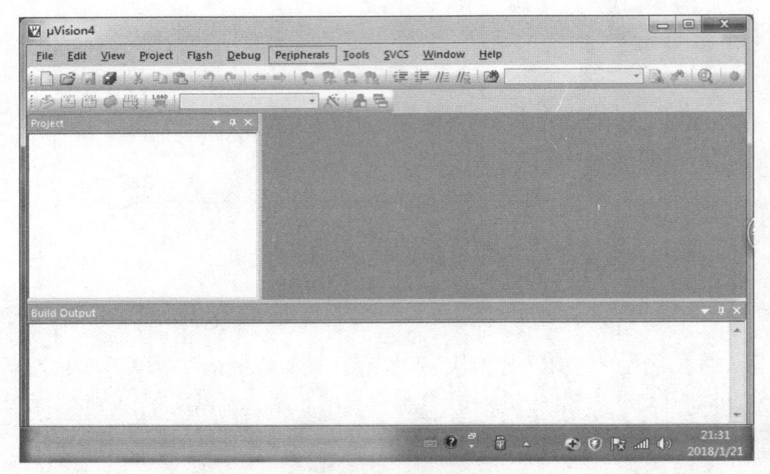

图1-5 Keil μVision4集成开发环境

（2）单击 Project->New uVision Project，如图 1-6 所示。

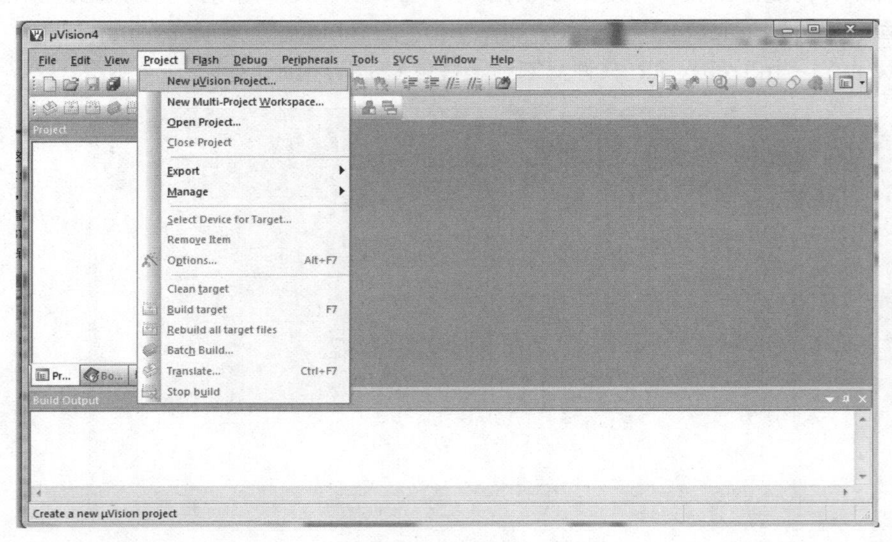

图1-6 新建工程

然后把目录定位到“STM32_Project 工程模板\USER”下面，我们的工程文件都保存在这里。将工程命名为“STM32_Project”，单击“保存”按钮，如图 1-7 所示。

（3）接下来弹出选择芯片“Select Device Target ‘Target1’”对话框，本项目使用的是 STM32F103R6 芯片，选择 STMicroelectronics 下面的 STM32F103R6 即可。如果使用的是其他系列的芯片，选择相应的型号就可以了，如图 1-8 所示。

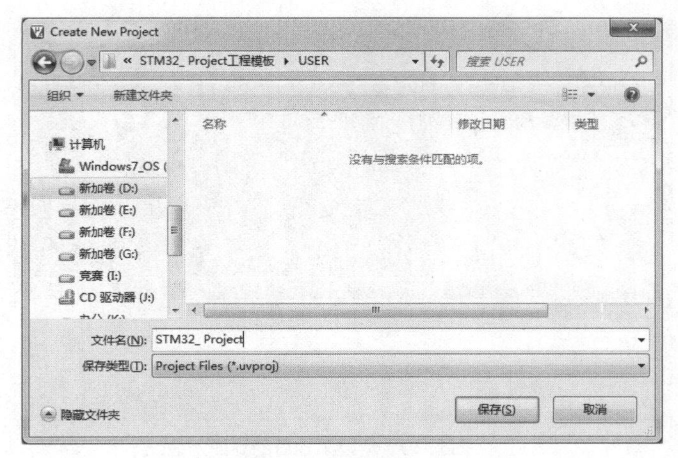

图1-7　保存新建工程

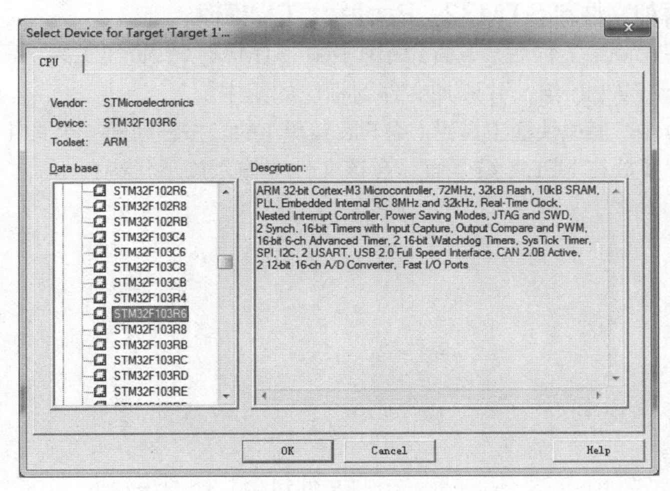

图1-8　选择芯片型号

（4）单击 OK 按钮，弹出对话框“Copy STM32 Startup Code to project...”，询问是否添加启动代码到我们的工程中，这里选择“否”，因为我们使用的 ST 固件库文件已经包含了启动文件，如图 1-9 所示。

图1-9　是否添加启动代码对话框

启动代码是一段和硬件相关的汇编代码，是必不可少的！这段代码具体如何工作，我们不必太关心。

现在我们就可以看到新建工程后的界面，如图 1-10 所示。

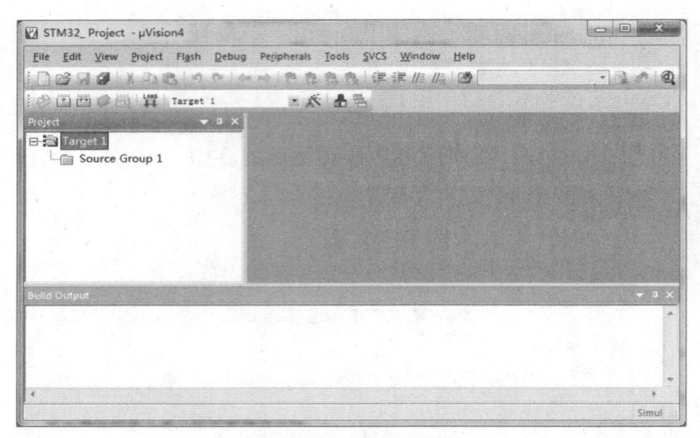

图1-10 新建工程后的界面

3. 新建组和添加文件到 STM32_ Project 工程模板

建好 STM32_ Project 工程后，下面介绍如何在 STM32_ Project 工程下新建 USER、CORE、OBJ 和 STM32F10x_FWLib 组，并添加文件到相应的组中。

（1）在图 1-10 中，通过快捷工具栏（或 File 菜单）的按钮新建一个文件，并保存为 main.c，主文件 main.c 一定要放在 USER 组里面。在该文件中输入如下代码：

```
#include "stm32f10x.h"
int main(void)
{
    while(1)
    {
        ;
    }
}
```

“#include " stm32f10x.h "” 语句是一个“文件包含”处理语句。stm32f10x.h 是 STM32 开发中最为重要的一个头文件，就像 C51 单片机的 reg52.h 头文件一样，在应用程序中是至关重要的，通常包括在主文件中。这里的 main()函数是一个空函数，方便以后添加需要的代码。

注意

stm32f10x.h 是 ST 公司 V3.5 及以后版本统一使用的库函数头文件，也就是把 V2.0 版本的 stm32f10x_lib.h 头文件换成了 stm32f10x.h 头文件，规范了代码，不需要再包含那么多的头文件了。使用高版本编译，将找不到 stm32f10x_lib.h。

（2）在 USER 组里面，打开 STM32_ Project 工程，然后在 Project 窗格的 Target1 上单击鼠标右键，选择 Manage Components 选项，如图 1-11 所示。

（3）弹出图 1-12 所示 Components Environment and Books 对话框。

（4）先把 Project Targets 栏下的 Target1 修改为 STM32_Project，把 Groups 栏下的 Source Group1 删除。然后在 Groups 栏（中间栏）单击新建按钮（也可以双击下面的空白处），新建 USER、CORE 和 STM32F10x_FWLib 组，如图 1-13 所示。

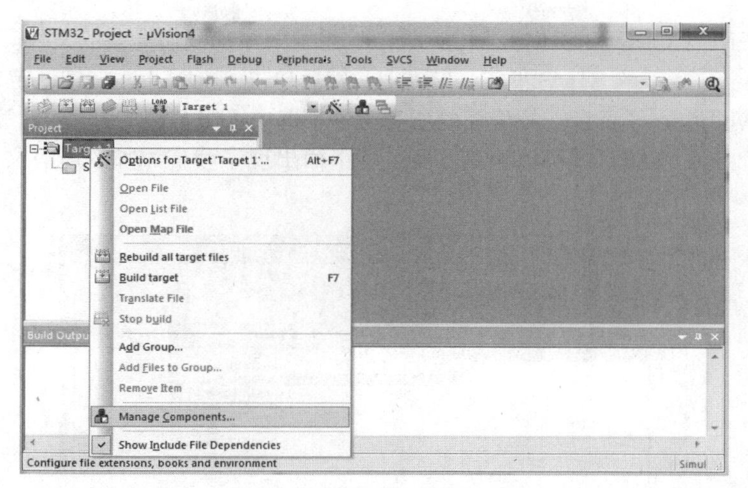

图1-11 调出Manage Components

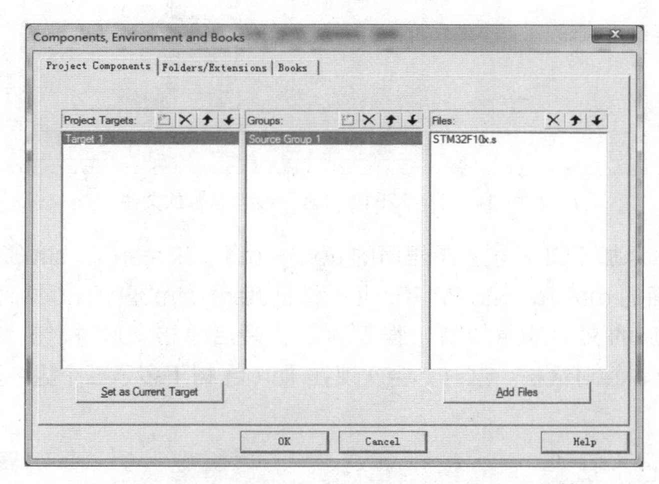

图1-12 Components Environment and Books对话框

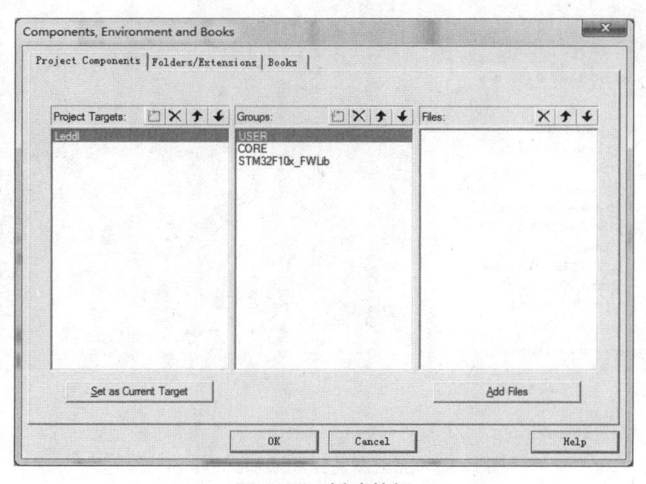

图1-13 新建的组

（5）往 USER、CORE 和 STM32F10x_FWLib 组里面添加我们需要的文件。

先选中 Groups 栏下的 STM32F10x_FWLib，然后单击 Add Files 按钮，定位到工程目录的 STM32F10x_FWLib/src 子目录。把里面的所有文件都选中（组合键 Ctrl+A），然后单击 Add 按钮，最后单击 Close 按钮，就可以看到 Files 栏下面出现了我们添加的所有文件，如图 1-14 所示。

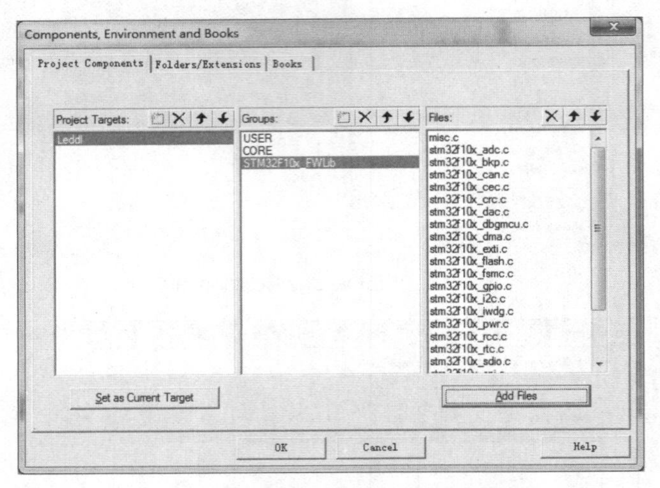

图1-14　STM32F10x_FWLib组里添加的文件

用同样的方法，添加 CORE 子目录里面的 core_cm3.c 和 startup_stm32f10x_ld.s 文件，添加 USER 子目录里面的 main.c、stm32f10x_it.c 和 system_stm32f10x.c 文件。

这样，需要添加的文件都添加到工程里面了，最后单击 OK 按钮，退出 Components Environment and Books 对话框。这时，会发现在 Target 树下多了三个组名和其中添加的文件，如图 1-15 所示。

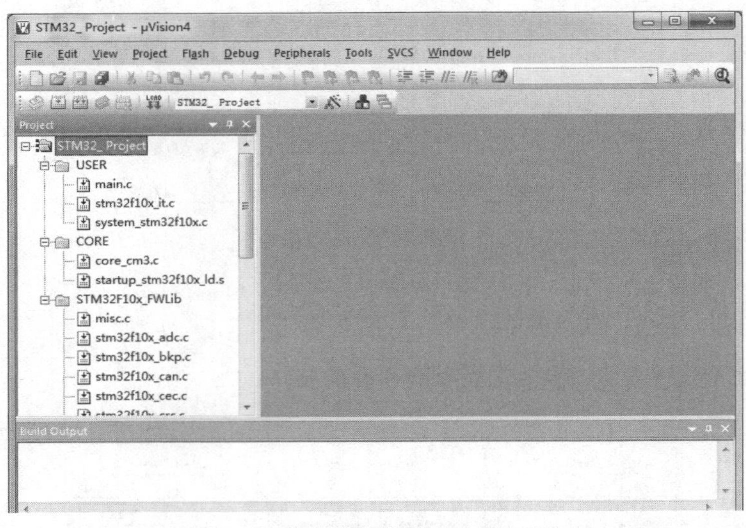

图1-15　完成新建组和添加文件的工程

- 为方便后面使用，我们把所有外设的库文件都添加进工程了，不用每次增加外设时都要再添加相应的库文件，这样做的坏处就是当工程太大时，编译速度全变慢；
- 本任务只用了 GPIO，所以可以只添加 stm32f10x_gpio.c，其他的不用添加。

4. 工程配置与编译

到此为止，新建的基于 STM32 的 Keil μVision4 工程就已经基本完成了。接下来进行工程配置和编译。

（1）单击工具栏的“Target Options...”按钮，弹出“Options for Target 'Leddl'”对话框，选择 C/C++选项卡，添加要编译文件的路径。这个步骤非常重要，务必添加正确的路径，否则编译会出现错误。C/C++选项卡配置界面如图 1-16 所示。

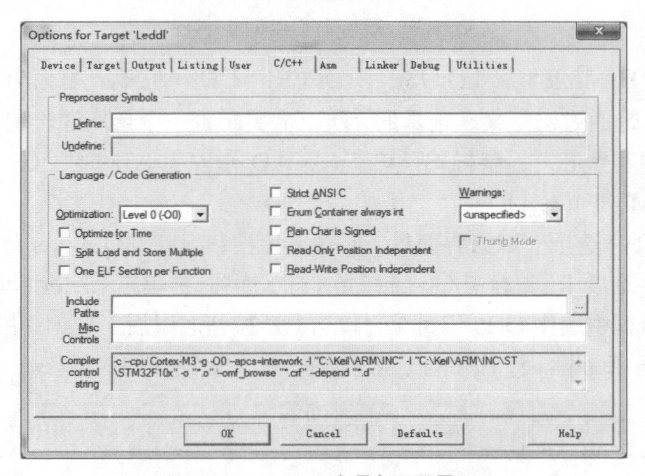

图1-16 C/C++选项卡配置界面

（2）单击 Include Paths 最右边的方块按钮，弹出添加路径的 Folder Setup 对话框，然后把 STM32F10x_FWLib\inc、CORE 和 USER 子目录都添加进去。此操作是为了设定编译器的头文件包含路径，在以后的任务中会经常用到，如图 1-17 所示。

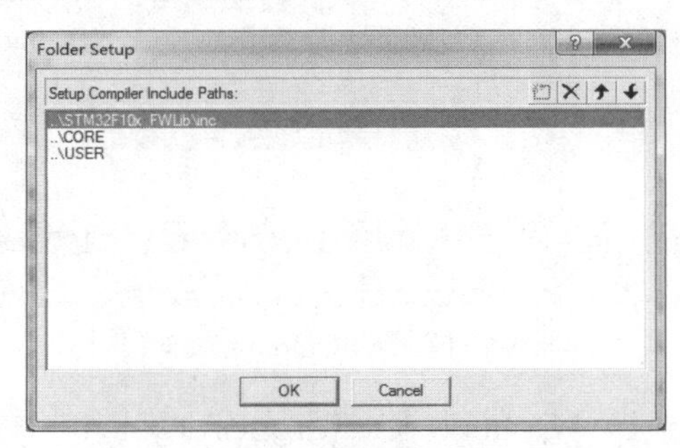

图1-17 添加所要编译文件的路径

在这里，还需要在 C/C++选项卡配置界面中，填写“STM32F10X_LD,USE_STDPERIPH_DRIVER”到 Define 输入框里，如图 1-18 所示。

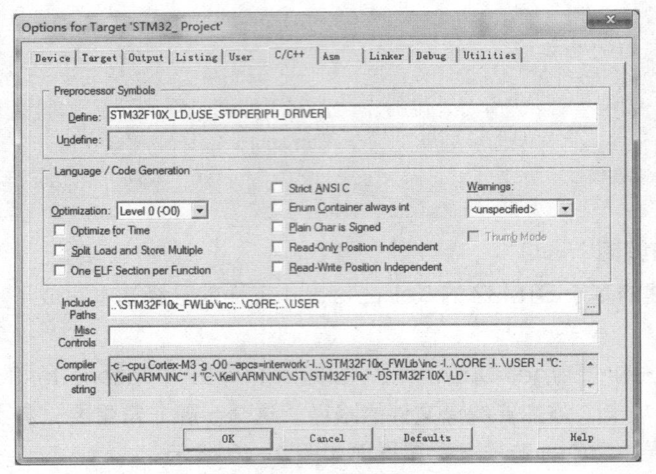

图1-18　配置一个全局的宏定义

之所以要填写“STM32F10X_LD,USE_STDPERIPH_DRIVER”，是因为 V3.5 版的库函数在配置和选择外设时，是通过宏定义来选择的，所以需要配置一个全局的宏定义变量，否则工程编译会出错。若使用中容量芯片，就把 STM32F10X_LD 修改为 STM32F10X_MD；若使用大容量芯片，就修改为 STM32F10X_HD。

（3）设置完 C/C++选项卡配置界面后，单击 OK 按钮，在“Options for Target 'Leddl'”对话框中，选择 Output 选项卡。先选中 Greate HEX File 选项；再单击“Select Folder for Objects…”按钮，在弹出的对话框中选中 OBJ 子目录，单击 OK 按钮。以后工程编译的 HEX 文件以及垃圾文件就会放到 OBJ 子目录里面，保持了工程简洁不乱，如图 1-19 所示。

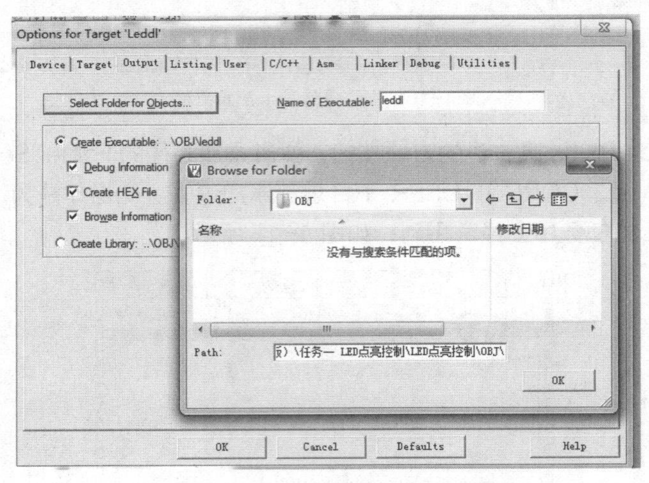

图1-19　配置Output选项卡

（4）单击 OK 按钮，退出“Options for Target'Target 1'”对话框，然后单击工具栏的 Rebuild 按钮，对工程进行编译。若编译发生错误，要进行分析检查，直到编译正确为止，如图 1-20 所示。

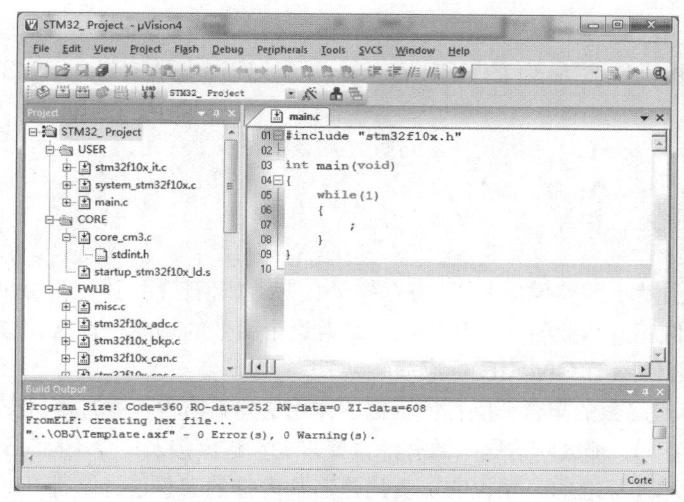

图1-20 工程编译

对工程进行第一次编译时，单击工具栏的Rebuild按钮。不管工程的文件有没有编译过，Rebuild都会对工程中的所有文件重新进行编译并生成可执行文件，因此重编译时间较长。若只编译工程中上次修改的文件，单击工具栏的Build按钮即可。

另外，在主文件main.c代码的最后一定要加上一个回车，否则编译会有警告信息。

注意

- 基于STM32的Keil µVision4工程已经完成了，可将其作为开发的工程模板。以后开发项目时直接复制使用，再把编写的主文件和其他文件添加进来就可以了，这为以后的开发工作带来了极大方便。

1.1.2 认识STM32固件库

ST公司为了方便用户开发程序，提供了一套丰富的STM32固件库。什么是固件库呢？在STM32应用程序开发中，固件库与寄存器有什么区别和联系呢？

1. STM32固件库开发与寄存器开发的关系

从51单片机开发转入STM32开发时，由于我们习惯了51单片机的寄存器开发方式，突然要使用STM32固件库开发，会不知道如何下手。下面通过一个简单的例子来说明STM32固件库到底是什么，与寄存器开发有什么关系？

在51单片机开发中，我们若想控制某些I/O端口的状态，就会直接操作寄存器，如：

```
P2=0x0fe;
```

而在STM32的开发中，我们同样也可以直接操作寄存器，如：

```
GPIOx->BRR = 0x00fe;
```

由于STM32有数百个寄存器，初学者要想很快地掌握每个寄存器的用法，并能正确使用，是非常困难的。

于是ST公司推出了官方的STM32固件库，将这些寄存器的底层操作封装起来，提供一整套接口（API）供开发者调用。在大多数场合下，开发人员不需要知道操作的是哪个寄存器，只需要知道调用哪些函数即可。

上面的例子直接操作 STM32 的 BRR 寄存器，可以实现电平控制。STM32 固件库封装了一个函数：

```
void GPIO_ResetBits(GPIO_TypeDef* GPIOx, uint16_t GPIO_Pin)
{
    GPIOx->BRR = GPIO_Pin;
}
```

这时，开发人员就不需要操作 BRR 寄存器了，知道如何使用 GPIO_ResetBits()函数就可以了。另外，通过固件库的函数名字，我们就能知道这个函数的功能是什么，该怎么使用。

2. STM32 固件库与 CMSIS 标准

STM32 固件库是函数的集合，固件库函数的作用是向下与寄存器直接打交道，向上提供用户调用函数的接口（API）。那么对这些函数有什么要求呢？这就涉及一个 CMSIS 标准的基础知识。

Arm 是一个做芯片标准的公司，它负责的是芯片内核的架构设计，而 TI、ST 等公司并不是做标准的，只是一个芯片公司，它们根据 Arm 公司提供的芯片内核标准来设计自己的芯片。芯片虽然由芯片公司设计，但是内核却要服从 Arm 公司提出的 Cortex-M3 内核标准。芯片公司每卖出一片芯片，需要向 Arm 公司交纳一定的专利费。

所以，所有 Cortex-M3 芯片的内核结构都是一样的，只是在存储器容量、片上外设、端口数量、串口数量以及其他模块上有所区别，芯片公司可以根据自己的需求理念来设计这些资源。同一家公司设计的多种 Cortex-m3 内核芯片的片上外设也会有很大的区别，如 STM32F103RBT 和 STM32F103ZET 在片上外设方面就有很大的区别。

为了保证不同芯片公司生产的 Cortex-M3 芯片能在软件上基本兼容，Arm 公司和芯片生产商共同提出了一套标准——CMSIS 标准（Cortex Microcontroller Software Interface Standard），即“Arm Corte 微控制器软件接口标准”。ST 官方库（STM32 固件库）就是根据这套标准设计的，CMSIS 共分 3 个基本功能层。

（1）核内外设访问层：Arm 公司提供的访问，定义处理器内部寄存器地址以及功能函数。

（2）中间件访问层：定义访问中间件的通用 API，由 Arm 公司提供。

（3）外设访问层：定义硬件寄存器的地址以及外设的访问函数。

CMSIS 向下负责与内核和各个外设直接打交道，向上负责提供实时操作系统用户程序调用的函数接口。如果没有 CMSIS 标准，那么各个芯片公司就会设计自己喜欢的风格的库函数，而 CMSIS 标准就是要强制规定，芯片生产公司的库函数必须按照 CMSIS 这套规范来设计。

另外，CMSIS 还对各个外设驱动文件的文件名字规范化、函数名字规范化等做了一系列规定。比如前面用到的 GPIO_ResetBits 函数，其名字是不能随便定义的，必须遵循 CMSIS 规范。

又如，在我们使用 STM32 芯片时，首先要进行系统初始化。CMSIS 就规定系统初始化函数名必须为 SystemInit，所以各个芯片公司设计自己的库函数时，都必须用 SystemInit 对系统进行初始化。

1.1.3 STM32 固件库关键子目录和文件

STM32 固件库是不断完善升级的，目前存在多个不同的版本，本书使用的是 V3.5 版本的固件库（目前最新版本）。STM32 固件库的目录结构如图 1-21 所示。

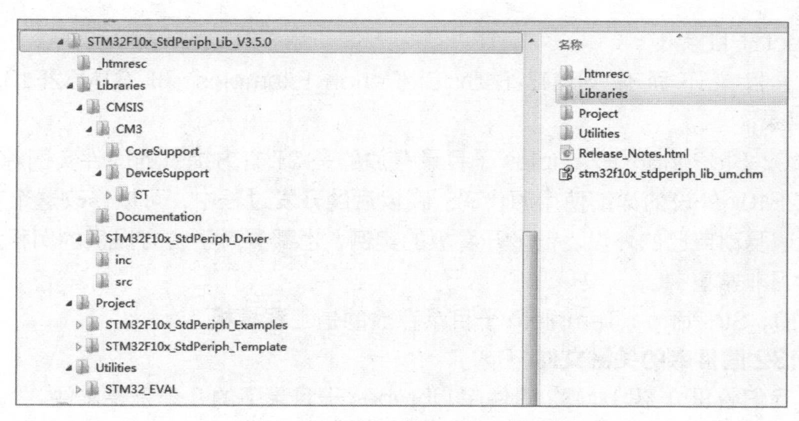

图1-21 STM32固件库目录结构

从图 1-21 可以看出，解压后的 STM32F10x_StdPeriph_Lib_V3.5.0 目录下包含了 STM32 固件库的全部文件。

其中，Release_Notes.html 文件是关于该库文件相比之前版本有何改动，stm32f10x_stdperiph_lib_um.chm 文件是固件库的英文帮助文档，在开发过程中，这个文档会经常用到。

1. STM32 固件库关键子目录

STM32 固件库关键子目录主要有 Libraries 和 Project。另外，_htmresc 子目录里是 ST 的图标，Utilities 子目录是官方评估板的一些对应源码，跟开发完全无关。

(1) Libraries 子目录

Libraries 子目录下面有 CMSIS 子目录和 STM32F10x_StdPeriph_Driver 子目录，这两个子目录包含固件库核心的所有子文件夹和文件，主要包含大量的头文件、源文件和系统文件，是开发必须使用的。Libraries 的目录结构如图 1-22 所示。

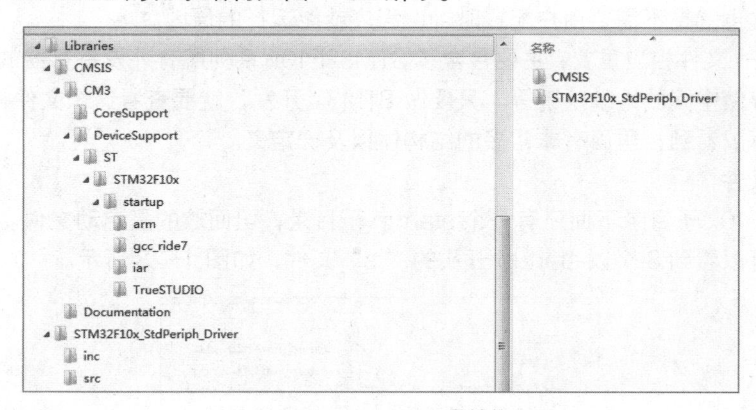

图1-22 Libraries目录结构

CMSIS 子目录存放的是启动文件。STM32F10x_StdPeriph_Driver 子目录存放的是 STM32 固件库源码文件，其下的 inc 子目录存放的是 stm32f10x_xxx.h 头文件，无须改动；src 子目录存放的是 stm32f10x_xxx.c 固件库源码文件。

每一个“.c”文件和一个相应的“.h”文件对应，这里的文件也是固件库的核心文件，即每个外设对应一组文件。

（2）Project 子目录

Project 子目录下面有 STM32F10x_StdPeriph_Examples 和 STM32F10x_StdPeriph_Template 子目录。

STM32F10x_StdPeriph_Examples 子目录存放的是 ST 官方提供的固件实例源码，包含了几乎所有 STM32F10x 外设的详细使用源代码。在以后的开发过程中，可以修改这个官方提供的参考实例，以快速驱动自己的外设。很多开发板的实例，也都参考了官方提供的例程源码，这些源码对以后的学习非常重要。

STM32F10x_StdPeriph_Template 子目录存放的是工程模板。

2. STM32 固件库的关键文件

在这里，我们着重介绍 STM32 固件库 Libraries 子目录下的几个重要文件。

（1）core_cm3.c 和 core_cm3.h

core_cm3.c 和 core_cm3.h 文件位于\Libraries\CMSIS\CM3\CoreSupport 子目录下面，分别是内核访问层的源文件和头文件，提供进入 M3 内核的接口。这两个文件是由 Arm 公司提供的 CMSIS 核心文件，对所有 M3 内核的芯片都一样，永远都不需要修改。

（2）STM32F10x 子目录的 3 个文件

DeviceSupport 和 CoreSupport 是同一级的，STM32F10x 子目录放在 DeviceSupport 子目录下面。DeviceSupport\ST\STM32F10x 子目录主要存放一些启动文件、比较基础的寄存器定义以及中断向量定义的文件。

在 STM32F10x 子目录下面有 3 个文件：system_stm32f10x.c、system_stm32f10x.h 以及 stm32f10x.h 文件，是外设访问层的源文件和头文件。

system_stm32f10x.c 文件和对应的 system_stm32f10x.h 头文件的功能，是设置系统和总线时钟，其中有一个非常重要的 SystemInit()函数，在系统启动时都会被调用，用来设置系统的整个时钟系统。这也就是不需要用户配置时钟，程序就能运行的原因。

stm32f10x.h 文件相当重要，主要包含了 STM32F10x 系列所有外设寄存器的定义、位定义、中断向量表、存储空间的地址映射等。只要做 STM32 开发，就要查看这个文件相关的定义。打开这个文件时可以看到，里面有非常多的结构体以及宏定义。

（3）启动文件

在 STM32F10x 子目录下面还有一个 startup 子目录，里面放的是启动文件。在\startup\arm 目录下，我们可以看到 8 个以 startup 开头的“.s”文件，如图 1-23 所示。

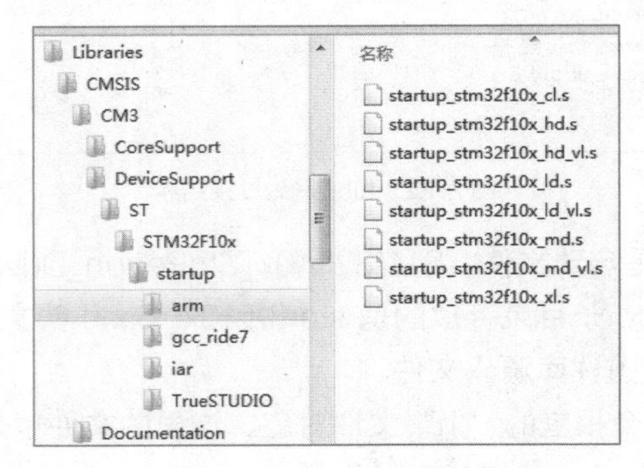

图1-23　startup子目录结构

从图 1-23 中可以看出，共有 8 个启动文件，不同容量（容量是指 FLASH 的大小）的芯片，对应的启动文件也不一样。在 stm32f 103 系列芯片中，主要使用其中 3 个启动文件。

- startup_stm32f10x_ld.s：适用于小容量产品，Flash≤32 KB；
- startup_stm32f10x_md.s：适用于中等容量产品，64 KB≤Flash≤128 KB；
- startup_stm32f10x_hd.s：适用于大容量产品，256 KB≤Flash。

本项目采用的是 STM32F103R6 芯片，其 Flash 容量是 32 KB，属于小容量产品，所以选择 startup_stm32f10x_ld.s 启动文件。

那么，启动文件到底有什么作用呢?

启动文件主要进行堆栈等的初始化、中断向量表以及中断函数定义，还要引导程序进入 main 函数。

（4）STM32F10x_StdPeriph_Template 子目录的 3 个文件

在 Project\STM32F10x_StdPeriph_Template 子目录下有 3 个关键文件：stm32f10x_it.c、stm32f10x_it.h 和 stm32f10x_conf.h。

stm32f10x_it.c 和 stm32f10x_it.h 是外设中断函数文件，用来编写中断服务函数，用户可以相应地加入自己的中断程序代码。

stm32f10x_conf.h 是固件库配置文件，有很多#include。在建立工程时，可以注释掉一些不用的外设头文件，只选择固件库使用的外设。

1.2 任务 2 点亮一个 LED

使用 STM32F103R6 芯片，其 PB8 引脚接 LED 的阴极，通过 C 语言程序控制，从 PB8 引脚输出低电平，使 LED 点亮。

1.2.1 用 Proteus 设计第一个 STM32 的 LED 控制电路

1. Proteus 仿真软件简介

本书使用的 Proteus 8.6 Professional 是英国 Lab Center Electronics 公司最新推出的一款 EDA 工具（仿真软件），支持 STM32 Cortex-M3 系列的仿真，是目前世界上唯一将电路仿真软件、PCB（印制电路板）设计软件和虚拟模型仿真软件三合一的设计平台。它实现了在计算机上，从原理图与电路设计、电路分析与仿真、单片机代码级调试与仿真、系统测试与功能验证，到形成 PCB 的完整的电子设计研发过程，真正实现了从概念到产品的完整设计。

2. STM32 的 LED 控制电路设计分析与实现

Proteus 8.6 Professional 仿真软件只支持 STM32 Cortex-M3 系列 6 种型号的芯片，本任务选择 STM32F103R6 芯片，该芯片是由 ST 公司生产的。

LED 加正向电压发光，反之，不发光。LED 电路设计一般采用的方法是：阳极接高电平，阴极接输出控制引脚。当该引脚输出低电平时，LED 点亮；该引脚输出高电平时，LED 不亮。这样我们只须编程控制该引脚，就可以控制 LED 亮或灭。

按照任务要求，点亮一个 LED 电路可由 STM32F103R6 和 LED 电路构成。LED 阳极通过 100Ω 限流电阻后连接高电平（电源），电阻在这里起到了限流分压的作用。STM32F103R6 芯片的 PB8 引脚连接 LED 阴极，PB8 引脚输出低电平时，LED 点亮，输出高电平时，LED 熄灭。STM32 的 LED 控制电路设计如图 1-24 所示。

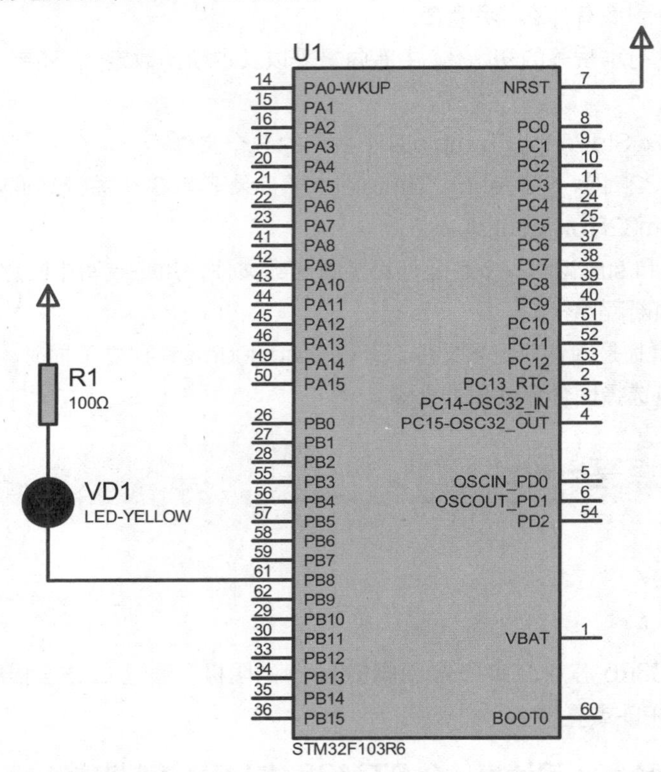

图1-24　STM32的LED控制电路

3. 用 Proteus 设计 STM32 的 LED 控制电路

这里介绍两种运行 Proteus 仿真软件的方法。第一种是双击桌面上的 Proteus 8 Professional 图标；第二种是单击屏幕左下方的“开始”→“程序”→“Proteus 8 Professional”→“Proteus 8 Professional”应用程序，进入 Proteus 8 Professional 主页，如图 1-25 所示。

（1）新建 Proteus 工程

在设计原理图之前，必须先新建一个 Proteus 工程。由于本书没有涉及 PCB 绘制，所以这里新建一个带有原理图和无 PCB 的 Proteus 工程。

在图 1-25 中，单击 Proteus 8 Professional 主页顶部的 New Project 按钮，弹出 New Project Wizard:Start 对话框，在 Name 栏中输入新建工程名“LED 点亮控制”，并选择新建工程保存路

径，如图 1-26 所示。

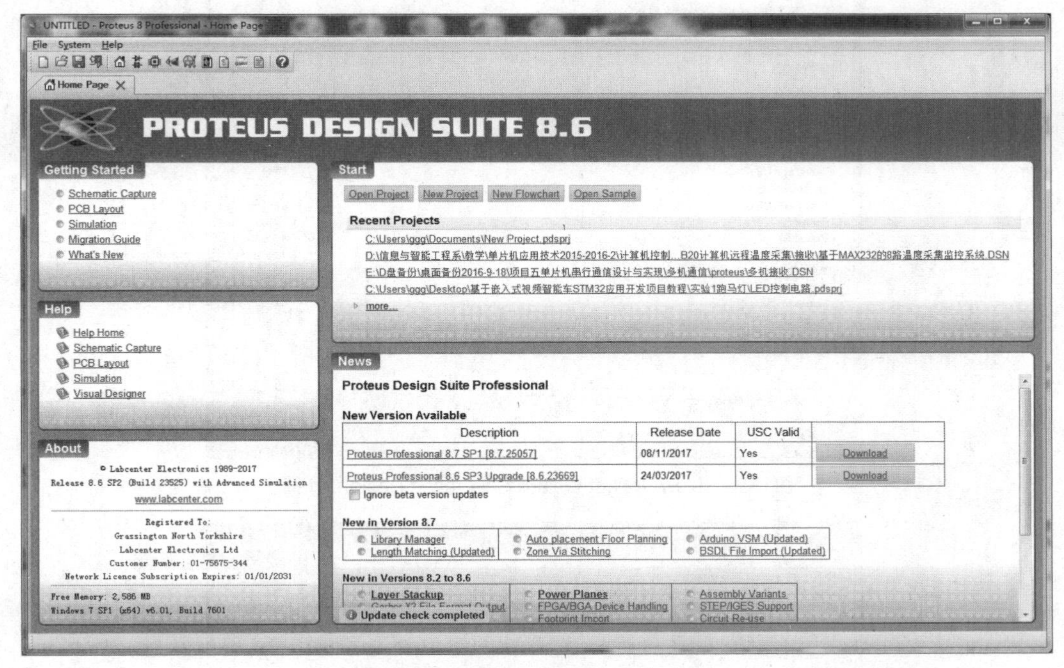

图1-25　Proteus 8 Professional主页

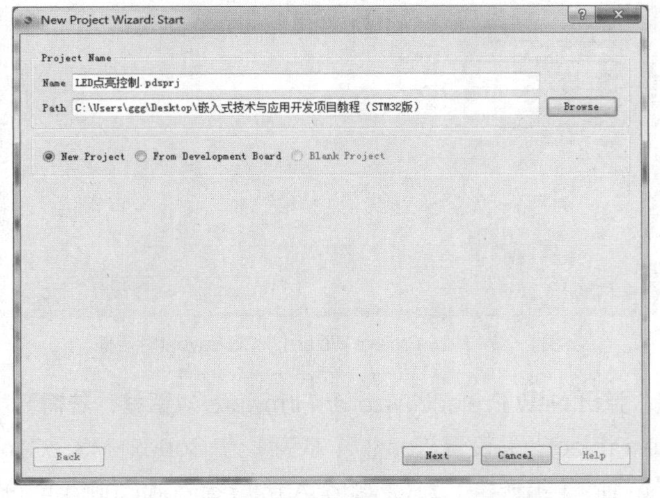

图1-26　New Project Wizard:Start对话框

单击 Next 按钮，弹出 New Project Wizard:Schematic Design 对话框，如果不需要绘制原理图，可直接选择 Do not create a schematic。本任务是从模板创建原理图的，先选择 Create a Schematic from the selected template，然后选择默认 DEFAULT 模板，如图 1-27 所示。

单击 Next 按钮，弹出 New Project Wizard: PCB Layout 对话框，因为不需要进行 PCB 设计，直接选择 Do not create a PCB Layout，如图 1-28 所示。

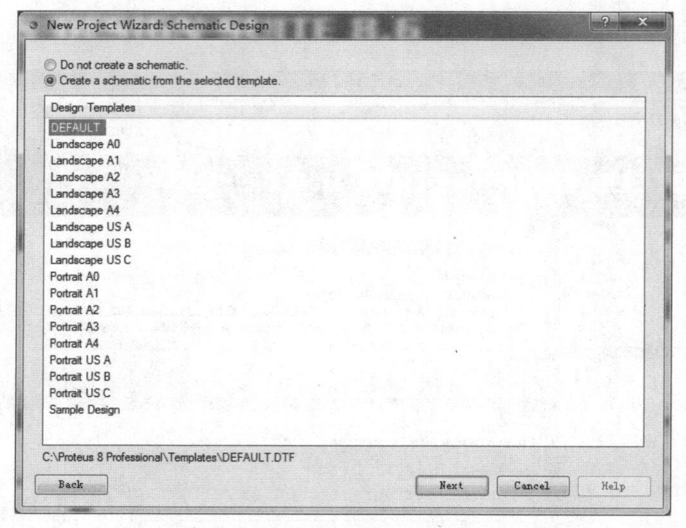

图1-27 New Project Wizard:Schematic Design对话框

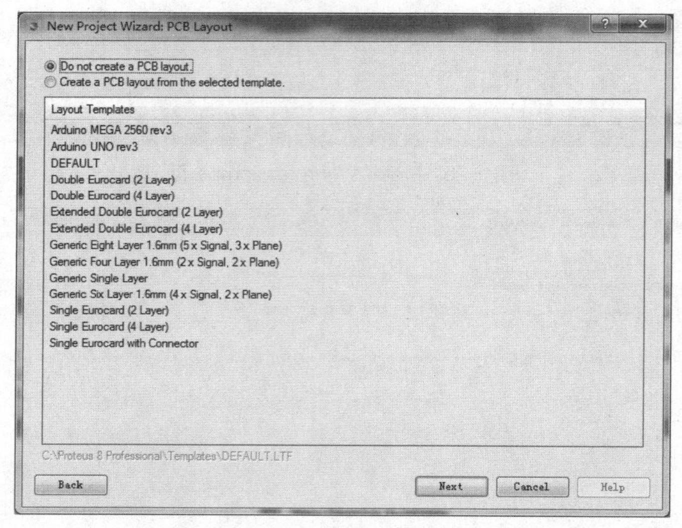

图1-28 New Project Wizard: PCB Layout对话框

单击 Next 按钮，弹出 New Project Wizard: Firmware 对话框，若需要仿真，在仿真页面选择 Create Firmware Project，并设置 Family（系列）为 Cortex-M3，Controller（控制器）为 STM32F103R6，Compiler（编译器）为 GCC for Arm（not configured），也就是在此设计外部代码编译器，如图 1-29（a）所示。若不需要仿真，则可直接选择 No Firmware Project，如图 1-29（b）所示。

单击 Next 按钮，弹出 New Project Wizard:Summary 对话框，如图 1-30 所示。

如果单击图 1-30（a）的 Finish 按钮，就完成带有 Schematic Capture（电路图绘制）和 Source Code（源代码）选项卡的新建工程，如图 1-31 所示。

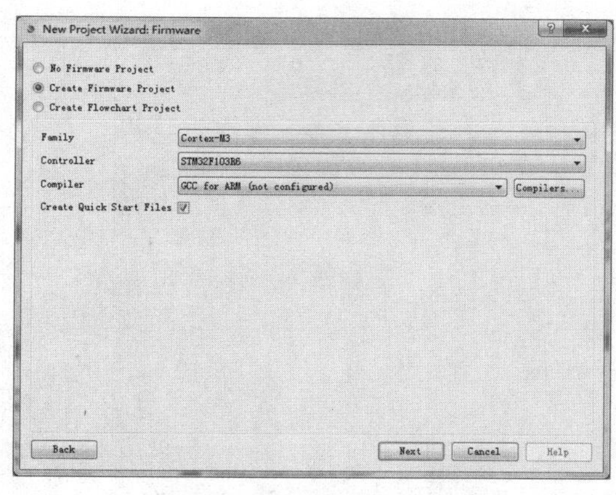

（a）选择 Create Firmware Project

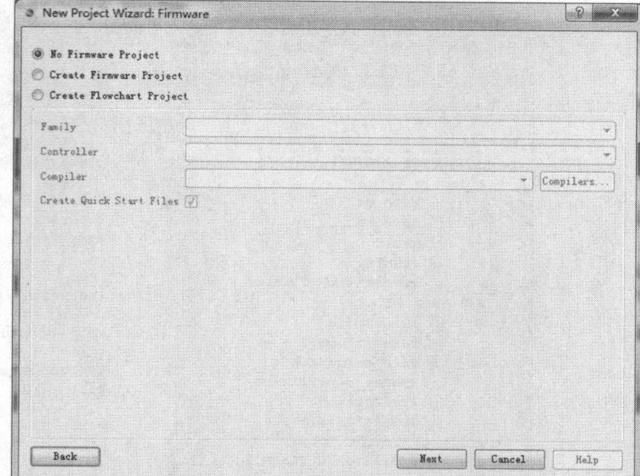

（b）选择 No Firmware Project

图1-29　New Project Wizard: Firmware对话框

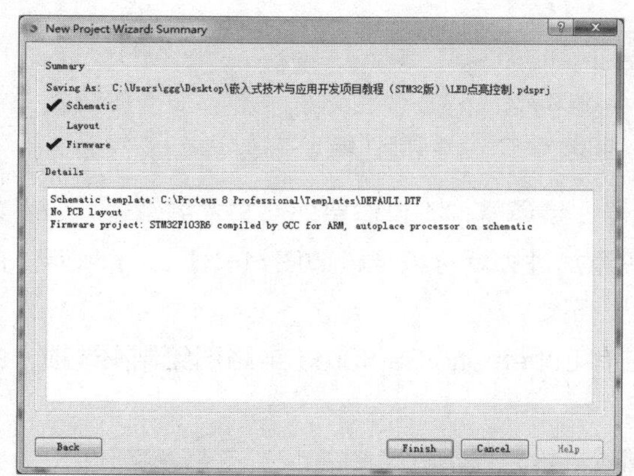

（a）选择仿真和原理图

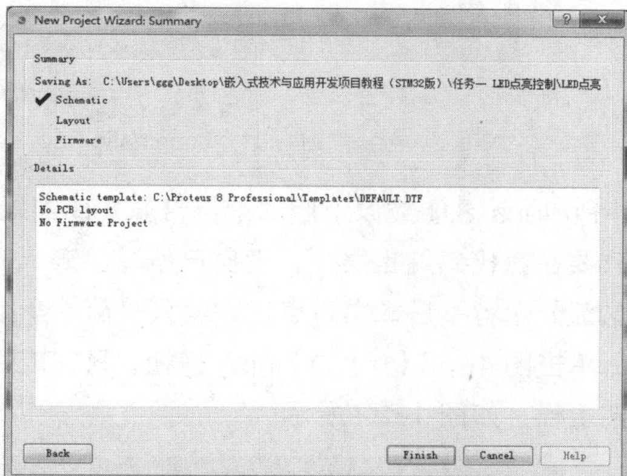

（b）选择原理图

图1-30　New Project Wizard: Summary对话框

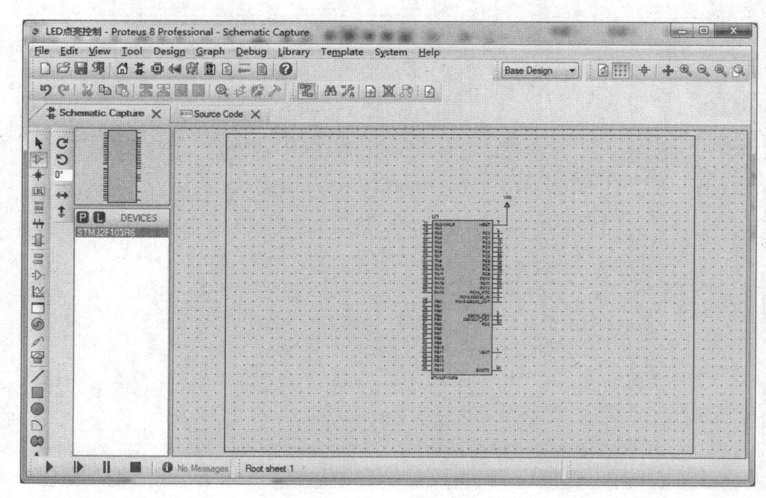

（a）Schematic Capture 选项卡

图1-31　Schematic Capture和Source Code选项卡

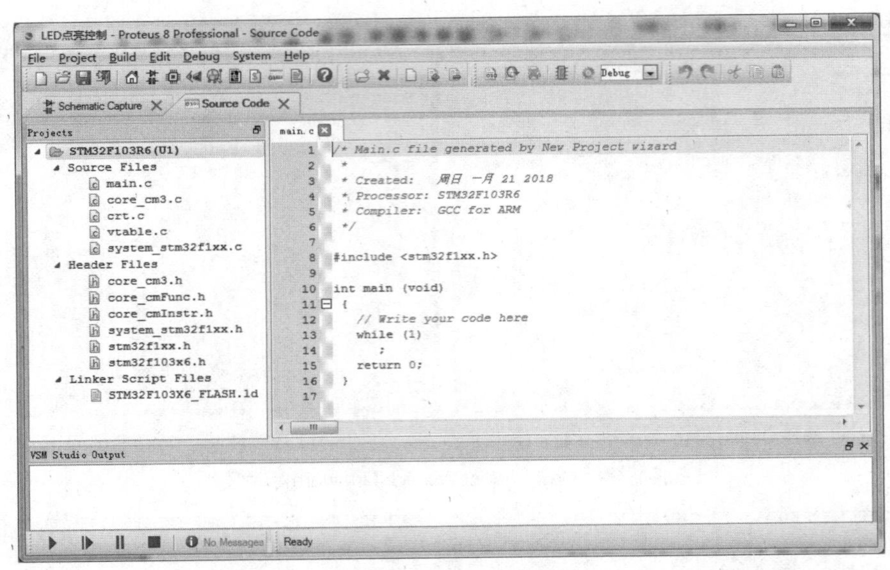

（b）Source Code 选项卡

图1-31　Schematic Capture和Source Code选项卡（续）

Proteus 8.0 或以上版本都自带源代码编辑器、编译器，不再需要外部文本编辑器。研发人员只要在源代码编辑器中，把自己所写的源代码添加进去就可以了，如图 1-31（b）所示。由于这部分内容不是本书重点，这里只是简单介绍一下。

单击图 1-30（b）的 Finish 按钮，只完成带有 Schematic Capture（电路图绘制）选项卡的新建工程，如图 1-32 所示。

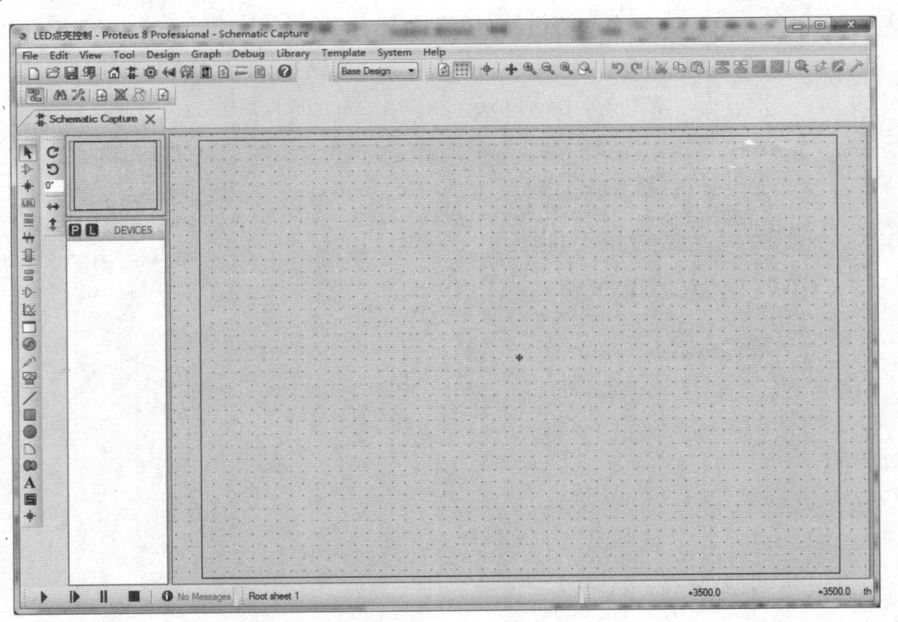

图1-32　Schematic Capture选项卡

（2）设置图纸尺寸

单击 System→Set Sheet Sizes，在弹出的 Sheet Size Configuration 对话框中选择 A4 图纸尺寸或自定义尺寸后单击 OK 按钮。

（3）设置网格

单击 View→Toggle Grid，显示网格（再次单击，隐藏网格）。单击 Toggle Grid→Snap ××th（或 Snap ×.×in），可改变网格单位，默认为“Snap 0.1in”。

（4）添加元器件

单击模式选择工具栏中的 Component Mode 按钮，单击“器件选择”按钮P，在弹出的 Pick Devices（选取元器件）对话框的 Keywords 栏中输入元器件名称“STM32F103R6”，与关键字匹配的 STM32F103R6 元器件显示在元器件列表中，如图 1-33 所示。

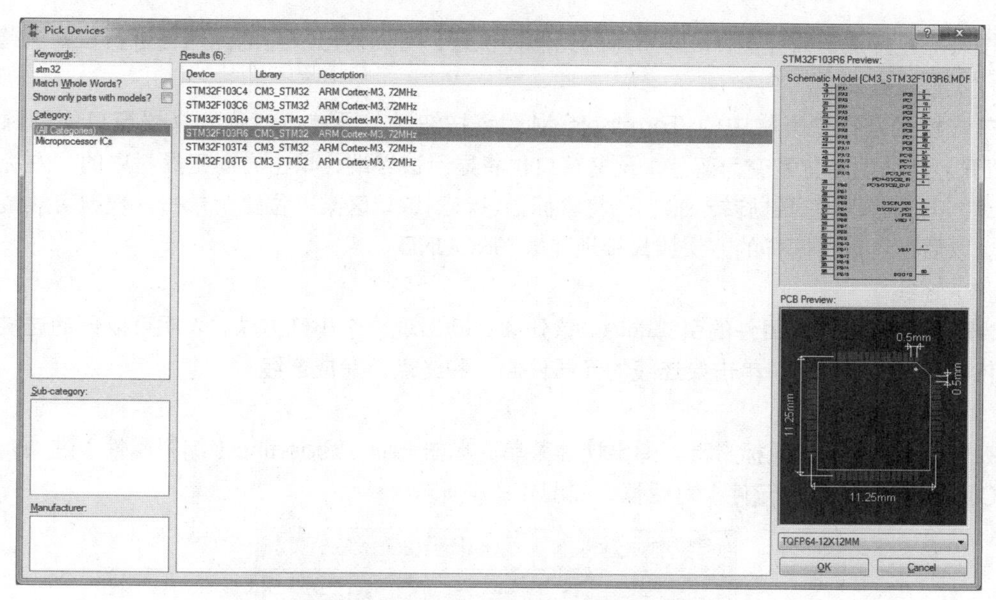

图1-33 Pick Devices对话框

然后双击选中的元器件 STM32F103R6，便将所选元器件 STM32F103R6 加入到对象选择器窗口，单击“确定”按钮完成元器件选取。

用同样的方法可以添加其他元器件。在本任务中，需要添加 STM32F103R6、RES（电阻）、LED-YELLOW（黄色发光二极管）等元器件。

注意

- Proteus 8.6 Professional 仿真软件只支持 STM32 Cortex-M3 系列的 6 种型号芯片，本书选择 STM32F103R6 芯片；
- 任何一款 Cortex-M3 芯片，其内核结构都是一样的，不影响其他 Cortex-M3 芯片的学习。

（5）放置元器件

单击对象选择器窗口的元器件 STM32F103R6，元器件名 STM32F103R6 变为蓝底白字，预览窗口显示 STM32F103R6 元器件。

单击方向工具栏的按钮可以实现元器件的左旋、右旋、水平和垂直翻转，以调整元器件的摆放方向。

将鼠标指针移到编辑区某一位置，单击一次就可放置元器件 STM32F103R6。

然后，参考上述放置 STM32F103R6 的步骤，依照图 1–24 放置其他元器件。

（6）调整元器件位置

在要移动的元器件上单击鼠标左键，元器件变为红色（表明被选中），在被选中的元器件外单击，即可撤销选中。

按住鼠标左键拖动被选中的元器件，移到编辑区某一位置后松开，即完成元器件的移动；在被选中的元器件上单击鼠标右键，利用弹出的快捷菜单可实现元器件的旋转和翻转，以及删除元器件。

按照上述方法，依照图 1–24 所示的元器件位置，可以对已放置的元器件进行位置调整。

（7）放置终端

单击模式选择工具栏中的 Terminals Mode 按钮，再单击对象选择器窗口的电源终端 POWER，该终端名背景变为蓝色，预览窗口也将显示该终端；单击方向工具栏中的“左旋转”按钮，电源终端逆时针旋转 90° ；将鼠标指针移到编辑区某一位置，单击一次就可放置一个终端。以后，可以用同样的方法放置接地终端 GROUND。

（8）连线

当鼠标指针接近元器件的引脚端时，该处会自动出现一个小红方块，表明可以自动连接到该点。依照图 1–24 所示，单击要连线的元器件起点和终点，完成连线。

（9）属性设置

在电阻 R1 上单击鼠标右键，弹出快捷菜单，单击 Edit Propertise（编辑属性）选项，弹出 Edit Component（编辑元件）对话框，如图 1–34 所示。

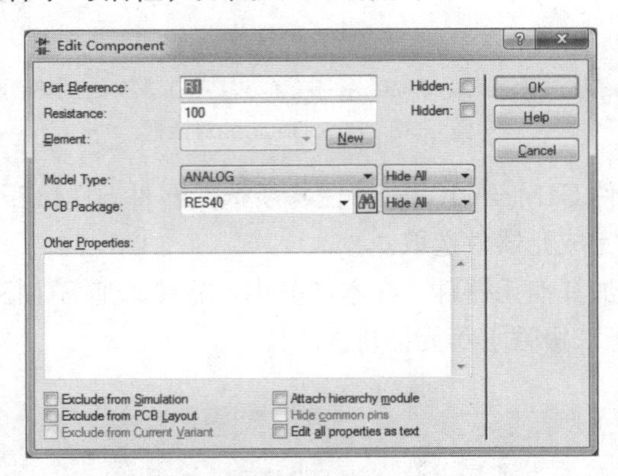

图1–34 “编辑元件”对话框

将电阻值改为 100，单击 OK 按钮完成电阻 R1 属性的编辑设置。用同样的方法设置其他元器件的属性。

到此，STM32 的 LED 控制电路就设计完成了。在以后的任务中，设计 Proteus 仿真电路时再涉及以上步骤，就不作详细说明了。

1.2.2 开发第一个基于工程模板的 Keil μVision4 工程

前面的任务已经建立了基于固件库的 Keil μVision4 工程模板，我们如何利用工程模板来开发第一个“点亮一个 LED”工程呢?

1. 移植工程模板

（1）在建立“点亮一个 LED”工程之前，先建立一个“任务 2 点亮一个 LED”工程目录，然后把 STM32_Project 工程模板直接复制到该目录下。

（2）在“任务 2 点亮一个 LED”工程目录下，将工程模板目录名 STM32_Project 修改为“点亮一个 LED”。

（3）在 USER 子目录下，把 STM32_ Project.uvproj 工程名修改为 leddl.uvproj。

2. 编写第一个基于库函数的“点亮一个 LED”的控制代码

在 USER 文件夹下面新建一个文件，并保存为 leddl.c，在该文件中输入如下代码：

```
#include "stm32f10x.h"
int main(void)
{
    GPIO_InitTypeDef  GPIO_InitStructure;
    RCC_APB2PeriphClockCmd(RCC_APB2Periph_GPIOB, ENABLE);  //使能 GPIOB 时钟
    GPIO_InitStructure.GPIO_Pin = GPIO_Pin_8;               //PB8 引脚配置
    GPIO_InitStructure.GPIO_Mode = GPIO_Mode_Out_PP;   //配置 PB8 为推挽输出
    GPIO_InitStructure.GPIO_Speed = GPIO_Speed_50MHz;  //GPIOB 速度为 50 MHz
    GPIO_Init(GPIOB, &GPIO_InitStructure);             //初始化 PB8
    GPIO_SetBits(GPIOB,GPIO_Pin_8);                 //PB8 输出高电平，LED 熄灭
    while(1)
    {
        GPIO_ResetBits(GPIOB,GPIO_Pin_8);           //PB8 输出低电平，LED 点亮
    }
}
```

代码说明：

（1）“GPIO_InitTypeDef GPIO_InitStructure;”语句声明一个结构体 GPIO_InitStructure，结构体原型由 GPIO_InitTypeDef 确定。设置完 GPIO_InitStructure 里面的内容后，就可以执行“GPIO_Init(GPIOB, &GPIO_InitStructure);”语句，对 PB 端口进行初始化。

（2）GPIO_ResetBits()和 GPIO_SetBits()是库函数，可以对多个 I/O 口同时置 1 或置 0。

（3）Keil μVision4 支持 C++风格的注释，可以用“//”进行注释，也可以用“/*……*/”进行注释。“//”注释只对本行有效，书写比较方便。所以在只需要一行注释的时候，往往采用这种格式。“//”注释的内容可以单独写在一行上，也可以写在一个语句之后。

3. 添加主文件 leddl.c 到工程与编译

完成 leddl.c 主文件编写后，打开 leddl.uvproj 工程；先把工程模板里原来的 main.c 主文件移出工程；然后把 leddl.c 主文件添加到工程里面；再按图 1-13 所示的 Components Environment and Books 对话框，把 Project Targets 栏下的 STM32_ Project 名修改为 Leddl，即可完成“点亮一个 LED”工程建立。

最后，单击 Rebuild 按钮对工程进行编译，生成“leddl.hex”目标代码文件。若编译发生错误，要进行分析检查，直到编译正确，修改之后再次编译，只要单击工具栏的 Build 按钮即可，如图 1-35 所示。

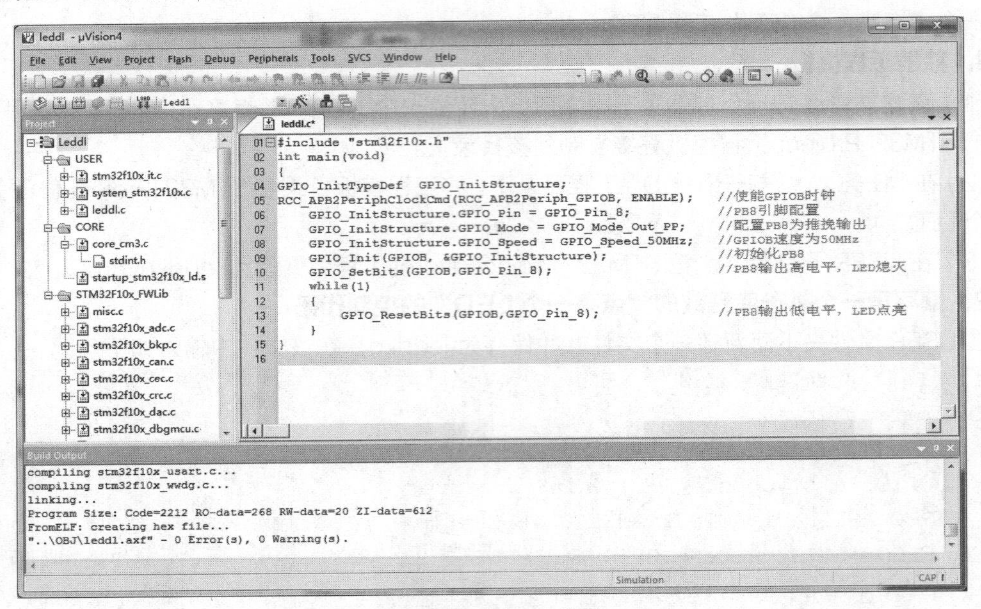

图1-35　完成工程编译

4. Keil μVision4 和 Proteus 联合调试

打开 Proteus“LED 点亮控制”电路，双击 STM32F103R6 芯片，在弹出的 Edit Component 对话框中单击 Program File 后的打开按钮，在弹出的 Select File Name 对话框中选中前面编译生成的“leddl.hex”文件，然后单击“打开”按钮，完成“leddl.hex”加载 HEX 文件的选择，如图 1-36 所示。

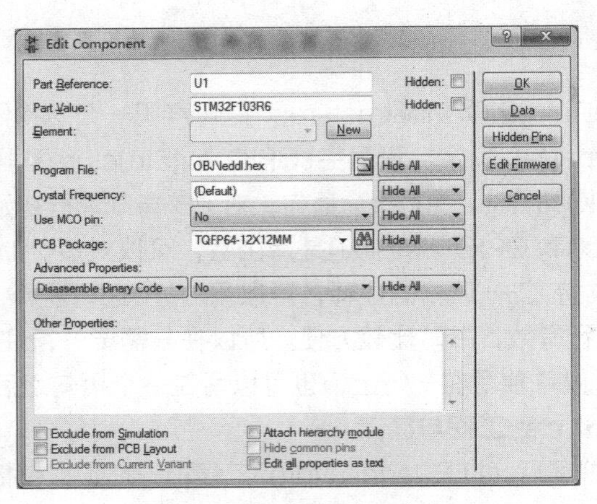

图1-36　加载目标代码文件

单击仿真工具栏的“运行”按钮，STM32F103R6 芯片全速运行程序。观察 LED 是否点亮，若 LED 点亮，则说明 LED 点亮控制是好的，如图 1-37 所示。

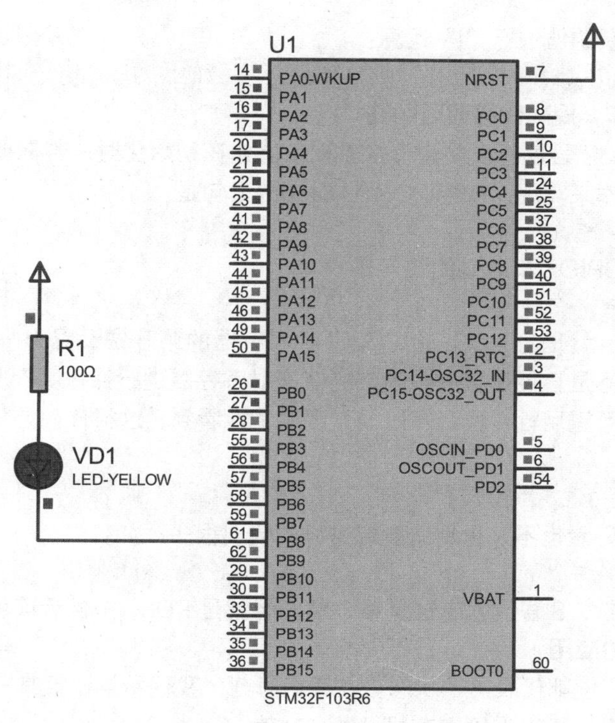

图1–37　“LED点亮控制”Proteus仿真运行

1.2.3　位操作

位操作就是对基本类型变量在位级别上进行的操作。C 语言支持如表 1–1 所示的 6 种位操作。

表 1-1　C 语言支持的位操作

运 算 符	含　义	运 算 符	含　义
&	按位与	~	取反
|	按位或	<<	左移
^	按位异或	>>	右移

下面我们围绕表 1–1 中的 6 种位操作，着重介绍在 STM32 程序开发中使用位操作的相关关键技术。

1. 在不改变其他位的状况下，对某几个位赋值

针对这种情况，应该怎么做才能实现对某几个位赋值呢？我们可以把“&”和“|”两个位操作结合起来使用，步骤如下。

（1）先对需要设置的位用“&”操作符进行清零操作。

（2）再用“|”操作符赋值。

例如，在初始化时，若配置 PD8 引脚为推挽输出、速度为 50 MHz，需将 GPIOD->CRH 的 0~3 位设置为 3（即二进制 0011B），这时可先对寄存器的 0~3 位进行“&”清零操作。

```
GPIOD->CRH&=0Xfffffff0;          //清掉原来的设置，同时不影响其他位设置
```

然后再与需要设置的值进行“|”运算：

```
GPIOD->CRH|=0X00000003;           //设置0~3位的值为3，不改变其他位的值
```

2. 使用移位操作，提高代码的可读性

移位操作在 STM32 程序开发中也非常重要。比如在初始化时，若需要使能 GPIOD 口的时钟，就可使用移位操作来实现，使能 PORTD 时钟的语句是：

```
RCC->APB2ENR|=1<<5;
```

使能 GPIOD 和 GPIOE 口时钟的语句是：

```
RCC->APB2ENR|=3<<5;
```

这个左移位操作，就是将 RCC->APB2ENR 寄存器的第 5 位设置为 1，使能 PORTD 时钟。为什么要通过左移而不是直接设置一个固定的值来对寄存器进行操作呢？其实，这样做是为了提高代码的可读性以及可重用性。读者可以很直观明了地看到，这行代码是将第 5 位设置为 1。如果写成：

```
RCC->APB2ENR =0x00000020;
```

这样的代码既不好看也不好重用。类似这样的代码很多，如：

```
GPIOD->ODR|=1<<8;            //PD8 输出高电平，不改变其他位
```

这样非常一目了然，8 告诉读者这是第 8 位，也就是 PD8，1 告诉读者设置为 1。

3. 取反位操作的应用

SR 寄存器的每一位都代表一个状态。在某个时刻，我们希望设置某一位为 0，同时其他位都保留为 1，简单的做法是直接给寄存器设置一个值。

```
TIMx->SR=0xF7FF;
```

上述代码设置第 11 位为 0，但代码可读性很差。你可以这样写：

```
#define TIM_FLAG_Update   ((uint16_t)0x0001)
TIMx->SR &=~(TIM_FLAG_Update <<11);
```

从上面的代码中，读者可以从第一条语句看出，宏定义了 TIM_FLAG_Update 第 0 位是 1，其他位是 0；第二条语句让 TIM_FLAG_Update 左移 11 位取反，第 11 位就为 0，其他位都为 1；最后通过按位与操作，使第 11 位为 0，其他位保持不变。这样，读者就能很容易地看明白代码，所以代码的可读性也就非常强。

1.3 认识 Arm-STM32

1.3.1 嵌入式系统

1. 嵌入式系统定义

嵌入式系统（Embedded system）是一种完全嵌入受控器件内部，为特定应用而设计的专用计算机系统。根据 IEEE（国际电气和电子工程师协会）的定义：嵌入式系统是控制、监视或辅助设备、机器或用于工厂运作的设备。

目前，国内普遍认同的嵌入式系统定义是：以应用为中心，以计算机技术为基础，软硬件可裁剪，适应应用系统对功能、可靠性、成本、体积、功耗等严格要求的专用计算机系统。

嵌入式系统与通用计算机系统的本质区别在于系统的应用不同，嵌入式系统是将一个计算机系统嵌入到对象系统中。这个对象可能是庞大的机器，也可能是小巧的手持设备，用户并不关心

这个计算机系统的存在。

在理解嵌入式系统的定义时，读者不要将嵌入式系统与嵌入式设备相混淆。嵌入式设备是指内部有嵌入式系统的产品、设备。例如，内含嵌入式系统的家用电器、仪器仪表、工控单元、机器人、手机等。

2. 嵌入式系统组成

根据嵌入式系统的定义可知，嵌入式系统是一种专用的计算机系统，作为装置或设备的一部分，具有嵌入性、专用性与计算机系统 3 个基本要素。只要满足这 3 个要素的计算机系统，都可称为嵌入式系统。

嵌入式系统一般是由嵌入式处理器、存储器、输入输出和软件（嵌入式设备的应用软件和操作系统是紧密结合的）等 4 部分组成。嵌入式系统与计算机系统的区别如表 1-2 所示。

表 1-2　嵌入式系统与计算机系统的区别

序号	嵌入式系统	计算机系统
1	专用的计算机	通用的计算机
2	应功能需求而设计	基本统一的设计标准
3	MCS51、AVR、Arm、DSP、FPGA 等可供选择	X86 体系处理器
4	μCOS-II、μClinux、Android 等嵌入式操作系统可供选择	Windows/Linux OS
5	贫乏的存储资源，以 KB 或 MB 为存储单位	极其丰富的存储资源，可扩展到 TB 量级存储容量
6	极其丰富的外设接口	有限集成的外设接口

3. 嵌入式系统特点

嵌入式系统是面向用户、面向产品、面向应用的，与应用紧密结合，具有很强的专用性，必须结合实际系统需求进行合理的裁减。与通用计算机系统相比，嵌入式系统具有如下几个显著特点。

（1）嵌入式系统面向特定应用

嵌入式系统中的 CPU 是专门为特定应用设计的，具有低功耗、体积小、集成度高等特点，能够把通用 CPU 中许多由板卡完成的任务集成在芯片内部，从而有利于整个系统趋于小型化。

（2）软件要求固态化存储

固态化存储是为了提高运行速度和系统可靠性，嵌入式系统中的软件一般都固化在存储器芯片中。

（3）嵌入式系统的硬件和软件都必须具备高度可定制性

嵌入式系统必须根据应用需求对软硬件进行裁剪以满足应用系统的功能、可靠性、成本、体积等要求。

（4）嵌入式系统的生命周期较长

嵌入式系统和具体应用是有机结合在一起的，它的升级换代也是和具体产品同步进行的。因此，嵌入式系统产品一旦进入市场，就具有较长的生命周期。

（5）嵌入式系统开发需要开发工具和环境

嵌入式系统本身并不具备在其上进行进一步开发的能力。在设计完成以后，用户通常也不能对其中的程序、功能进行修改，必须借助一套专用的开发工具和环境，才能进行开发。开发时往往有主机和目标机的概念，主机用于程序的开发，目标机作为最后的执行机，开发时需要交替结合进行。

1.3.2 Arm Cortex-M3 处理器

嵌入式系统的核心部件是各种类型的嵌入式处理器，目前全世界的嵌入式处理器已经有超过1000多种，体系结构有30多个系列。没有一种嵌入式处理器可以主导市场，嵌入式处理器的选择是根据具体的应用决定的。

1. Arm 是什么

Arm（Advanced RISC Machines）可以认为是一个公司的名字，也可以认为是对一类微处理器的通称，还可以认为是一种技术的名字。

20世纪90年代初，Advanced RISC Machines Limited公司（简称Arm公司）成立于英国剑桥。Arm 公司是设计公司，是专门从事基于精简指令集计算机（Reduced Instruction Set Computer，RISC）芯片技术开发的公司，该公司设计了大量高性能、廉价、耗能低的RISC处理器，以及配套的相关技术和软件。Arm公司既不生产芯片也不销售芯片，主要出售芯片设计技术的授权，是知识产权（IP）供应商。

世界各大半导体生产商从Arm公司购买其设计的Arm处理器核，然后根据各自不同的应用领域，加入适当的外围电路，从而形成自己的 Arm 微处理器芯片并进入市场。目前，全世界几十家大的半导体公司都在使用Arm公司的授权，使得Arm技术获得了更多的第三方工具、制造、软件的支持，又使其整个系统成本降低，产品更容易进入市场，更具有竞争力。

目前，采用Arm技术知识产权核（IP核，Intellectual Property Core）的处理器，即通常所说的 Arm 处理器，已遍及工业控制、消费类电子产品、通信系统、网络系统、DSP、无线移动应用等各类产品市场，在低功耗、低成本和高性能的嵌入式系统应用领域中处于领先地位。

2. Arm Cortex 系列处理器

Arm Cortex系列处理器是基于Armv7架构的，分为Cortex-A、Cortex-R和Cortex-M 3类。在命名方式上，基于Armv7架构的Arm处理器已经不再沿用过去的数字命名方式，如Arm 7，Arm 9，Arm 11，而是冠以Cortex的代号。

（1）基于 Armv7-A 的称为“Cortex-A 系列”，主要用于高性能（Advance）场合，是针对日益增长的运行Linux、Windows CE和Symbian操作系统的消费者娱乐和无线产品所设计与实现的。

（2）基于Armv7-R的称为“Cortex-R系列”，主要用于实时性（Real time）要求高的场合，针对需要运行实时操作系统来控制应用的系统，包括汽车电子、网络和影像系统。

（3）基于 Armv7-M 的称为“Cortex-M 系列”，主要用于微控制器单片机（MCU）领域，是为那些对功耗和成本非常敏感，同时性能要求不断增加的嵌入式应用（如微控制器系统、汽车电子与车身控制系统、各种家电、工业控制、医疗器械、玩具和无线网络等）所设计与实现的。

3. Arm Cortex-M3 处理器

Arm Cortex-M3处理器包括处理器内核、嵌套向量中断控制器（NVIC）、存储器保护单元、总线接口单元和跟踪调试单元等，具有的性能如下所述。

（1）Arm Cortex-M3核使用3级流水线哈佛架构，运用分支预测、单周期乘法和硬件除法等功能，实现了1.25 DMIPS/MHz的出色运算效率。

与0.9 DMIPS/MHz的Arm 7和1.1 DMIPS/ MHz的Arm 9相比，功耗仅为0.19 mW/MHz。DMIPS（Dhrystone Million Instructions executed Per Second）主要用于测算整数计算能力。

其中，MIPS（Million Instructions executed Per Second）表示每秒百万条指令，用来计算一秒内系统的处理能力，即每秒执行了多少百万条指令。

（2）采用专门面向C语言设计的Thumb-2指令集，最大限度地降低了汇编语言的使用。而且Thumb-2指令集允许用户在C语言代码层面维护和修改应用程序，使得C语言代码部分非常易于重用。可以这么说，无须使用任何汇编语言，使得新产品的开发更易于实现，上市时间也大为缩短。

Thumb-2指令集免去了Thumb和Arm代码的互相切换，性能得到了提高。结合非对齐数据存储和位处理等特性，可在一个单一指令中实现读取/修改/编写功能，轻易以8位、16位器件所需的存储空间实现32位的性能。

（3）单周期乘法和乘法累加指令、硬件除法。

（4）准确快速的中断处理，永不超过12周期，最快仅6周期。内置的NVIC通过末尾连锁，即尾链（Tail-chaining）技术提供了确定的、低延迟的中断处理，并可以设置多达240个中断，可为中断较为集中的汽车应用领域实现可靠的操作。对于工业控制应用，存储器保护单元（Memory Protection Unit，MPU）通过使用特权访问模式可以实现安全操作。

（5）Flash修补和断点单元、数据观察点和跟踪单元、仪器测量跟踪宏单元和嵌入式跟踪宏单元，为嵌入式器件提供了廉价的调试和跟踪技术。

（6）扩展时钟门控（Clock Gating）技术和内置3种睡眠模式，适用于低功耗的无线设计领域。

因此，Arm Cortex-M3处理器是专门为那些对成本和功耗非常敏感，但同时对性能要求又相当高的应用而设计的。凭借缩小的内核尺寸、出色的中断延迟、集成的系统部件、灵活的硬件配置、快速的系统调试和简易的软件编程，Arm Cortex-M3处理器将成为广大嵌入式系统（从复杂的片上系统到低端微控制器）的理想解决方案，基于Arm Cortex-M3处理器的系统设计可以更快地投入市场。

1.3.3 STM32系列处理器

STM32系列处理器是由ST公司以Arm Cortex-M3为内核开发生产的32位处理器，专为高性能、低成本、低功耗的嵌入式应用而设计。目前，STM32系列处理器有以下几个不同系列。

1. STM32F101xx基本型系列

STM32F101xx基本型系列处理器使用高性能的32位Arm Cortex-M3的RISC内核，工作频率为36 MHz，内置高速存储器（高达128 KB的闪存和16 KB的SRAM），提供丰富的增强型外设和I/O端口（连接到两条APB总线）。

所有型号的器件都包含1个12位的ADC和3个通用16位定时器，还包含标准的通信接口：2个I^2C、2个SPI和3个USART。

2. STM32F102xx USB基本型系列

STM32F102xx USB基本型系列处理器使用高性能的32位Arm Cortex-M3 RISC内核的USB接入MCU，工作频率为48 MHz，内置高速存储器（高达128 KB的闪存和16KB的SRAM），提供各种外设和连接两条APB总线的I/O端口。

所有型号的器件都包含 1 个 12 位的 ADC 和 3 个通用 16 位定时器，还包含标准的通信接口：2 个 I²C、2 个 SPI、1 个 USB 和 3 个 USART。

3. STM32F103xx 增强型系列

STM32F103xx 增强型系列处理器使用高性能的 32 位 Arm Cortex-M3 的 RISC 内核，工作频率为 72 MHz，内置高速存储器（最高可达 512 KB 的闪存、64 KB 的 SRAM），具有丰富的增强型 I/O 端口和连接到两条高性能外设总线（APB）的外设。

所有型号的器件都包含 2 个 12 位的 ADC、1 个高级定时器、3 个通用 16 位定时器和 1 个 PWM 定时器，还包含标准和先进的通信接口：2 个 I²C（SMBus/PMBus）、2 个 SPI 同步串行接口（18 Mbit/s）、3 个 USART 异步串行接口（4.5 Mbit/s）、1 个 USB（2.0 标准接口）和 1 个 CAN。

该系列芯片按片内内存的大小可分为三大类：小容量（16 KB 和 32 KB）、中容量（64 KB 和 128 KB）、大容量（256 KB、384 KB 和 512 KB）。

4. STM32F105/107xx 互联型系列

STM32F105/107xx 互联型系列处理器使用高性能的 32 位 Arm Cortex-M3 的 RISC 内核，工作频率为 72 MHz，内置高速存储器（最高可达 256 KB 的闪存、64 KB 的 SRAM），具有丰富的增强型 I/O 端口和连接到两条高性能外设总线（APB）的外设。

所有型号的器件都包含 2 个 12 位的 ADC、4 个通用 16 位定时器，还包含标准和先进的通信接口：2 个 I²C（SMBus/PMBus）、3 个 SPI 同步串行接口（18 Mbit/s）、5 个 USART 接口、1 个 USB OTG 全速接口和 2 个 CAN 接口。STM32F107xx 系列还包括以太网接口。

STM32 系列处理器具有丰富的外设配置、为低功耗应用设计的一组完整的节电模式，适用于多种应用场合。

（1）电力电子系统方面的应用；

（2）电机驱动、应用控制；

（3）医疗、手持设备；

（4）PC 游戏外设、GPS 平台；

（5）编程控制器（PLC）、变频器等工业应用；

（6）扫描仪、打印机；

（7）警报系统、视频对讲；

（8）暖气通风、空调系统、LED 条屏控制。

5. STM32F103 系列产品命名规则

STM32F103 系列产品是按照“STM32F103XXYY”格式来命名的，具体含义如下。

（1）产品系列：STM32 是基于 Arm Cortex-M3 核设计的 32 位微控制器。

（2）产品类型：F 代表通用类型。

（3）产品子系列：101 是基本型、102 是 USB 基本型（USB 全速设备）、103 是增强型、105 或 107 是互联型。

（4）引脚数目（第一个 X）：T 是 36 脚、C 是 48 脚、R 是 64 脚、V 是 100 脚、Z 是 144 脚。

（5）闪存容量（第二个 X）：4 是 16 KB、6 是 32 KB、8 是 64 KB、B 是 128 KB、C 是 256 KB、D 是 384 KB、E 是 512 KB。

（6）封装（第一个 Y）：H 是 BGA、T 是 LQFP、U 是 VFQFPN、Y 是 WLCSP64。

（7）温度范围（第二个 Y）：6 是工业级温度范围−40℃～85℃、7 是工业级温度范围−40℃～105℃。

例如：STM32F103VCT6 是基于 Arm Cortex−M3 核设计的 32 位微控制器系列、通用类型、增强型子系列、100 个引脚、256 KB 闪存容量，采用的是 LQFP 封装、温度范围是−40℃～85℃。

1.4 任务 3　LED 闪烁控制

在任务 2 的基础上，编写程序控制 STM32F103VCT6 的 PB8 引脚，能交替输出高电平和低电平，完成 LED 闪烁控制程序的设计与调试。

1.4.1 LED 闪烁控制设计与实现

LED 闪烁控制电路同任务 2“点亮一个 LED”电路一样，LED 的阳极经 100Ω 限流电阻接电源，PB8 引脚接 LED 的阴极。

1. LED 闪烁功能实现分析

LED 的阳极通过 100Ω 限流电阻连接到电源上，PB8 引脚接 LED 的阴极。PB8 引脚输出低电平时，LED 点亮；输出高电平时，LED 熄灭。LED 闪烁功能实现过程如下。

（1）PB8 引脚输出低电平，LED 点亮。

（2）延时。

（3）PB8 引脚输出高电平，LED 熄灭。

（4）延时。

（5）重复第一步（循环），这样就可以实现 LED 闪烁。

2. 移植工程模板

（1）建立一个“任务 3 LED 闪烁控制”工程目录，然后把 STM32_ Project 工程模板直接复制到该目录下。

（2）在“任务 3 LED 闪烁控制”工程目录下，将工程模板目录名 STM32_ Project 修改为“LED 闪烁控制”。

（3）在 USER 子目录下，把 STM32_ Project.uvproj 工程名修改为 ledss.uvproj。

3. LED 闪烁控制程序设计

根据以上分析，编写 LED 闪烁控制主文件 ledss.c，LED 闪烁控制主要代码如下。

```
#include "stm32f10x.h"
void Delay(unsigned int count)                          //延时函数
{
    unsigned int i;
    for(;count!=0;count--)
    {
```

```
        i=5000;
        while(i--);
    }
}
int main(void)
{
    GPIO_InitTypeDef  GPIO_InitStructure;
    RCC_APB2PeriphClockCmd(RCC_APB2Periph_GPIOB, ENABLE); //使能 GPIOB 时钟
    GPIO_InitStructure.GPIO_Pin = GPIO_Pin_8;             //PB8 引脚配置
    GPIO_InitStructure.GPIO_Mode = GPIO_Mode_Out_PP;   //配置 PB8 为推挽输出
    GPIO_InitStructure.GPIO_Speed = GPIO_Speed_50MHz;  //GPIOB 速度为 50 MHz
    GPIO_Init(GPIOB, &GPIO_InitStructure);             //初始化 PB8
    GPIO_SetBits(GPIOB,GPIO_Pin_8);                    //PB8 输出高电平，LED 熄灭
    while(1)
    {
        GPIO_ResetBits(GPIOB,GPIO_Pin_8);              //PB8 输出低电平，LED 点亮
        Delay(100);                                    //延时，保持点亮一段时间
        GPIO_SetBits(GPIOB,GPIO_Pin_8);
        Delay(100);                                    //保持熄灭一段时间
    }
}
```

代码说明：

由于 STM32 执行指令的速度非常快，如果不设置延时，LED 点亮之后马上就熄灭，熄灭之后马上又点亮，速度太快。由于人眼存在视觉暂留效应，根本无法分辨。所以我们在控制 LED 闪烁的时候需要延时一段时间，否则就看不到“LED 闪烁”的效果了。

4. 工程编译与调试

参考任务 2 把 ledss.c 主文件添加到工程里面，把 Project Targets 栏下的 STM32_ Project 名修改为 Ledss，完成“LED 闪烁控制”工程的搭建、配置。

单击 Rebuild 按钮对工程进行编译，生成 ledss.hex 目标代码文件。若编译发生错误，要进行分析检查，直到编译正确。

注 意

LED 闪烁控制工程的搭建、配置编译、程序下载以及运行调试等操作与任务 2 基本一样，可以参考任务 2 进行操作，若有不一样的会单独加以说明。

加载 ledss.hex 目标代码文件到 STM32F103R6 芯片，单击仿真工具栏的“运行”按钮 ▶，观察 LED 是否闪烁。若运行结果与任务要求不一致，要对电路和程序进行分析检查，直到运行正确。

1.4.2 extern 变量声明

C 语言中的 extern 可以置于变量/函数前，表示该变量/函数已在别的文件中定义过，用于提

示编译器，遇到此变量和函数时在其他文件中寻找其定义，如：

```
extern u16 USART_RX_STA;
```

这个语句是声明 USART_RX_STA 变量在其他文件中已经定义了，在这里要使用到。所以，肯定可以在其他文件的某个地方，找到该变量的定义语句。

```
u16 USART_RX_STA;
```

注 意

extern 可以多次声明变量，因为这个变量会在多个文件中使用，但定义这个变量只有一次。

下面通过一段代码来说明 extern 的使用方法。在 main.c 中定义全局变量 id，id 的初始化是在 main.c 中进行的。main.c 文件如下：

```
u8  id;                     //定义只允许一次
main()
{
    id=1;
    printf("d%",id);        //id=1
    test();
    printf("d%",id);        //id=2
}
```

但是，我们在 test.c 文件中的 test (void)函数中也要使用变量 id，这个时候就需要在 test.c 里面去声明变量 id 是外部定义的了。因为如果不声明，变量 id 的作用域是到不了 test.c 文件中的。看下面 test.c 文件中的代码：

```
extern  u8  id;             //声明变量 id 是在外部定义的，声明可以在很多个文件中进行
void test(void)
{
    id=2;
}
```

在 test.c 文件中声明变量 id 是在函数 void test(void)外部定义的，然后就可以使用变量 id 了。

1.4.3 Keil μVision4 文本美化

我们完成新建 Keil μVision4 工程时，是如何对关键字、注释、数字等的颜色和字体进行文本美化的呢？如图 1-38 所示。

我们可以通过 Keil μVision4 提供的自定义字体颜色的功能，对文本进行美化，具体有以下方法。

（1）在工具栏上单击 按钮，弹出 Configuration 对话框，如图 1-39 所示。

（2）选择 Colors&Fonts 选项卡，在该选项卡内，我们就可以设置代码的字体和颜色了。

由于使用的是 Arm-STM32 和 C 语言，所以要在左边的 Text File Types 列表框中选择 Arm:Editor C Files 选项。这时在右边的元素列表中，就可以看到各个元素相应的颜色、字体类型、字体大小以及显示效果了，如图 1-40 所示。

```c
#include "stm32f10x.h"
void Delay(unsigned int count)                                          //延时函数
{
    unsigned int i;
    for(;count!=0;count--)
    {
        i=5000;
        while(i--);
    }
}
int main(void)
{
    GPIO_InitTypeDef  GPIO_InitStructure;
    RCC_APB2PeriphClockCmd(RCC_APB2Periph_GPIOB, ENABLE);    //使能GPIOB时钟
    GPIO_InitStructure.GPIO_Pin = GPIO_Pin_8;               //PB8引脚配置
    GPIO_InitStructure.GPIO_Mode = GPIO_Mode_Out_PP;        //配置PB8为推挽输出
    GPIO_InitStructure.GPIO_Speed = GPIO_Speed_50MHz;       //GPIOB速度为50MHz
    GPIO_Init(GPIOB, &GPIO_InitStructure);                  //初始化PB8
    GPIO_SetBits(GPIOB,GPIO_Pin_8);                         //PB8输出高电平，LED熄灭

    while(1)
    {
        GPIO_ResetBits(GPIOB,GPIO_Pin_8);                   //PB8输出低电平，LED点亮
        Delay(100);                                         //延时，保持点亮一段时间
        GPIO_SetBits(GPIOB,GPIO_Pin_8);
        Delay(100);                                         //保持熄灭一段时间
    }
}
```

图1-38　Keil μVision4工程界面

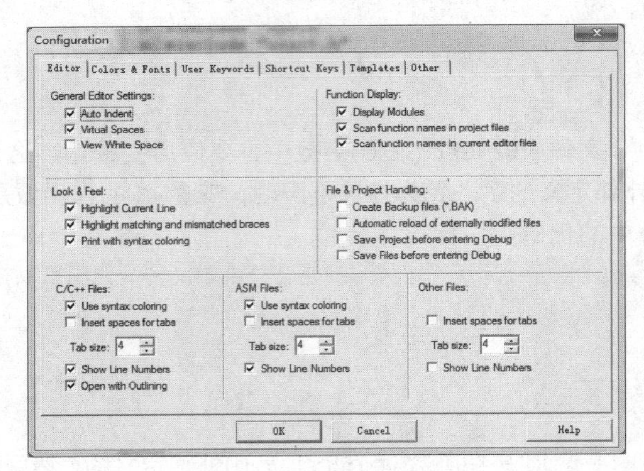

图1-39　Configuration对话框

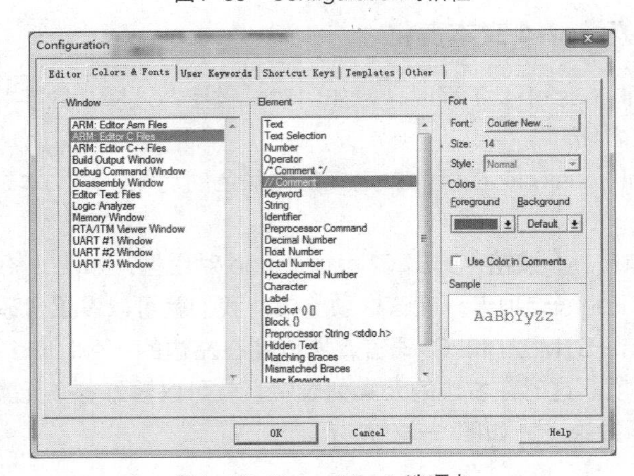

图1-40　Colors&Fonts选项卡

（3）单击各个元素可以修改为自己喜欢的颜色，也可以在 Font 栏设置自己喜欢的字体类型，以及字体大小等，直到满意为止。

（4）在 Colors&Fonts 选项卡中设置了用户自定义关键字的颜色之后，还需要通过 User Keywords 选项卡进一步设置。同样选择 Arm:Editor C Files 选项，然后在右边的 User Keywords 框下面输入你自己定义的关键字，如 u8、u16、u32 等关键字。

另外，在 Configuration 对话框里面，还可以对其他很多功能进行设置，比如按 Tab 键能右移多少位以及修改快捷键等。

【技能训练 1-1】音频产生器

如何利用前面完成的 LED 闪烁控制任务来完成音频产生器的设计与实现呢？

1. 音频控制电路

音频控制电路由 STM32F103R6 芯片、电阻、扬声器和三极管 2N3392 组成，其中，VTI 的基极经电阻 R1 接到 PC5 引脚，如图 1-41 所示。

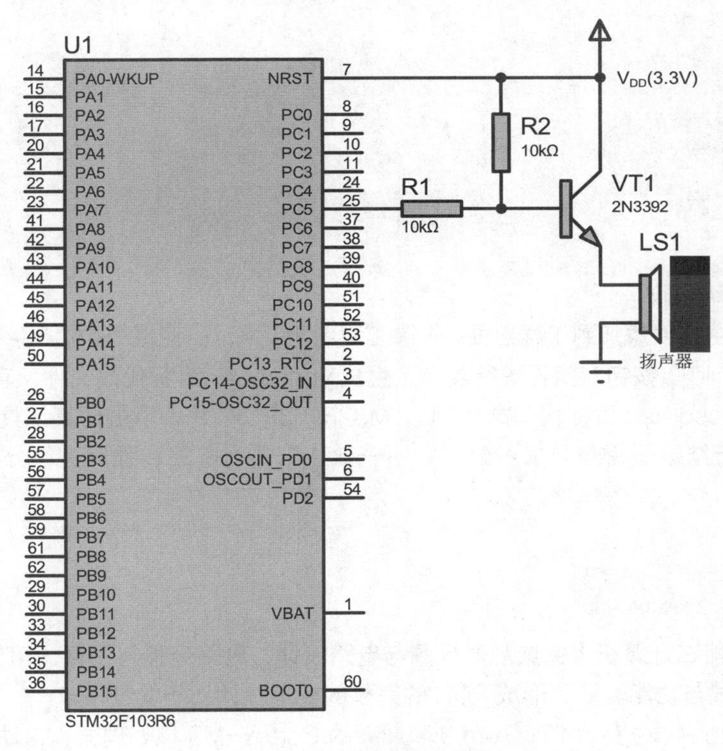

图1-41　音频产生器电路

2. 编写音频产生器程序

音频产生器程序和任务 3 的 LED 闪烁程序基本一样，主文件 ypcsq.c 可参考如下程序。

```
#include "stm32f10x.h"
void Delay(unsigned int count)            //延时函数
{
    unsigned int i;
```

```
    for(;count!=0;count--)
    {
        i=5000;
        while(i--);
    }
}
int main(void)
{
    GPIO_InitTypeDef  GPIO_InitStructure;
    RCC_APB2PeriphClockCmd(RCC_APB2Periph_GPIOC, ENABLE);  //使能 GPIOC 时钟
    GPIO_InitStructure.GPIO_Pin = GPIO_Pin_5;                //PC5 引脚配置
    GPIO_InitStructure.GPIO_Mode = GPIO_Mode_Out_PP;   //配置 PC5 为推挽输出
    GPIO_InitStructure.GPIO_Speed = GPIO_Speed_50MHz;  //GPIOB 速度为 50 MHz
    GPIO_Init(GPIOC, &GPIO_InitStructure);              //初始化 PC5
    GPIO_SetBits(GPIOC,GPIO_Pin_5);                      //PC5 输出高电平
    while(1)
    {
        GPIO_ResetBits(GPIOC,GPIO_Pin_5);                //PC5 输出低电平
        Delay(10);                                       //延时一段时间
        GPIO_SetBits(GPIOC,GPIO_Pin_5);                  //PC5 输出高电平
        Delay(10);
    }
}
```

3. 工程编译与调试

把 ypcsq.c 主文件添加到工程里面，修改工程名为 ypcsq，完成“音频产生器”工程的搭建、配置。单击 Rebuild 按钮对工程进行编译，生成 ypcsq.hex 目标代码文件，直到编译正确。

最后加载 ypcsq.hex 目标代码文件到 STM32F103R6 芯片，单击仿真工具栏的“运行”按钮，观察运行结果是否与要求一致，如不一致，则要对电路和程序进行分析检查，直到运行正确。

1. Proteus 能在计算机上完成从原理图与电路设计、电路分析与仿真、STM32 代码级调试与仿真、系统测试与功能验证到形成 PCB 的完整的电子设计、研发过程。

2. Keil μVision4 支持 Arm 7、Arm 9 和最新的 Cortex-M3 核处理器，自动配置启动代码，集成 Flash 烧写模块，具有强大的 Simulation 设备模拟、性能分析等功能，可以完成从工程建立和管理、编译、连接、目标代码的生成到软件仿真和硬件仿真等完整的开发流程。

3. CMSIS 标准（Cortex Microcontroller Software Interface Standard）即“Arm Cortex 微控制器软件接口标准”，向下负责与内核和各个外设直接打交道，向上负责提供实时操作系统用户程序调用的函数接口，芯片生产公司的库函数必须按照 CMSIS 标准来设计。

4. STM32 固件库是函数的集合，固件库函数的作用是向下负责与寄存器直接打交道，向上

提供用户函数调用的接口（API）。

5. STM32 固件库关键子目录主要有 Libraries 和 Project 子目录。

（1）Libraries 子目录下面存放启动文件的 CMSIS 子目录和存放 STM32 固件库源码文件的 STM32F10x_StdPeriph_Driver 子目录。这两个子目录包含固件库核心的所有子目录和文件，主要包含大量的头文件、源文件和系统文件，是开发必须使用的。

其中，STM32F10x_StdPeriph_Driver 子目录下面有存放 stm32f10x_xxx.h 头文件（无须改动）的 inc 子目录和存放 stm32f10x_xxx.c 固件库源码文件的 src 子目录。

（2）Project 子目录下面存放的是 ST 官方提供的固件实例源码（包含了几乎所有 STM32F10x 外设的详细使用源代码）的 STM32F10x_StdPeriph_Examples 子目录，以及存放工程模板的 STM32F10x_StdPeriph_Template 子目录。

6. STM32 固件库 Libraries 子目录下面有几个重要文件。

（1）core_cm3.c 和 core_cm3.h 文件是由 Arm 公司提供的 CMSIS 核心文件，位于 Libraries\CMSIS\CM3\CoreSupport 子目录下面，分别是内核访问层的源文件和头文件，提供进入 M3 内核的接口。

（2）system_stm32f10x.c、system_stm32f10x.h 以及 stm32f10x.h 文件是外设访问层的源文件和头文件都存放在 Libraries\CMSIS\CM3\DeviceSupport\ST\STM32F10x 子目录下面，是一些启动文件、比较基础的寄存器定义以及中断向量定义的文件。

system_stm32f10x.c 文件和对应的 system_stm32f10x.h 头文件用于设置系统以及总线时钟。stm32f10x.h 文件相当重要，主要包含了 STM32F10x 系列所有外设寄存器的定义、位定义、中断向量表、存储空间的地址映射等信息。

（3）启动文件存放在 Libraries\CMSIS\CM3\DeviceSupport\ST\STM32F10x\startup\arm 子目录下面。启动文件的使用是按芯片容量来选择的，小容量芯片（Flash≤32 KB）使用 startup_stm32f10x_ld.s、中容量芯片（64 KB≤Flash≤128 KB）使用 startup_stm32f10x_md.s、大容量芯片（256 KB≤Flash）使用 startup_stm32f10x_hd.s。

（4）在 Project\STM32F10x_StdPeriph_Template 子目录下面有 3 个关键文件。

stm32f10x_it.c 和 stm32f10x_it.h 是外设中断函数文件，用来编写中断服务函数，用户可以相应地加入自己的中断程序代码。

stm32f10x_conf.h 是固件库配置文件，有很多#include。在建立工程时，可以注释掉一些不用的外设头文件，只选择固件库使用的外设。

7. 新建基于 STM32 固件库的 Keil μVision4 工程模板的步骤如下：先在 STM32_ Project 工程目录下建立 USER、CORE、OBJ 以及 STM32F10x_FWLib 子目录；然后把固件库相关子目录和文件分别复制到 USER、CORE 以及 STM32F10x_FWLib 子目录中；再新建 STM32_ Project 工程模板，新建组和添加文件到 STM32_ Project 工程模板；最后对 STM32_ Project 工程模板进行配置与编译。

8. 嵌入式系统（Embedded system）是一种完全嵌入受控器件内部，为特定应用而设计的专用计算机系统。根据 IEEE（国际电气和电子工程师协会）的定义：嵌入式系统是控制、监视或辅助设备、机器或用于工厂运作的设备。

9. 嵌入式系统一般由嵌入式处理器、存储器、输入输出和软件（嵌入式设备的应用软件和操作系统是紧密结合的）等 4 部分组成。

10. 嵌入式系统具有面向特定应用、软件要求固态化存储、硬件和软件必须具备高度可定制性、生命周期较长，以及开发时需要特定开发工具和环境等特点。

11. Arm Cortex 系列处理器是基于 Arm 7 架构的，分为 Cortex-A、Cortex-R 和 Cortex-M 三类。在命名方式上，基于 Arm 7 架构的 Arm 处理器已经不再沿用过去的数字命名方式，如 Arm 7、Arm 9，Arm 11，而是冠以 Cortex 的代号。

12. Arm Cortex-M3 处理器包括处理器内核、嵌套向量中断控制器（NVIC）、存储器保护单元、总线接口单元和跟踪调试单元等。

13. STM32 系列处理器是由 ST 公司以 Arm Cortex-M3 为内核开发生产的 32 位处理器，专为高性能、低成本、低功耗的嵌入式应用而设计。

1-1 嵌入式系统是如何定义的?

1-2 嵌入式系统具有哪些特点?

1-3 Arm Cortex-M3 处理器由哪几个部分组成?

1-4 简述 STM32F103 系列产品的命名规则。

1-5 简述 STM32 固件库开发与寄存器开发之间的关系。

1-6 论述 STM32 固件库与 CMSIS 标准之间的关系。

1-7 STM32 固件关键子目录有哪些？其功能是什么?

1-8 STM32 固件关键文件有哪些?

1-9 简述新建基于 STM32 固件库的 Keil μVision4 工程模板的步骤。

1-10 使用基于 STM32 固件库的工程模板，完成控制两个 LED 交替闪烁的电路和程序设计、运行与调试。

Chapter

2

项目二

跑马灯控制设计与实现

能力目标

能利用 GPIO 的寄存器和库函数，通过程序控制 STM32F103R6 芯片的 GPIO 端口输出，实现跑马灯控制的设计、运行与调试。

知识目标

1. 了解嵌入式的寄存器组织；
2. 了解使用寄存器和库函数配置 STM32 的 GPIO 输入输出模式的方法；
3. 会使用寄存器和库函数控制 GPIO 端口的输出，实现 LED 循环点亮控制和跑马灯控制。

素养目标

加深读者对传统文化的了解，坚定文化自信，激发读者对科研的探索精神、投身科技报国的事业中。

2.1 任务 4　LED 循环点亮控制

使用 STM32F103R6 芯片的 PB8、PB9、PB10 和 PB11 引脚分别接 4 个 LED 的阴极，通过程序控制 4 个 LED 循环点亮。

2.1.1　认识 STM32 的 I/O 口

如何控制 LED 循环点亮，关键在于如何控制 STM32 的 I/O 口输出，这是迈向 STM32 的第一步。

1. STM32 的 I/O 口可以由软件配置成 8 种模式

STM32 的 I/O 口相比 51 单片机而言要复杂得多，所以使用起来也困难很多。STM32 的 I/O 口可以由软件配置成如下 8 种模式。

① 浮空输入：IN_FLOATING；

② 上拉输入：IPU；
③ 下拉输入：IPD；
④ 模拟输入：AIN；
⑤ 开漏（Open-Drain）输出：Out_OD；
⑥ 推挽（Push-Pull）输出：Out_PP；
⑦ 复用功能的推挽输出：AF_PP；
⑧ 复用功能的开漏输出：AF_OD。

每个 I/O 口都可以自由编程，单 I/O 口寄存器必须按 32 位字被访问。STM32 的很多 I/O 口都是 5V 兼容的，这些 I/O 口在与 5V 的外设连接的时候很有优势，具体哪些 I/O 口是 5V 兼容的，可以从该芯片的数据手册引脚描述章节查到（I/O Level 标 FT 的就是 5V 电平兼容的）。

2. STM32 的 I/O 端口寄存器

STM32 的每个 I/O 端口都由以下 7 个寄存器来控制。

- 配置模式的 2 个 32 位的端口配置寄存器 CRL 和 CRH；
- 2 个 32 位的数据寄存器 IDR 和 ODR；
- 1 个 32 位的置位/复位寄存器 BSRR；
- 1 个 16 位的复位寄存器 BRR；
- 1 个 32 位的锁存寄存器 LCKR。

在这里，我们仅介绍常用的几个 I/O 端口寄存器：CRL、CRH、IDR、ODR、BSRR 和 BRR。

（1）端口低配置寄存器 CRL

I/O 端口低配置寄存器 CRL 是控制每个 I/O 端口（A~G）的低 8 位 I/O 端口的模式和输出速率的。每个 I/O 端口占用 CRL 的 4 位，高两位为 CNF，低两位为 MODE，STM32 的 I/O 端口位配置表如表 2-1 所示。

表 2-1　STM32 的 I/O 端口位配置表

<table>
<tr><th colspan="2">配置模式</th><th>CNF1</th><th>CNF0</th><th>MODE1</th><th>MODE0</th><th>PxODR 寄存器</th></tr>
<tr><td rowspan="2">通用输出</td><td>推挽</td><td rowspan="2">0</td><td>0</td><td colspan="2" rowspan="4">01
10
11
见表 2-2</td><td>0 或 1</td></tr>
<tr><td>开漏</td><td>1</td><td>0 或 1</td></tr>
<tr><td rowspan="2">复用功能输出</td><td>推挽</td><td rowspan="2">1</td><td>0</td><td>不使用</td></tr>
<tr><td>开漏</td><td>1</td><td>不使用</td></tr>
<tr><td rowspan="4">输入</td><td>模拟输入</td><td rowspan="2">0</td><td>0</td><td colspan="2" rowspan="4">00</td><td>不使用</td></tr>
<tr><td>浮空输入</td><td>1</td><td>不使用</td></tr>
<tr><td>下拉输入</td><td rowspan="2">1</td><td rowspan="2">0</td><td>0</td></tr>
<tr><td>上拉输入</td><td>1</td></tr>
</table>

STM32 的 I/O 端口输出速率配置如表 2-2 所示。

表 2-2　STM32 的 I/O 端口输出速率配置表

MODE[1:0]	意　义
00	保留
01	最大输出速度为 10MHz
10	最大输出速度为 2MHz
11	最大输出速度为 50MHz

在 STM32 固件库中的 stm32f10x_gpio.h 头文件里面，对 I/O 端口的模式和输出速率配置定义如下。

I/O 端口模式的 GPIOMode_TypeDef 枚举类型定义：

```
typedef enum
{
    GPIO_Mode_AIN = 0x0,
    GPIO_Mode_IN_FLOATING = 0x04,
    GPIO_Mode_IPD = 0x28,
    GPIO_Mode_IPU = 0x48,
    GPIO_Mode_Out_OD = 0x14,
    GPIO_Mode_Out_PP = 0x10,
    GPIO_Mode_AF_OD = 0x1C,
    GPIO_Mode_AF_PP = 0x18
}GPIOMode_TypeDef;
```

I/O 端口输出速率的 GPIOSpeed_TypeDef 枚举类型定义：

```
typedef enum
{
    GPIO_Speed_10MHz = 1,
    GPIO_Speed_2MHz,
    GPIO_Speed_50MHz
}GPIOSpeed_TypeDef;
```

为此，我们可以进一步对 STM32 的 I/O 端口低配置寄存器 CRL 进行描述，如图 2-1 所示。

31	30	29	28	27	26	25	24	23	22	21	20	19	18	17	16
CNF7[1:0]		MODE7[1:0]		CNF6[1:0]		MODE6[1:0]		CNF5[1:0]		MODE5[1:0]		CNF4[1:0]		MODE4[1:0]	
rw	rw	rw	rw	rw	rw	rw	rw	rw	rw	rw	rw	rw	rw	rw	rw

15	14	13	12	11	10	9	8	7	6	5	4	3	2	1	0
CNF3[1:0]		MODE3[1:0]		CNF2[1:0]		MODE2[1:0]		CNF1[1:0]		MODE1[1:0]		CNF0[1:0]		MODE0[1:0]	
rw	rw	rw	rw	rw	rw	rw	rw	rw	rw	rw	rw	rw	rw	rw	rw

位	描述
位 31:30 27:26 23:22 19:18 15:14 11:10 7:6 3:2	**CNFy[1:0]：** 端口 x 配置位(y = 0...7) 软件通过这些位配置相应的 I/O 端口，请参考表 2-1 端口位配置表。 在输入模式(MODE[1:0]=00)： 00：模拟输入模式； 01：浮空输入模式(复位后的状态)； 10：上拉/下拉输入模式； 11：保留。 在输出模式(MODE[1:0]>00)： 00：通用推挽输出模式； 01：通用开漏输出模式； 10：复用功能推挽输出模式； 11：复用功能开漏输出模式。
位 29:28 25:24 21:20 17:16 13:12 9:8 5:4 1:0	**MODEy[1:0]：** 端口 x 的模式位 软件通过这些位配置相应的 I/O 端口，请参考表 2-1 端口位配置表。 00：输入模式(复位后的状态)； 01：输出模式，最大速度 10MHz； 10：输出模式，最大速度 2MHz； 11：输出模式，最大速度 50MHz。

图2-1 端口低配置寄存器CRL各位描述

该寄存器的复位值为 0X4444 4444。从图 2-1 中可以看到，复位值其实就是配置端口为浮空输入模式。

注意

几个常用的配置如下：
① 0x04 表示模拟输入模式（ADC 用）；
② 0x03 表示推挽输出模式（做输出口用，50MHz 速率）；
③ 0x08 表示上/下拉输入模式（做输入口用）；
④ 0x0B 表示复用输出（使用 I/O 口的第二功能，50MHz 速率）。

（2）端口高配置寄存器 CRH

CRH 的作用和 CRL 完全一样，只是 CRL 控制的是低 8 位输出口，而 CRH 控制的是高 8 位输出口。在这里对 CRH 就不做详细介绍了。

例如：设置 GPIOC 的 11 位为上拉输入，12 位为推挽输出，输出速率为 50MHz。采用寄存器设置，代码如下：

```
GPIOC->CRH&=0XFFF00FFF;      //清掉这 2 个位原来的设置，不影响其他位的设置
GPIOC->CRH|=0X00038000;      //PC11 上拉/下拉输入，PC12 推挽输出，速率为 50MHz
GPIOC->ODR=1<<11;            //设置 PC11 为 1，使得 PC11 为上拉输入
```

如表 2-1 和表 2-2 所示，通过上述语句的配置，我们就设置了 PC11 为上拉输入，PC12 为推挽输出，速率为 50MHz。

若采用 stm32f10x_gpio.c 文件中的 GPIO_Init 函数设置，代码如下：

```
GPIO_InitTypeDef  GPIO_InitStructure;
GPIO_InitStructure.GPIO_Pin = GPIO_Pin_12;             //PC12 引脚设置
GPIO_InitStructure.GPIO_Mode = GPIO_Mode_Out_PP;       //设置 PC12 为推挽输出
GPIO_InitStructure.GPIO_Speed = GPIO_Speed_50MHz;     //PC12 输出速度为 50MHz
GPIO_Init(GPIOC, &GPIO_InitStructure);
GPIO_InitStructure.GPIO_Pin = GPIO_Pin_11;             //PC11 引脚设置
GPIO_InitStructure.GPIO_Mode = GPIO_Mode_IPU;          //设置 PC11 为上拉输入
GPIO_Init(GPIOC, &GPIO_InitStructure);
```

（3）端口输入数据寄存器 IDR

IDR 是一个端口输入数据寄存器，只用了低 16 位。该寄存器为只读寄存器，并且只能以 16 位的形式读出。该寄存器各位的描述如图 2-2 所示。

31	30	29	28	27	26	25	24	23	22	21	20	19	18	17	16
保留															

15	14	13	12	11	10	9	8	7	6	5	4	3	2	1	0
IDR15	IDR14	IDR13	IDR12	IDR11	IDR10	IDR9	IDR8	IDR7	IDR6	IDR5	IDR4	IDR3	IDR2	IDR1	IDR0
r	r	r	r	r	r	r	r	r	r	r	r	r	r	r	r

位	描述
位 31:16	保留，始终读为 0。
位 15:0	**IDRy[15:0]：** 端口输入数据(y = 0...15) 这些位为只读并只能以字(16 位)的形式读出，读出的值为对应 I/O 口的状态。

图2-2　端口输入数据寄存器IDR各位描述

要想知道某个 I/O 口的状态，只要读 IDR 寄存器，再看某个位的状态就可以了。使用起来是比较简单的。

例如，读取 PA 口的状态的代码是：

```
temp = GPIOA->IDR;
```

又如，读取 PA4 引脚的状态的代码是：

```
bitstatus = GPIOx->IDR & 0x10;
```

那么，如何使用库函数来读取 PA 口和 PA4 引脚的状态呢？可使用 stm32f10x_gpio.c 文件中的 GPIO_ReadInputData 与 GPIO_ReadInputDataBit 函数来实现，代码如下：

```
temp = GPIO_ReadInputData(GPIOA);                        //读取 PA 口的状态
bitstatus = GPIO_ReadInputDataBit(GPIOA, GPIO_Pin_4);    //读取 PA4 引脚的状态
```

（4）端口输出数据寄存器 ODR

ODR 是一个端口输出数据寄存器，也只用了低 16 位，该寄存器的各位描述如图 2-3 所示。

31	30	29	28	27	26	25	24	23	22	21	20	19	18	17	16
保留															

15	14	13	12	11	10	9	8	7	6	5	4	3	2	1	0
ODR15	ODR14	ODR13	ODR12	ODR11	ODR10	ODR9	ODR8	ODR7	ODR6	ODR5	ODR4	ODR3	ODR2	ODR1	ODR0
rw	rw	rw	rw	rw	rw	rw	rw	rw	rw	rw	rw	rw	rw	rw	rw

位 31:16	保留，始终读为 0
位 15:0	**ODRy[15:0]**：端口输出数据(y = 0...15) 这些位可读可写并只能以字(16 位)的形式操作。 注：对 GPIOx_BSRR(x = A...E)，可以分别地对各个 ODR 位进行独立的设置/清除

图2-3　端口输出数据寄存器ODR各位描述

ODR 为可读写寄存器，从该寄存器读出来的数据可以用于判断当前 I/O 口的输出状态。而向该寄存器写数据，则可以控制某个 I/O 口的输出电平。

例如，控制 GPIOD 口的 PD8～PD11 输出高电平的代码是：

```
GPIOD->ODR = 0x0f00;
```

那么，如何使用库函数来控制 GPIOD 口的 PD8～PD11 输出高电平呢？可使用 GPIO_Write 函数来实现，代码如下：

```
GPIO_Write(GPIOD, 0x0f00);            //PD8～PD11 输出高电平
```

（5）端口位设置/清除寄存器 BSRR

BSRR 是一个端口位设置/清除寄存器，该寄存器与 ODR 寄存器具有类似作用，都可以用来设置 GPI/O 端口的输出位是 1 还是 0。BSRR 寄存器的各位描述如图 2-4 所示。

由图 2-4 可以看出，BSRR 寄存器的高 16 位是清除寄存器，低 16 位是设置寄存器。

例如，控制 GPIOD 口的 PD8 输出高电平的代码是：

```
GPIOx->BSRR = 0x0100;
```

或者：

```
GPIOx->BSRR = 1<<8;
```

又如，控制 GPIOD 口的 PD8 输出低电平的代码是：

```
GPIOx->BSRR = 1<<(16+8);
```

31	30	29	28	27	26	25	24	23	22	21	20	19	18	17	16
BR15	BR14	BR13	BR12	BR11	BR10	BR9	BR8	BR7	BR6	BR5	BR4	BR3	BR2	BR1	BR0
w	w	w	w	w	w	w	w	w	w	w	w	w	w	w	w

15	14	13	12	11	10	9	8	7	6	5	4	3	2	1	0
BS15	BS14	BS13	BS12	BS11	BS10	BS9	BS8	BS7	BS6	BS5	BS4	BS3	BS2	BS1	BS0
w	w	w	w	w	w	w	w	w	w	w	w	w	w	w	w

位 31:16	BRy：清除 GPIOx 端口的位 y（y=0~15）（GPIOx Reset bit y） 这些位只能写入，并只能以字（16 位）的形式进行操作。 0：对对应的 ODRy 位不产生影响 1：清除对应的 ODRy 位为 0 注：如果同时设置了 BSy 和 BRy 的对应位，BSy 位起作用
位 15:0	BSy：设置 GPIOx 端口的位 y（y=0~15）（GPIOx Reset bit y） 这些位只能写入，并只能以字（16 位）的形式进行操作。 0：对对应的 ODRy 位不产生影响 1：设置对应的 ODRy 位为 1

图2-4　端口位设置/清除寄存器BSRR各位描述

那么，如何使用库函数来控制 GPIOD 口的 PD8 输出高电平呢？可使用 stm32f10x_gpio.c 文件中的 GPIO_SetBits 函数来实现，语句如下：

```
GPIO_SetBits(GPIOD, 0x0100);            //PD8 输出高电平
```

（6）端口位清除寄存器 BRR

BRR 是一个端口位清除寄存器，只用了低 16 位，该寄存器的各位描述如图 2-5 所示。

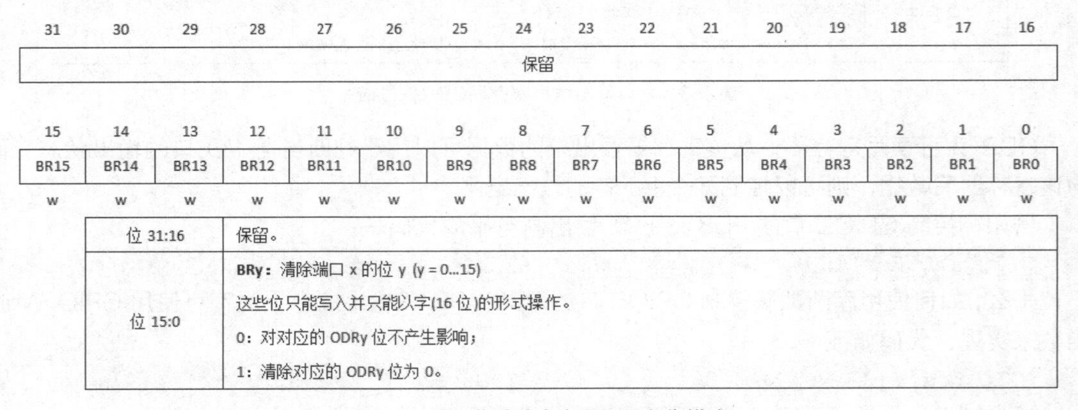

31	30	29	28	27	26	25	24	23	22	21	20	19	18	17	16
保留															

15	14	13	12	11	10	9	8	7	6	5	4	3	2	1	0
BR15	BR14	BR13	BR12	BR11	BR10	BR9	BR8	BR7	BR6	BR5	BR4	BR3	BR2	BR1	BR0
w	w	w	w	w	w	w	w	w	w	w	w	w	w	w	w

位 31:16	保留。
位 15:0	**BRy**：清除端口 x 的位 y（y = 0...15） 这些位只能写入并只能以字(16 位)的形式操作。 0：对对应的 ODRy 位不产生影响； 1：清除对应的 ODRy 位为 0。

图2-5　端口位清除寄存器BRR各位描述

由于 BRR 寄存器的使用方法与 BSRR 寄存器的高 16 位的使用方法一样，在这里就不做详细介绍了。

3. STM32 的 I/O 口操作

在前面，我们围绕 STM32 的 I/O 端口寄存器如何使用，进行了详细的介绍。现介绍一下 I/O 口的操作步骤，具体如下：

① 调用 RCC_APB2PeriphClockCmd()函数，使能 I/O 口时钟；

② 调用 GPIO_Init()函数，初始化 I/O 口参数；

③ 使用 I/O 口操作方法，对 I/O 口进行各种操作。

2.1.2 STM32 的 GPIO 初始化和输入输出库函数

1. 初始化函数

（1）RCC_APB2PeriphClockCmd()函数

RCC_APB2PeriphClockCmd()函数的功能是使能 GPIOx 对应的外设时钟，若使能 GPIOB 和 GPIOC 时钟，代码如下：

```
RCC_APB2PeriphClockCmd(RCC_APB2Periph_GPIOB|RCC_APB2Periph_GPIOC,ENABLE);
```

其中，RCC_APB2Periph_GPIOB 和 RCC_APB2Periph_GPIOC 是在 stm32f10x_rcc.h 头文件中定义的。RCC_APB2Periph_GPIOA ~ RCC_APB2Periph_GPIOG 定义的代码如下：

```
#define RCC_APB2Periph_GPIOA      ((uint32_t)0x00000004)
#define RCC_APB2Periph_GPIOB      ((uint32_t)0x00000008)
#define RCC_APB2Periph_GPIOC      ((uint32_t)0x00000010)
#define RCC_APB2Periph_GPIOD      ((uint32_t)0x00000020)
#define RCC_APB2Periph_GPIOE      ((uint32_t)0x00000040)
#define RCC_APB2Periph_GPIOF      ((uint32_t)0x00000080)
#define RCC_APB2Periph_GPIOG      ((uint32_t)0x00000100)
```

RCC_APB2PeriphClockCmd()函数是在固件库的 stm32f10x_rcc.c 文件中定义的，下面介绍的函数都是在固件库的 stm32f10x_gpio.c 文件中定义的。

（2）GPIO_Init()函数

GPIO_Init()函数的功能是初始化（配置）GPIO 的模式和速度，也就是设置相应 GPIO 的 CRL 和 CRH 寄存器值。函数原型是：

```
void GPIO_Init(GPIO_TypeDef* GPIOx, GPIO_InitTypeDef* GPIO_InitStruct);
```

第一个参数是 GPIO_TypeDef 类型指针变量，用于确定是哪一个 GPIO，GPIOx 取值是 GPIOA、GPIOB、GPIOC、GPIOD、GPIOE、GPIOF 和 GPIOG；

第二个参数是 GPIO_InitTypeDef 类型指针变量，用于确定 GPIOx 的对应引脚以及该引脚的模式和输出最大速度。

2. 输入输出函数

（1）GPIO_ReadInputDataBit ()函数

GPIO_ReadInputDataBit ()函数的功能是读取指定 I/O 口的对应引脚值，也就是读取 IDR 寄存器的值。函数原型是：

```
uint8_t GPIO_ReadInputDataBit(GPIO_TypeDef* GPIOx, uint16_t GPIO_Pin);
```

第一个参数同 GPIO_Init()函数一样，第二个参数是读取 GPIOx 的对应引脚值。如读取 GPIOA.6（即 PA6）引脚值的代码是：

```
GPIO_ReadInputDataBit(GPIOA, GPIO_Pin_6);
```

（2）GPIO_ReadInputData ()函数

GPIO_ReadInputData()函数的功能是读取指定 I/O 口 16 个引脚的输入值，也是读取 IDR 寄存器的值。函数原型是：

```
uint16_t GPIO_ReadInputData(GPIO_TypeDef* GPIOx);
```

例如，读取 GPIOB 口输入值的代码是：

```
temp = GPIO_ReadInputData(GPIOB);
```

而采用 IDR 寄存器读取 GPIOB 口输入值的代码是：

```
temp = GPIOB->IDR;
```

（3）GPIO_ReadOutputDataBit ()和 GPIO_ReadOutputData ()函数

GPIO_ReadOutputDataBit ()函数的功能是读取指定 I/O 口某个引脚的输出值，也就是读取寄存器 ODR 相应位的值。函数原型是：

```
uint8_t GPIO_ReadOutputDataBit(GPIO_TypeDef* GPIOx, uint16_t GPIO_Pin);
```

GPIO_ReadOutputData()函数的功能是读取指定 I/O 口 16 个引脚的输出值，也就是读取寄存器 ODR 的值。函数原型是：

```
uint16_t GPIO_ReadOutputData(GPIO_TypeDef* GPIOx);
```

例如，读取 GPIOE.5 引脚输出值的代码是：

```
GPIO_ReadOutputDataBit(GPIOE, GPIO_Pin_5);
```

读取 GPIOE 口所有引脚输出值的代码是：

```
GPIO_ReadOutputData(GPIOE);
```

（4）GPIO_SetBits ()和 GPIO_ResetBits ()函数

函数 GPIO_SetBits ()和 GPIO_ResetBits ()的功能是用来设置指定 I/O 口的引脚输出高电平和低电平，也就是设置寄存器 BSRR、BRR 的值。函数原型是：

```
void GPIO_SetBits(GPIO_TypeDef* GPIOx, uint16_t GPIO_Pin);
void GPIO_ResetBits(GPIO_TypeDef* GPIOx, uint16_t GPIO_Pin);
```

例如，设置 GPIOC.8 引脚输出高电平的代码是：

```
GPIO_SetBits (GPIOC, GPIO_Pin_8);
```

设置 GPIOC.9 引脚输出低电平的代码是：

```
GPIO_ReSetBits (GPIOC, GPIO_Pin_9);
```

（5）GPIO_WriteBit ()和 GPIO_Write ()函数

GPIO_WriteBit ()函数的功能是向指定 I/O 口的引脚写 0 或者写 1，也就是向寄存器 ODR 相应位写 0 或者写 1。函数原型是：

```
void GPIO_WriteBit(GPIO_TypeDef* GPIOx,
uint16_t GPIO_Pin, BitAction BitVal);
```

GPIO_Write()函数的功能是向指定 I/O 口写数据，也就是向寄存器 ODR 写数据。函数原型是：

```
void GPIO_Write(GPIO_TypeDef* GPIOx, uint16_t PortVal);
```

例如，向 PC8 写 1 的代码是：

```
GPIO_WriteBit(GPIOC, GPIO_Pin_8, 1);
```

向 GPIOC 口写 0x0FFFE 的代码是：

```
GPIO_Write(GPIOC, 0x0FFFE);
```

注意

GPIO_WriteBit()函数与 GPIO_SetBits()函数有什么区别呢？
GPIO_WriteBit()函数是对 I/O 口的一个引脚进行写操作，可以是写 0 或者写 1；
而 GPIO_SetBits()函数可以对 I/O 口的多个引脚同时进行置位。

下面的代码更好地说明了 GPIO_WriteBit()函数与 GPIO_SetBits()函数之间的区别。

```
GPIO_WriteBit(GPIOA,GPIO_Pin_8 , 0);                //只能对一个引脚置0或置1
GPIO_SetBits(GPIOD, GPIO_Pin_5 | GPIO_Pin_6);       //可以同时对多个引脚置1
```

2.1.3 LED 循环点亮控制设计

1. LED 循环点亮控制电路设计

根据任务要求,4个LED采用的是共阳极接法,其阴极分别接在STM32F103R6芯片的PB8、PB9、PB10和PB11引脚上。LED循环点亮控制电路如图2-6所示。

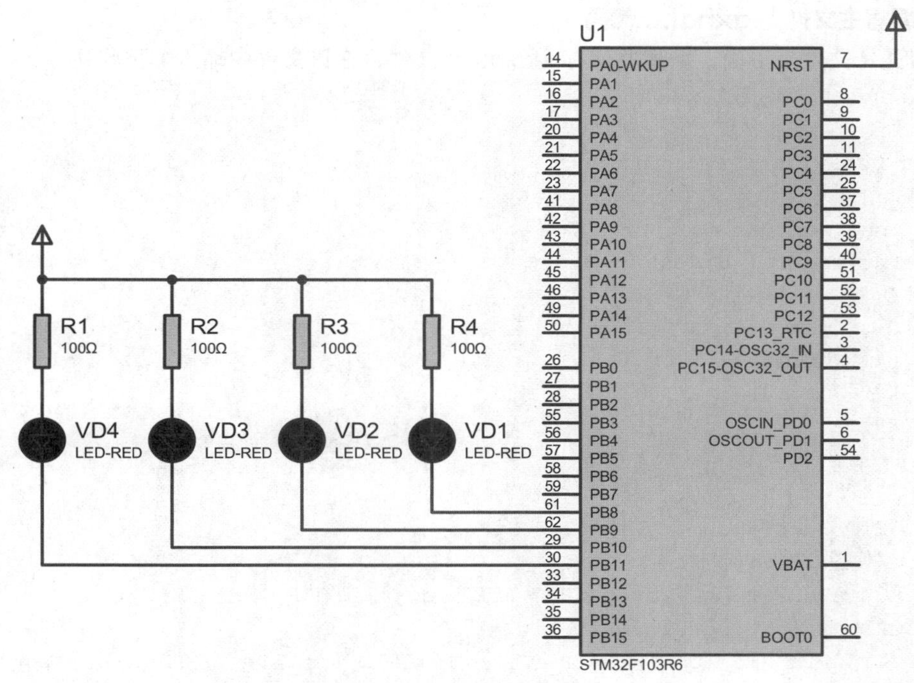

图2-6 LED循环点亮电路

2. LED 循环点亮功能实现分析

我们如何控制STM32F103R6芯片的PB8、PB9、PB10和PB11引脚的输出电平，实现LED循环点亮呢？由于LED循环点亮电路的LED是采用共阳极接法，我们可以通过引脚输出“0”和“1”来控制LED的亮和灭。

例如，在GPIOB口输出0x0feff（1111111011111111B），使PB8输出低电平“0”，D1被点亮；若GPIOB口输出0x0f7ff（1111011111111111B），则PB11输出高电平“1”，D4被点亮。LED循环点亮功能实现过程如下。

（1）D1点亮：GPIOB口输出0x0feff，取反为0x0100，初始控制码为0x0100。

（2）D2点亮：GPIOB口输出0x0fdff，取反为0x0200，控制码为0x0200。

（3）D3点亮：GPIOB口输出0x0fbff，取反为0x0400，控制码为0x0400。

（4）D4点亮：GPIOB口输出0x0f7ff，取反为0x0800，控制码为0x0600。

（5）重复第一步，就可以实现LED循环点亮。

从以上分析可以看出，只要将控制码从GPIOB口输出，就能点亮相应的LED。那么下一个控制码如何从上一个控制码获得呢？其方法是把上一个控制码左移一位得到。

3. 通过工程模板移植，建立 LED 循环点亮控制工程

（1）建立一个“任务 4 LED 循环点亮控制”工程目录，然后把 STM32_Project 工程模板直接复制到该目录下。

（2）在“任务 4 LED 循环点亮控制”工程目录下，将工程模板目录名 STM32_ Project 修改为“LED 循环点亮控制”。

（3）在 USER 子目录下，把 STM32_ Project.uvproj 工程名修改为 ledxhdl.uvproj。

4. 编写主文件 ledxhdl.c 代码

在 USER 文件夹下面，新建并保存 ledxhdl.c 文件，在该文件中输入如下代码：

```
#include "stm32f10x.h"
uint16_t  temp, i;
void Delay(unsigned int count)                                //延时函数
{
    unsigned int i;
    for(;count!=0;count--)
    {
        i=5000;
        while(i--);
    }
}
void main(void)
{
    GPIO_InitTypeDef  GPIO_InitStructure;
    //使能 GPIOB 时钟
    RCC_APB2PeriphClockCmd(RCC_APB2Periph_GPIOB, ENABLE);
    GPIO_InitStructure.GPIO_Pin =
    GPIO_Pin_8|GPIO_Pin_9|GPIO_Pin_10|GPIO_Pin_11; //PB8-PB11 引脚配置
    GPIO_InitStructure.GPIO_Mode = GPIO_Mode_Out_PP;
    GPIO_InitStructure.GPIO_Speed = GPIO_Speed_50MHz;
   GPIO_Init(GPIOB, &GPIO_InitStructure);                //初始化 PB8-PB11
    while(1)
    {
        temp=0x0100;                            //设置初始控制码
        for(i=0;i<4;i++)
        {
            GPIO_Write(GPIOB,~temp);    //向 GPIOB 口写点亮 LED 的控制码
            Delay(100);
            temp=temp<<1;                    //上一个控制码左移一位，获得下一个控制码
        }
    }
}
```

代码说明：

（1）“GPIO_Write(GPIOB, ~ temp);”语句将初始控制码 0x0100 取反（其值为 0x0feff）后，从 GPIOB 口输出，使得 PB8 为低电平，点亮 D1，其他位为高电平；然后延时一段时间；让控

制码左移一位，获得下一个控制码；然后再对控制码取反后输出到 GPIOB 口，这样就实现“LED 循环点亮”效果了。

（2）uint16_t 是在 stdint.h 头文件里定义的，用 typedef 定义了 unsigned short int 数据类型的别名是 uint16_t，代码如下：

```
typedef unsigned short  int uint16_t;
```

以后就可以用 uint16_t 代替 unsigned short int，这样编写程序就更加方便了。其他定义还有 uint8_t、int8_t 以及 int16_t 等，可以打开 stdint.h 头文件了解。

5. 工程编译与调试

参考任务 2 的方法把 ledxhdl.c 主文件添加到工程里面，把 Project Targets 栏下的 STM32_Project 名修改为 Ledxhdl，完成 ledxhdl 工程的搭建、配置。

然后单击 Rebuild 按钮对工程进行编译，生成 ledxhdl.hex 目标代码文件。若编译发生错误，要进行分析检查，直到编译正确。

最后加载 ledxhdl.hex 目标代码文件到 STM32F103R6 芯片，单击仿真工具栏的“运行”按钮 ▶，观察 LED 是否能循环点亮。若运行结果与任务要求不一致，要对电路和程序进行分析检查，直到运行正确。

【技能训练 2-1】GPIO_SetBits ()和 GPIO_ResetBits ()函数应用

我们如何利用 GPIO_SetBits ()和 GPIO_ResetBits ()函数，来完成 LED 循环点亮控制的设计与实现呢?

在前面，已经介绍了 GPIO_SetBits()和 GPIO_ResetBits()函数，为了进一步认识这两个函数，下面分别使用 GPIO_Pin_x 和控制码，通过 GPIO_SetBits ()和 GPIO_ResetBits ()函数来实现 LED 循环点亮控制。

（1）使用 GPIO_Pin_x，实现 LED 循环点亮控制，其中 x 的取值范围是 0~31。

由于 GPIO_SetBits()函数可以同时对多个 I/O 口进行置位，那么可使用 GPIO_Pin_x 来实现 LED 循环点亮控制。程序如下：

```
……            //这一段程序与任务 4 相同
while(1)
{
    GPIO_SetBits(GPIOB,GPIO_Pin_8|GPIO_Pin_9|GPIO_Pin_10|GPIO_Pin_11);
    GPIO_ResetBits(GPIOB,GPIO_Pin_8);       //PB8 输出低电平，D1 点亮
    Delay(100);
    GPIO_SetBits(GPIOB,GPIO_Pin_8|GPIO_Pin_9|GPIO_Pin_10|GPIO_Pin_11);
    GPIO_ResetBits(GPIOB,GPIO_Pin_9);       //PB9 输出低电平，D2 点亮
    Delay(100);
    GPIO_SetBits(GPIOB,GPIO_Pin_8|GPIO_Pin_9|GPIO_Pin_10|GPIO_Pin_11);
    GPIO_ResetBits(GPIOB,GPIO_Pin_10);      //PB10 输出低电平，D10 点亮
    Delay(100);
    GPIO_SetBits(GPIOB,GPIO_Pin_8|GPIO_Pin_9|GPIO_Pin_10|GPIO_Pin_11);
    GPIO_ResetBits(GPIOB,GPIO_Pin_11);      //PB11 输出低电平，D11 点亮
    Delay(100);
}
```

（2）使用控制码，实现 LED 循环点亮控制。

首先分析一下 GPIO_Pin_x 到底是什么？打开 stm32f10x_gpio.h 头文件，可以看到关于 GPIO_Pin_x 的定义。定义 GPIO_Pin_x 的代码如下：

```
#define  GPIO_Pin_0            ((uint16_t)0x0001)    //选择引脚 0 的值
#define  GPIO_Pin_1            ((uint16_t)0x0002)    //选择引脚 1 的值
#define  GPIO_Pin_2            ((uint16_t)0x0004)    //选择引脚 2 的值
#define  GPIO_Pin_3            ((uint16_t)0x0008)    //选择引脚 3 的值
#define  GPIO_Pin_4            ((uint16_t)0x0010)    //选择引脚 4 的值
#define  GPIO_Pin_5            ((uint16_t)0x0020)    //选择引脚 5 的值
#define  GPIO_Pin_6            ((uint16_t)0x0040)    //选择引脚 6 的值
#define  GPIO_Pin_7            ((uint16_t)0x0080)    //选择引脚 7 的值
#define  GPIO_Pin_8            ((uint16_t)0x0100)    //选择引脚 8 的值
#define  GPIO_Pin_9            ((uint16_t)0x0200)    //选择引脚 9 的值
#define  GPIO_Pin_10           ((uint16_t)0x0400)    //选择引脚 10 的值
#define  GPIO_Pin_11           ((uint16_t)0x0800)    //选择引脚 11 的值
#define  GPIO_Pin_12           ((uint16_t)0x1000)    //选择引脚 12 的值
#define  GPIO_Pin_13           ((uint16_t)0x2000)    //选择引脚 13 的值
#define  GPIO_Pin_14           ((uint16_t)0x4000)    //选择引脚 14 的值
#define  GPIO_Pin_15           ((uint16_t)0x8000)    //选择引脚 15 的值
#define  GPIO_Pin_All          ((uint16_t)0xFFFF)    //选择所有引脚的值
```

从上可以看出，初始控制码是 0x0100，选择的是引脚 8；控制码左移一位，可获得下一个控制码，即选择下一个引脚；0xFFFF 是选择所有引脚。使用控制码实现 LED 循环点亮控制，程序如下：

```
……            //这一段程序与任务 4 相同
while(1)
{
    temp=0x0100;                          //设置初始控制码
    for(i=0;i<4;i++)
    {
        GPIO_SetBits(GPIOB,0x0FFFF);      //GPIOB 口输出高电平，4 个 LED 熄灭
        GPIO_ResetBits(GPIOB,temp);       //控制码对应的 GPIOB 口引脚上 LED 点亮
        Delay(100);
        temp=temp<<1;                     //上一个控制码左移一位获得下一个控制码
    }
}
```

从以上两种方法的对比来看，使用 for 语句，通过控制码实现 LED 循环点亮控制，控制就变得简单多了。比如控制 8 个 LED 循环点亮，只要让 for 语句循环 8 次即可。

2.2 Cortex-M3 的编程模式

2.2.1 Cortex-M3 工作模式及状态

Cortex-M3 处理器采用 ARMv7-M 架构，它包括所有的 16 位 Thumb 指令集和基本的 32

位 Thumb-2 指令集架构，但不能执行 Arm 指令集。

Thumb-2 在 Thumb 指令集架构上进行了大量的改进，它与 Thumb 相比，具有更高的代码密度并提供 16/32 位指令的更高性能。

1. Cortex-M3 工作模式

Cortex-M3 处理器支持线程模式（Thread）和处理模式（Handler）两种模式。

在复位时，处理器进入线程模式，在从异常返回时也进入线程模式。特权和用户（非特权）模式下的代码，能够在线程模式下运行。

当系统产生异常时，处理器进入处理模式。在处理模式下的所有代码都必须是特权代码。

针对 Cortex-M3 处理器的工作模式，进一步说明如下。

（1）线程模式和处理模式用于区别正在执行代码的类型。处理模式为异常处理程序的代码，线程模式为普通应用程序的代码。

（2）特权级和用户级这两种特权级别是对存储器访问提供的一种保护机制。

在特权级下，程序可以访问所有范围的存储器，并且能够执行所有指令；在用户级下，程序不能访问系统控制的区域，且禁止使用 MSR 访问特殊功能寄存器（APSR 除外），如果访问，则报错。

（3）在线程模式，可以是特权级，也可以是用户级；但处理模式总是特权级。

（4）复位后，处理器处于线程模式和特权级。

例如，程序在主程序中运行，LED 循环点亮，处于线程模式。这时串口有数据传输过来，串口发生中断，转入中断服务程序，就进入了处理模式。从串口中断中返回后，继续控制 LED 循环点亮，又回到线程模式。

2. Cortex-M3 工作状态

Cortex-M3 处理器可以在 Thumb 和 Debug 两种操作状态下工作。

（1）Thumb 状态：正常执行 16 位和 32 位半字对齐的 Thumb 和 Thumb-2 指令所处的状态。

（2）Debug（调试）状态：处理器停止并进行调试时，进入该状态，也就是调试时的状态。

2.2.2　Cortex-M3 寄存器组

Cortex-M3 寄存器对于以后的编程非常重要，尤其是进行 μC/OS 移植需要写汇编程序的时候，必须直接操作这些寄存器，因此需要熟悉这些寄存器。Cortex-M3 内核拥有的寄存器如表 2-3 所示。

表 2-3　Cortex-M3 寄存器

寄存器	名称	说明
R0	通用寄存器（16 位 Thumb 指令和 32 位 Thumb-2 指令都可以访问）	通用寄存器
R1		
R2		
R3		
R4		
R5		
R6		
R7		

续表

寄存器		名称	说明
R8		通用寄存器（仅 32 位 Thumb-2 指令可以访问）	
R9			
R10			
R11			
R12			
R13	MSP	主程序堆栈指针	用于 OS 内核和堆栈处理
	PSP	应用程序堆栈指针	用于应用程序
R14		链接寄存器	存放子程序返回地址
R15		程序指针	存放程序地址
程序状态寄存器 xPSR	APSR	ALU 标志寄存器	存放上条指令结果的标志，包括 N、Z、C、V、Q 位
	IPSR	中断号寄存器	存放中断号
	EPSR	执行状态寄存器	含 T 位，在 Cortex-M3 中 T 位必须是 1。含 ICI 位，记录即将传送的寄存器是哪一个
PRIMASK		中断关闭寄存器	为 1 时关闭所有可屏蔽中断
FAULTMASK		异常关闭寄存器	为 1 时屏蔽除 NMI 外的所有异常
BASEPRI		屏蔽优先级寄存器	定义屏蔽优先级的阈值，所有优先级大于该值的中断都被关闭
CONTROL		状态控制寄存器	定义特权级别，选择堆栈指针

从表 2-3 中可以看出，Cortex-M3 包括寄存器 R0～R15 以及一些特殊功能寄存器。其中，R0～R12 是通用寄存器，但是绝大多数的 16 位指令只能使用 R0～R7（低组寄存器），而 32 位的 Thumb-2 指令则可以访问所有通用寄存器；R13 作为堆栈指针（SP），有两个，但在同一时刻只能看到一个；特殊功能寄存器有预定义的功能，必须通过专用的指令来访问。

1. 通用寄存器

R0～R12 是通用寄存器，但是绝大多数的 16 位指令只能使用 R0～R7（低组寄存器），而 32 位的 Thumb-2 指令则可以访问所有通用寄存器。

（1）通用寄存器 R0～R7

R0～R7 也被称为低组寄存器，所有指令都能访问它们。它们的字长全是 32 位，复位后的初始值是不可预知的。

（2）通用寄存器 R8～R12

R8～R12 也被称为高组寄存器，这是因为只有很少的 16 位 Thumb 指令能访问它们，32 位的指令则不受限制。它们的字长也是 32 位，且复位后的初始值也是不可预知的。

2. 堆栈指针 R13

在 Cortex-M3 内核中，有主堆栈指针和进程堆栈指针两个堆栈指针。在系统复位之后，所有代码都使用主堆栈。

堆栈指针 R13 是分组寄存器，用于在主堆栈指针和进程堆栈指针之间进行切换，在任何时候仅仅只有一个堆栈可见。

（1）主堆栈指针（MSP），也可写成 SP_main，是复位后默认使用的堆栈指针，使操作系统内核、异常服务程序以及所有需要特权访问的应用程序代码使用。

（2）进程堆栈指针（PSP），也可写成 SP_process，用于常规的应用程序代码（普通的用户线程中）。

注意

并不是每个应用程序都必须使用两个堆栈指针。简单的应用程序使用一个 MSP 就可以了。

在 Cortex-M3 中，有专门的负责堆栈操作的 PUSH 指令和 POP 指令（默认使用的是 SP）。这两条指令的汇编语言语法如下所示：

```
PUSH {R0}        ; *(--R13)=R0, R13 是 long*的指针
POP {R0}         ; R0= *R13++
```

这两条指令也是采用汇编语言进行注释的。

第一条指令在把新数据 PUSH 入堆栈之前，堆栈指针先减 1（也就是修改指针，使指针指向空的单元，即指向栈顶），然后再将新数据 PUSH 入堆栈。这就是所谓的“向下生长的满栈”。Cortex-M3 中的堆栈就是采用这种方式使用。第二条指令先把数据 POP 出堆栈，再对堆栈指针加 1，使得堆栈指针始终指向栈顶。

程序在进入一个子程序后，要做的第一件事就是把寄存器的值先 PUSH 入堆栈中，在子程序退出前再 POP 出堆栈（POP 出的是 PUSH 入堆栈的那些寄存器的值）。另外，PUSH 和 POP 还能一次操作多个寄存器，如下代码：

```
subroutine_1
PUSH {R0-R7, R12, R14}        ;保存寄存器列表
……                            ;执行处理
POP {R0-R7, R12, R14}         ;恢复寄存器列表
BX R14                        ;返回到主调函数
```

寄存器的 PUSH 和 POP 操作永远都是 4 字节对齐的，也就是说，它们的地址最低 4 位必须是 0x0、0x4、0x8、0xc、……，最低 2 位都是 0。

3. 链接寄存器 R14

R14 是链接寄存器，或写成 LR。在调用子程序时，R14 用于存放返回地址。例如，在使用 BL 指令时，就自动填充 LR 的值。

```
main                      ;主程序
    …… 带链接的跳转
    BL function1          ;使用带链接的跳转指令转移到 function1 子程序
                          ;PC=function1, 并且 LR=main 的下一条指令地址
    ……
function1
    ……                    ;function1 的代码
    BX LR                 ;子程序返回
```

尽管 PC 的 LSB 总是 0（因为代码至少是字对齐的），LR 的 LSB 却是可读可写的。由于现

在还有 Arm 处理器支持 Arm 状态和 Thumb 状态，可以使用位 0 来指示 Arm 状态和 Thumb 状态，为了方便汇编程序移植，Cortex-M3 还需要允许 LSB 可读可写。

4. 程序计数器 R15

R15 是程序计数器，里面存放的是程序的地址，在汇编代码中也可以使用名字“PC”来访问程序计数器。由于 Cortex-M3 内部使用了指令流水线，读 PC 时返回的值是当前指令的地址+4。比如说：

```
0x1000: MOV R0, PC ;R0 = 0x1004
```

2.2.3 Cortex-M3 特殊功能寄存器组

Cortex-M3 中的特殊功能寄存器包括：

- 程序状态寄存器组（PSRs 或 xPSR）；
- 中断屏蔽寄存器组（PRIMASK、FAULTMASK 和 BASEPRI）；
- 控制寄存器（CONTROL）。

特殊功能寄存器没有存储器地址，只能被专用的 MSR 和 MRS 指令访问。如：

```
MRS <gp_reg>, <special_reg>     ;读特殊功能寄存器的值到通用寄存器
MSR <special_reg>, <gp_reg>     ;写通用寄存器的值到特殊功能寄存器
```

1. 程序状态寄存器（xPSR）

程序状态寄存器内部又分为如下子状态寄存器：

- 应用程序 PSR（APSR）；
- 中断号 PSR（IPSR）；
- 执行 PSR（EPSR）。

通过 MRS 和 MSR 指令，这 3 个 xPSR 既可以单独访问，也可以组合访问（2 个或 3 个组合在一起都可以），如表 2-4 所示。

表 2-4 Cortex-M3 中的程序状态寄存器（xPSR）

	31	30	29	28	27	26:25	24	23:20	19:16	15:10	9	8	7	6	5	4:0
APSR	N	Z	C	V	Q											
IPSR												Exception Number				
EPSR						ICI/IT	T			ICI/IT						

当使用 3 个组合在一起的方式访问时，使用的名字为 xPSR，如表 2-5 所示。

表 2-5 组合后的程序状态寄存器（xPSR）

	31	30	29	28	27	26:25	24	23:20	19:16	15:10	9	8	7	6	5	4:0
xPSR	N	Z	C	V	Q	ICI/IT	T			ICI/IT		Exception Number				

2. 中断屏蔽寄存器组

PRIMASK、FAULTMASK 和 BASEPRI 这 3 个寄存器是 Cortex-M3 的屏蔽寄存器，用于控制异常的使能和除能，如表 2-6 所示。

表 2-6　Cortex-M3 的屏蔽寄存器

名　字	功能描述
PRIMASK	只有 1 位的寄存器。该寄存器置 1 时，关闭所有可屏蔽的异常，只剩下 NMI 和硬 fault 可以响应。默认值是 0，表示没有关中断
FAULTMASK	只有 1 位的寄存器。该寄存器置 1 时，关闭所有其他的异常（包括中断和 fault），只有 NMI 可以响应。默认值也是 0，表示没有关中断
BASEPRI	最多有 9 位（由表示优先级的位数决定）。该寄存器定义了被屏蔽优先级的阈值。当被设成某个值后，所有优先级号大于等于此值的中断都被关闭（优先级号越大，优先级越低）。被设成 0 时，不关闭任何中断，默认值也是 0

PRIMASK 和 BASEPRI 用于暂时关闭中断；FAULTMASK 被操作系统用于暂时关闭 fault 处理机能。因为在任务崩溃时，常常会伴随着一大堆 fault，通常不需要响应这些 fault。总之，FAULTMASK 就是专门留给操作系统用的。

要访问 PRIMASK、FAULTMASK 以及 BASEPRI，同样要使用 MRS 和 MSR 指令，如：

```
MRS R0, BASEPRI          ;读取 BASEPRI 到 R0 中
MRS R0, FAULTMASK
MRS R0, PRIMASK
MSR BASEPRI, R0          ;写入 R0 到 BASEPRI 中
MSR FAULTMASK, R0
MSR PRIMASK, R0
```

另外，为了能快速地开启和关闭中断，Cortex-M3 还专门设置了一条 CPS 指令，有以下 4 种用法：

```
CPSID I         ;PRIMASK=1，关闭中断
CPSIE I         ;PRIMASK=0，开启中断
CPSID F         ;FAULTMASK=1，关闭异常
CPSIE F         ;FAULTMASK=0 ，开启异常
```

这 4 个快速开启和关闭中断的指令，在 STM32 库函数的 core_cm3.h 头文件中有定义，代码如下：

```
static __INLINE void __enable_irq()          { __ASM volatile ("cpsie i"); }
static __INLINE void __disable_irq()         { __ASM volatile ("cpsid i"); }
static __INLINE void __enable_fault_irq()    { __ASM volatile ("cpsie f"); }
static __INLINE void __disable_fault_irq()   { __ASM volatile ("cpsid f"); }
```

下面以__disable_irq()函数为例，说明如下。

（1）static 关键字主要是限定__disable_irq()函数的有效范围。

（2）_INLINE 关键字表示是内联函数，跟#define 的功能差不多。在编译时，会在调用__disable_irq()函数的地方，直接用{__ASMvolatile("cpsidi");替换。这样做可以提高执行速度，避免调用函数所占用的时间（函数调用需要完成保存当前环境到堆栈并且改变 PC 指针，函数退出后恢复环境等一系列操作）。

（3）__ASM 表示后面使用的是汇编语言，这就是所谓的混编。

（4）volatile 是通知编译器，后面的代码不用优化了。

3. 控制寄存器（CONTROL）

控制寄存器不仅能用于定义特权级别，还能用于选择当前使用的是哪一个堆栈指针，如表2-7所示。

表 2-7 Cortex-M3 的 CONTROL 寄存器

位	功 能
CONTROL[1]	堆栈指针选择： 0=选择主堆栈指针 MSP 1=选择线程堆栈指针 PSP
CONTROL[0]	0=特权级的线程模式 1=用户级的线程模式

CONTROL 寄存器有 2 位，CONTROL[0]为 0 表示处于特权级，为 1 表示处于用户级。只有在特权级，才可以将其修改为 1，即进入用户级的线程模式。CONTROL[1]为 0 表示选择主堆栈指针 MSP，为 1 表示选择线程堆栈指针 PSP。

CONTROL 寄存器也是通过 MRS 和 MSR 指令来操作的：

```
MRS R0, CONTROL
MSR CONTROL, R0
```

另外，当处理器复位进入线程模式后，代码均为特权级的；当处理器在线程模式下时，可以从特权级切换到用户级，但不能从用户级返回到特权级；在线程模式下只有进行异常处理时，处理器才进入处理模式，才能由用户级切换到特权级。

2.3 任务 5 跑马灯设计与实现

使用 STM32F103R6 芯片的 PB0～PB9 引脚分别接 10 个 LED 的阴极，通过程序控制实现跑马灯效果设计与调试。跑马灯效果就是先一个一个点亮，直至全部点亮；再一个一个熄灭；循环上述过程。

2.3.1 跑马灯电路设计

根据任务要求，跑马灯电路设计与任务 4 电路设计基本一样，差别只是使用了排阻和排型LED，如图 2-7 所示。

RESPACK-7 排阻把 7 个电阻加工到一个器件里面，其中一个引脚是由 7 个电阻一端并接在一起构成的。LED-BARGRAPH-GRN 排型 LED 把 10 个绿色 LED 加工到一个器件里面，1～10 引脚是 LED 的阳极，11～20 引脚是 LED 的阴极。

在进行电路设计时常常选择使用排阻和排型 LED，主要就是为了节省电路板面积，方便安装和生产。

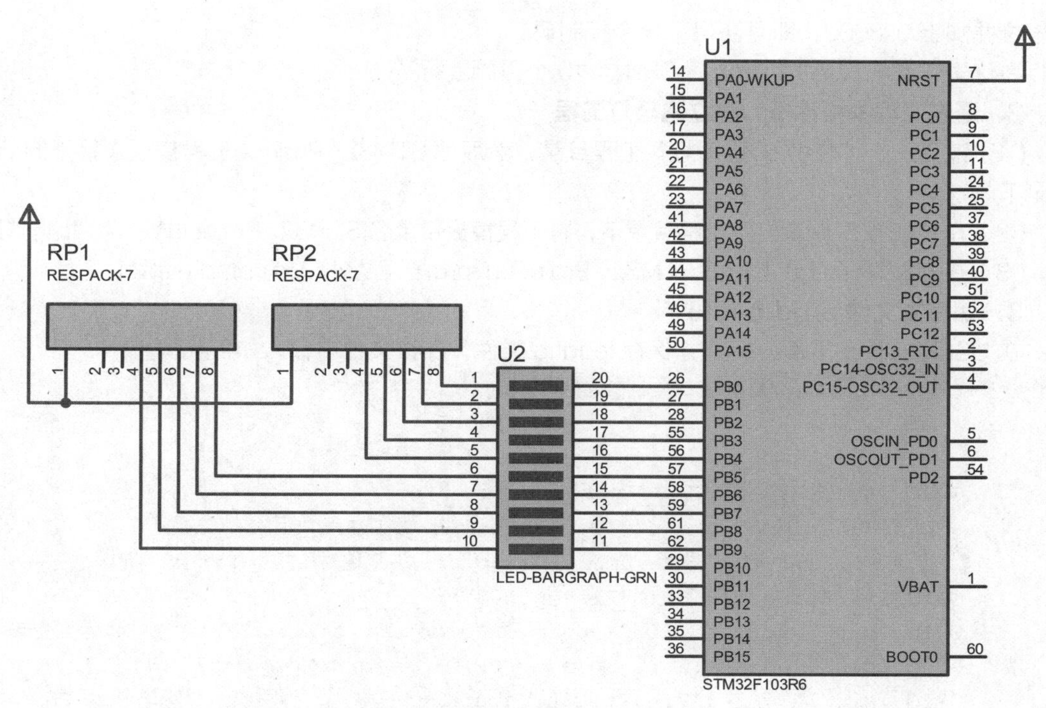

图2-7　跑马灯电路

2.3.2　跑马灯程序设计、运行与调试

1. 跑马灯实现分析

我们通过编写程序来控制 STM32F103R6 芯片 PB0～PB9 引脚电平的高低变化，进而控制 10 个 LED 的亮灭，也就是实现跑马灯效果。

（1）LED 一个一个点亮，直至全部点亮，其效果实现过程如下所述。

LED1 点亮：GPIOB 口输出初始控制码 0x0FFFE（1111111111111110B）。

LED1 和 LED2 点亮：GPIOB 口输出控制码 0x0FFFC（1111111111111100B）。

LED 1、LED 2 和 LED 3 点亮：GPIOB 口输出控制码 0x0FFF8（1111111111111000B）。

……

10 个 LED 全部点亮：GPIOB 口输出控制码 0x0FC00（1111110000000000B）。

从以上分析可以看出，只要将控制码从 GPIOB 口输出，就可以点亮相应的 LED。控制码左移一位，即可获得下一个控制码。

（2）LED 一个一个熄灭，直至全部熄灭，其效果实现过程如下所述。

LED 10 熄灭：GPIOD 口输出初始控制码 0x0FE00（1111111000000000B）。

LED 10 和 LED 9 熄灭：GPIOD 口输出控制码 0xFF00（1111111100000000B）。

LED 10、LED 9 和 LED 8 熄灭：GPIOD 口输出控制码 0x0FF80（1111111110000000B）。

……

10 个 LED 全部熄灭：GPIOD 口输出控制码 0x0FFFF（1111111111111111B）。

从以上分析可以看出，只要将控制码从 GPIOD 口输出，就可以熄灭相应的 LED。控制码右移一位并加上 0x8000，即可获得下一个控制码。

在这里，我们只要关心 PB0 ~ PB9 这 10 个引脚就行了。

2. 通过工程模板移植，建立跑马灯工程

（1）建立一个“任务 5 跑马灯”工程目录，然后把 STM32_ Project 工程模板直接复制到该目录下。

（2）在“任务 5 跑马灯”工程目录下，将工程模板目录名 STM32_ Project 修改为“跑马灯”。

（3）在 USER 子目录下，把 STM32_ Project.uvproj 工程名修改为 pmd.uvproj。

3. 编写主文件 pmd.c 代码

在 USER 文件夹下面，新建并保存 leddl.c 文件，在该文件中输入如下代码：

```
……                //这部分代码同任务 4 代码一样
void main(void)
{
    GPIO_InitTypeDef  GPIO_InitStructure;
    RCC_APB2PeriphClockCmd(RCC_APB2Periph_GPIOB, ENABLE);
    //配置 PB0~PB9 引脚，参考 stm32f10x_gpio.h 头文件对 GPIO_Pin_x 的定义
    GPIO_InitStructure.GPIO_Pin = 0x03FF;
    GPIO_InitStructure.GPIO_Mode = GPIO_Mode_Out_PP;    //PB0~PB9 为推挽输出
    GPIO_InitStructure.GPIO_Speed = GPIO_Speed_50MHz;
    GPIO_Init(GPIOB, &GPIO_InitStructure);              //初始化 PB0~PB9
    while(1)
    {
        temp = 0x0FFFE;
        for(i=0;i<10;i++)
        {
            GPIO_Write(GPIOB, temp);    //向 GPIOB 口写控制码
            Delay(100);
            temp = temp<<1;             //控制码左移一位获得下一个控制码
        }
        temp = 0x0FE00;
        for(j=0;j<10;j++)
        {
            GPIO_Write(GPIOB, temp);
            Delay(100);
            temp = (temp>>1)+ 0x8000;   //右移一位加 0x8000 获得下一个控制码
        }
    }
}
```

代码说明：

（1）“temp = (temp>>1)+ 0x8000;”语句为什么要加 0x8000 呢？因为 temp 右移一位时，最高位移到次高位，最高位补 0。temp 右移一位后，加上 0x8000 是使 temp 的最高位置 1。

（2）下面使用 GPIO_SetBits ()和 GPIO_ResetBits ()函数代替 GPIO_Write()函数，来对 LED 点亮熄灭进行控制，实现跑马灯效果。替换的代码如下：

```
    while(1)
    {
        GPIO_SetBits(GPIOB, 0x0FFFF);         //先熄灭所有 LED
        temp = 0x0001;
        for(i=0;i<10;i++)
        {
            GPIO_ResetBits(GPIOB, temp);      //向 GPIOB 口写控制码
            Delay(100);
            temp =( temp<<1)+1;               //temp 左移一位加 1 获得下一个控制码
        }
        temp = 0x0FE00;
        for(j=0;j<10;j++)
        {
            GPIO_SetBits(GPIOB, temp);
            Delay(100);
            temp = (temp>>1)+ 0x8000;         //右移一位加 0x8000 获得下一个控制码
        }
    }
```

在这段代码中，GPIO_ResetBits ()函数负责点亮 LED，GPIO_SetBits ()函数负责熄灭 LED。

4. 工程编译与调试

首先参考任务 2 的方法把 pmd.c 主文件添加到工程里面，把 Project Targets 栏下的 STM32_Project 名修改为 Pmd，完成 pmd 工程的搭建、配置。

然后单击 Rebuild 按钮对工程进行编译，生成 pmd.hex 目标代码文件。若编译发生错误，要进行分析检查，直到编译正确。

最后加载 pmd.hex 目标代码文件到 STM32F103R6 芯片，单击仿真工具栏“运行”按钮，观察 LED 是否呈现跑马灯效果。若运行结果与任务要求不一致，要对电路和程序进行分析检查，直到运行正确。

2.3.3 C 语言中的预处理

1. define 宏定义

define 是 C 语言中的预处理命令，用于宏定义，可以提高源代码的可读性，为编程提供方便。常见的格式如下：

```
    #define  标识符  字符串
```

定义“标识符”为“字符串”的宏名，“字符串”可以是常数、表达式以及格式字符串等。例如：

```
    #define  SYSCLK_FREQ_72MHz  72000000
```

定义标识符 SYSCLK_FREQ_72MHz 的值为 72000000。

又如：

```
    #define  LED0  PDout(8)
```

定义标识符 LED0 的值为 PDout(8)。这样，我们就可以通过 LED0 对 PD8 引脚进行操作了，如：

```
LED0=1;
```

这条语句使 PD8 引脚输出高电平。至于 define 宏定义的其他一些知识，比如宏定义带参数在这里就不作介绍了。

2. typedef 类型别名

typedef 用于为现有类型创建一个新的名字，或称类型别名，用来简化变量的定义。typedef 在 STM32 中用得最多的地方，就是定义结构体的类型别名和枚举类型。如：

```
struct _GPIO
{
    __IO uint32_t CRL;
    __IO uint32_t CRH;
    ……
}
```

上述代码定义了一个结构体_GPIO，定义变量的方式如下：

```
struct  _GPIO  GPIOA;          //定义结构体变量 GPIOA
```

但是这样做很烦琐，因为 STM32 中有很多结构体变量需要定义。在这里，我们可以为结构体定义一个别名 GPIO_TypeDef,这样就可以在其他地方通过别名 GPIO_TypeDef 来定义结构体变量了。方法如下：

```
typedef struct
{
    __IO uint32_t CRL;
    __IO uint32_t CRH;
    ……
} GPIO_TypeDef;
```

typedef 为结构体定义一个别名 GPIO_TypeDef，这样就可以通过 GPIO_TypeDef 来定义结构体变量：

```
GPIO_TypeDef  _GPIOA,  _GPIOB;
```

这里的 GPIO_TypeDef 与 struct _GPIO 的作用是一样的，这样就方便很多了。

另外，结构体中使用的 uint32_t，是在 stdint.h 头文件里面用 typedef 为 unsigned int 类型定义的一个别名，使得编写程序更加方便了，方法如下：

```
typedef  unsigned  int  uint32_t;
```

这里的 uint32_t 与 unsigned int 的作用也是一样的。

3. ifdef 条件编译

在 STM32 程序的开发过程中，经常会遇到一种情况，当满足某个条件时，对满足条件的一组语句进行编译，否则编译另一组语句。条件编译命令最常见的形式为：

```
#ifdef  标识符
    程序段 1
#else
    程序段 2
#endif
```

它的作用是：当标识符被定义过（一般是用#define 命令定义），则对程序段 1 进行编译，否则编译程序段 2。其中#else 部分也可以没有，即：

```
#ifdef
    程序段 1
#endif
```

这种条件编译在 STM32 里面用得很多，在 stm32f10x.h 头文件中经常会看到这样的语句，如：

```
#ifdef  STM32F10X_HD
    大容量芯片需要的一些变量定义
#end
```

这里的 STM32F10X_HD 是通过#define 定义过的。

2.3.4 结构体

在 STM32 程序开发中，有太多地方用到结构体以及结构体指针，如寄存器地址名称映射等。为此，我们进一步学习结构体的一些知识。

1. 声明结构体类型

声明结构体类型的形式如下：

```
Struct  结构体名
{
    成员列表;
}变量名列表;
```

例如：

```
Struct U_TYPE
{
    int  BaudRate;
    int  WordLength;
} usart1,usart2;
```

其中，U_TYPE 为结构体名，usart1 和 usart2 为结构体变量名。

2. 定义结构体变量

在声明结构体的时候，可以定义结构体变量，也可以先声明后定义。定义结构体变量的形式如下：

```
Struct  结构体名字  结构体变量列表;
```

例如：先声明结构体类型，结构体名为 U_TYPE：

```
Struct U_TYPE
{
    int  BaudRate;
    int  WordLength;
}
```

然后定义结构体变量，两个变量名分别为 usart1 和 usart2：

```
struct  U_TYPE  usart1, usart2;
```

3. 结构体成员变量的引用

（1）结构体成员变量引用

结构体成员变量的引用是通过“.”符号实现，引用形式如下：

```
结构体变量名字.成员名
```

若要引用 usart1 的成员 BaudRate，引用方法是 usart1.BaudRate;。

（2）结构体指针变量引用

结构体指针变量的定义也是一样的，跟其他变量没有区别，例如：

```
struct  U_TYPE  *usart3;           //定义结构体指针变量 usart3;
```

结构体指针成员变量的引用通过“->”符号实现，比如要访问 usart3 结构体指针指向的结构体的成员变量 BaudRate，方法是：

```
usart3->BaudRate;
```

【技能训练 2-2】结构体应用——GPIO 端口初始化

前面介绍了结构体和结构体指针的相关知识，那么结构体到底怎么使用呢？为什么要使用结构体呢？

下面我们通过初始化 GPIO 端口的实例，来进一步认识如何应用结构体以及与 STM32 相关的 C 语言知识。在前面的每个任务中，都对 GPIO 端口进行了初始化。现在我们就对 GPIOB 端口 PB8～PB11 的初始化进行分析，来看看结构体是如何应用的。其相关代码如下：

```
RCC_APB2PeriphClockCmd(RCC_APB2Periph_GPIOB, ENABLE); //使能 GPIOB 时钟
GPIO_InitTypeDef  GPIO_InitStructure;
GPIO_InitStructure.GPIO_Pin=
GPIO_Pin_8|GPIO_Pin_9|GPIO_Pin_10|GPIO_Pin_11;           //PB8~PB11 引脚配置
GPIO_InitStructure.GPIO_Mode = GPIO_Mode_Out_PP;         //配置 PB8 为推挽输出
GPIO_InitStructure.GPIO_Speed = GPIO_Speed_50MHz;  //GPIOB 速度为 50 MHz
GPIO_Init(GPIOB, &GPIO_InitStructure);                //初始化 PB8
```

上面的代码使能了 GPIOB 时钟，配置了 PB8～PB11 四个引脚为推挽输出、输出速度为 50MHz。GPIOB 端口初始化代码分析如下。

（1）“RCC_APB2PeriphClockCmd(RCC_APB2Periph_GPIOB, ENABLE);”语句用来设置 GPIOB 端口的时钟开启（使能）。

参数 1“RCC_APB2Periph_GPIOB”的作用是选择设置 GPIOB 端口，参数 2“ENABLE”的作用是开启时钟。那么参数 1 和参数 2 是怎么定义的呢？

参数 1 是在 stm32f10x_rcc.h 头文件中使用 define 定义的宏，宏定义代码如下：

```
#define  RCC_APB2Periph_GPIOB   ((uint32_t)0x00000008)
```

定义了标识符 RCC_APB2Periph_GPIOB 的值为 0x00000008。

参数 2 是在 stm32f10x.h 头文件中，使用 typedef 为枚举类型定义的一个别名，代码如下：

```
typedef enum
{
    DISABLE = 0,
    ENABLE = !DISABLE
} FunctionalState;
```

其中，变量 DISABLE 的值是 0，变量 ENABLE 的值是 1。

（2）“GPIO_InitTypeDef　GPIO_InitStructure;”语句的作用是通过 GPIO_InitTypeDef 来定义一个结构体变量 GPIO_InitStructure。

其中，GPIO_InitTypeDef 是在 stm32f10x_gpio.h 头文件中，使用 typedef 为结构体类型定

义的一个别名，代码如下：

```
typedef struct
{
    uint16_t  GPIO_Pin;
    GPIOSpeed_TypeDef  GPIO_Speed;
    GPIOMode_TypeDef  GPIO_Mode;
}GPIO_InitTypeDef;
```

（3）对结构体变量 GPIO_InitStructure 的 3 个成员分别赋值的代码如下：

```
GPIO_InitStructure.GPIO_Pin=
GPIO_Pin_8|GPIO_Pin_9|GPIO_Pin_10|GPIO_Pin_11;
GPIO_InitStructure.GPIO_Mode = GPIO_Mode_Out_PP;
GPIO_InitStructure.GPIO_Speed = GPIO_Speed_50MHz;
```

其中，对 GPIO_Pin_x、GPIO_Mode_Out_PP 以及 GPIO_Speed_50MHz 值的定义，也是在 stm32f10x_gpio.h 头文件中使用 typedef 进行定义的。关于这方面的内容在前面已经详细介绍过，在这里就不详细介绍了。

在以后的 STM32 程序开发过程中，还经常会遇到要初始化一个其他外设的，比如初始化串口，它的初始化状态是由几个属性来决定的，比如串口号、波特率、极性，以及模式等。

当然结构体的作用远远不止这些，如果有几个变量是用来描述同一个对象的，就可以考虑将这些变量定义在一个结构体中，这样可以提高代码的可读性，变量定义不会混乱。

2.4 STM32 结构

2.4.1 Cortex-M3 处理器结构

芯片制造商得到 Cortex-M3 处理器内核的使用授权后，就可以把 Cortex-M3 内核用在自己的硅片设计中，并添加存储器、外设、I/O 以及其他的功能块。Cortex-M3 处理器除了内核外，还有许多其他的组件，用于系统管理和调试支持，如图 2-8 所示。

在图 2-8 中，MPU 和 ETM 是可选组件，不一定会出现在每一个 Cortex-M3 处理器中。下面对 Cortex-M3 处理器各部分的组件进行介绍。

1. 系统管理的组件

（1）Cortex-M3 处理器核 CM3Core：Cortex-M3 处理器的中央处理核心。

（2）嵌套向量中断控制器（NVIC）：负责中断控制的模块。NVIC 与内核是紧耦合的，支持中断嵌套，采用了向量中断的机制，中断的具体路数由芯片厂商定义。

在中断发生时，会自动取出对应的中断服务程序入口地址并且直接调用，无须软件判定中断源，缩短了中断延时。

（3）系统滴答定时器（SysTick）：一个非常基本的倒计时定时器，每隔一定的时间产生一个中断，即使系统在睡眠模式下也能工作。还能使操作系统在各 Cortex-M3 器件之间移植时不必修改系统定时器的代码，移植工作变得容易多了。

SysTick 也是作为 NVIC 的一部分实现的。

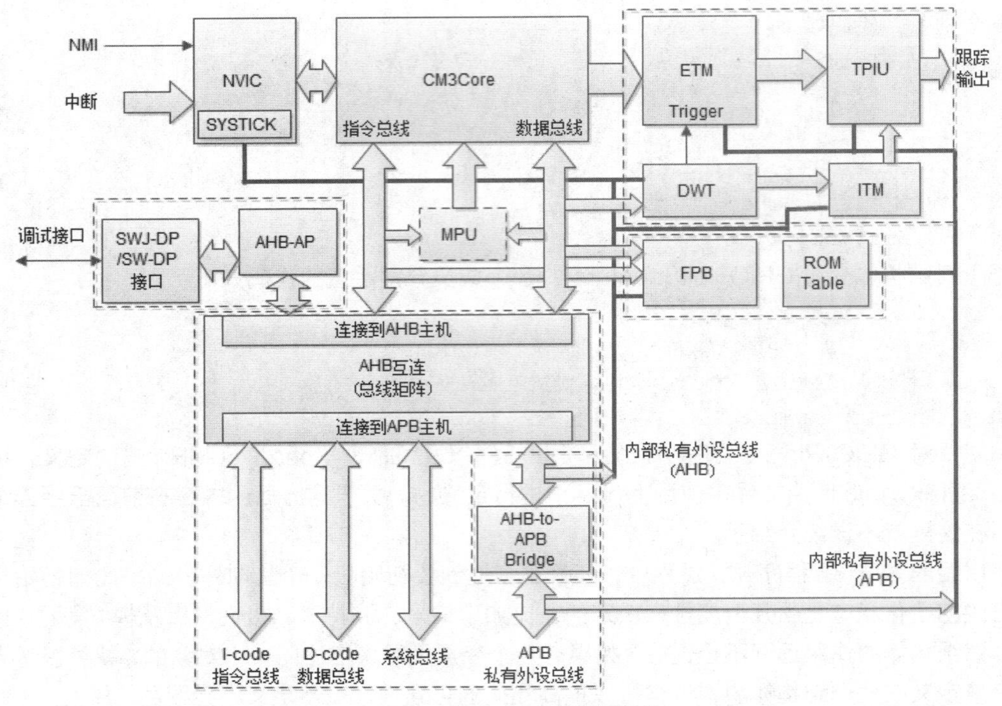

图2-8 Cortex-M3处理器结构

（4）存储器保护单元（MPU）：一个选配的单元，有些 Cortex-M3 芯片可能没有配备此组件。若有 MPU，则可把存储器分成一些 region，分别予以保护。例如，MPU 可以让某些 region 在用户级下变成只读，从而阻止一些用户程序破坏关键数据。

（5）总线矩阵（BusMatrix）：一个内部的高级高性能总线（Advanced High performance Bus，AHB）互连，是 Cortex-M3 内部总线系统的核心。通过总线矩阵，只要不是访问同一块内存区域，就可以让数据在不同的总线之间并行传送。

（6）AHB to APB：是一个把 AHB 转换为 APB（Advanced Peripheral Bus，外围总线）的总线桥，用于把若干个 APB 设备连接到 Cortex-M3 处理器的私有外设总线上（内部的和外部的）。这些 APB 设备常见于调试组件。Cortex-M3 也允许芯片厂商把附加的 APB 设备挂在这条 APB 总线上。

2. 系统调试的组件

（1）SW-DP/SWJ-DP：串行线调试端口/串行线 JTAG 调试端口（DP）。通过串行线调试协议或是传统的 JTAG 协议（专用于 SWJ-DP），实现与调试端口的连接。

在处理器核心的内部没有 JTAG，大多数调试功能都是通过在 NVIC 控制下的 AHB 访问来实现的。SWJ-DP 支持串行线协议和 JTAG 协议，而 SW-DP 只支持串行线协议。

（2）AHB-AP：AHB 访问端口，提供了对全部 Cortex-M3 存储器的访问功能。当外部调试器需要执行动作的时候，就要通过 SW-DP/SWJ-DP 来访问 AHB-AP，从而产生所需的 AHB 数据传送。

（3）嵌入式跟踪宏单元（ETM）：用于实现实时指令跟踪的单元。由于 ETM 是一个选配件，所以不是所有的 Cortex-M3 产品都具有。

（4）数据观察点及跟踪单元（DWT）：一个处理数据观察点功能的模块，通过 DWT，可以设置数据观察点。

（5）指令跟踪宏单元（ITM）：软件可以控制 ITM 直接把消息送给 TPIU；还可以让 DWT 匹配命中事件通过 ITM 产生数据跟踪包，并把它输出到一个跟踪数据流中。

（6）跟踪端口的接口单元（TPIU）：TPIU 用于和外部的跟踪硬件（如跟踪端口分析仪）交互。在 Cortex-M3 内部，跟踪信息都被格式化成“高级跟踪总线（ATB）包”，TPIU 重新格式化这些数据，从而让外部设备能够捕捉到它们。

（7）地址重载及断点单元（FPB）：提供 Flash 地址重载和断点功能。Flash 地址重载是指当 CPU 访问的某条指令匹配到一个特定的 flash 地址时，将把该地址重映射到 SRAM 中指定的位置，从而取指令后返回另外的值。此外，匹配的地址还能用来触发断点事件。Flash 地址重载功能对于测试工作非常有用。例如，通过 FPB 来改变程序流程，就可以给那些不能在普通情形下使用的设备添加诊断程序代码。

（8）ROM 表：一个简单的查找表，提供了存储器映射信息，包括多种系统设备和调试组件。当调试系统定位各调试组件时，它需要找出相关寄存器在存储器的地址，这些信息即由此表给出。在绝大多数情况下，由于 Cortex-M3 有固定的存储器映射，所以各组件都拥有一致的起始地址。但是因为有些组件是可选的，还有些组件是由制造商另行添加的，在这种情况下，必须在 ROM 表中给出这些信息，这样调试软件才能判定正确的存储器映射，进而检测可用的调试组件是何种类型。

2.4.2　STM32 系统结构

1. STM32 芯片的封装

在介绍 STM32 系统结构之前，先介绍一下 STM32 芯片的封装。在 STM32F10x 芯片上都印有具体的型号，x 代表的数字：101 是基本型、102 是 USB 基本型、103 是增强型、105 或 107 是互联型；引脚数目：T 为 36 引脚、C 为 48 引脚、R 为 64 引脚、V 为 100 引脚、Z 为 144 引脚；闪存存储器（Flash）容量：4 为 16KB、6 为 32KB、8 为 64KB、B 为 128KB、C 为 256KB、D 为 384KB、E 为 512KB。

通常，在芯片封装正方向的左下角有一个小圆点（也有的是在右上角有一个稍大点的圆圈标记），靠近左下角小圆点的管脚号为 1，然后以逆时针方向，ZET6 最后一个引脚号为 144，VET6 最后一个引脚号为 100，即 Z 的引脚多于 V 的，也就是说 Z 的功能多于 V 的。

2. STM32 系统架构

Cortex-Mx 内核是由 Arm 公司设计的，ST 公司在获得 Arm 公司的授权后，在此内核基础上设计外围电路，如存储程序的 Flash、存储变量的 SRAM 以及外设（GPIO、I2C、SPI、USTAR）等。STM32 系统架构由内核的驱动单元和外设的被动单元组成，如图 2-9 所示。

3. 内核的驱动单元

Cortex-Mx 内核的驱动单元由 ICode 总线、DCode 总线、System 总线以及通用 DMA 组成。

（1）ICode 总线

写好的程序经过编译，就会变成一条条指令存储在外设的 Flash 里面。内核要读取这些指令来执行程序，就必须通过 ICode 总线（专门用来取指令）。也就是说，ICode 总线将内核指令总线和闪存指令接口相连，指令的预取在该总线上完成。

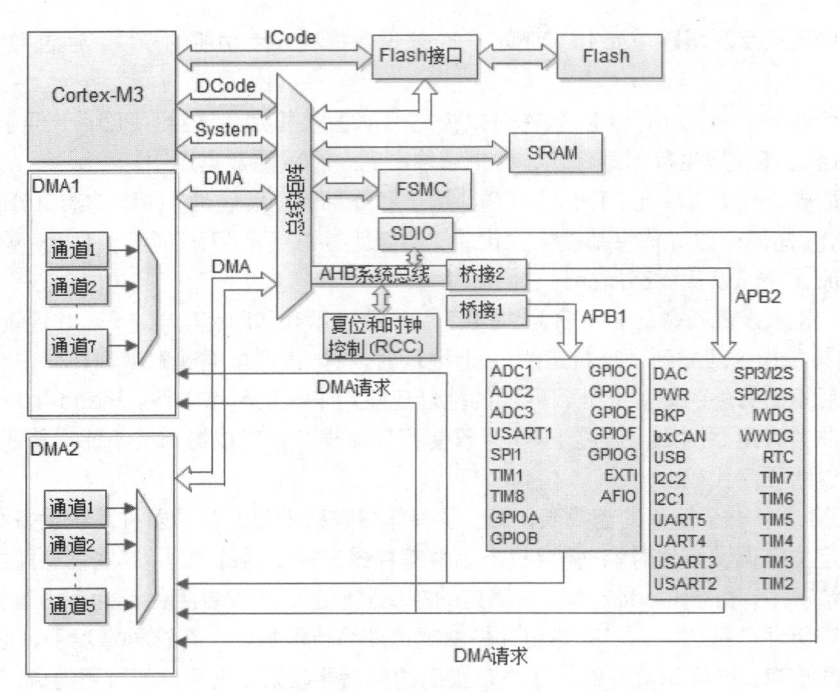

图2-9 STM32系统结构

（2）DCode 总线

我们知道，常量是存放在内部 Flash 里面的，而变量是存放在内部 SRAM 里面的。DCode 总线就是将内核的 DCode 总线与 Flash 的数据接口相连接的总线，如常量加载和调试访问等操作都是在该总线上完成的。

（3）System 总线

System 总线连接内核的系统总线到总线矩阵，总线矩阵协调内核和 DMA 之间的访问。该总线是读取数据的，最主要的作用还是访问外设的寄存器，即读写寄存器都是通过该总线来完成的。

（4）DMA 总线

DMA 总线将 DMA 的 AHB 主控接口与总线矩阵相连，总线矩阵则协调 CPU 的 DCode 和 DMA 到 SRAM、Flash 和外设的访问。

另外，总线矩阵还利用转换算法负责协调内核系统总线和 DMA 主控总线之间的访问仲裁。为了避免 DCode 和 DMA 同时读取数据从而造成冲突，所以在二者读取数据的时候，由总线矩阵来仲裁究竟由谁来读取数据。

DMA 总线和 DCode 总线有什么区别呢?

若没有 DMA 总线，从 SRAM 中读取一个数据到内部的外设数据寄存器中，读取流程是：CPU 先通过 DCode 总线把数据从 SRAM 读到 CPU 内部的通用寄存器中暂存数据，然后通过 DCode 总线将数据传到内部的外设数据寄存器中，这个过程通过 CPU 作为数据的中转。现在有了 DMA 总线，只需要 CPU 发送命令，就可以将 SRAM 里的数据直接发送到内部的外设数据寄存器中。

4. 被动单元

被动单元由 AHB/APB 桥连接的所有 APB 设备、内部闪存 Flash、内部 SRAM 以及 FSMC 四个部分组成。

（1）AHB/APB 桥

AHB/APB 桥有两个桥，在 AHB 和两个 APB 总线之间提供同步连接，APB1 的操作速度限于 36MHz，APB2 的操作速度是全速。

（2）内部 Flash

内部 Flash 是内部闪存存储器，写好的程序经过编译，就会变成一条条指令存储在外设的内部 Flash 中，Cortex-Mx 通过 ICode 总线访问内部 Flash 来取指令。

（3）内部 SRAM

内部 SRAM 是一种具有静止存取功能的内存，不需要刷新电路即能保存它内部存储的数据。程序的变量、堆栈等的使用都基于内部的 SRAM，Cortex-Mx 通过 DCode 总线来访问内部 SRAM。

SRAM 的优点是速度快，不必配合内存刷新电路，即可提高整体的工作效率；缺点是集成度低、功耗较大、相同容量体积较大以及价格较高，可以少量用于关键性系统，以提高工作效率。

（4）FSMC

FSMC 即可变静态存储控制器，是 STM32 采用的一种新型存储器扩展技术。通过对特殊功能寄存器的设置，FSMC 能够根据不同的外部存储器类型，发出相应的数据/地址/控制信号类型，以匹配信号的速度，从而使得 STM32 不仅能够应用于各种不同类型、不同速度的外部静态存储器，而且能够在不增加外部器件的情况下，同时扩展多种不同类型的静态存储器，来满足系统设计对存储容量、产品体积以及成本的综合要求。

2.4.3 STM32 时钟配置

时钟系统是 CPU 的脉搏，就像人的心跳一样。 STM32 的时钟系统比较复杂，不像简单的 51 单片机只须一个系统时钟就可以解决一切。那么，STM32 为什么要采用多个时钟源呢？采用一个系统时钟不行吗?

STM32 本身非常复杂，外设也非常多，但并非所有的外设都需要很高的系统时钟频率，比如看门狗以及 RTC 只需要几十 KHz 的时钟即可。在同一个电路中，时钟频率越高，功耗就越大，同时抗电磁干扰能力也会越弱，所以较为复杂的 MCU 一般都是使用多时钟源。STM32 时钟系统结构图，也称 STM32 时钟树，如图 2-10 所示。

1. STM32 时钟系统的时钟源

STM32 时钟系统有 HSI、HSE、LSI、LSE 和 PLL 时钟源。

根据时钟频率可以分为高速时钟源和低速时钟源，HSI、HSE 和 PLL 是高速时钟源，LSI 和 LSE 是低速时钟源。根据来源可分为外部时钟源和内部时钟源，外部时钟源就是从外部通过接晶振的方式获取的时钟源，其中 HSE 和 LSE 是外部时钟源，其他的是内部时钟源。

下面来详细介绍一下 STM32 的时钟源，讲解顺序是按图中圆圈标号的顺序。

（1）HSI 是高速内部时钟，采用 RC 振荡器，频率为 8MHz，精度较低。HSI 的 RC 振荡器启动时间比 HSE 晶体振荡器短，可由时钟控制寄存器 RCC_CR 中的 HSION 位来启动和关闭。如果 HSE 晶体振荡器失效，HSI 会被作为备用时钟源。

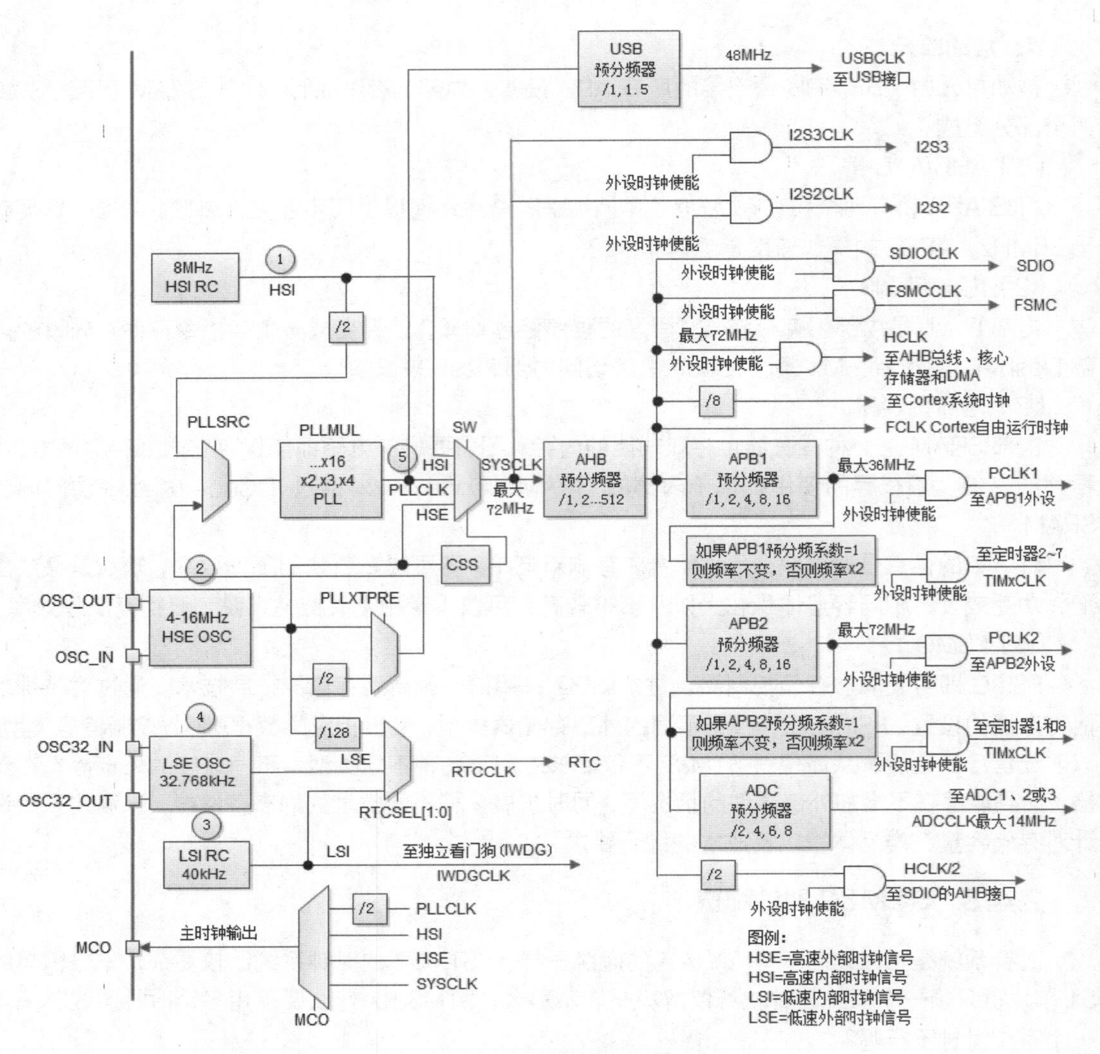

图2-10　STM32时钟系统结构

（2）HSE是高速外部时钟，可为系统提供更为精确的主时钟。HSE可接石英/陶瓷谐振器，或者接外部时钟源，频率范围为4MHz～16MHz。开发板一般接8MHz晶振，晶振电路如图2-11（a）所示。

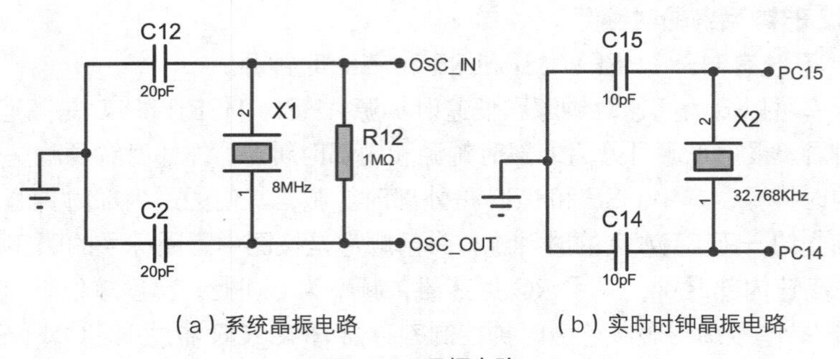

（a）系统晶振电路　　（b）实时时钟晶振电路

图2-11　晶振电路

为了减少时钟输出的失真和缩短启动的稳定时间，晶体/陶瓷谐振器和负载电容器必须尽可能地靠近振荡器引脚。负载电容值必须根据所选择的振荡器来调整。

时钟控制寄存器 RCC_CR 中的 HSERDY 位用来指示高速外部振荡器是否稳定。芯片在启动时，直到该位被硬件置 1，时钟才被释放出来。

可以通过时钟控制寄存器 RCC_CR 中的 HSEON 位来设置 HSE 启动和关闭。

（3）LSI 是低速内部时钟，采用 RC 振荡器，频率为 40kHz。LSI 可以在停机和待机模式下保持运行，为独立看门狗和自动唤醒单元提供时钟，通过控制/状态寄存器 RCC_CSR 中的 LSION 位来启动或关闭。

（4）LSE 是低速外部时钟，接频率 32.768kHz 的石英晶体，晶振电路如图 2-11（b）所示。LSE 为实时时钟 RTC 或者其他定时功能提供一个低功耗且精确的时钟源，可以通过备份域控制寄存器 RCC_BDCR 中的 LSEON 位启动和关闭。

（5）PLL 为锁相环倍频输出，其时钟输入源可选择 HSI/2、HSE 或者 HSE/2，倍频可选择 2～16 倍，其输出频率最大不得超过 72MHz。如果需要在应用中使用 USB 接口，PLL 必须被设置为输出 48MHz 或 72MHz 时钟，用于提供 48MHz 的 USBCLK 时钟。

2. STM32 时钟源与外设和系统时钟之间的关系

前面简单介绍了 STM32 的时钟源，那么这五个时钟源是怎么给各个外设以及系统提供时钟的呢？下面结合图 2-10，介绍一下 STM32 的时钟源与外设和系统之间的关系。

（1）MCO 是 STM32 的一个时钟输出引脚，可以选择 PLL 输出的 2 分频、HSI、HSE 或者系统时钟（SYSCLK）作为 MCO 时钟，用来给外部其他系统提供时钟源。时钟的选择由时钟配置寄存器（RCC_CFGR）中的 MCO[2:0]位控制。

（2）RTC 时钟源（RTCCLK）是供实时时钟（RTC）使用的。RTC 的时钟源通过设置备份域控制寄存器 RCC_BDCR 中的 RTCSEL[1:0]位来选择，可以选择 HSE 的 128 分频（HSE/128）、LSI 或 LSE 时钟。

（3）USB 的时钟来自 PLL 时钟源。STM32 中有一个全速功能的 USB 模块，其串行接口引擎需要一个频率为 48MHz 的时钟源。该时钟源只能从 PLL 输出端获取，可以选择 1.5 分频或者 1 分频。也就是说，当需要使用 USB 模块时，PLL 必须使能，并且时钟频率必须配置为 48MHz 或 72MHz。

（4）STM32 的系统时钟 SYSCLK 的最大频率为 72MHz，是供 STM32 中绝大部分部件使用的时钟源。系统时钟可选择为 PLL 输出、HSI 或者 HSE。系统复位后，HSI 振荡器被选为系统时钟。

（5）其他所有外设的最终时钟来源都是 SYSCLK。SYSCLK 通过 AHB 分频器分频后送给各模块使用。包括如下模块。

- AHB 总线、内核、内存和 DMA 使用的 HCLK 时钟。
- 通过 8 分频后送给 Cortex 的系统滴答定时器时钟，也就是 SysTick。
- 直接送给 Cortex 的空闲运行时钟 FCLK。
- 送给 APB1 分频器。APB1 分频器的一路输出供 APB1 外设使用（PCLK1，最大频率 36MHz），另一路输出送给定时器（Timer2～7）倍频器使用。
- 送给 APB2 分频器。APB2 分频器的一路输出供 APB2 外设使用（PCLK2，最大频率 72MHz），另一路输出送给定时器（Timer1 和 8）倍频器使用。

注意

APB1 和 APB2 的区别：
APB1 连接的是低速外设，包括 CAN、USB、I2C1、I2C2、UART2、UART3 等；
APB2 连接的是高速外设，包括 UART1、SPI1、Timer1、ADC1、ADC2、GPIO 口等。

在以上的时钟输出中，有很多是带使能控制的，例如 AHB 总线时钟、内核时钟，各种 APB1 外设、APB2 外设等。当需要使用某模块时，记得一定要先使能对应的时钟。

3. STM32 的时钟配置

STM32 时钟系统不仅可以在 system_stm32f10x.c 中的 SystemInit()函数里面配置，还可以利用stm32f10x_rcc.c文件中的时钟设置函数配置，基本上从函数的名称就可以知道函数的作用。

（1）SystemInit()函数

STM32 启动后，首先要执行 SystemInit()函数对系统进行初始化。SystemInit()函数的第一行代码：

```
RCC->CR |= (uint32_t)0x00000001;
```

是用来设置时钟控制寄存器的，使能内部 8MHz 高速时钟。从这里可以看出，系统启动后首先是依靠内部时钟源来工作的。紧接着是下面几行代码：

```
#ifndef STM32F10X_CL              //就是 STM32 互连系列微处理器
    RCC->CFGR &= (uint32_t)0xF8FF0000;
#else
    RCC->CFGR &= (uint32_t)0xF0FF0000;
#endif
```

也是用来设置时钟配置寄存器的，主要是对 MCO（时钟输出）、PLL（PLL 倍频系数和 PLL 输入时钟源）、ADCPRE（ADC 时钟）、PPRE2（高速 APB 分频系数）、PPRE1（低速 APB 分频系数）、HPRE（AHB 预分频系数）以及 SW（系统时钟切换）等进行复位设置。开始时，系统时钟切换到 HSI，由 HSI 作为系统初始时钟。

另外，STM32F10X_CL 是跟具体 STM32 芯片相关的一个宏，这里是指 STM32 互连系列芯片。

紧接着下面三行代码，是关闭 HSE、CSS、PLL 等。在配置好与之相关的参数后，再对其开启，使其生效。代码如下：

```
RCC->CR &= (uint32_t)0xFEF6FFFF;
RCC->CR &= (uint32_t)0xFFFBFFFF;
RCC->CFGR &= (uint32_t)0xFF80FFFF;
```

在后面的代码段中，主要是设置中断、外部 RAM 等，如开始时需要禁止所有中断并且清除所有中断标志位，还要根据向量表是定位在内部 SRAM 中还是内部 Flash 中，进行向量表的重定位。

（2）SetSysClock()函数

在 SystemInit()函数中，还调用了一个 SetClock()函数，这个函数的作用是什么呢？它的作用非常简单，就是判断系统宏定义的时钟是多少，然后设置相应值。换句话说，系统时钟是多少是通过 SetSysClock()函数来判断的，而设置是通过宏定义设置的。SetSysClock()函数代码如下：

```
static void SetSysClock(void)
{
#ifdef SYSCLK_FREQ_HSE
    SetSysClockToHSE();
#elif defined SYSCLK_FREQ_24MHz
    SetSysClockTo24();
#elif defined SYSCLK_FREQ_36MHz
    SetSysClockTo36();
#elif defined SYSCLK_FREQ_48MHz
    SetSysClockTo48();
#elif defined SYSCLK_FREQ_56MHz
    SetSysClockTo56();
#elif defined SYSCLK_FREQ_72MHz
    SetSysClockTo72();
#endif
}
```

SetSysClock()函数主要是用来配置系统时钟频率的。在 system_stm32f10x.c 中，系统默认的 SYSCLK_FREQ_72MHz 宏定义的时钟频率是 72 MHz。代码如下：

```
/* #define SYSCLK_FREQ_HSE    HSE_VALUE */
/* #define SYSCLK_FREQ_24MHz  24000000 */
/* #define SYSCLK_FREQ_36MHz  36000000 */
/* #define SYSCLK_FREQ_48MHz  48000000 */
/* #define SYSCLK_FREQ_56MHz  56000000 */
#define SYSCLK_FREQ_72MHz   72000000
```

在这里，只保留了设置值 72MHz，这是系统默认值，其他值都被注释掉了。若要设置为 36MHz，只需要保留设置值 36MHz，其他的都注释掉即可。代码如下：

#define SYSCLK_FREQ_36MHz　　36000000

同时还要注意的是，当设置好系统时钟后，通过变量 SystemCoreClock 可以获取系统时钟值，如果系统时钟是 72MHz，那么 SystemCoreClock=72000000。

（3）SystemCoreClock 设置

SystemCoreClock 的值是在 system_stm32f10x.c 文件中设置的，代码如下：

```
#ifdef SYSCLK_FREQ_HSE
    uint32_t SystemCoreClock = SYSCLK_FREQ_HSE;
#elif defined SYSCLK_FREQ_24MHz
    uint32_t SystemCoreClock = SYSCLK_FREQ_24MHz;
#elif defined SYSCLK_FREQ_36MHz
    uint32_t SystemCoreClock = SYSCLK_FREQ_36MHz;
#elif defined SYSCLK_FREQ_48MHz
    uint32_t SystemCoreClock = SYSCLK_FREQ_48MHz;
#elif defined SYSCLK_FREQ_56MHz
    uint32_t SystemCoreClock = SYSCLK_FREQ_56MHz;
#elif defined SYSCLK_FREQ_72MHz
    uint32_t SystemCoreClock = SYSCLK_FREQ_72MHz;
```

```
#else
    uint32_t SystemCoreClock = HSI_VALUE;
#endif
```

其中 HSI_VALUE 是在 stm32f10x.h 中用宏定义的，其值是 8MHz。代码如下：

```
#define HSI_VALUE    ((uint32_t)8000000)
```

最后，对 SystemInit()函数中设置的系统时钟总结如下：

- SYSCLK（系统时钟）=72MHz；
- AHB 总线时钟（使用 SYSCLK）=72MHz；
- APB1 总线时钟（PCLK1）=36MHz；
- APB2 总线时钟（PCLK2）=72MHz；
- PLL 时钟=72MHz。

【技能训练 2-3】基于寄存器的跑马灯设计

我们如何利用 STM32 的 GPIO 端口寄存器，来实现基于寄存器的跑马灯程序设计呢?

1. 认识 APB2ENR 外设时钟使能寄存器

APB2ENR 是 APB2 总线上的外设时钟使能寄存器，即 APB2 外设时钟使能寄存器，该寄存器的各位描述如图 2-12 所示。

31	30	29	28	27	26	25	24	23	22	21	20	19	18	17	16
保留															

15	14	13	12	11	10	9	8	7	6	5	4	3	2	1	0
ADC3 EN	USART1 EN	TIM8 EN	SPI1 EN	TIM1 EN	ADC2 EN	ADC1 EN	IOPG EN	IOPF EN	IOPE EN	IOPD EN	IOPC EN	IOPB EN	IOPA EN	保留	AFIO EN
rw	rw	rw	rw	rw	rw	rw	rw	rw	rw	rw	rw	rw	rw	rw	rw

图2-12　外设时钟使能寄存器APB2ENR各位描述

APB2ENR 寄存器的 16～31 位是保留位，0～15 位是 APB2 外设时钟使能位，外设使能位设置为 0 时是时钟关闭，设置为 1 时是时钟开启。

RCC 是 Cortex 系统定时器（SysTick）的外部时钟。在配置 STM32 的外设时，任何时候都要先使能外设的时钟。若要使能 GPIOB 和 GPIOD 的时钟，只要将 bit3 和 bit5 位置 1 即可。代码如下：

```
RCC->APB2ENR = 5<<3;                    //使能 GPIOB 和 GPIOD 的时钟
```

2. 基于寄存器的跑马灯程序设计

基于寄存器的跑马灯电路与任务 5 的一样，这里只给出主函数的代码，其他代码参考任务 5。代码如下：

```
void main(void)
{
    //初始化 GPIOB 口的 PB0～9
    RCC->APB2ENR|=1<<3;                 //使能 PORTB 时钟
    GPIOB->CRL&=0X00000000;             //清掉原来的设置
    GPIOB->CRH&=0XFFFFFF00;             //清掉原来的设置，同时不影响其他位设置
    GPIOB->CRL|=0X33333333;             //PB0~7 推挽输出
```

```
    GPIOB->CRH|=0X00000033;         //PB8~9 推挽输出
    GPIOB->ODR|=0x03FF;             //PB0~9 输出高
    while(1)
    {
        GPIOB->ODR = 0x0FFFF;       //先熄灭所有 LED
        temp = 0x0FFFE;
        for(i=0;i<10;i++)
        {
            GPIOB->ODR = temp;
            Delay(100);
            temp = temp<<1;
        }
        temp = 0x0FE00;
        for(j=0;j<10;j++)
        {
            GPIOB->ODR = temp;
            Delay(100);
            temp = (temp>>1)+ 0x8000;
        }
    }
}
```

关键知识点小结

1. STM32 的 I/O 口可以由软件配置成 8 种模式：浮空输入 IN_FLOATING、上拉输入 IPU、下拉输入 IPD、模拟输入 AIN、开漏输出 Out_OD、推挽输出 Out_PP、复用功能的推挽输出 AF_PP 以及复用功能的开漏输出 AF_OD。

每个 I/O 口可以自由编程，单 I/O 口寄存器必须按 32 位字访问。STM32 的很多 I/O 口都是 5V 兼容的，即标有 FT 的那些 I/O 口。

2. STM32 的每个 I/O 端口都由配置模式的 7 个寄存器来控制：2 个 32 位的 CRL 和 CRH 端口配置寄存器、2 个 32 位的 IDR 和 ODR 数据寄存器、1 个 32 位的 BSRR 置位/复位寄存器、1 个 16 位的 BRR 复位寄存器，以及 1 个 32 位的锁存寄存器 LCKR。

（1）I/O 端口低配置寄存器（CRL）控制每个 I/O 端口（A～G）的低 8 位的模式和输出速率。每个 I/O 端口占用 CRL 的 4 个位，高两位为 CNF，低两位为 MODE。CRH 的作用和 CRL 完全一样，只是 CRL 控制的是低 8 位输出口，而 CRH 控制的是高 8 位输出口。

（2）端口输入数据寄存器（IDR）只用了低 16 位。该寄存器为只读寄存器，并且只能以 16 位的形式读出。

（3）端口输出数据寄存器（ODR）只用了低 16 位。

（4）端口位设置/清除寄存器（BSRR）与 ODR 寄存器具有类似作用，都用来设置 GPIO 端口的输出位是 1 还是 0。

（5）端口位清除寄存器（BRR）只用了低 16 位。

3. STM32 的 GPIO 初始化函数有两个。

RCC_APB2PeriphClockCmd()函数是使能 GPIOx 对应的外设时钟；GPIO_Init()函数是初始化（配置）GPIO 的模式和速度，也就是设置相应 GPIO 的 CRL 和 CRH 寄存器值。

4. STM32 的 GPIO 输入输出函数主要有 8 个。

GPIO_ReadInputDataBit ()函数读取指定 I/O 口的对应引脚值，也就是读取 IDR 寄存器的值；GPIO_ReadInputData()函数读取指定 I/O 口 16 个引脚的输入值，也是读取 IDR 寄存器的值；GPIO_ReadOutputDataBit ()函数读取指定 I/O 口某个引脚的输出值，也就是读取寄存器 ODR 相应位的值；GPIO_ReadOutputData()函数读取指定 I/O 口 16 个引脚的输出值，也就是读取寄存器 ODR 的值；函数 GPIO_SetBits ()和 GPIO_ResetBits ()设置指定 I/O 口的引脚输出高电平或低电平，也就是设置寄存器 BSRR、BRR 的值；GPIO_WriteBit ()函数向指定 I/O 口的引脚写 0 或者写 1，也就是向寄存器 ODR 的相应位写 0 或者写 1；GPIO_Write()函数向指定 I/O 口写数据，也就是向寄存器 ODR 写数据。

其中，GPIO_WriteBit()函数与 GPIO_SetBits()函数的区别是：GPIO_WriteBit 函数()是对 I/O 口的一个引脚进行写操作，可以是写 0 或者写 1；而 GPIO_SetBits 函数()可以对 I/O 口的多个引脚同时进行置位。

5. Cortex-M3 处理器采用 ARMv7-M 架构，它包括所有的 16 位 Thumb 指令集和基本的 32 位 Thumb-2 指令集架构，Cortex-M3 处理器不能执行 Arm 指令集。

（1）Cortex-M3 处理器支持线程模式（Thread）和处理模式（Handler）两种模式。

（2）Cortex-M3 处理器可以在 Thumb 和 Debug 两种操作状态下工作。

6. Cortex-M3 拥有寄存器 R0～R15 以及一些特殊功能寄存器。其中，R0～R12 是通用寄存器，绝大多数的 16 位指令只能使用 R0～R7（低组寄存器），而 32 位的 Thumb-2 指令则可以访问所有通用寄存器；R13 作为堆栈指针 SP，有两个，但在同一时刻只能看到一个；特殊功能寄存器有预定义的功能，必须通过专用的指令来访问。

（1）Cortex-M3 中的特殊功能寄存器包括程序状态寄存器组（PSRs 或 xPSR），中断屏蔽寄存器组（PRIMASK、FAULTMASK 和 BASEPRI）和控制寄存器（CONTROL）。

（2）程序状态寄存器内部又被分为 3 个子状态寄存器：应用程序 PSR（APSR）、中断号 PSR（IPSR）和执行 PSR（EPSR）。

7. 芯片制造商得到 Cortex-M3 处理器内核的使用授权后，就可以把 Cortex-M3 内核用在自己的硅片设计中，并添加存储器、外设、I/O 以及其他的功能块。

Cortex-Mx 内核是由 Arm 公司设计的，ST 公司在获得 Arm 公司的授权后，在此内核基础上设计外围电路，如存储程序的 Flash、存储变量的 SRAM 以及外设（GPIO、I2C、SPI、USTAR）等。

STM32 系统架构由内核的驱动单元和外设的被动单元组成。

（1）Cortex-Mx 内核的驱动单元由 ICode 总线、DCode 总线、System 总线以及通用 DMA 四部分组成。

（2）被动单元由 AHB/APB 桥连接的所有 APB 设备、内部闪存 Flash、内部 SRAM 以及 FSMC 四部分组成。

8. STM32 时钟系统结构图也称为 STM32 时钟树。

（1）STM32 时钟系统有 HSI、HSE、LSI、LSE 和 PLL 时钟源。

（2）STM32 时钟系统不仅可以在 system_stm32f10x.c 中的 SystemInit()函数里面配，还可以利用 stm32f10x_rcc.c 文件中的时钟设置函数配置，基本上从函数的名称就可以知道这个函数的作用。

问题与讨论

2-1 STM32 的 I/O 口可以由软件配置成哪几种模式?

2-2 端口配置寄存器有哪两个? 其作用是什么? 请举例说明。

2-3 请用端口输出数据寄存器（ODR），编写控制 GPIOD 口的 PC3～PC5 和 PC8～PC11 输出高电平的语句。

2-4 简述 RCC_APB2PeriphClockCmd()和 GPIO_Init()函数的功能。

2-5 请使用两种方法，用库函数编写控制 PB7 输出低电平和 PB8 输出高电平的代码。

2-6 Cortex-M3 处理器采用什么架构?

2-7 Cortex-M3 中的特殊功能寄存器包括哪几个? 程序状态寄存器内部又被分为哪几个?

2-8 STM32 系统架构由哪两个单元组成? 每个单元又由哪四部分组成?

2-9 STM32 时钟系统有哪五个时钟源?

2-10 通过自主学习、举一反三，试一试采用基于寄存器和基于库函数两种方法，完成 8 个 LED 循环点亮的电路和程序设计、运行与调试，其中 8 个 LED 由 PA1～PA8 控制。

Chapter 3

项目三 数码管显示设计与实现

能力目标

能利用 STM32 与数码管的接口技术，完成 STM32 的数码管静态与动态显示电路设计，完成数码管静态和动态显示程序的设计、运行及调试。

知识目标

1. 知道 LED 数码管的结构、工作原理和显示方式；
2. 知道位带区与位带别名区、I/O 口位操作，掌握 I/O 口位操作实现的方法；
3. 会利用 STM32 的 GPIO 端口，完成数码管静态显示和动态显示设计。

素养目标

启发读者关注社会发展，引导读者乐于奉献、勤奋学习，培养读者的创新思维，勇敢肩负起时代赋予的历史重任。

3.1 任务 6 数码管静态显示设计与实现

使用 STM32F103R6 芯片的 PC0～PC15 引脚分别接两个共阴极 LED 数码管，其中个位数码管接 PC0～PC7，十位数码管接 PC8～PC15。采用静态显示方式，编写程序使两位数码管循环显示 0～20。

3.1.1 认识数码管

在嵌入式电子产品中，显示器是人机交流的重要组成部分。嵌入式电子产品常用的显示器有 LED 和 LCD 两种，LED 数码显示器价格低廉、体积小、功耗低、可靠性好，因此得到广泛使用。

1. 数码管的结构和工作原理

单个 LED 数码管的管脚结构如图 3-1（a）所示。数码管内部由 8 个 LED（简称位段）组成，其中有 7 个条形 LED 和 1 个小圆点 LED。当 LED 导通时，相应的线段或点发光，将这些 LED 排成一定图形，常用来显示数字 0~9、字符 A~G，还可以显示 H、L、P、R、U、Y、符号“—”及小数点“.”等。LED 数码管分为共阴极和共阳极两种结构。

（1）共阴极结构

如图 3-1（b）所示，共阴极结构是把所有 LED 的阴极作为公共端（COM）连起来，接低电平，通常接地。通过控制每一个 LED 的阳极电平使其发光或熄灭，阳极为高电平时 LED 发光，为低电平时 LED 熄灭。如显示数字 0 时，a、b、c、d、e、f 端为高电平，其他各端为低电平。

（2）共阳极结构

如图 3-1（c）所示，共阳极结构是把所有 LED 的阳极作为公共端（COM）连起来，接高电平，通常接电源（如+5V）。通过控制每一个 LED 的阴极电平使其发光或熄灭，阴极为低电平时 LED 发光，为高电平时 LED 熄灭。

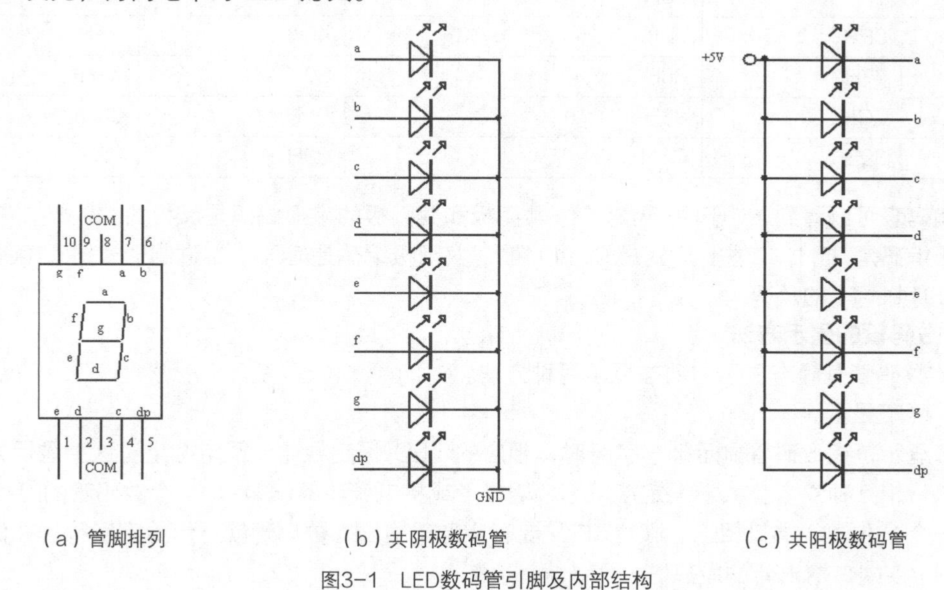

（a）管脚排列　　（b）共阴极数码管　　（c）共阳极数码管

图3-1　LED数码管引脚及内部结构

注意

通常数码管内部是没有限流电阻的，在使用时需外接限流电阻。如果不限流，将造成 LED 的烧毁。限流电阻一般使流经 LED 的电流控制在 10 ~ 20mA，由于高亮度数码管的使用，电流还可以取小一些。

2. 数码管的字形编码

数码管要显示某个字符，必须在它的 8 个位段上加上相应的电平组合，即一个 8 位数据，这个数据就叫该字符的字形编码。通常用的位段的编码规则如图 3-2 所示。

D7	D6	D5	D4	D3	D2	D1	D0
dp	g	f	e	d	c	b	a

图3-2　数码管编码规则

共阴极和共阳极数码管的字形编码是不同的，两种结构数码管的字形编码如表 3-1 所示。

表 3-1 LED 数码管字形编码表

显示字符	共阴极字形码	共阳极字形码	显示字符	共阴极字形码	共阳极字形码
0	3FH	C0H	d	5EH	A1H
1	06H	F9H	E	79H	86H
2	5BH	A4H	F	71H	8EH
3	4FH	B0H	H	76H	89H
4	66H	99H	L	38H	C7H
5	6DH	92H	P	73H	8CH
6	7DH	82H	U	3EH	C1H
7	07H	F8H	y	6EH	91H
8	7FH	80H	r	31H	CEH
9	6FH	90H	—	40H	BFH
A	77H	88H	.	80	7FH
b	7CH	83H	8.	FFH	00H
C	39H	C6H	灭	00H	FFH

从编码表可以看到，对于同一个字符，共阴极和共阳极的字形编码是反相的。例如：字符“0”的共阴极编码是 3FH，二进制形式是 00111111；共阳极编码是 C0H，二进制形式是 11000000，恰好是 00111111 的反码。

3. 数码管的显示方法

LED 数码管有静态显示和动态显示两种方法。

（1）静态显示

静态显示是指数码管显示某一字符时，相应的 LED 恒定导通或恒定截止。这种显示方式的各位数码管相互独立，公共端恒定接地（共阴极）或接电源（共阳极）。每个数码管的 8 个位段分别与一个 8 位 I/O 端口相连。I/O 端口只要有字形码输出，数码管就显示给定字符，并保持不变，直到 I/O 端口输出新的段码。

（2）动态显示

动态显示是一位一位轮流点亮各位数码管的显示方式，即在某一时段，只选中一位数码管的“位选端”，并送出相应的字形编码，在下一时段再按顺序选通另外一位数码管，并送出相应的字形编码。依此规律循环下去，即可使各位数码管分别间断地显示出相应的字符。

3.1.2 数码管静态显示电路设计

按照任务要求，采用静态显示方式，数码管显示电路由 STM32F103R6、2 个一位的共阴极 LED 数码管构成。其中，STM32F103R6 的 PC0～PC7 引脚接个位数码管的 A～G 位段，PC8～PC15 引脚接十位数码管的 A～G 位段。由于小数点“.”DP 位不用，PC7 和 PC15 引脚也就不用了。数码管静态显示电路如图 3-3 所示。

运行 Proteus 软件，新建“数码管静态显示”电路设计文件。按图 3-3 所示放置并编辑 STM32F103R6、74LS245 和 7SEG-COM-CATHODE 等元器件。其中，2 个 74LS245 芯片的 A0～A6 输出引脚连接到十位数码管和个位数码管的 A～G 引脚的步骤如下。

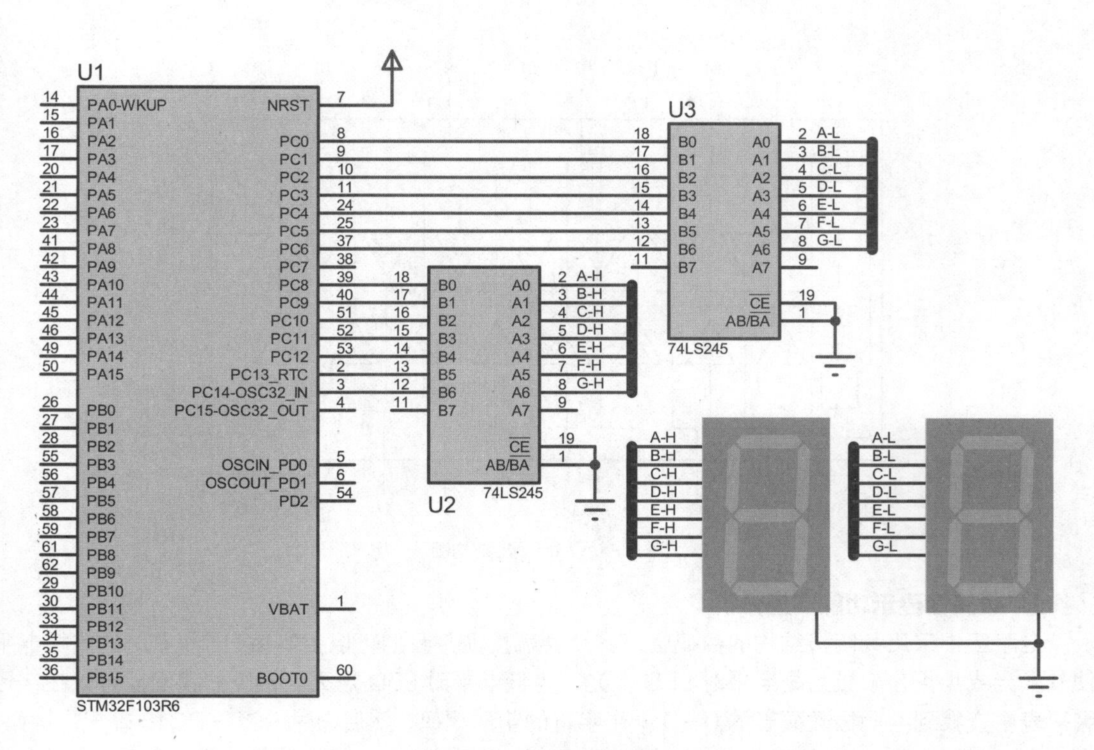

图3-3　数码管静态显示电路

（1）单击模式选择工具栏的 Buses Mode 按钮，采用默认（DEFAULT）选择，在 2 个 74LS245 芯片的 A0～A6 输出引脚、十位数码管和个位数码管的 A～G 引脚的适当位置上，画 4 条总线。

（2）2 个 74LS245 芯片的 A0～A6 输出引脚、十位数码管和个位数码管的 A～G 引脚分别连接到 4 条总线上，连线方法与元器件之间连线相同。

（3）单击模式选择工具栏的 Wire Label Mode 按钮LBL，在图 3-3 所示的位置上分别输入 A-L～G-L 和 A-H～G-H 连线标注（也是网络标号），表示个位数码管的 A～G 引脚和其对应的 74LS245 芯片的 A0～A6 输出引脚是连接在一起的、十位数码管的 A～G 引脚和其对应的 74LS245 芯片的 A0～A6 输出引脚也是连接在一起的。

在这里，74LS245 是 8 路同相三态双向数据总线驱动芯片，具有双向三态功能，既可以输出数据，也可以输入数据，其结构如图 3-4 所示。

74LS245 的 $\overline{G}$ 端是三态允许端（低电平有效）；DIR 端是方向控制端（DIR=1，信号由 A 向 B 传输，反之信号由 B 向 A 传输）。

3.1.3　数码管静态显示程序设计

数码管静态显示电路设计完成以后，还不能看到数码管上显示数字，需要编写程序控制 STM32F103R6 芯片 PC0～PC15 引脚的电平高低变化，进而控制数码管，使其内部的不同位段点亮，以显示出需要的字符。

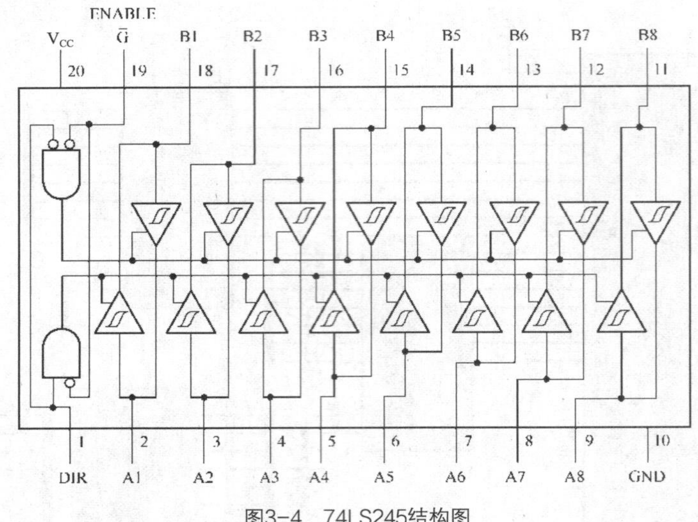

图3-4 74LS245结构图

1. 数码管显示功能实现分析

电路图中采用共阴极结构的数码管，其公共端接地，我们可以控制每一个 LED 的阳极电平使其发光或熄灭，阳极为高电平时 LED 发光，为低电平时 LED 熄灭。相应的我们也可以在字形编码表中查找到共阴极数码管的 0～9 十个字符的字形编码，然后通过 PC0～PC15 输出。例如，在 PC0～PC15 输出 0x067f（二进制 00000110_01111111B），则数码管显示“18”，此时，除小数点以外的段码均被点亮，其中低 8 位是 0x7f，显示“8”，高 8 位是 0x06，显示“1”。

由于显示的数字 0～9 的字形码没有规律可循，只能采用查表的方式来实现。我们按照数字 0～9 的顺序，把每个数字的字形码排好。代码如下：

```
uint8_t  table[] = {0x3f,0x06,0x5b,0x4f,0x66,0x6d,0x7d,0x07,0x7f,0x6f};
```

这个表格是通过定义数组来完成的，表格建立好后，只要依次查表即可得到字形码并输出，就可以达到预想的效果了。

2. 通过工程模板移植，建立数码管循环显示工程

（1）建立一个“任务 6　数码管静态显示”工程目录，然后把 STM32_Project 工程模板直接复制到该目录下。

（2）在“任务 6　数码管静态显示”工程目录下，将工程模板目录名 STM32_Projec 修改为“数码管静态显示”。

（3）在 USER 子目录下，把 STM32_ Project.uvproj 工程名修改为 smgxs.uvproj。

3. 编写主文件 smgxs.c 代码

在 USER 文件夹下面，新建并保存 smgxs.c 文件，在该文件中输入如下代码：

```
#include "stm32f10x.h"
//定义 0~9 十个数字的字形码表
uint16_t table[]={0x3f,0x06,0x5b,0x4f,0x66,0x6d,0x7d,0x07,0x7f,0x6f};
uint16_t disp[2];
uint16_t temp,i;
……                                  //延时函数同前面任务的延时函数一样
```

```
void main(void)
{
    GPIO_InitTypeDef  GPIO_InitStructure;
    RCC_APB2PeriphClockCmd(RCC_APB2Periph_GPIOC, ENABLE);  //使能 GPIOC 时钟
    GPIO_InitStructure.GPIO_Pin = 0xffff;                  //PC0-PC15 引脚配置
    GPIO_InitStructure.GPIO_Mode = GPIO_Mode_Out_PP;       //配置为推挽输出
    GPIO_InitStructure.GPIO_Speed = GPIO_Speed_50MHz;      //GPIOC 速度为 50MHz
   GPIO_Init(GPIOC, &GPIO_InitStructure);                  //初始化 PC0-PC15
    while(1)
    {
        for(i=0;i<=20;i++)
        {
            disp[1]=table[i/10];                           //数码管显示十位数字的字形码
            disp[0]=table[i%10];                           //数码管显示个位数字的字形码
            //十位数的字形码左移 8 位，然后与个位数的字形码合并
            temp=(disp[1]<<8)|(disp[0]&0x0ff);
            GPIO_Write(GPIOC,temp);
            Delay(100);
        }
    }
}
```

代码说明如下。

（1）语句“GPIO_InitStructure.GPIO_Pin = 0xffff;”用来配置 PC0～PC15 引脚。为什么使用 0xffff 参数就可以配置 PC0-PC15 引脚呢？可以参考 stm32f10x_gpio.h 头文件对 GPIO_Pin_x 的定义。

（2）disp[]数组存放数码管将显示十位和个位数字的字形码，是经常用到的显示缓冲区。

（3）语句“temp=(disp[1]<<8)|(disp[0]&0x0ff);”的作用：disp[1]<<8 是把显示十位数字的字形码左移 8 位（移到高 8 位），disp[0]&0x0ff 是保留低 8 位，其他位清零（高 8 位清零），然后把高 8 位（十位）和低 8 位（个位）合并，完成循环显示 0～20 字形码的显示效果。

4. 工程编译与调试

参考任务 2 把 smgxs.c 主文件添加到工程里面，把 Project Targets 栏下的 STM32_ Project 名修改为 Smgxs，完成 smgxs 工程的搭建、配置。

然后单击 Rebuild 按钮对工程进行编译，生成 smgxs.hex 目标代码文件。若编译发生错误，要进行分析检查，直到编译正确。

最后加载 smgxs.hex 目标代码文件到 STM32F103R6 芯片，单击仿真工具栏的“运行”按钮 ▶，观察数码管是否循环显示 0～20。若运行结果与任务要求不一致，要对电路和程序进行分析检查，直到运行正确。

【技能训练 3-1】共阳极 LED 数码管应用

任务 6 是利用 STM32F103R6 的 PC0～PC15 引脚，分别接 2 个共阴极 LED 数码管，数码管的公共端接地，实现数码管循环显示 0～20。那么如何使用共阳极 LED 数码管实现 0～20 循

环显示呢?

1. 电路设计

参考任务6电路，添加共阳极LED数码管7SEG-COM-ANODE。STM32F103R6的PC0～PC7引脚依次连接到个位数码管的A～G位段，PC8～PC15引脚依次连接到十位数码管的A～G位段，2个数码管的公共端接电源，如图3-5所示。

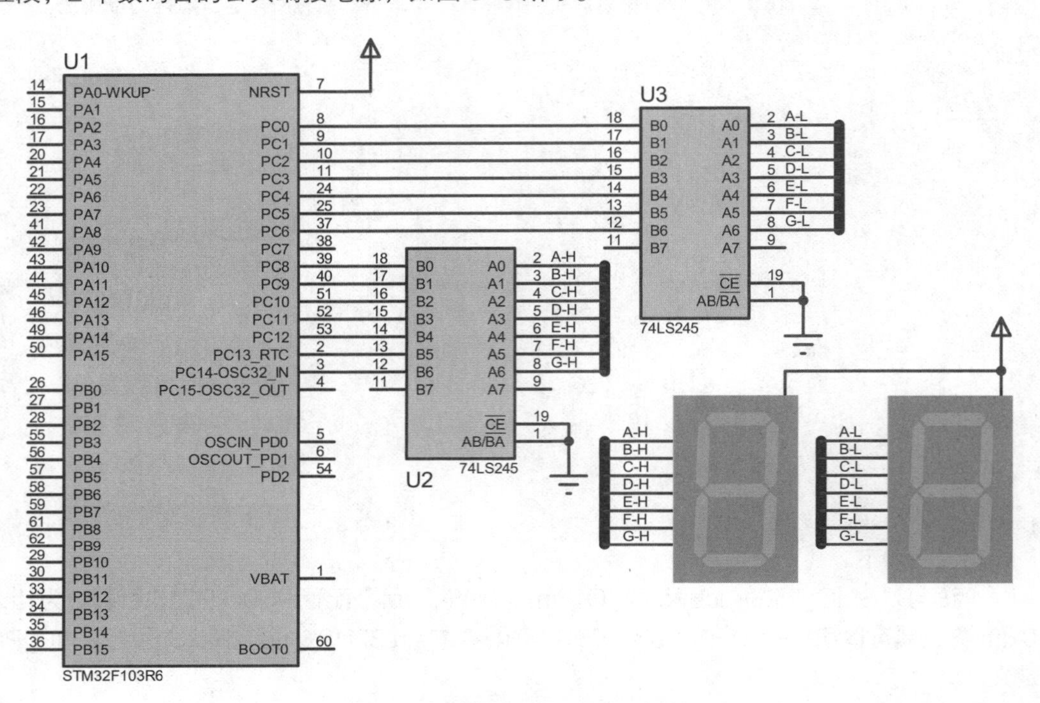

图3-5　共阳极LED数码管显示电路

2. 程序设计

图3-5采用共阳极结构的数码管，其公共端接电源，通过控制每一个LED的阴极电平使其发光或熄灭，阴极为高电平时LED熄灭、为低电平时LED发光。由于共阳极数码管和共阴极数码管的0～9字形编码是反码关系，所以可以直接采用共阳极数码管的0～9字形码，定义0～9字形码表的代码如下：

```
uint16_t table[] = {0xC0,0xF9,0xA4,0xB0,0x99,0x92,0x82,0xF8,0x80,0x90};
```

使用共阳极数码管实现0～20循环显示的程序，与任务6的程序差别就是上面这条代码，其他代码都是一样的。

那么，除了上面这个解决办法，还有其他解决办法吗?

由于共阳极的字形编码是共阴极字形编码的反码，所以我们也可以不修改任务6的字形码表，而通过对共阴极字形编码取反来实现。

对共阴极字形编码取反有硬件和软件两种方法，硬件取反是通过反相器实现的，软件取反是通过取反运算符“～”实现的，代码如下：

```
temp = ~((disp[1]<<8)|(disp[0]&0x0ff));
```

在输出字形编码时，先对要输出的共阴极字形编码取反（取反后就可以获得共阳极的字形编码），然后输出即可实现。这个解决方法只是加了一个取反运算符“~”，其他代码也不用修改。

3.2 STM32 存储器映射

3.2.1 认识 Cortex-M3 存储器

Cortex-M3 是 STM32 处理器内核，可支持 4GB 存储空间，有多家公司的 Arm 处理器采用了这个内核。

1. Cortex-M3 存储器与 STM32 存储器之间的关系

STM32 采用的是 Cortex-M3 内核（又称 CM3 内核），Cortex-M3 内核是通过 ICode、DCode、System 总线与 STM32 内部的 Flash、SROM 相连接的，这种连接方式直接关系到 STM32 存储器的结构组织。

换句话说，Cortex-M3 定义了一个存储器结构，ST 公司是按照 Cortex-M3 的存储器定义，设计出自己的存储器结构，即 ST 公司的 STM32 存储器结构必须按照 Cortex-M3 定义的存储器结构进行设计。为了能更好地说明 Cortex-M3 存储器与 STM32 存储器之间的关系，下面举一个实际的例子。

假如，我们买了一套调料盒，这套调料盒共有 3 个盒（假设存储器分为 3 块），这些盒子用来放什么都被贴上了标签，盒子上面分别贴有盐（Flash）、糖（SROM）、味精（Peripheral）标签，此时这套调料盒并没有任何意义（只用来对应 Cortex-M3 内核）。我们会按照标签放入特定品牌、特定份量的盐（Flash）、糖（SROM）、味精（Peripheral），产生一个有实际意义的调料盒（各类 Cortex-M3 内核的芯片，如 STM32）。在放调料的时候，调料可以放也可以不放，但是调料的位置不能放错。

由这个例子可以看出，贴上标签的调料盒决定了调料盒存放调料的结构。因此，只要了解了空盒的存储结构，就可以很清楚地知道调料盒有调料时的用法。也就是说，Cortex-M3 的存储器结构决定了 STM32 的存储器结构。

2. Cortex-M3 存储器

Cortex-M3 是 32 位的内核，其 PC 指针可以指向 2^{32}=4GB 的 0x0000_0000 ~ 0xFFFF_FFFF 地址空间。Cortex-M3 存储器就是把程序存储器、数据存储器、寄存器、输入/输出端口等组织在这个 4GB 空间的不同区域，这些区域是被明确划分了的。Cortex-M3 存储器具有以下特点。

（1）Cortex-M3 存储器映射是预定义的，并且还规定好了哪个位置使用哪条总线。

（2）Cortex-M3 存储器系统支持“位带（bit band）操作”。通过位带操作，实现了对单一位的操作。位带操作仅适用于一些特殊的存储器区域中。

（3）Cortex-M3 存储器支持非对齐访问和互斥访问。

（4）Cortex-M3 存储器支持小端模式和大端模式。

Cortex-M3 存储器虽然划分了不同区域，但都是采用统一编址的。在这里，无论是向端口还是向存储器写数据，都是向指定的地址写数据，读数据也是这样的。若要访问输入/输出端口，就要向对应的地址写数据。若要设置输入/输出端口的属性，也要写对应的寄存器。

Cortex-M3 存储空间还有一些专用的外设空间，这些空间是用于调试和跟踪的模块，主要包括 Flash 修补和断点单元（FPB）、数据观察点和跟踪单元（DWT）、仪器测量跟踪宏单元（ITM）、嵌入式跟踪宏单元（ETM），以及跟踪端口接口单元（TPIU）等。这些专用的外设空间是在 ROM 存储器里的，ROM 存储器的描述如表 3-2 所示。

表 3-2 Cortex-M3 的 ROM 表

偏移	值	名称	描　述
0x000	0xFFF0F003	NVIC	指向地址为 0xE000E000 的 NVIC
0x004	0xFFF02003	DWT	指向地址为 0xE0001000 数据观察点和跟踪模块
0x008	0xFFF03003	FPB	指向地址为 0xE0002000Flash 修补和断点模块
0x00C	0xFFF01003	ITM	指向地址为 0xE0000000 的仪表跟踪模块
0x010	0xFFF41002 或 003	TPIU	指向 TPIU。如果有 TPIU，则值的位 0 设为 1
0x014	0xFFF41002 或 003	ETM	指向 ETM。如果有 ETM，则值的位 0 设为 1。ETM 地址为 0xE0041000
0x018	0	End	屏蔽 ROM 表的末端。如果添加了 CoreSight 组件，则它们从这个位置开始添加，末端屏蔽被移到附加组件之后的下一个位置
0xFCC	0x1	MEMTYPE	如果为 1, MEMTYPE 区的位 0 定义为“系统存储器访问”，如果为 0，则只调试
0xFD0	0x0	PID4	–
0xFD4	0x0	PID5	–
0xFD8	0x0	PID6	–
0xFDC	0x0	PID7	–
0xFE0	0x0	PID0	–
0xFE4	0x0	PID1	–
0xFE8	0x0	PID2	–
0xFEC	0x0	PID3	–
0xFF0	0x0D	CID0	–
0xFF4	0x10	CID1	–
0xFF8	0x05	CID2	–
0xFFC	0xB1	CID3	–

3.2.2 Cortex-M3 存储器映射

存储器映射是指把芯片中或芯片外的 Flash、RAM 以及外设等进行统一编址，即用地址来表示对象。这个地址绝大多数是由厂家规定好的，用户只能用不能改。用户只能在接有外部 RAM 或 Flash 的情况下进行自定义。

1. Cortex-M3 存储器映射实现

由于 Cortex-M3 对设备的地址进行了重新的映射，当程序访问存储器或外设时，都是按照映射后的地址进行访问的。Cortex-M3 存储器的 4GB 地址空间被划分为大小相等的 8 块区域，每块区域大小为 512MB。Cortex-M3 存储器映射结构如图 3-6 所示。

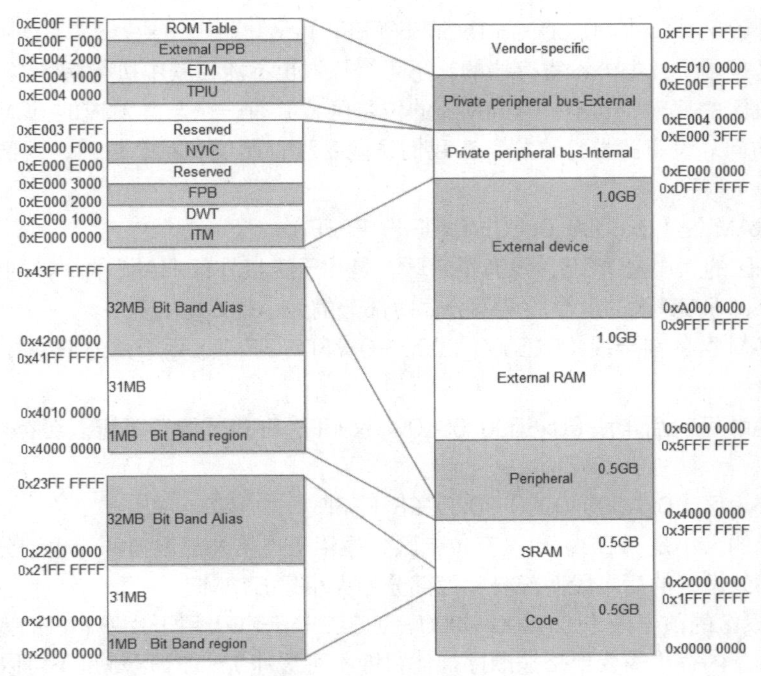

图3-6　Cortex-M3存储映射图

从图 3-6 中可以看出，Cortex-M3 存储器只有一个单一固定的存储器映射。这里划分的 8 块区域，主要包括代码、SRAM、外设、外部 RAM、外部外设、专用外设总线—内部、专用外设总线—外部、特定厂商等。

只要芯片制造商按照 Cortex-M3 存储器的结构进行各自芯片的存储器结构设计，就可以灵活地分配存储器空间，以制造出各具特色的基于 Cortex-M3 的芯片。

2. Cortex-M3 存储器映射区域分析

（1）代码区（0x0000_0000～0x1FFF_FFFF）

代码区可以执行指令，不可以缓存。代码区也可以写数据，其中的数据操作是通过数据总线接口实现的（读数据使用 DCode，写数据使用 System），并且写操作是缓冲的。

程序可以在代码区、内部 SRAM 区以及外部 RAM 区中执行，通常把程序放到代码区，从而使取指令和数据访问各自使用自己的总线（指令总线与数据总线是分开的）。

（2）SRAM 区（0x2000_0000～0x3FFF_FFFF）

SRAM 区用于片内 SRAM，让芯片制造商连接片上的 SRAM，其通过系统总线来访问，写操作是缓冲的。SRAM 区也可以执行指令，允许把代码复制到内存中执行，常用于固件升级等维护工作。

在 SRAM 区的底部，还有一个 1MB 的位带区，这个位带区有一个对应的 32MB 的“位带别名（alias）区”，容纳了 8M 个“位变量”，每个位变量是 32 位（即 1 个字 4 个字节）。位带区对应的是最低的 1MB 地址范围，而位带别名区里面的每个字对应位带区的一个位。位带操作只适用于数据访问，不适用于取指令。

我们通过位带的功能访问一个位时，可以从位带别名区中像访问普通内存一样操作。关于位带操作的详细内容，在后面还会进一步介绍。

（3）片上外设区（0x4000_0000～0x5FFF_FFFF）

片上外设区是用于片上外设寄存器的，不可缓存，也不能在其中执行指令。

在片上外设区的底部，也有一个1MB的位带区，并有一个与其对应的32MB的位带别名区，用于快速访问外设寄存器。这样，在我们访问各种控制位和状态位时，就像访问普通内存一样方便。

（4）外部RAM区（0x6000_0000～0x9FFF_FFFF）

外部RAM区的大小是1GB，没有位带区，是用于连接外部RAM的，其划分为外部RAM区的前半段和外部RAM区的后半段两部分，每部分的大小是512MB。

① 外部RAM区的前半段（0x6000_0000～0x7FFF_FFFF）用于片外RAM，可以缓存，并且可以执行指令。

② 外部RAM区的后半段（0x8000_0000～0x9FFF_FFFF）除了不可以缓存外，其他与前半段相同。

（5）外部外设区（0xA000_0000～0xDFFF_FFFF）

外部外设区的大小是1GB，也没有位带区，是用于连接外部设备的，也划分为外部外设区的前半段和外部外设区的后半段两部分，每部分的大小是512MB。

① 外部外设区的前半段（0xA000_0000～0xBFFF_FFFF）用于片外外设的寄存器，也用于多核系统中的共享内存（需要严格按顺序操作，即不可缓冲），这个区域是不可以执行指令的。

② 外部外设区的后半段（0xC000_0000～0xDFFF_FFFF）区域与前半段区域的功能是相同的。

外部RAM区和外部外设区的区别是外部RAM区允许执行指令，而外部外设区是不允许执行指令的。

（6）系统区（0xE000_0000～0xFFFF_FFFF）

系统区是专用外设和供应商指定功能区域，不能执行代码。由于系统区涉及很多关键部位，所以访问都是严格序列化的（不可缓存，不可缓冲）。而供应商指定功能的区域，是可以缓存和缓冲的。

系统区主要包括Cortex-M3内核的系统级组件、内部专用外设总线、外部专用外设总线，以及由提供者定义的系统外设。

外部专用外设总线有AHB外设总线和APB外设总线两种。

AHB外设总线只用于Cortex-M3内部的AHB外设，包括NVIC、FPB、DWT和ITM。

APB外设总线既用于Cortex-M3内部的APB设备，也用于外部设备（这里的“外部”是针对内核而言）。Cortex-M3允许器件制造商再添加一些片上APB外设到APB专用总线上，它们之间通过ABP接口来访问。

最后，系统区还有未用的供应商指定区，也是通过系统总线来访问的，但不允许在其中执行指令。

前面所述的存储器映射只是一个粗线条的模板，制造商还会提供更详细的图示，来描述芯片中的片上外设具体分布、RAM和ROM的容量和位置信息等。

3.2.3 STM32存储器映射

下面我们针对ST公司的STM32存储器来介绍STM32存储器映射。

1. Cortex-M3 存储器与 STM32 存储器映射对比

在这里，先对比一下 Cortex-M3 存储器与 STM32 存储器映射，如图 3-7 所示。

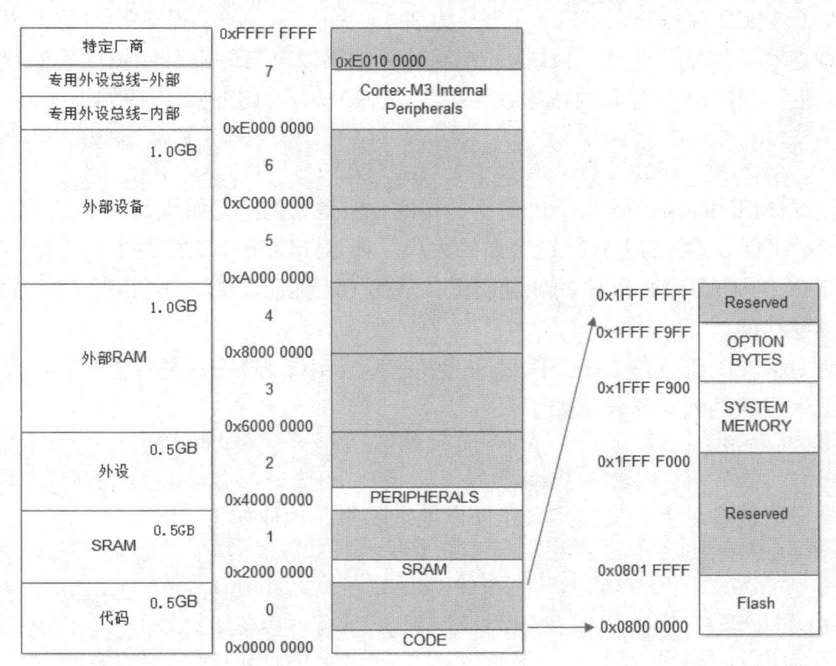

（a）Cortex-M3 存储器映射　　（b）STM32 存储器映射

图3-7　Cortex-M3存储器与STM32存储器映射对比图

从图 3-7 中可以看出，STM32 的存储器映射和 Cortex-M3 很相似，不同的是 STM32 加入了很多实际的东西，比如 Flash、SRAM 等。只有加入了这些东西，才能成为一个拥有实际意义的、可以工作的 STM32 芯片。

2. STM32 存储器映射

STM32 存储器的地址空间被划分为大小相等的 8 块区域，每块区域大小都为 512MB。STM32 存储器映射如图 3-7（b）所示，其中：

- Peripherals 是外设的存储器映射，对该区域操作，就是对相应的外设进行操作；
- SRAM 是运行时临时存放代码的地方；
- Flash 是存放代码的地方；
- System Memory 是 STM32 出厂时自带的，只能使用，不能写或擦除；
- Option Bytes 可以按照用户的需要进行配置，比如配置的看门狗是用硬件实现还是用软件实现。

（1）地址 0x0000_0000～0x1FFF_FFFF 为块 0，大小 512MB。最开始的地方就是系统最开始执行的地方，也就是从 0 地址开始执行，然后根据 BOOT0 和 BOOT1 引脚的设置来决定程序是从 Flash 还是从系统内存（System Memory）中运行。

Flash 地址被映射到了 0x08000000～0x0807FFFF 的地址空间，共 512MB。在 stm32f10x.h 头文件中，宏定义代码如下：

```
#define FLASH_BASE ((uint32_t)0x08000000)
```

系统内存在 0x1FFFF000～0x1FFFF7FF 的地址空间，共 2KB。

（2）地址 0x2000_0000～0x3FFF_FFFF 为块 1，大小 512MB，是 SRAM 区。SRAM 的作用就是用来存取各种动态的输入/输出数据、中间计算结果以及与外部存储器交换的数据和暂存数据。设备断电后，SRAM 中存储的数据就会丢失。SRAM 区的宏定义代码如下：

```
#define SRAM_BASE   ((uint32_t)0x20000000)       //宏定义了 SRAM 区的基址
#define SRAM_BB_BASE  ((uint32_t)0x22000000)     //宏定义了位带别名区的基址
```

不同类型 STM32 的 SRAM 大小也是不一样的，但是它们的起始地址都是 0x2000 0000，终止地址都是 0x2000 0000 加上其固定容量的大小。如 STM32F103VC 的 SRAM 是 48KB，只占用了 0x20000000～0x2000BFFF 的地址空间，从而 0x2000C000～0x3FFFFFFF 的地址空间被保留了，不能够访问。

（3）地址 0x4000_0000～0x5FFF_FFFF 为块 2，大小 512MB，是片上外设区，是专为外设准备的。片上外设区的宏定义代码如下：

```
#define PERIPH_BASE  ((uint32_t)0x40000000)          //宏定义了片上外设区的基址
#define PERIPH_BB_BASE  ((uint32_t)0x42000000)       //宏定义了位带别名区的基址
```

在片上外设区的基址上，又宏定义了外设地址映射，代码如下：

```
#define APB1PERIPH_BASE     PERIPH_BASE
#define APB2PERIPH_BASE    (PERIPH_BASE + 0x10000)
#define AHBPERIPH_BASE     (PERIPH_BASE + 0x20000)
```

在 APB2PERIPH_BASE 基址上，又宏定义了 GPIOx 的地址映射，代码如下：

```
#define GPIOA_BASE      (APB2PERIPH_BASE + 0x0800)
#define GPIOB_BASE      (APB2PERIPH_BASE + 0x0C00)
#define GPIOC_BASE      (APB2PERIPH_BASE + 0x1000)
#define GPIOD_BASE      (APB2PERIPH_BASE + 0x1400)
#define GPIOE_BASE      (APB2PERIPH_BASE + 0x1800)
#define GPIOF_BASE      (APB2PERIPH_BASE + 0x1C00)
#define GPIOG_BASE      (APB2PERIPH_BASE + 0x2000)
```

通过前面的分析，我们已经清楚知道外设的地址映射和使用方法了。

（4）地址 0x6000_0000～0xDFFF_FFFF 中的块 3 和块 4 是 FSMC 块，块 5 是 FSMC（Flexible Static Memory Controller，可变静态存储控制器）寄存器块，块 6 是保留的，不能使用。

FSMC 是 STM32 系列采用的一种新型的存储器扩展技术。在外部存储器扩展方面具有独特的优势，可根据系统的应用需要，方便地进行不同类型大容量静态存储器的扩展。其中，对 FSMC 寄存器块的宏定义代码如下：

```
#define FSMC_R_BASE    ((uint32_t)0xA0000000)
```

在 FSMC_R_BASE 基址上，又宏定义了 FSMC 寄存器地址映射，代码如下：

```
#define FSMC_Bank1_R_BASE     (FSMC_R_BASE + 0x0000)
#define FSMC_Bank1E_R_BASE    (FSMC_R_BASE + 0x0104)
#define FSMC_Bank2_R_BASE     (FSMC_R_BASE + 0x0060)
#define FSMC_Bank3_R_BASE     (FSMC_R_BASE + 0x0080)
#define FSMC_Bank4_R_BASE     (FSMC_R_BASE + 0x00A0)
```

（5）地址（0xE000_0000～0xFFFF_FFFF）为块 7，是系统区，是分配给内核内部的外设使用的，在这里就不做详细介绍了。

【技能训练 3-2】编写外部设备文件

在任务 6 的数码管静态显示实现中，主文件 smgxs.c 内容太多，显得没有条理。这是因为数码管外部设备的初始化以及其他相关代码都写在主文件中了。其实可以把外部设备单独写一个文件，这样就可以对数码管静态显示的代码进行优化了。

1. 编写外部设备文件

我们把延时函数和数码管都分别写一个 C 文件和一个头文件，并保存在其对应的子目录里，使得数码管循环显示 0~20 的主文件变得简洁明了，还具有规范性和可读性。

（1）编写 Delay.h 头文件，代码如下：

```
#ifndef __DELAY_H
#define __ DELAY _H
void Delay(unsigned int count);
#endif
```

（2）编写 Delay.c 文件，代码如下：

```
#include "Delay.h"
void Delay(unsigned int count)          //延时函数
{
    unsigned int i;
    for(;count!=0;count--)
    {
        i=5000;
        while(i--);
    }
}
```

（3）编写 smg.h 头文件，代码如下：

```
#ifndef __SMG_H
#define __SMG_H
void SMG_Init(void);                     //初始化 SMG
#endif
```

（4）编写 smgxs.c 文件，代码如下：

```
#include "stm32f10x.h"
#include "smg.h"
void SMG_Init(void)
{
GPIO_InitTypeDef  GPIO_InitStructure;
    RCC_APB2PeriphClockCmd(RCC_APB2Periph_GPIOC, ENABLE); //使能 GPIOC 时钟
    GPIO_InitStructure.GPIO_Pin = 0xffff;                 //PC0-PC15 引脚配置
    GPIO_InitStructure.GPIO_Mode = GPIO_Mode_Out_PP;      //配置为推挽输出
    GPIO_InitStructure.GPIO_Speed = GPIO_Speed_50MHz;     //GPIOC 速度为 50MHz
    GPIO_Init(GPIOC, &GPIO_InitStructure);                //初始化 PC0-PC15
}
```

（5）编写主文件 smg.c，代码如下：

```
#include "stm32f10x.h"
#include "Delay.h"
#include "smg.h"
//定义 0~9 十个数字的字形码表
uint16_t table[]={0x3f,0x06,0x5b,0x4f,0x66,0x6d,0x7d,0x07,0x7f,0x6f};
uint16_t disp[2];
uint16_t temp,i;
void main(void)
{
    SMG_Init();
    while(1)
    {
        for(i=0;i<=20;i++)
        {
            disp[1]=table[i/10];                    //数码管显示十位数字的字形码
            disp[0]=table[i%10];                    //数码管显示个位数字的字形码
            //十位数的字型码左移 8 位，然后与个位数的字型合并
            temp=(disp[1]<<8)|(disp[0]&0x0ff);
            GPIO_Write(GPIOC,temp);
            Delay(100);
        }
    }
}
```

从上面的文件可以看出，我们把数码管静态显示的主文件 smgxs.c 分成了 5 个文件。Delay.c 和 Delay.h 作为延时的文件，存放在 SYSTEM\delay；smg.c 和 smg.h 作为数码管设备类的文件，存放在 HARDWARE\smg。

2. 工程配置与编译

（1）添加 HARDWARE 和 SYSTEM 新组到工程里面，如图 3-8 所示。

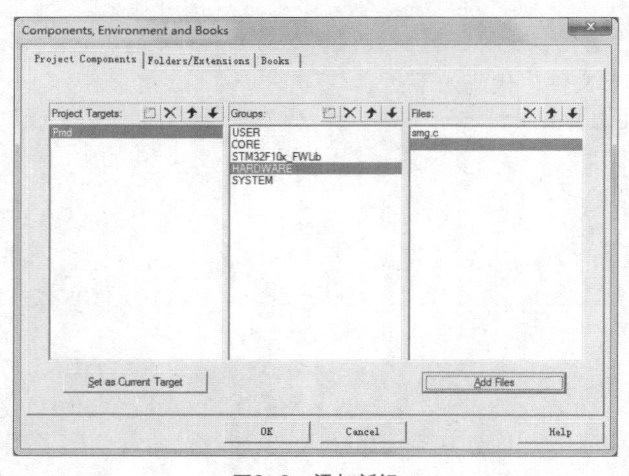

图3-8 添加新组

（2）添加新建组的编译文件的路径 SYSTEM\delay 和 HARDWARE\smg，如图 3-9 所示。

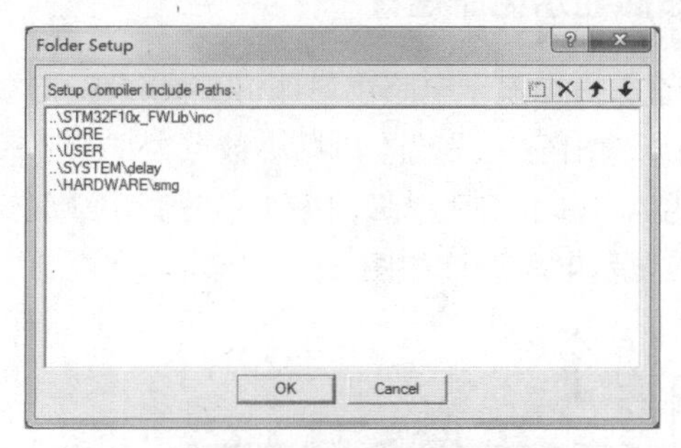

图3-9　添加所要编译文件的路径

（3）完成工程配置与编译后，数码管静态显示代码优化后的工程如图 3-10 所示。

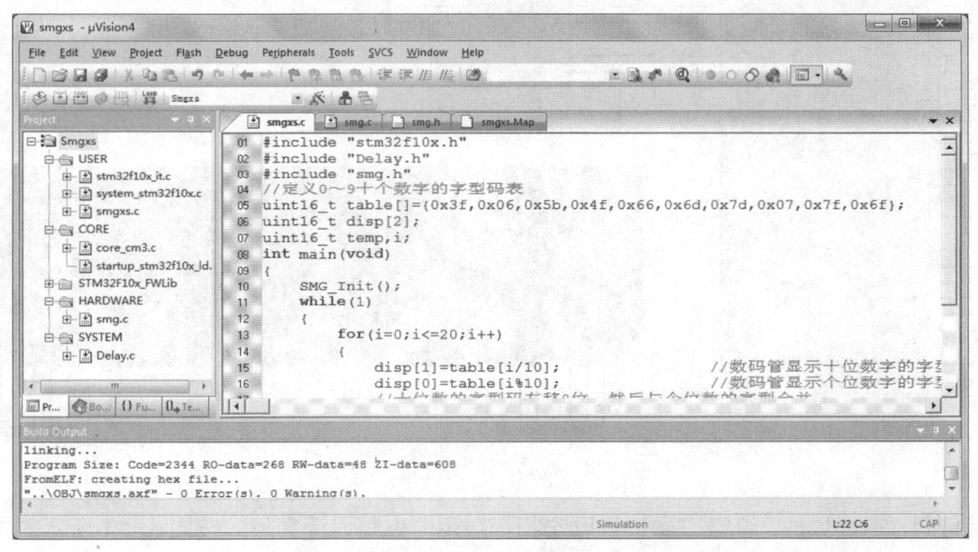

图3-10　数码管静态显示代码优化后的工程

以后，只要涉及延时函数以及数码管，在这几个文件里面修改或添加代码就可以了。另外，如果增加新的设备，参考以上方法编写其相关文件即可。

后面的所有任务都会按照设备分类来写，同时本任务的工程文件将作为后续任务的工程模板，不再引用任务 1 的工程模板了。

3.3　任务 7　数码管动态扫描显示设计与实现

采用数码管动态扫描方式，使用 STM32F103R6 芯片和 6 个共阴极 LED 数码管，通过数码管动态扫描程序实现 6 个数码管显示“654321”。

3.3.1 数码管动态扫描显示电路设计

根据任务要求，数码管动态扫描显示电路由STM32F103R6、6位数码管和一片74LS245驱动电路组成。PC0～PC7引脚输出显示段码（包括小数点“.”DP段），PC0～PC7引脚通过一片74LS245依次接数码管的A～G和DP引脚；PB0～PB5引脚输出位码，依次接数码管的位码引脚1～6。数码管动态扫描显示电路设计如图3-11所示。

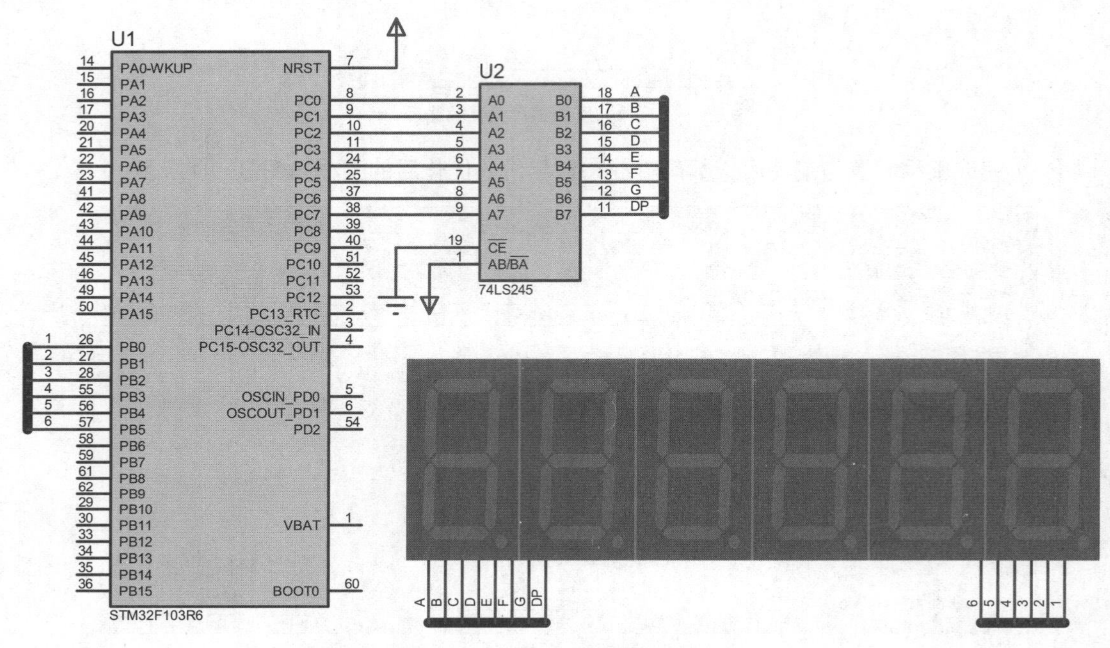

图3-11　数码管动态扫描显示电路

运行Proteus软件，新建“数码管动态扫描显示”电路设计文件。按图3-11所示放置并编辑STM32F103R6、74LS245和7SEG-MOX6-CC等元器件。

3.3.2 数码管动态扫描显示程序设计、运行与调试

1. 数码管动态扫描显示实现分析

在多位LED显示时，为了降低成本和功耗，会将所有位的段选控制端并联起来，由GPIOx口的8个输出引脚控制（本任务用的是PC0～PC7引脚）；各位数码管的公共端（COM端）用作“位选端”，由另一个GPIOx口的输出引脚进行显示位控制（本任务用的是PB0～PB5引脚）。

由于段选端是公用的，要让各位数码管显示不同的字符，就必须采用扫描方式，即动态扫描显示方式。动态扫描是采用分时的方法，轮流点亮各位数码管。在某一时间段，这种方式只让其中一位数码管的“位选端”（COM端）有效，并送出相应的字形编码。动态扫描过程如下。

（1）从段选线上送出字形编码，再控制位选端，字符就显示在指定数码管上，其他位选端无效的数码管都处于熄灭状态。

（2）持续保持1.5ms时间，然后关闭所有数码管显示。

（3）接下来送出新的字形编码，按照上述过程显示在另外一位数码管上，直到每一位数码管都扫描完为止，这一过程即为动态扫描显示。

数码管其实是轮流依次点亮的，但由于人眼的视觉驻留效应，当每个数码管点亮的时间短到一定程度时，人眼就感觉不出字符的移动或闪烁，觉得每位数码管都一直在显示，达到一种稳定的视觉效果。

与静态扫描方式相比，当显示位数较多时，动态扫描方式可以节省 I/O 端口资源，硬件电路实现也较简单；但其稳定度不如静态显示方式；由于 CPU 要轮番扫描，将占用更多的 CPU 时间。

2. 通过工程移植，建立数码管动态扫描显示工程

（1）建立一个“任务 7 数码管动态扫描显示”工程目录，然后把技能训练 3-2 的工程直接复制到该目录下。

（2）在“任务 7 数码管动态扫描显示”工程目录下，把技能训练 3-2 的工程名修改为“数码管动态扫描显示”。

（3）在 USER 子目录下，把工程名修改为 smgdtxs.uvproj。

3. 修改数码管设备文件

修改从技能训练 3-2 中复制过来的数码管设备文件 smg.c，修改完成后保存文件，修改后的代码如下：

```
#include "stm32f10x.h"
#include "smg.h"
void SMG_Init(void)
{
    GPIO_InitTypeDef  GPIO_InitStructure;
    RCC_APB2PeriphClockCmd(RCC_APB2Periph_GPIOB|RCC_APB2Periph_GPIOC,
    ENABLE);                                                //使能 GPIOC 时钟
    GPIO_InitStructure.GPIO_Pin = 0x00ff;                   //PC0-PC7 引脚配置
    GPIO_InitStructure.GPIO_Mode = GPIO_Mode_Out_PP;        //配置为推挽输出
    GPIO_InitStructure.GPIO_Speed = GPIO_Speed_50MHz;       //GPIOC 速度为 50MHz
    GPIO_Init(GPIOC, &GPIO_InitStructure);                  //初始化 PC0-PC7
    GPIO_InitStructure.GPIO_Pin = 0x003f;                   //PB0-PB5 引脚配置
    GPIO_InitStructure.GPIO_Mode = GPIO_Mode_Out_PP;        //配置为推挽输出
    GPIO_InitStructure.GPIO_Speed = GPIO_Speed_50MHz;       //GPIOB 速度为 50MHz
    GPIO_Init(GPIOB, &GPIO_InitStructure);                  //初始化 PB0-PB5
}
```

4. 编写主文件 smgdtxs.c 代码

在 USER 子目录下面，新建并保存 smgdtxs.c 主文件，代码如下：

```
#include "stm32f10x.h"
#include "Delay.h"
#include "smg.h"
//定义 0~9 十个数字的字形码表
uint16_t table[]={0x3f,0x06,0x5b,0x4f,0x66,0x6d,0x7d,0x07,0x7f,0x6f};
```

```
uint16_t wei[]={0x0fe,0x0fd,0x0fb,0x0f7,0x0ef,0x0df,0xff,0xff};   //位码;
uint8_t i;
void main(void)
{
    SMG_Init();
    while(1)
    {
        for(i=1;i<7;i++)
        {
            GPIO_Write(GPIOB,wei[i-1]);     //位选，数码管一个一个轮流显示
            GPIO_Write(GPIOC,table[i]);     //输出显示的字形码
            Delay(20);                      //保持显示一段时间
            GPIO_Write(GPIOB,0x0ff);        //使所有数码管都熄灭一段时间
            Delay(20);
        }
    }
}
```

5. 工程编译与调试

把 smgdtxs.c 主文件添加到工程里面，完成 smgdtxs 工程的搭建和配置。然后单击 Rebuild 按钮对工程进行编译，生成 smgdtxs.hex 目标代码文件。若编译发生错误，要进行分析检查，直到编译正确。

最后加载 smgdtxs .hex 目标代码文件到 STM32F103R6 芯片，单击仿真工具栏的“运行”按钮，观察数码管是否动态扫描显示“654321”。若运行结果与任务要求不一致，要对电路和程序进行分析检查，直到运行正确。

3.3.3 Keil μVision4 代码编辑

本节主要介绍如何在 Keil μVision4 中使用 Tab 键、快速定位函数/变量定义的地方、快速打开头文件，以及查找替换等常用的代码编辑方法，掌握这些方法能给我们的代码编辑带来很大的方便。

1. Tab 键使用

在很多编译器里面每按一下 Tab 键就会移动几个空格。如果你经常编写程序，对 Tab 键应该非常熟悉。

Keil μVision4 的 Tab 键支持块操作，和 C++的 Tab 键差不多，就是可以让一片代码整体右移固定的几位，也可以通过 Shift+Tab 组合键整体左移固定的几位。

如图 3-12 所示，while 语句的循环体、if 语句的语句体都没有采用缩进格式，这样的代码很不规范，也很不容易阅读。

我们可以利用 Tab 键的整体右移功能，将上述代码快速修改为比较规范的代码格式。先选中一块代码，然后按 Tab 键，就可以看到整块代码都右移了一定距离，如图 3-13 所示。

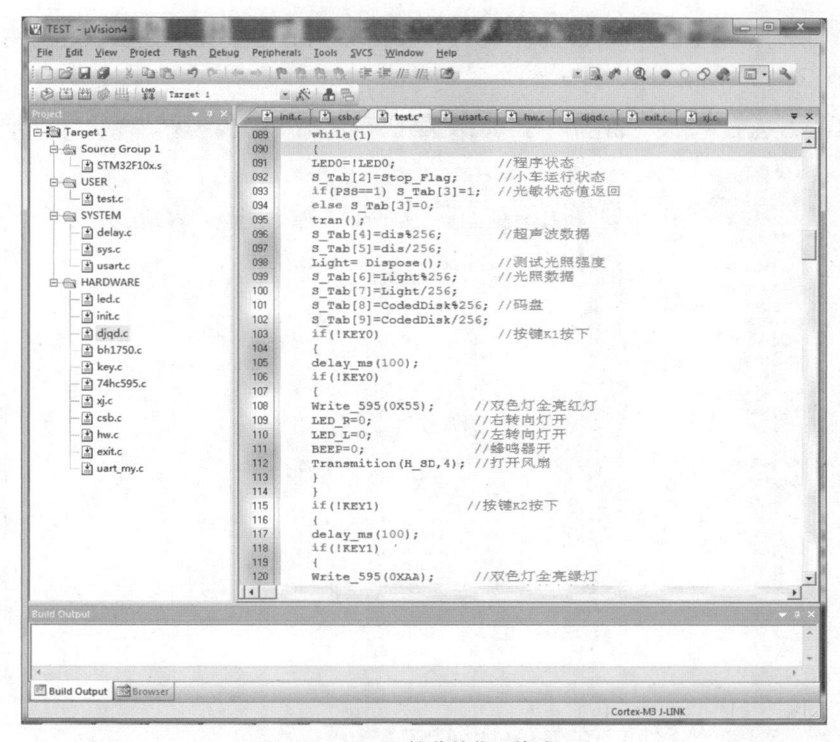

图3-12　不规范的代码格式

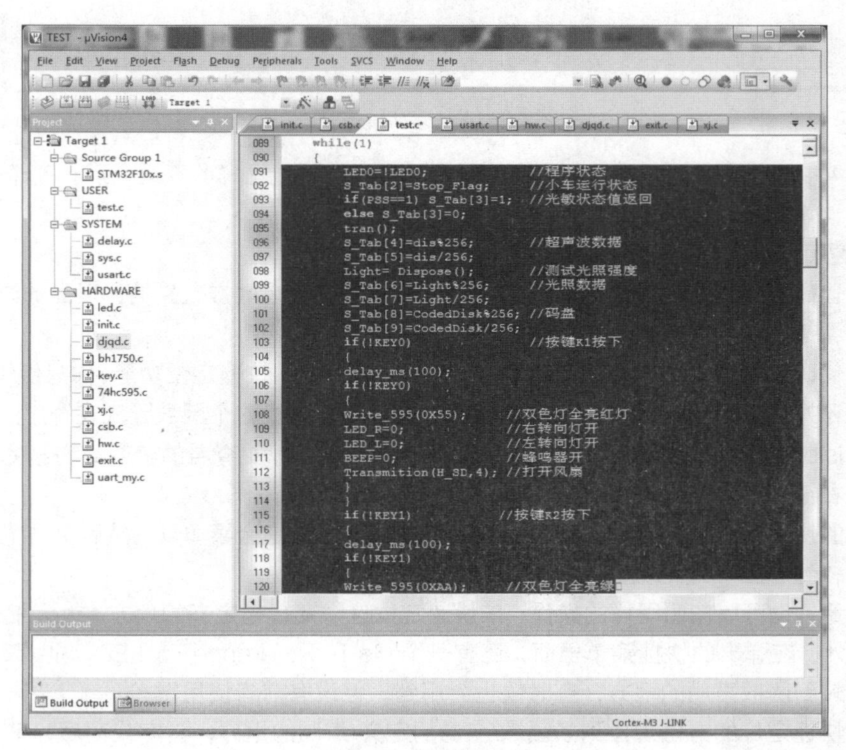

图3-13　代码整体右移

接下来，我们就要多选几次代码块，然后多按几次 Tab 键，就可以很快达到使代码规范化的目的，如图 3-14 所示。

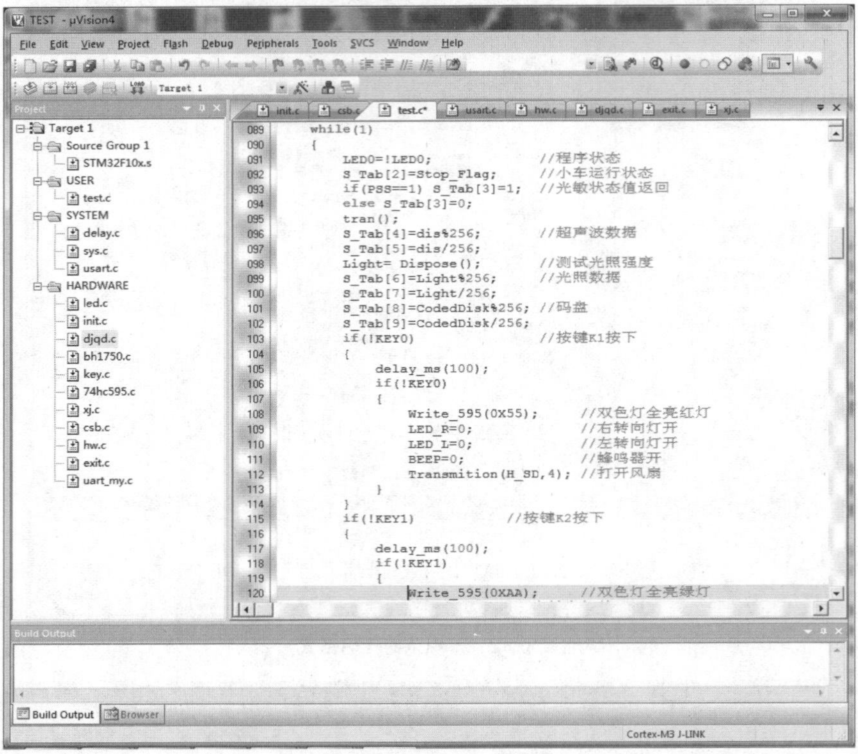

图3-14　修改后的代码

图 3-14 中的代码相对于图 3-12 中的要好看多了，经过这样的整理之后，整个代码就变得有条理多了，看起来也很规范。

2. 快速定位函数/变量定义的地方

在调试代码或编写代码时，可能想查看某个函数是在什么地方定义的、里面的内容是什么，还可能想查看某个变量或数组是在什么地方定义的。

在调试代码或者查看别人代码的时候，若编译器没有提供快速定位功能，你只能慢慢地寻找，代码量较少还好，如果代码量很大，就要花费很长时间来寻找这个函数到底在哪里。

Keil μVision4 提供了快速定位功能，只要把光标放到你想要查看的函数或变量的名字上，然后单击鼠标右键，就会弹出一个快捷菜单，如图 3-15 所示。

从弹出的快捷菜单上找到 Go To Definition Of 'LED_init'这个菜单项，然后单击鼠标左键，就可以快速跳转到 LED_init 函数定义的地方，如图 3-16 所示。

对于变量，也可以按照同样的操作，来快速定位这个变量被定义的地方，大大缩短查找代码的时间。另外，在弹出的快捷菜单里面，还有一个 Go To Reference To 'LED_init' 菜单项，该选项是快速跳转到函数声明的地方，有时候也会用到，但没有前者使用得多。

在利用快速定位的方法定位到了函数/变量的定义/声明的地方，看完代码后，又想返回之前的代码继续查看，此时只要通过快捷工具栏上的 ⬅ 按钮，就能快速地返回之前的位置。

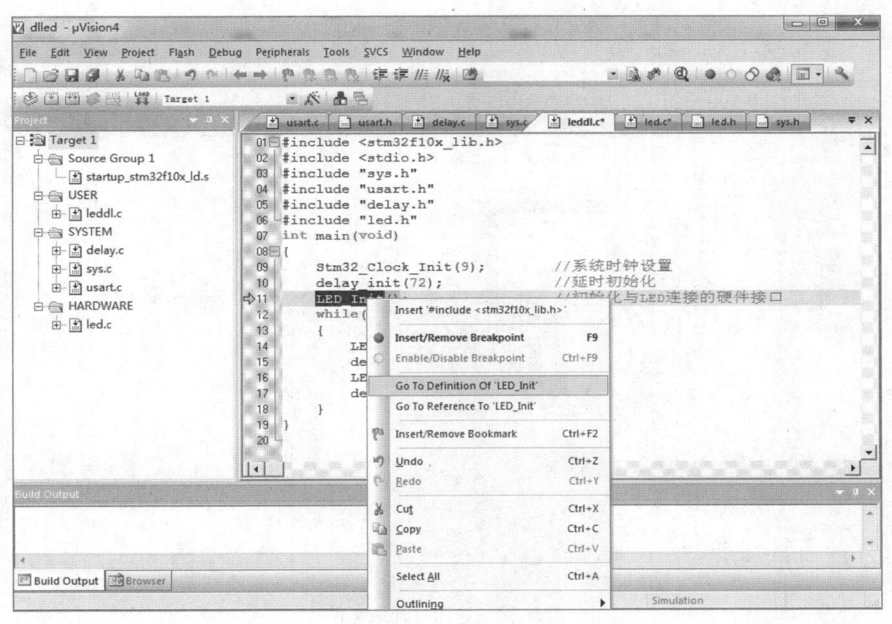

图3-15　快速定位

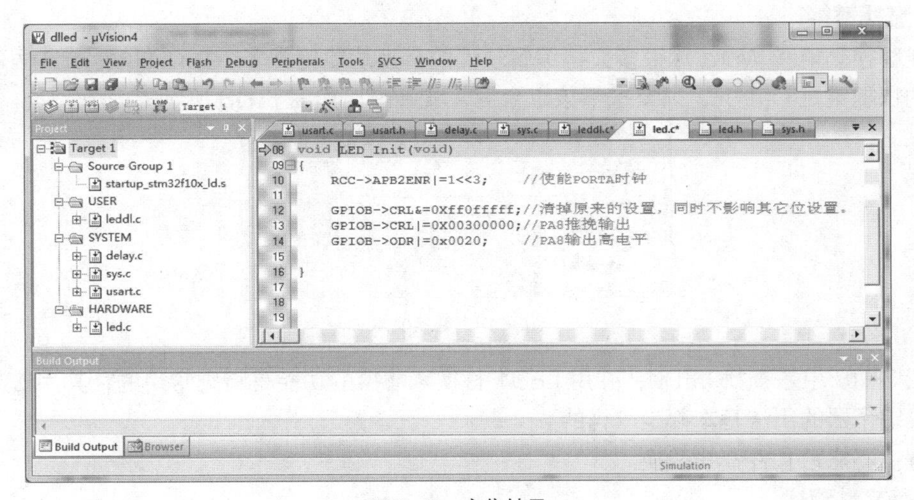

图3-16　定位结果

注 意

在执行快速定位函数和变量被定义地方操作之前，要先在 Options for Target 对话框的 Output 选项卡里勾选 Browse Information 选项，然后再编译，才能快速定位，否则将无法定位！

3. 快速打开头文件

将光标放到要打开的头文件上，然后单击鼠标右键，选择 Open document"delay.h"（以 delay.h 为例），单击鼠标左键就可以快速打开这个头文件了，如图 3-17 所示。

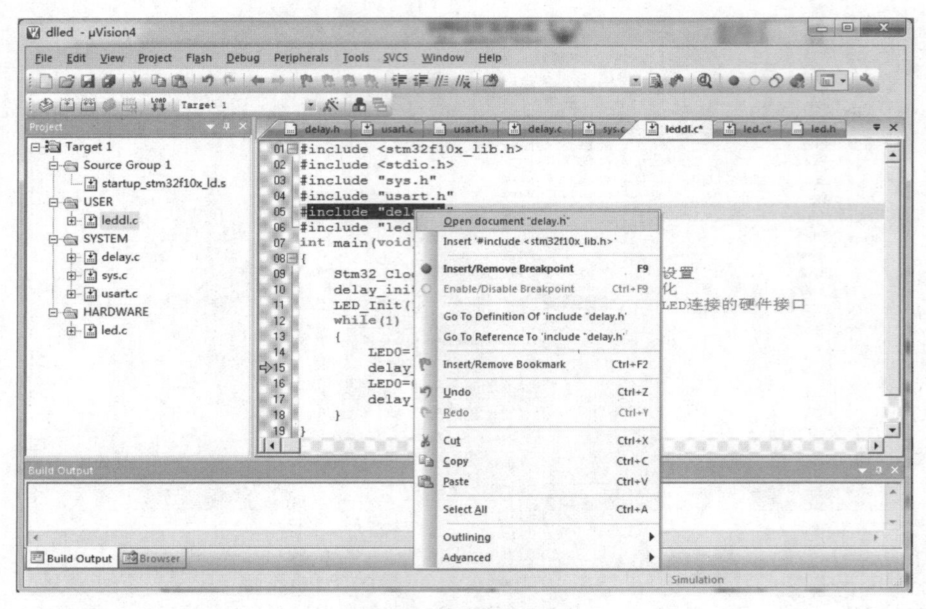

图3-17 快速打开头文件

4. 查找替换

查找替换功能和 Word 等很多文档编辑软件的替换功能差不多，在 Keil μVision4 里面执行查找替换的快捷键是 Ctrl+H，只要按下该组合键，就会弹出如图 3-18 所示界面。

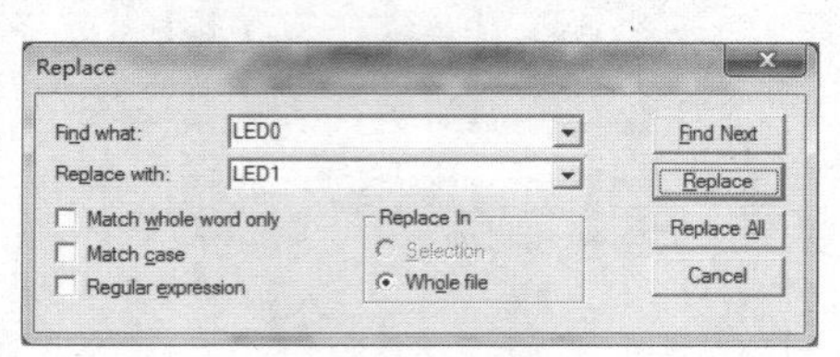

图3-18 替换文本

在图 3-18 中是查找 LED0，并用 LED1 替换。替换的功能是特别常用的，其用法与其他编辑工具或编译器的用法基本都是一样的。

注意：不能跨文件查找替换。

5. 跨文件查找

Keil μVision4 还具有跨文件查找功能，先双击你要查找的函数或变量名（这里以系统时钟初始化函数 delay_init 为例），然后再单击快捷工具栏的按钮，弹出如图 3-19 所示的对话框。

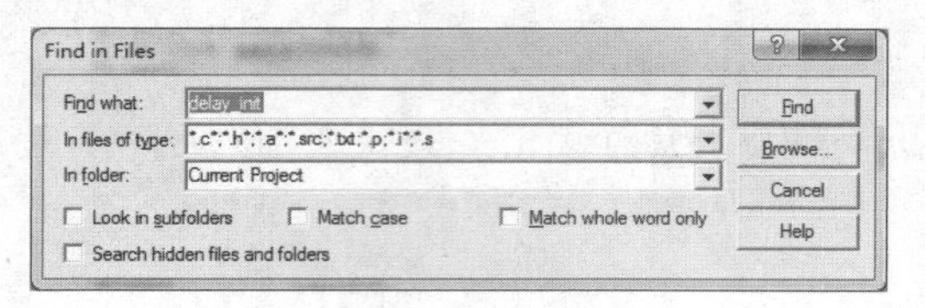

图3-19 跨文件查找

单击 Find 按钮，Keil μVision4 就会找出所有含有 delay_init 字段的文件，并列出其所在的位置，如图 3-20 所示。

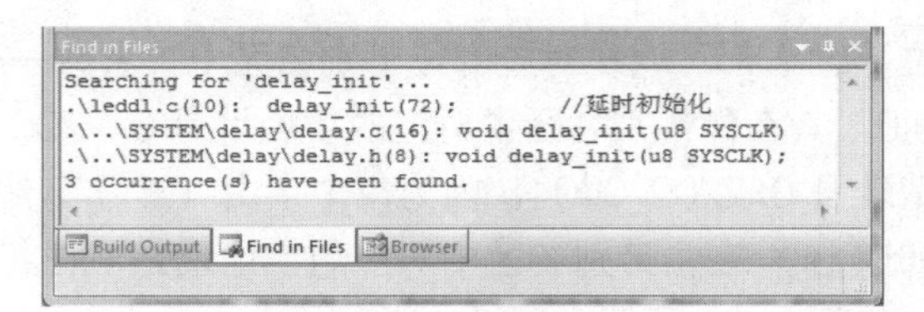

图3-20 查找结果

利用跨文件查找的方法，可以很方便地查找各种函数和变量，还可以限定搜索范围，比如只查找.c 文件和.h 文件等。

3.4 I/O 口的位操作与实现

3.4.1 位带区与位带别名区

1. 认识位带区与位带别名区

在前面已经介绍过，在 SRAM 区和片上外设区的底部，各有一个 1MB 的位带区，这两个位带区的地址除了可以像普通的 RAM 一样使用，还对应一个自己的 32MB 位带别名区。位带别名区可以把每个位（bit）扩展成一个 32 位的字。当通过位带别名区访问这些字时，就可以达到访问原来位的目的，如图 3-21 所示。

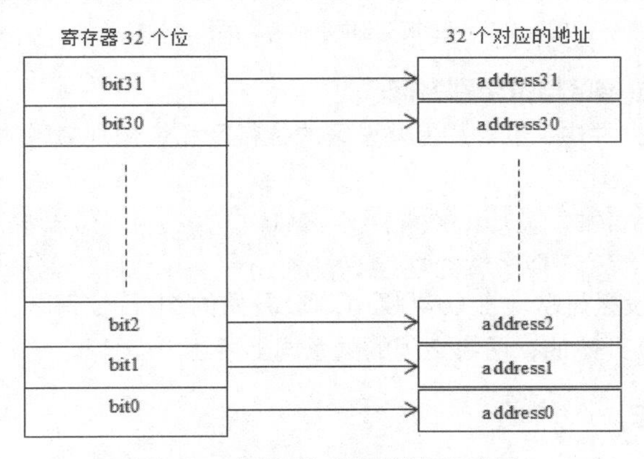

图3-21 位带区与位带别名区示意图

由图 3-21 可以看出，往 Address0 地址写入 1，就可以达到寄存器的第 0 位 Bit0 置 1 的目的。

2. SRAM 区的位带区与位带别名区

在 stm32f10x.h 头文件中，对 SRAM 区的位带区和位带别名区的基址进行了宏定义，代码如下：

```
#define  SRAM_BASE      ((uint32_t)0x20000000)       //宏定义了 SRAM 区的基址
#define  SRAM_BB_BASE   ((uint32_t)0x22000000)       //宏定义了位带别名区的基址
```

可以看出，SRAM 区是从地址 0x2000_0000 开始的 1MB 位带区，其对应的位带别名区的地址是从 0x2200_0000 开始的。下面通过一个例子来说明 SRAM 区的位带区与位带别名区的关系。

例如，位带区的地址 0x2000_0000 中的 bit4，其在位带别名区对应的字地址是多少？

由于位带区的每一位（bit）都可以在对应的位带别名区中扩展成一个32位的字。如果是地址0x2000_0000中的bit0，其在位带别名区中对应的字地址是0x2200_0000；若是bit1，其在位带别名区中对应的字地址是0x2200_0004，因为每个字由4个字节组成，即占用4个存储单元；以此类推，我们就知道bit4在位带别名区中对应的字地址是0x2200_0010。位带区与位带别名区的扩展对应关系，如图3-22所示。

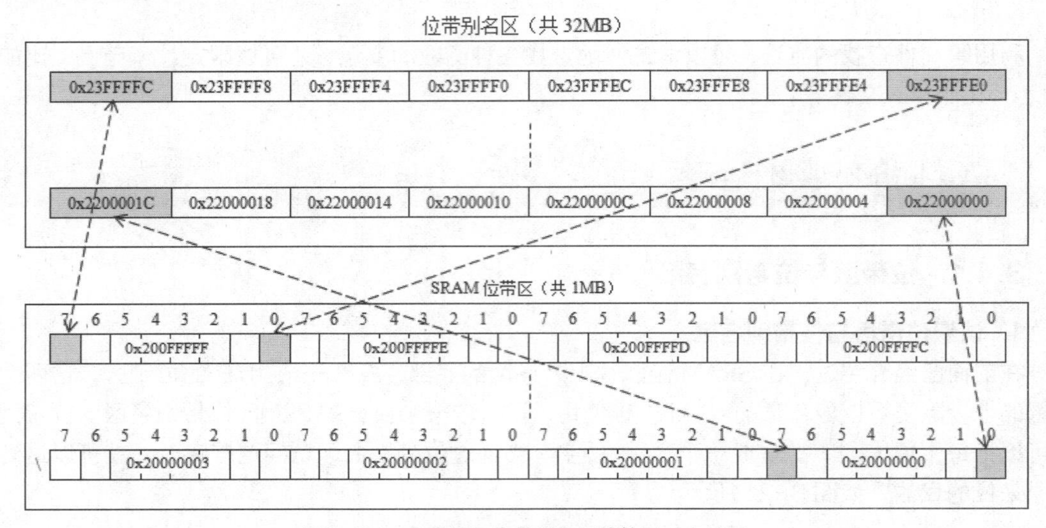

图3-22　位带区与位带别名区的扩展对应关系

3. 片上外设区的位带区与位带别名区

在stm32f10x.h头文件中，也对片上外设区的位带区和位带别名区的基址进行了宏定义，代码如下：

```
#define PERIPH_BASE  ((uint32_t)0x40000000)          //宏定义了片上外设区的基址
#define PERIPH_BB_BASE  ((uint32_t)0x42000000)       //宏定义了位带别名区的基址
```

可以看出，片上外设区是从地址0x4000_0000开始的1MB位带区，其对应的位带别名区的地址是从0x4200_0000开始的，两者之间的关系同上所述。

3.4.2 位带操作

1. 位带地址映射

Cortex-M3存储器映射有两个32MB的位带别名区，这两个区被映射为两个1MB的位带区。其中：

对32MB SRAM位带别名区的访问，映射为对1MB SRAM位带区的访问；

对32MB外设位带别名区的访问，映射为对1MB外设位带区的访问。

（1）SRAM区的位带地址映射

假设SRAM位带区的某个位（bit）所在字节地址记为A，位序号为n（n的值为0~7），则该位在位带别名区的地址为：

```
AliasAddr = 0x2200_0000+((A-0x2000_0000)*8+n)*4
          = 0x2200_0000+(A-0x2000_0000)*32+n*4
```

上式中的“*4”表示一个字为4个字节，“*8”表示一个字节有8个bit（位）。SRAM区中的位带地址映射关系如表 3-3 所示。

表 3-3 SRAM 区中的位带地址映射关系

位带区的地址	位带别名区的地址
0x2000_0000.0	2200_0000
0x2000_0000.1	2200_0004
0x2000_0000.2	2200_0008
……	……
0x2000_0000.31	2200_007C
0x2000_0004.0	2200_0080
0x2000_0004.1	2200_0084
0x2000_0004.2	2200_0088
……	……
0x200 F_FFFC.31	23FF_FFFC

例如：已在地址 0x2000_0000 中写入了 0x1234_5678，现要求对 bit2 置 1，过程如下：

首先读取位带别名区的地址 0x2200_0008。这次操作将会读取位带地址 0x2000_0000，并提取 bit2，其值为 0；

然后往地址 0x2200_0008 写 1。这次操作将会被映射成对地址 0x2000_0000 的“读－改－写”操作，把 bit2 置 1。

最后再读取地址 0x2000_0000，读到的数据是 0x1234_567C，可见 bit2 已置 1 了。

（2）片上外设区的位带地址映射

同样假设片上外设位带区的某个位（bit）所在字节地址记为 A，位序号为 n（n 的值为 0~7），则该位在位带别名区的地址为：

```
AliasAddr = 0x4200_0000+((A - 0x4000_0000)*8+n)*4
          = 0x4200_0000+(A - 0x4000_0000)*32+n*4
```

上式中的“*4”表示一个字为 4 个字节，“*8”表示一个字节有 8 个 bit（位）。片上外设区中的位带地址映射关系如表 3-4 所示。

表 3-4 片上外设区中的位带地址映射关系

位带区的地址	位带别名区的地址
0x4000_0000.0	4200_0000
0x4000_0000.1	4200_0004
0x4000_0000.2	4200_0008
……	……
0x4000_0000.31	4200_007C
0x4000_0004.0	4200_0080
0x4000_0004.1	4200_0084
0x4000_0004.2	4200_0088
……	……
0x400F_FFFC.31	43FF_FFFC

另外，在访问位带别名区时，不管使用哪一种长度的数据传送指令（字/半字/字节），都要把地址对齐到字的边界上，否则会产生不可预料的结果。

2. 位带操作

位带操作对于硬件 I/O 密集型的底层程序最有用。若使用位带操作，就可以很容易地通过 GPIO 的引脚直接去控制 LED 的点亮与熄灭。这样，就不需要使用 GPIO_SetBits ()和 GPIO_ResetBits ()函数，或者使用 GPIO 口相关寄存器去实现了。

位带操作能使代码更加简洁。当需要对某位进行比较判断时，若不使用位带操作，比较判断过程如下：

- 读取整个寄存器；
- 屏蔽不需要的位；
- 进行比较判断，根据结果执行相关的代码。

若使用位带操作，比较判断过程如下：

- 从位带别名区直接读取该位值；
- 进行比较判断，根据结果执行相关的代码。

3. 在 C 语言中使用位带操作

在 C 编译器中，并不直接支持位带操作。那么我们应该怎么做，才能在 C 语言中使用位带操作呢？

若想在 C 语言中使用位带操作，最简单的做法就是使用 define 宏定义一个位带别名区的地址。比如现在需要对寄存器 REG0 的 bit1 置 1，可以通过位带别名地址设置 bit1，代码如下：

```
#define  DEVICE_REG0   ((volatile unsigned long *) (0x40000000))
#define  DEVICE_REG0_BIT0   ((volatile unsigned long *) (0x42000000))
#define  DEVICE_REG0_BIT1   ((volatile unsigned long *) (0x42000004))
……
*DEVICE_REG0_BIT1 = 0x1;
```

若不使用位带操作，代码如下：

```
*DEVICE_REG0 = *DEVICE_REG0 | 0x2;
```

3.4.3 I/O 口位带操作的宏定义

如何通过位带操作来实现对 STM32 各个 I/O 口的位操作（主要是读入和输出操作）呢？本节主要围绕 I/O 口的输入/输出读取和控制，采用逐层地址映射方式，对 I/O 口位带操作的宏定义进行介绍。

1. APB2 外设基地址映射宏定义

在 stm32f10x.h 头文件中，对外设基地址和 APB2 外设基地址映射宏定义的代码如下：

```
#define  PERIPH_BASE        ((uint32_t)0x40000000)
#define  APB1PERIPH_BASE    PERIPH_BASE
#define  APB2PERIPH_BASE    (PERIPH_BASE + 0x10000)
```

2. 端口基地址映射宏定义

在 stm32f10x.h 头文件中，对片上外设区的外设基地址都进行了宏定义，如 ADCn、DAC、TIMn、USARn 以及 GPIOx 等。在这里主要介绍 GPIOx 外设基地址宏定义，代码如下：

```
#define  GPIOA_BASE     (APB2PERIPH_BASE + 0x0800)
```

```
#define  GPIOB_BASE     (APB2PERIPH_BASE + 0x0C00)
#define  GPIOC_BASE     (APB2PERIPH_BASE + 0x1000)
#define  GPIOD_BASE     (APB2PERIPH_BASE + 0x1400)
#define  GPIOE_BASE     (APB2PERIPH_BASE + 0x1800)
#define  GPIOF_BASE     (APB2PERIPH_BASE + 0x1C00)
#define  GPIOG_BASE     (APB2PERIPH_BASE + 0x2000)
```

其中,0x0800是GPIOA口在APB2外设基地址中的地址偏移,其他端口地址偏移以此类推。下面的所有宏定义在stm32f10x.h头文件中都没有，是为后面编写sys.h头文件做准备工作。

3. 端口寄存器地址映射宏定义

对GPIOx口ODR和IDR寄存器地址映射进行了宏定义，代码如下：

（1）对GPIOx口的ODR寄存器地址映射进行宏定义。

```
#define GPIOA_ODR_Addr    (GPIOA_BASE+12)        //0x4001080C
#define GPIOB_ODR_Addr    (GPIOB_BASE+12)        //0x40010C0C
#define GPIOC_ODR_Addr    (GPIOC_BASE+12)        //0x4001100C
#define GPIOD_ODR_Addr    (GPIOD_BASE+12)        //0x4001140C
#define GPIOE_ODR_Addr    (GPIOE_BASE+12)        //0x4001180C
#define GPIOF_ODR_Addr    (GPIOF_BASE+12)        //0x40011A0C
#define GPIOG_ODR_Addr    (GPIOG_BASE+12)        //0x40011E0C
```

（2）对GPIOx口的IDR寄存器地址映射进行宏定义。

```
#define GPIOA_IDR_Addr    (GPIOA_BASE+8)         //0x40010808
#define GPIOB_IDR_Addr    (GPIOB_BASE+8)         //0x40010C08
#define GPIOC_IDR_Addr    (GPIOC_BASE+8)         //0x40011008
#define GPIOD_IDR_Addr    (GPIOD_BASE+8)         //0x40011408
#define GPIOE_IDR_Addr    (GPIOE_BASE+8)         //0x40011808
#define GPIOF_IDR_Addr    (GPIOF_BASE+8)         //0x40011A08
#define GPIOG_IDR_Addr    (GPIOG_BASE+8)         //0x40011E08
```

上面宏定义代码中的ODR和IDR寄存器的地址偏移是怎么确定的呢？STM32对GPIO寄存器的地址偏移已经定义过了，如表3-5所示。

表3-5 端口寄存器地址表

端口基址	端口寄存器名	地址偏移
GPIOx_BASE（x=A~G）	GPIOx_CRL	0x00
	GPIOx_CRH	0x04
	GPIOx_IDR	0x08
	GPIOx_ODR	0x0C
	GPIOx_BSRR	0x10
	GPIOx_BRR	0x14
	GPIOx_LCKR	0x18

4. 宏定义BIT_ADDR(addr, bitnum)宏名

先建立一个把“位带地址+位序号”转换成别名地址的宏，再建立一个把别名地址转换成指针类型的宏。

（1）建立一个把“位带地址＋位序号”转换成位带别名地址的宏，代码如下：

```
#define  BITBAND(addr, bitnum)  ((addr & 0xF0000000)+0x2000000
+((addr &0xFFFFF)<<5)+(bitnum<<2))
```

参考前面介绍的转换公式，完成“位带地址＋位序号”转换成位带别名地址的计算，代码说明如下：

- addr：片上外设区的位带区的开始地址 0x4000_0000；
- addr & 0xF000_0000：除了最高位，对其他位清零；
- (addr & 0xF000_0000)+0x200_0000：获得位带别名区的开始地址 0x4200_0000；
- addr &0xF_FFFF：保留低 10 位，其他位清零；
- <<5：左移 5 位也就是乘以 32，把位带区的位扩展为一个字（32 位）；
- bitnum：位带区的位号；
- bitnum<<2：乘以 4，也就是获得位带区的位号在位带别名区对应的字地址偏移量。由于一个字是 4 个字节，占用 4 个存储单元，所以字之间的地址偏移量也是 4。如位带区的 bit1，其在位带别名区对应的字地址偏移是 4；又如位带区的 bit2，其在位带别名区对应的字地址偏移是 8。

（2）建立一个把别名地址转换成指针类型的宏，代码如下：

```
#define  MEM_ADDR(addr)  *((volatile unsigned long  *)(addr))
#define  BIT_ADDR(addr, bitnum)   MEM_ADDR(BITBAND(addr, bitnum))
```

由于 C 编译器并不知道同一个 bitn 可以有两个地址，所以要使用 volatile 关键字。这样，就能确保本条指令不会因编译器的优化而被省略，每次都能如实地把新数值写入存储器中。

5．宏定义 I/O 口输入/输出操作的宏名

STM32 的 I/O 口有 GPIOA～GPIOG，为简化这些 I/O 口的操作，对这些口的每一个引脚的输入/输出都进行宏定义。

（1）GPIOA 口的输入/输出宏定义，代码如下：

```
#define PAout(n)   BIT_ADDR(GPIOA_ODR_Addr,n)       //输出
#define PAin(n)    BIT_ADDR(GPIOA_IDR_Addr,n)       //输入
```

其中，n 的取值范围是 0～15，GPIOA_ODR_Addr 和 GPIOA_IDR_Addr 是 GPIOA 口的寄存器 ODR 和 IDR 在片上外设区的位带地址。这些地址到底是多少呢？在下面我们会逐层介绍。

（2）GPIOB 口的输入/输出宏定义，代码如下：

```
#define PBout(n)   BIT_ADDR(GPIOB_ODR_Addr,n)       //输出
#define PBin(n)    BIT_ADDR(GPIOB_IDR_Addr,n)       //输入
```

（3）GPIOC 口的输入/输出宏定义，代码如下：

```
#define PCout(n)   BIT_ADDR(GPIOC_ODR_Addr,n)       //输出
#define PCin(n)    BIT_ADDR(GPIOC_IDR_Addr,n)       //输入
```

（4）GPIOD 口的输入/输出宏定义，代码如下：

```
#define PDout(n)   BIT_ADDR(GPIOD_ODR_Addr,n)       //输出
#define PDin(n)    BIT_ADDR(GPIOD_IDR_Addr,n)       //输入
```

（5）GPIOE 口的输入/输出宏定义，代码如下：

```
#define PEout(n)   BIT_ADDR(GPIOE_ODR_Addr,n)       //输出
#define PEin(n)    BIT_ADDR(GPIOE_IDR_Addr,n)       //输入
```

（6）GPIOF 口的输入/输出宏定义，代码如下：

```
#define PFout(n)   BIT_ADDR(GPIOF_ODR_Addr,n)      //输出
#define PFin(n)    BIT_ADDR(GPIOF_IDR_Addr,n)      //输入
```

（7）GPIOG 口的输入/输出宏定义，代码如下：

```
#define PGout(n)   BIT_ADDR(GPIOG_ODR_Addr,n)      //输出
#define PGin(n)    BIT_ADDR(GPIOG_IDR_Addr,n)      //输入
```

有了以上 I/O 口操作的宏定义，以后就可以使用这些 I/O 口的输入/输出宏定义直接对 I/O 口进行操作了，这使得对 I/O 口操作变得更加简单容易了。例如，读取 PB8 引脚的输入值、从 PC10 引脚输出一个高电平的代码如下：

```
temp = PBin(8);          //读取 PB8 引脚的输入值
PBout(10) = 1;           //从 PC10 引脚输出 1
```

3.4.4　I/O 口的位操作实现

1. 编写 I/O 口输入/输出位操作的头文件 sys.h

前面介绍了如何对 STM32 各个 I/O 口进行位操作，比如如何读入信息、如何输出信息等。现在就围绕 I/O 口的输入/输出位操作编写一个 sys.h 头文件，方便今后编程。sys.h 头文件代码如下：

```
#ifndef __SYS_H
#define __SYS_H
#include "stm32f10x.h"
//把“位带地址+位序号”转换成位带别名地址的宏
#define BITBAND(addr, bitnum) ((addr & 0xF0000000)+0x2000000+((addr\
 &0xFFFFF)<<5)+(bitnum<<2))
//把别名地址转换成指针类型的宏
#define MEM_ADDR(addr)  *((volatile unsigned long  *)(addr))
#define BIT_ADDR(addr, bitnum)   MEM_ADDR(BITBAND(addr, bitnum))
//I/O 口输出地址映射
#define GPIOA_ODR_Addr    (GPIOA_BASE+12)      //0x4001080C
#define GPIOB_ODR_Addr    (GPIOB_BASE+12)      //0x40010C0C
#define GPIOC_ODR_Addr    (GPIOC_BASE+12)      //0x4001100C
#define GPIOD_ODR_Addr    (GPIOD_BASE+12)      //0x4001140C
#define GPIOE_ODR_Addr    (GPIOE_BASE+12)      //0x4001180C
#define GPIOF_ODR_Addr    (GPIOF_BASE+12)      //0x40011A0C
#define GPIOG_ODR_Addr    (GPIOG_BASE+12)      //0x40011E0C
//I/O 口输入地址映射
#define GPIOA_IDR_Addr    (GPIOA_BASE+8)       //0x40010808
#define GPIOB_IDR_Addr    (GPIOB_BASE+8)       //0x40010C08
#define GPIOC_IDR_Addr    (GPIOC_BASE+8)       //0x40011008
#define GPIOD_IDR_Addr    (GPIOD_BASE+8)       //0x40011408
#define GPIOE_IDR_Addr    (GPIOE_BASE+8)       //0x40011808
#define GPIOF_IDR_Addr    (GPIOF_BASE+8)       //0x40011A08
#define GPIOG_IDR_Addr    (GPIOG_BASE+8)       //0x40011E08
```

```
//I/O 口输入/输出操作，只对单一的 IO 引脚，其中 n 的取值范围是 0~15。
#define PAout(n)   BIT_ADDR(GPIOA_ODR_Addr,n)   //输出
#define PAin(n)    BIT_ADDR(GPIOA_IDR_Addr,n)   //输入
#define PBout(n)   BIT_ADDR(GPIOB_ODR_Addr,n)   //输出
#define PBin(n)    BIT_ADDR(GPIOB_IDR_Addr,n)   //输入
#define PCout(n)   BIT_ADDR(GPIOC_ODR_Addr,n)   //输出
#define PCin(n)    BIT_ADDR(GPIOC_IDR_Addr,n)   //输入
#define PDout(n)   BIT_ADDR(GPIOD_ODR_Addr,n)   //输出
#define PDin(n)    BIT_ADDR(GPIOD_IDR_Addr,n)   //输入
#define PEout(n)   BIT_ADDR(GPIOE_ODR_Addr,n)   //输出
#define PEin(n)    BIT_ADDR(GPIOE_IDR_Addr,n)   //输入
#define PFout(n)   BIT_ADDR(GPIOF_ODR_Addr,n)   //输出
#define PFin(n)    BIT_ADDR(GPIOF_IDR_Addr,n)   //输入
#define PGout(n)   BIT_ADDR(GPIOG_ODR_Addr,n)   //输出
#define PGin(n)    BIT_ADDR(GPIOG_IDR_Addr,n)   //输入
#endif
```

2. 编写 I/O 口输入/输出位操作的 sys.c 文件

将新建的 sys.c 文件和前面编写好的 sys.h 头文件都保存在 SYSTEM\sys 子目录下。sys.c 的代码如下：

```
#include "sys.h"
```

sys.c 文件目前只有一行代码，在后面还会继续添加一些相关的代码。这两个文件编写好后，对 I/O 引脚的操作就更加方便了。比如，在 PA8 引脚输出一个“1”的代码如下：

```
PAout(8)=1;
```

这样的操作就像 51 单片机的操作一样方便。又如，读 PD15 引脚上所接按键的状态，代码如下：

```
Key=PDin(15);
```

由此可以看出，对 STM32 各个 I/O 口的引脚进行位操作时，每次只能选择一个 I/O 引脚进行输入/输出操作。不管怎样，sys.c 文件和 sys.h 头文件都给我们带来了极大方便。

【技能训练 3-3】I/O 口的位操作应用

在任务 3 的 LED 闪烁控制中，采用 I/O 口的位操作如何实现 LED 闪烁控制呢？这里只给出 LED 闪烁控制代码，其他代码都是一样的。代码如下：

```
……
#define LED0 PBout(8)
……
void main(void)
{
    ……
    while(1)
    {
        LED0=0;                    //PB8 输出低电平，LED 点亮
        Delay(100);                //延时，保持点亮一段时间
```

```
        LED0=1;
        Delay(100);                    //保持熄灭一段时间
    }
}
```

关键知识点小结

1. 数码管内部由 8 个 LED（简称位段）组成，其中有 7 个条形 LED 和 1 个小圆点 LED。当 LED 导通时，相应的线段或点发光，将这些 LED 排成一定图形，常用来显示数字 0～9、字符 A～G，还可以显示 H、L、P、R、U、Y、符号“—”及小数点“.”等。

要使数码管上显示某个字符，必须在它的 8 个位段上加上相应的电平组合，即一个 8 位数据，这个数据就叫作该字符的字形编码。

（1）LED 数码管可以分为共阴极和共阳极两种结构。共阴极结构是把所有 LED 的阴极作为公共端（COM）连起来，接低电平，通常接地；共阳极结构是把所有 LED 的阳极作为公共端（COM）连起来，接高电平，通常接电源（如+5V）。

（2）LED 数码管有静态显示和动态显示两种方法。静态显示是指数码管显示某一字符时，相应的发光二极管恒定导通或恒定截止，这种显示方式的各位数码管相互独立；动态显示是一种一位一位地轮流点亮各位数码管的显示方式，即在某一时段，只选中一位数码管的“位选端”，并送出相应的字形编码，在下一时段按顺序选通另外一位数码管，并送出相应的字形编码。依此规律循环下去，即可使各位数码管分别间断地显示出相应的字符。

2. Cortex-M3 存储器与 STM32 存储器之间的关系：Cortex-M3 定义了一个存储器结构，ST 公司是按照 Cortex-M3 的存储器定义，设计出自己的存储器结构，即 ST 公司的 STM32 的存储器结构必须按照 Cortex-M3 定义的存储器结构进行设计。

3. Cortex-M3 是 32 位的内核，其 PC 指针可以指向 2^{32}=4GB 的 0x0000_0000～0xFFFF_FFFF 的地址空间。Cortex-M3 存储器把程序存储器、数据存储器、寄存器、输入/输出端口等组织在这个 4GB 空间的不同区域，这些区域是被明确划分了的。

4. 存储器映射是指对芯片中或芯片外的 Flash、RAM 以及外设等进行统一编址，即用地址来表示对象。这个地址绝大多数是由厂家规定好的，用户只能用不能改。用户只能在接有外部 RAM 或 Flash 的情况下进行自定义。

5. Cortex-M3 对设备的地址进行了重新映射，当访问存储器或外设时，都是按照映射后的地址进行访问的。Cortex-M3 存储器的 4GB 地址空间被划分为大小相等的 8 块区域，每块区域大小为 512MB，主要包括代码、SRAM、外设、外部 RAM、外部设备、专用外设总线-内部、专用外设总线-外部、特定厂商等。

6. STM32 的存储器映射和 Cortex-M3 的很相似，不同的是，STM32 加入了很多实际的组件，比如 Flash、SRAM 等。只有加入了这些组件，才能成为一个拥有实际意义的、可以工作的 STM32 芯片。

7. 在 SRAM 区和片上外设区的底部各有一个 1MB 的位带区，这两个位带区的地址除了可以像普通的 RAM 一样使用，还分别对应一个自己的 32MB 位带别名区。

位带别名区可以把每个位（bit）扩展成一个 32 位的字。通过位带别名区访问这些字时，就可以达到访问原来位的目的。

（1）SRAM 区是从地址 0x20000000 开始的 1MB 位带区，其对应的位带别名区的地址是从 0x22000000 开始的。对 32MB SRAM 位带别名区的访问可映射为对 1MB SRAM 位带区的访问。

（2）片上外设区是从地址 0x40000000 开始的 1MB 位带区，其对应的位带别名区的地址是从 0x42000000 开始的。对 32MB 外设位带别名区的访问可映射为对 1MB 外设位带区的访问。

8. 在 C 语言中使用位带操作，可以先建立一个把“位带地址＋位序号”转换成别名地址的宏，再建立一个把别名地址转换成指针类型的宏。

问题与讨论

3-1　简述 Cortex-M3 存储器与 STM32 存储器之间的关系。

3-2　简述 Cortex-M3 存储器如何对 4GB 地址空间进行划分。

3-3　位带区和位带别名区在 Cortex-M3 存储器中的哪两个区域？地址分别是多少？

3-4　为什么通过位带别名区访问这些字时，可以达到访问原来位的目的？

3-5　SRAM 区的位带地址映射到位带别名区的地址时，是怎么计算的？

3-6　片上外设区的位带地址映射到位带别名区的地址时，是怎么计算的？

3-7　请编写一段能把“位带地址＋位序号”转换成位带别名地址宏的代码，并对其实现原理进行说明。

3-8　积极探索、尝试采用位带操作的方法，完成按键控制 LED 循环点亮的电路和程序设计、运行与调试。

Chapter

4

项目四

按键控制设计与实现

能力目标

使用全国技能大赛“嵌入式应用技术与开发”赛项的核心板和STM32的中断，通过程序控制STM32F103VCT6的GPIO端口输入/输出，实现按键控制的设计、运行与调试。

知识目标

1. 了解按键电路设计以及消除按键抖动的方法；
2. 掌握端口复用、端口复用重映射以及STM32中断；
3. 会使用STM32的中断，实现按键控制LED的设计。

素养目标

引导读者发挥主观能动性和预见性、抓住主要矛盾解决核心问题，培养读者发现问题、分析问题、解决问题的能力。

4.1 任务8 按键控制LED设计与实现

在STM32F103VCT6芯片的GPIO端口上分别接4个按键和4个LED，通过4个按键控制4个LED。其中，K1控制VD1，按一次点亮，再按一次熄灭；K2控制VD2，效果同K1；K3、K4同理。

4.1.1 认识嵌入式应用技术与开发的核心板

前面3个项目的所有任务设计与实现，都是采用Proteus仿真完成的，与真实开发还有很大差别。本书后续项目都在全国技能大赛“嵌入式应用技术与开发”赛项的STM32核心板上完成，以贴近真实开发。STM32核心板如图4-1所示。

该核心板主要包括Wi-Fi通信模块、ZigBee通信模块、扩展用户LED单元、扩展用户按键单元、蜂鸣器控制单元等。接口主要包括Arm仿真器接口、ZigBee模块仿真器接口、16针I/O

扩展口（接任务板）、20针I/O扩展口（接驱动底板）、扩展电源接口等。

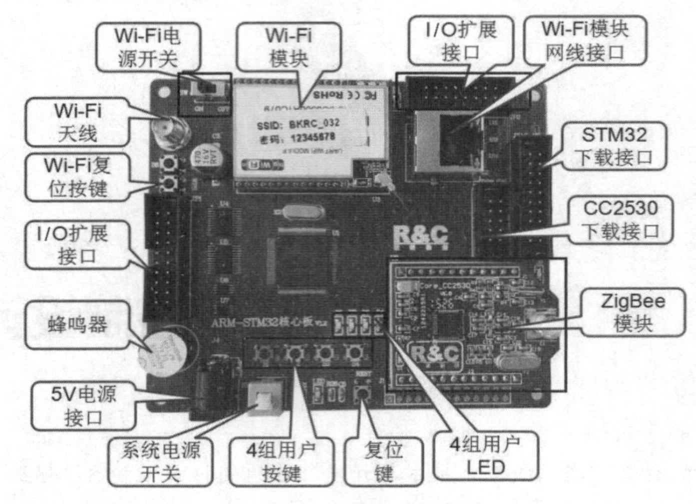

图4-1 Arm-STM32核心板

1. Arm处理器STM32F103VCT6

Arm处理器STM32F103VCT6是意法半导体公司（ST）采用Arm Cortex-M3内核设计的32位处理器芯片，有100个引脚，片内具有256KB Flash和48KB RAM，其工作频率为72MHz，内部集成A/D转换器、多个定时器，2路UART等，性能稳定，可以在Keil软件中直接调试和下载程序。

2. Wi-Fi通信模块

Wi-Fi通信模块采用RM04模块，是低成本、高性能嵌入式UART-ETH-WIFI（串口-以太网-无线网）模块。基于通用串行接口的符合网络标准的嵌入式模块，内置TCP/IP协议栈，能够实现用户串口、以太网、无线网（Wi-Fi）3个接口之间的任意透明转换。

通过HLK-RM04模块，传统的串口设备在不需要更改任何配置的情况下，即可通过Internet传输自己的数据，为用户的串口设备通过以太网传输数据提供了快速的解决方案。

3. ZigBee通信模块

ZigBee通信模块采用TI公司的2.4GHz射频芯片，型号为CC2530，无线通信使用ZigBee协议。ZigBee通信模块通过串口方式与核心板上的Arm处理器通信的波特率为115200，每次收发的数据包长度为6字节。

4. LED单元电路

Arm-STM32核心板有4个LED，采用的是共阴极接法，其阳极分别接在PD8、PD9、PD10和PD11上。

5. 独立按键单元电路

Arm-STM32核心板有4个独立按键，分别接在PB12、PB13、PB14和PB15上，电源为3.3V，电阻为上拉电阻。该独立按键电路同单片机独立按键电路基本一样。

4.1.2 按键控制LED电路设计

1. 认识按键

按键是嵌入式电子产品进行人机交流不可缺少的输入设备，用于向嵌入式电子产品输入数据或控制信息。按键实际上就是一个开关元件。机械触点式按键的主要功能是把机械上的通断转换为电气上的逻辑关系（1 和 0）。

按照按键结构原理，主要分为如下两种。

（1）触点式开关按键，如机械式开关、导电橡胶式开关等；

（2）无触点开关按键，如电气式按键，磁感应按键等。

前者造价低，后者寿命长。

常见的键盘种类有独立式键盘和矩阵式键盘两种：

（1）独立式键盘的结构简单，但占用的资源多；

（2）矩阵式键盘的结构相对复杂，但占用的资源较少。

因此，当嵌入式电子产品只需少数几个功能键时，可以采用独立式键盘结构。而当需要较多按键时，则可以采用矩阵式键盘结构。本书主要介绍触点式开关按键（即机械式按键）和独立式键盘。

2. 按键防抖动措施

机械式按键在按下或释放时，由于弹性作用的影响，通常伴随有一定时间的触点机械抖动，然后其触点才能稳定下来。抖动时间的长短与开关的机械特性有关，一般为 5ms ~ 10ms，其抖动过程如图 4-2 所示。

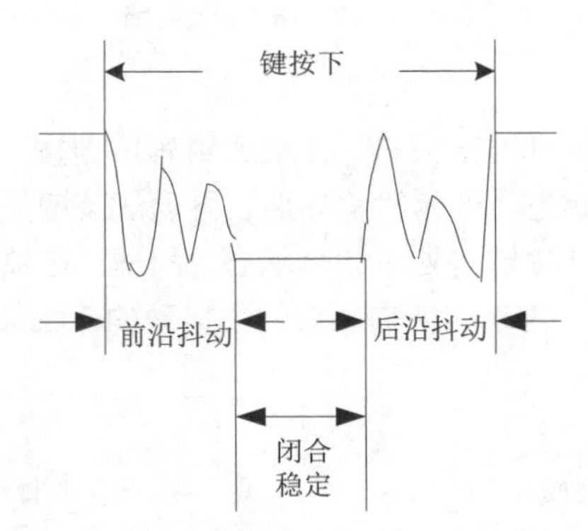

图4-2　按键触点的机械抖动

若有抖动存在，按键按下会被错误地认为是多次操作。为了避免 CPU 多次处理按键的一次闭合，应采取措施来消除抖动。消除抖动常用硬件去抖和软件去抖两种方法。在按键数较少时，可采用硬件去抖；当按键数较多时，可采用软件去抖。

（1）硬件去抖

硬件去抖采用硬件滤波的方法，在按键输出端加 R-S 触发器（双稳态触发器）或单稳态触发器构成去抖动电路。双稳态去抖动电路如图 4-3 所示。

图 4-3 中用两个“与非”门构成一个 R-S 触发器。当按键未按下时，输出 1；当按键按下（就是 A 到 B）时，输出 0。

由于按键具有机械性能，使得按键弹性抖动产生瞬时断开（抖动跳开 B），只要按键不返回原始状态 A，双稳态电路的状态不改变，输出就保持为 0，不会产生抖动的波形。也就是说，即使 B 点的电压波形是抖动的，但经双稳态电路后，其输出仍为正规的矩形波。这一点通过分析 R-S 触发器的工作过程很容易得到验证。

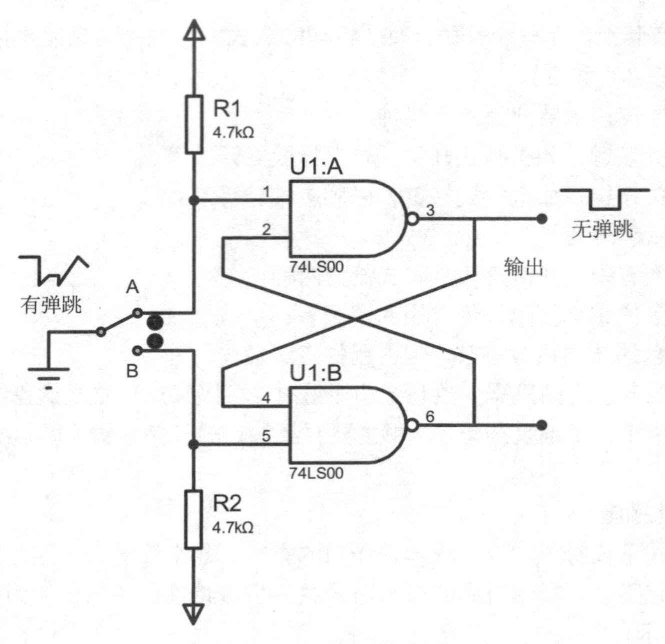

图4-3　双稳态去抖动电路

（2）软件去抖

如果按键较多，通常使用软件方法去抖。在检测到有按键按下时，执行一个10ms左右（具体时间应根据使用的按键进行调整）的延时程序后，再确认该键是否仍保持闭合状态的电平，若仍保持闭合状态的电平，则确认该键是处于闭合状态。同理，在检测到该键释放后，也应采用相同的步骤进行确认，从而可消除抖动的影响。软件去抖动的流程如图4-4所示。

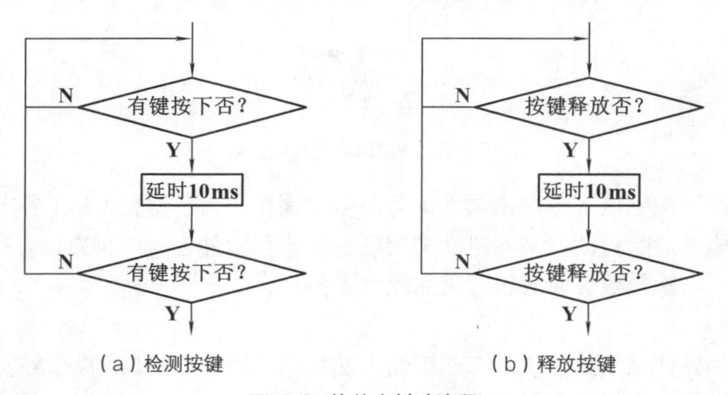

（a）检测按键　　（b）释放按键

图4-4　软件去抖动流程

3. 按键控制LED电路设计

Arm处理器STM32F103VCT6芯片电路主要包括复位电路、时钟电路和JTAG下载接口电路，如图4-5所示。

4个LED采用的是共阴极接法，其阳极分别接在PD8、PD9、PD10和PD11上。4个独立按键分别接在PB12、PB13、PB14和PB15上，电源为3.3V，电阻为上拉电阻。按键和LED电路如图4-6所示。

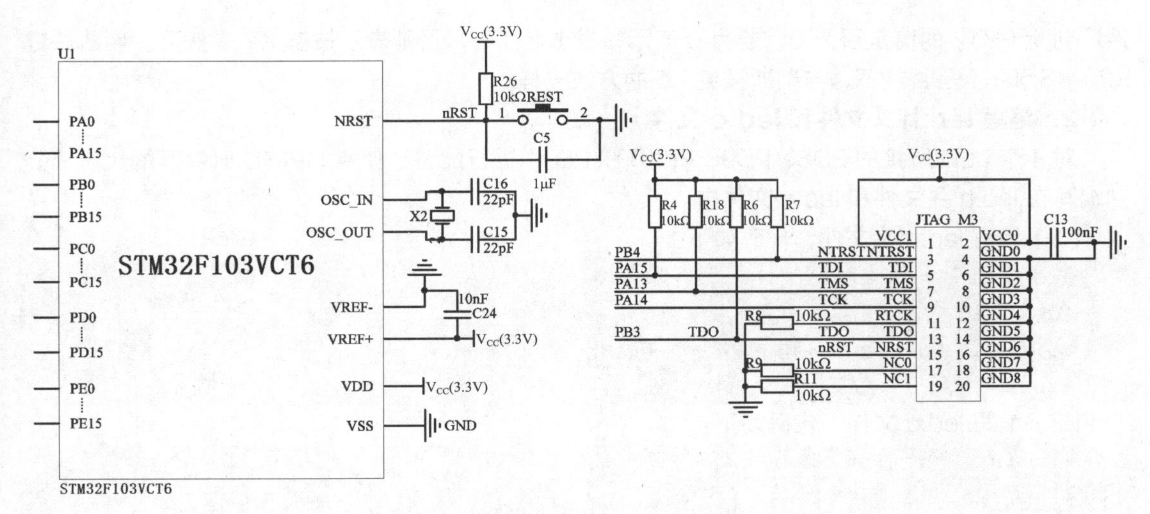

图4-5 STM32F103VCT6电路

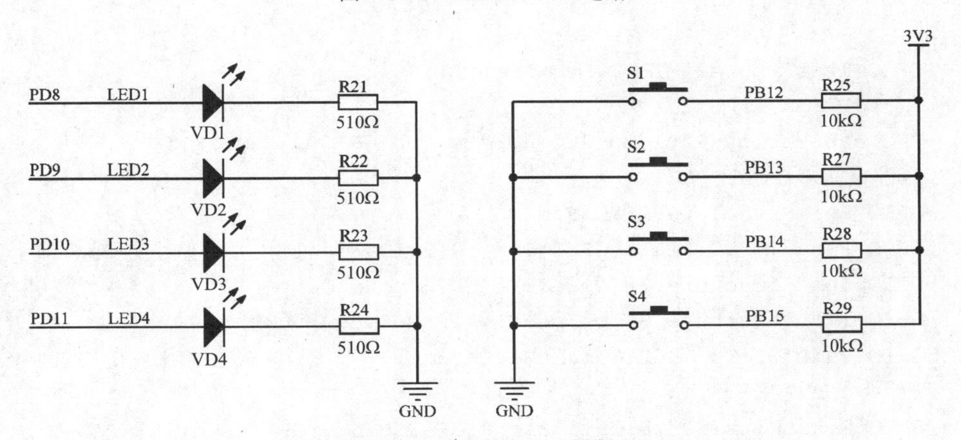

图4-6 按键控制LED电路

4.1.3 按键控制 LED 程序设计

1. 按键控制 LED 实现分析

（1）如何判断和识别按下的按键

由图 4-6 可以看出，当按键 K1 按下时，K1 闭合，PB12 引脚经 K1 接地，被拉低为低电平，即 PB12 为 0。当按键 K1 未按下时，K1 断开，PB12 引脚经上拉电阻接电源，被拉高为高电平，即 PB12 为 1，K2、K3 和 K4 同理。

因此，通过检测 PB12、PB13、PB14 和 PB15 哪个引脚是 0，就可以判断是否有按键按下，并能识别出是哪一个按键按下。

当识别了按下的按键后，就可以通过 PD8、PD9、PD10 或 PD11 输出控制信号，点亮或熄灭对应的 LED。由于 LED 一端接地，当对应引脚输出 1 时，LED 被点亮，反之熄灭。

（2）如何采用库函数读取按键的状态

先使用 GPIO_ReadInputDataBit(GPIOB,GPIO_Pin_12)函数读取 PB12 的值（即 K1 的值），

然后判断 PB12 的值是否为 0，若为 0 表示按键 K1 按下，否则表示按键 K1 未按下。判断按键 K2、K3 和 K4 是否按下，与判断按键 K1 的方法一样。

2. 编写 led.h 头文件和 led.c 文件

对 4 个 LED 所接的 PD8、PD9、PD10 和 PD11 进行配置、使能 GPIOD 时钟等的代码，分别编写在 led.h 头文件和 led.c 文件中。

（1）编写 led.h 头文件，代码如下：

```
#ifndef __LED_H
#define __LED_H
void LED_Init(void);        //初始化 LED
#endif
```

（2）编写 led.c 文件，代码如下：

```
#include "stm32f10x.h"
#include "led.h"
void LED_Init(void)
{
    GPIO_InitTypeDef  GPIO_InitStructure;
    //使能 GPIOD 时钟
    RCC_APB2PeriphClockCmd(RCC_APB2Periph_GPIOD, ENABLE);
    //配置 PD8~PD11
    GPIO_InitStructure.GPIO_Pin =
    GPIO_Pin_8|GPIO_Pin_9|GPIO_Pin_10|GPIO_Pin_11;          //配置 PD8~PD11
    GPIO_InitStructure.GPIO_Mode = GPIO_Mode_Out_PP;        //配置为推挽输出
    GPIO_InitStructure.GPIO_Speed = GPIO_Speed_50MHz;
    GPIO_Init(GPIOD, &GPIO_InitStructure);         //初始化 GPIOD 的 PD8~PD11
    // 4 个 LED 熄灭
    GPIO_ResetBits(GPIOD,GPIO_Pin_8|GPIO_Pin_9|GPIO_Pin_10|GPIO_Pin_11);
}
```

3. 编写 key.h 头文件和 key.c 文件

对 4 个按键所接的 PB12、PB13、PB14 和 PB15 进行配置、使能 GPIOB 时钟等的代码，分别编写在 key.h 头文件和 key.c 文件中。

（1）编写 key.h 头文件，代码如下：

```
#ifndef __KEY_H
#define __KEY_H
#define KEY1  GPIO_ReadInputDataBit(GPIOB,GPIO_Pin_12)      //读取按键 K1
#define KEY2  GPIO_ReadInputDataBit(GPIOB,GPIO_Pin_13)      //读取按键 K2
#define KEY3  GPIO_ReadInputDataBit(GPIOB,GPIO_Pin_14)      //读取按键 K3
#define KEY4  GPIO_ReadInputDataBit(GPIOB,GPIO_Pin_15)      //读取按键 K4
void KEY_Init(void);                                        //I/O 初始化
u8 KEY_Scan(void);
#endif
```

代码说明：

用 define 宏定义了 KEY1 为 GPIO_ReadInputDataBit(GPIOB,GPIO_Pin_12)的好处就是在读取 PB12 的值时，直接使用 KEY1 就行了，KEY2、KEY3 和 KEY4 与 KEY1 同理。

（2）编写 key.c 文件，代码如下：

```
#include "stm32f10x.h"
#include "key.h"
#include "Delay.h"
void KEY_Init(void)
{
    GPIO_InitTypeDef  GPIO_InitStructure;
    //使能 GPIOB 时钟
    RCC_APB2PeriphClockCmd(RCC_APB2Periph_GPIOB, ENABLE);
    GPIO_InitStructure.GPIO_Pin =
    GPIO_Pin_12|GPIO_Pin_13|GPIO_Pin_14|GPIO_Pin_15;        //配置 PB12~PB15
    GPIO_InitStructure.GPIO_Mode = GPIO_Mode_IPU;           //配置为上拉输入
    GPIO_InitStructure.GPIO_Speed = GPIO_Speed_50MHz;
    GPIO_Init(GPIOB, &GPIO_InitStructure);      //初始化 GPIOB 的 PB12~PB15
}
u8 KEY_Scan(void)
{
    static u8 key_up=1;                 //按键松开标志
    if(key_up&&(KEY1==0||KEY2==0||KEY3==0||KEY4==0))
    {
        Delay(20);                      //延时，去抖动
        key_up=0;
        if(KEY1==0)                     //读取 K1 按键状态，判断 K1 按键是否按下
        {
            return 1;                   //K1 按键按下
        }
        else if(KEY2==0)                //读取 K2 按键状态，判断 K2 按键是否按下
        {
            return 2;                   //K2 按键按下
        }
        else if(KEY3==0)                //读取 K3 按键状态，判断 K3 按键是否按下
        {
            return 3;                   //K3 按键按下
        }
        else if(KEY4==0)                //读取 K4 按键状态，判断 K4 按键是否按下
        {
            return 4;                   //K4 按键按下
        }
    }
    else if(KEY1==1&&KEY2==1&&KEY3==1&&KEY4==1)
```

```
        key_up=1;
    return 0;                              //无按键按下
}
```

代码说明：

（1）由于按键一端接地，按键按下时对应的引脚被拉低，按键释放后其引脚又被拉高，所以要配置 PB12～PB15 为上拉输入。若按键一端接电源，则 PB12～PB15 要配置为下拉输入。

（2）KEY_Scan(void)是按键扫描函数，其功能是判断是否有按键按下。若有按键按下，返回按键对应的键值 t，t=1 时，K1 按下；t=2 时，K2 按下；t=3 时，K3 按下；t=4 时，K4 按下。无按键按下时，返回值 t=0。

4．编写主文件 ajkzled.c

在 USER 文件夹下面新建并保存 ajkzled.c 文件，在其中输入如下代码：

```
#include "stm32f10x.h"
#include "Delay.h"
#include "led.h"
#include "key.h"
u8 t;                               //按键返回值，1 为 K1 按下，2 为 K2 按下，以此类推
u8 k1=0,k2=0,k3=0,k4=0;             //LED 亮和灭状态，为 0 是熄灭状态，为 1 是点亮状态
int main(void)
{
    LED_Init();                     //LED 端口初始化
    KEY_Init();                     //初始化与按键连接的硬件接口
    while(1)
    {
        t=KEY_Scan();               //得到键值
        if(t)
        {
            switch(t)
            {
                case 1:
                    if(k1==0)
                        GPIO_ResetBits(GPIOD,GPIO_Pin_8);
                    else
                        GPIO_SetBits(GPIOD,GPIO_Pin_8);
                    k1=!k1;
                    break;
                case 2:
                    if(k2==0)
                        GPIO_ResetBits(GPIOD,GPIO_Pin_9);
                    else
                        GPIO_SetBits(GPIOD,GPIO_Pin_9);
                    k2=!k2;
                    break;
```

```
                case 3:
                    if(k3==0)
                        GPIO_ResetBits(GPIOD,GPIO_Pin_10);
                    else
                        GPIO_SetBits(GPIOD,GPIO_Pin_10);
                    k3=!k3;
                    break;
                case 4:
                    if(k4==0)
                        GPIO_ResetBits(GPIOD,GPIO_Pin_11);
                    else
                        GPIO_SetBits(GPIOD,GPIO_Pin_11);
                    k4=!k4;
                    break;
            }
        }
        else Delay(10);
    }
}
```

5. 通过工程移植，建立按键控制 LED 工程

（1）建立一个“任务 8　按键控制 LED”工程目录，然后把技能训练 3-2 的工程直接复制到该目录下，并把 HARDWARE 子目录下的 smg 子目录删除。

（2）在“任务 8　按键控制 LED”工程目录下，将技能训练 3-2 的工程目录名“数码管静态显示”修改为“按键控制 LED”。

（3）在 USER 子目录下，把 smgxs.uvproj 工程名修改为 ajkzled.uvproj。

（4）在 HARDWARE 子目录下，新建 key 和 led 子目录。key.c 和 key.h 作为按键设备类的文件存放在 key 子目录，led.c 和 led.h 作为 LED 设备类的文件存放在 led 子目录。在后面的任务中，只要使用到按键和 LED，就可以直接把 key 和 led 子目录复制到 HARDWARE 子目录下。

（5）把 ajkzled.c 主文件复制到 USER 子目录里面，把原来的 smgxs.c 主文件删除。

6. 工程编译与调试

（1）参考任务 2，把 ajkzled.c 主文件添加到工程里面，把 Project Targets 栏下的 smgxs 名修改为 ajkzled。

（2）参考任务 1，在 HARDWARE 组里添加 led.c 和 key.c。

（3）这里使用的是真实核心板 STM32F103VCT6，该芯片具有 256KB 的 Flash，需要把 startup_stm32f10x_ld.s 替换为 startup_stm32f10x_hd.s。在 C/C++ 选项配置界面中，把“STM32F10X_HD,USE_STDPERIPH_DRIVER”填写到 Define 输入框里，还要重新选择芯片是 STM32F103VC。

（4）完成 ajkzled 工程的搭建、配置后，单击 Rebuild 按钮对工程进行编译，生成 ajkzled.hex 目标代码文件。若编译发生错误，要进行分析检查，直到编译正确。

4.1.4 按键控制 LED 运行与调试

1. STM32 代码调试方法

前面介绍了如何在 Keil μVision4 下创建 STM32 工程。STM32 代码的运行与调试可以使用软件仿真和硬件调试（在线调试）两种方法。

（1）软件仿真调试

Keil μVision4 的一个强大功能就是提供软件仿真。通过软件仿真，可以发现很多将要出现的问题，避免下载到 STM32 里再来查找错误，软件仿真最大的优点是能很方便地检查程序存在的问题。

在 Keil μVision4 的仿真下面，可以查看很多硬件相关的寄存器，通过分析这些寄存器，可以知道代码是不是真正有效。软件仿真另外一个优点是不必频繁地刷机，从而延长了 STM32 的 Flash 寿命。当然，软件仿真也不是万能的，很多问题还是要到在线调试时才能发现。软件仿真在嵌入式基本知识和相关知识学习完后，我们再作详细介绍。

（2）硬件调试

硬件调试（在线调试）就是利用 J-Link 对 STM32 进行在线调试来解决 STM32 程序出现的问题。下面我们通过按键控制 LED 代码的下载与调试，来学习如何进行 STM32 的硬件调试。

2. 程序下载与调试

（1）STM32 核心板用的是 J-Link 下载，安装 STM32 下载驱动包就可以使用了。正确安装驱动之后，右击“我的电脑”，从快捷菜单中选择“设备管理器”，打开“设备管理器”窗口，如图 4-7 所示。

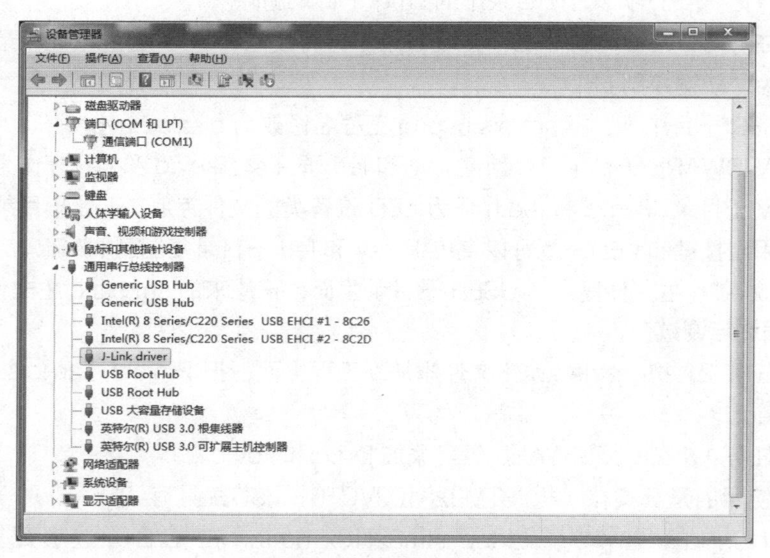

图4-7 J-Link驱动下载

（2）在 Keil μVision4 界面，单击，确定 Target 选项卡的内容后单击 Debug 标签，选择 Cortex_M3 J-LINK，如图 4-8 所示。

（3）切换到 Utilities 选项卡，选择 Use Target Driver for Flash Programming 单选按钮，同样选择 Cortex_M3 J-LINK，如图 4-9 所示。

（4）在图 4-9 中，单击 Setting 按钮，打开 Flash Download 选项卡，如图 4-10 所示。

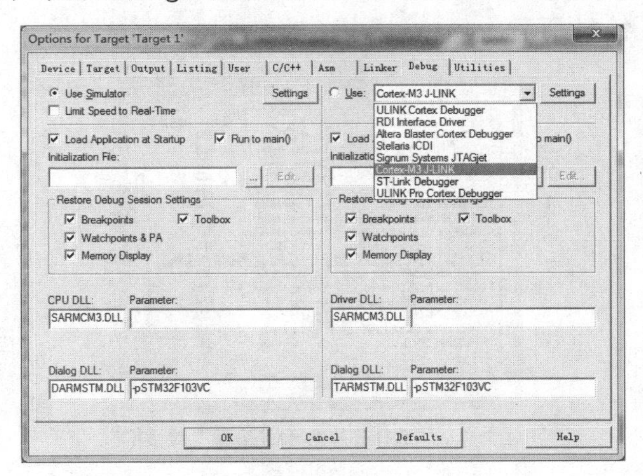

图4-8　Debug选项卡

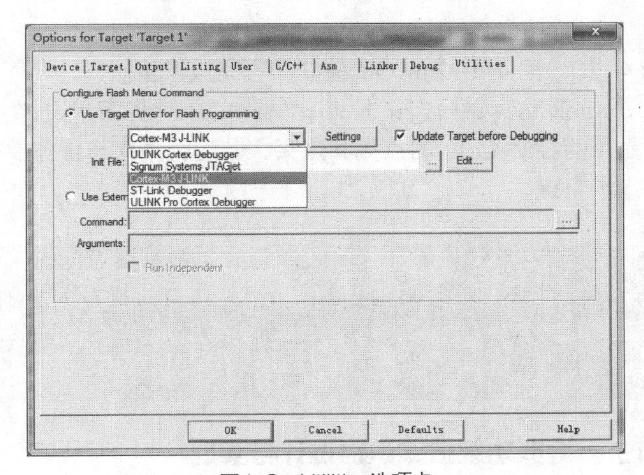

图4-9　Utilities选项卡

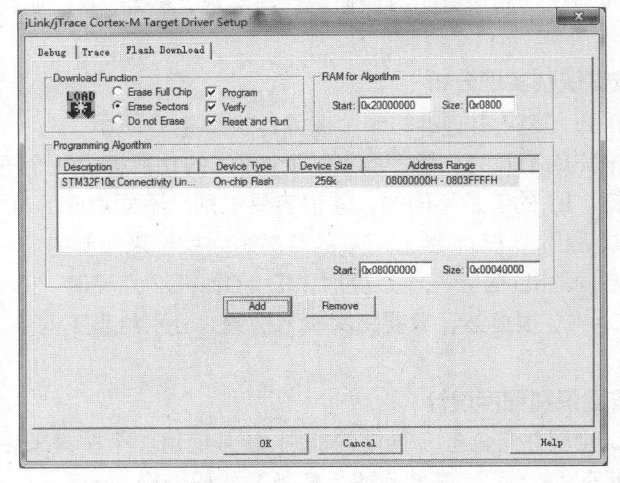

图4-10　Flash Download

（5）勾选 Reset and Run 复选框，然后在图 4-10 中单击 Add 按钮，弹出“选择芯片的 Flash 容量”对话框，如图 4-11 所示。

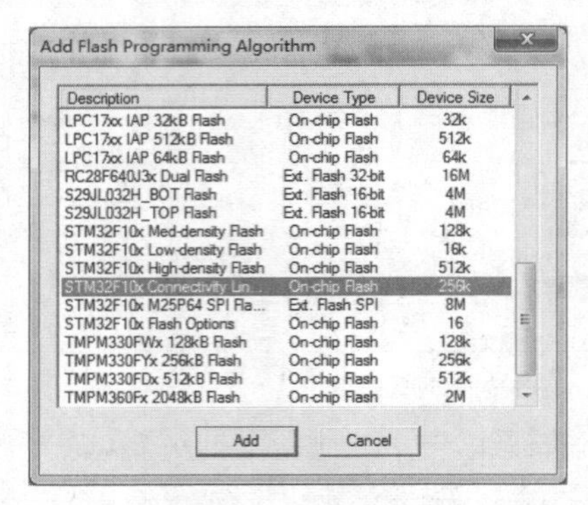

图4-11 “选择芯片的Flash容量”对话框

（6）选择“STM32F10x Connectivity lin… On-chip Flash 256K”，单击 Add 按钮，如图 4-11 所示。

（7）依次单击图 4-10、图 4-9 中的 OK 按钮即可完成设置。

（8）最后连接好 J-Link 仿真器后，在 Keil μVision4 软件界面单击 LOAD，即可完成下载。启动核心板，观察按键是否能控制 LED 的点亮和熄灭，若运行结果与任务要求不一致，要对程序进行分析检查，直到运行正确。

注 意

如果在设计中复用了 JTAG 下载口的复位管脚，下载时应一边单击 LOAD，一边按核心板上的复位键约 2s 后再松开，即可完成下载。

【技能训练 4-1】一键多功能按键识别设计与实现

前面介绍了按键如何识别和按键防抖如何设计与实现，那么，我们如何实现一键多功能按键识别呢?

1. 一键多功能按键识别实现分析

在这里，只使用接在 PB12 引脚上的一个按键，如图 4-6 所示。

要通过一个按键来完成不同的功能，可以给每个不同的功能模块一个不同的 ID 号加以标识。这样，每按下一次按键，ID 的值是不同的，就很容易识别出不同功能的身份了。

从上面的要求可以看出，LED1 到 LED4 的点亮是由按键来控制的。我们给 LED1 到 LED4 点亮的时段分别定义不同的 ID 号。VD1 点亮时，ID＝0；VD2 点亮时，ID＝1；VD3 点亮时，ID＝2；VD4 点亮时，ID＝3。很显然，只要每次按下按键，分别给出不同的 ID 号，就能够完成上面的任务了。

2. 一键多功能按键识别程序设计

一键多功能按键识别程序与任务 8 程序的差别，就是使用 1 个按键来完成 4 个按键实现的功能，在这里只给出存在差别的代码，其他代码与任务 8 代码一样。一键多功能按键识别程序如下：

```
#include "stm32f10x.h"
#include "Delay.h"
#include "led.h"
#include "key.h"
u8 ID;
void main(void)
{
    LED_Init();                                     //LED 端口初始化
    KEY_Init();                                     //初始化按键连接的接口
    while(1)
    {
        if(KEY1==0)
        {
            Delay(20);
            if(KEY1==0)
            {
                ID++;                   //每按一次键，ID 号标识加 1
                if(ID==4)
                {
                    ID=0;
                }
                while(KEY1==0);         //等待按键释放
            }
        }
        switch(ID)
        {
            case 0:                     //点亮 LED1，熄灭其他 LED
                GPIO_SetBits(GPIOD,GPIO_Pin_8);
                GPIO_ResetBits(GPIOD,GPIO_Pin_9|GPIO_Pin_10|GPIO_Pin_11);
                break;
            case 1:                     //点亮 LED2，熄灭其他 LED
                GPIO_SetBits(GPIOD,GPIO_Pin_9);
                GPIO_ResetBits(GPIOD,GPIO_Pin_8|GPIO_Pin_10|GPIO_Pin_11);
                break;
            case 2:                     //点亮 LED3，熄灭其他 LED
                GPIO_SetBits(GPIOD,GPIO_Pin_10);
                GPIO_ResetBits(GPIOD,GPIO_Pin_8|GPIO_Pin_9|GPIO_Pin_11);
                break;
            case 3:                     //点亮 LED4，熄灭其他 LED
                GPIO_SetBits(GPIOD,GPIO_Pin_11);
                GPIO_ResetBits(GPIOD,GPIO_Pin_8|GPIO_Pin_9|GPIO_Pin_10);
                break;
        }   //end switch
    }   //end while
}   //end main
```

4.2 GPIO和AFIO寄存器地址映射

4.2.1 GPIO寄存器地址映射

1. GPIO寄存器与结构体

在STM32固件函数库的stm32f10x.h头文件中，使用了很多与寄存器对应的结构体来描述GPIO寄存器的数据结构。在头文件中对GPIO寄存器结构的定义如下：

```
typedef struct
{
    __IO uint32_t CRL;
    __IO uint32_t CRH;
    __IO uint32_t IDR;
    __IO uint32_t ODR;
    __IO uint32_t BSRR;
    __IO uint32_t BRR;
    __IO uint32_t LCKR;
} GPIO_TypeDef;
```

这样就把GPIO涉及的寄存器都定义成GPIO_TypeDef结构体成员变量了。由于STM32有大量寄存器，在进行STM32开发时，若不使用与寄存器地址对应的结构体，就会感觉杂乱无序，使用起来非常不方便。下面先看看51单片机是怎么做的。

在51单片机开发中我们经常会引用reg51.h头文件，这个头文件里是一些有关特殊功能寄存器符号的定义，即规定符号名（寄存器名）与地址的对应关系。如：

```
sfr P1 = 0x90;
```

这条语句定义P1与地址0x90对应，其目的是使用P1来表示单片机的P1端口，而不是其他变量。其中，0x90是P1端口（特殊功能寄存器）的地址，以后要对地址为0x90的特殊功能寄存器进行操作，直接对P1进行操作就行了。

sfr是C51扩充的数据类型，占用1个字节（1个内存单元），数值范围为0～255。为了能直接访问特殊功能寄存器，可以使用sfr定义51单片机内部的所有特殊功能寄存器。又如：

```
sfr P2 =0x0A0;
```

若在P2口输出1个数据0x7f，可以写成如下语句：

```
P2 =0x7f;
```

这样，就通过sfr建立了寄存器地址与寄存器名之间的关系，为51单片机开发带来极大方便。面对STM32的大量寄存器，我们可以采用把寄存器地址与结构体结合起来的方法，通过修改结构体成员变量的值来修改对应寄存器的值。下面以GPIO寄存器地址与结构体如何结合为例进行介绍。

2. GPIO寄存器地址映射

在STM32中，每个通用I/O端口（GPIO端口）都有以下7个寄存器：

（1）2个32位的配置寄存器（GPIOx_CRL、GPIOx_CRH）；

（2）2 个 32 位的数据寄存器（GPIOx_IDR、GPIOx_ODR）；

（3）1 个 32 位的置位/复位寄存器（GPIOx_BSRR）；

（4）1 个 32 位的复位寄存器（GPIOx_BRR）；

（5）1 个 32 位的锁定寄存器（GPIOx_LCKR）。

GPIO 寄存器地址映射如图 4-12 所示。

偏移	寄存器	31	30	29	28	27	26	25	24	23	22	21	20	19	18	17	16	15	14	13	12	11	10	9	8	7	6	5	4	3	2	1	0
000h	GPIOx_CRL	CNF7 [1:0]		MODE7 [1:0]		CNF6 [1:0]		MODE6 [1:0]		CNF5 [1:0]		MODE5 [1:0]		CNF4 [1:0]		MODE4 [1:0]		CNF3 [1:0]		MODE3 [1:0]		CNF2 [1:0]		MODE2 [1:0]		CNF1 [1:0]		MODE1 [1:0]		CNF0 [1:0]		MODE0 [1:0]	
	复位值	0	1	0	1	0	1	0	1	0	1	0	1	0	1	0	1	0	1	0	1	0	1	0	1	0	1	0	1	0	1	0	1
004h	GPIOx_CRH	CNF15 [1:0]		MODE15 [1:0]		CNF14 [1:0]		MODE14 [1:0]		CNF13 [1:0]		MODE13 [1:0]		CNF12 [1:0]		MODE12 [1:0]		CNF11 [1:0]		MODE11 [1:0]		CNF10 [1:0]		MODE10 [1:0]		CNF9 [1:0]		MODE9 [1:0]		CNF8 [1:0]		MODE8 [1:0]	
	复位值	0	1	0	1	0	1	0	1	0	1	0	1	0	1	0	1	0	1	0	1	0	1	0	1	0	1	0	1	0	1	0	1
008h	GPIOx_IDR	保留																IDR[15:0]															
	复位值																	0	0	0	0	0	0	0	0	0	0	0	0	0	0	0	0
00Ch	GPIOx_ODR	保留																ODR[15:0]															
	复位值																	0	0	0	0	0	0	0	0	0	0	0	0	0	0	0	0
010h	GPIOx_BSRR	BR[15:0]																BSR[15:0]															
	复位值	0	0	0	0	0	0	0	0	0	0	0	0	0	0	0	0	0	0	0	0	0	0	0	0	0	0	0	0	0	0	0	0
014h	GPIOx_BRR	保留																BR[15:0]															
	复位值																	0	0	0	0	0	0	0	0	0	0	0	0	0	0	0	0
018h	GPIOx_LCKR	保留															LCKK	LCK[15:0]															
	复位值																0	0	0	0	0	0	0	0	0	0	0	0	0	0	0	0	0

图4-12 GPIO寄存器地址映射

从图 4-12 中可以看出，GPIOx 的 7 个寄存器都是 32 位的，每个寄存器占用 4 个字节，一共占用 28 个字节，地址偏移范围为 000H～01BH。这 7 个寄存器的地址偏移量是相对 GPIOx 的基地址而言的，每个寄存器的地址偏移量不变。

那么，GPIOx 的基地址是怎么算出来的呢？下面以 GPIOA 为例，来说明如何计算 GPIOA 的基地址。

（1）获得 GPIOA 基地址

由于 GPIO 都是挂载在 APB2 总线上的，所以 GPIOA 的基地址是由 APB2 总线的基地址和 GPIOA 在 APB2 总线上的偏移地址决定的。这样，我们就可以算出 GPIOA 的基地址了（其他 GPIO 端口的基地址以此类推）。获得 GPIOA 基地址的过程如下。

打开 stm32f10x.h 头文件，先定位到 GPIO_TypeDef 结构体定义处，前面已给出了定义 GPIO 寄存器结构的结构体。

然后定位到 GPIOA 的宏定义：

```
#define GPIOA    ((GPIO_TypeDef *) GPIOA_BASE)
```

通过宏定义，把 GPIOA_BASE 强制转化为 GPIO_TypeDef 类型指针，用定义的宏名 GPIOA 代替 GPIOA_BASE。这样就可以将 GPIOA 作为 GPIO_TypeDef 结构体类型的一个指针，其基地址是 GPIOA_BASE。

然后再定位到 GPIOA_BASE 的宏定义：

```
#define GPIOA_BASE    (APB2PERIPH_BASE + 0x0800)
```

以此类推定位到最后两个位置：

```
#define APB2PERIPH_BASE    (PERIPH_BASE + 0x10000)
```

```
#define PERIPH_BASE   ((uint32_t)0x40000000)    //外设区基地址：0x40000000
```

由此可以计算出 GPIOA 的基地址：

```
GPIOA_BASE = 0x4000_0000 + 0x1_0000 + 0x0800 = 0x4001_0800
```

（2）GPIOA 寄存器地址

在前面我们已经知道如何获得 GPIOA 的基地址，那么 GPIOA 的 7 个寄存器地址又是如何获得的呢？GPIOA 寄存器地址的计算公式如下：

GPIOA 寄存器地址=GPIOA 基地址+寄存器相对 GPIOA 基地址的偏移量

其中的偏移量可以在图 4-12 的 GPIO 寄存器地址映射中查到。

现在我们必须要清楚结构体里面的寄存器是怎么与地址一一对应的。

GPIOA 是指向 GPIO_TypeDef 类型的指针，GPIO_TypeDef 又是一个结构体，采用对齐方式为结构体成员变量（寄存器）分配连续的地址。这时，每个成员变量（寄存器）对应的地址就可以根据其基地址来计算了。

由于 GPIO_TypeDef 结构体类型的成员变量都是 32 位（4 个字节）的，并且成员变量地址是连续的，每个成员占用 4 个存储单元，所以根据 GPIOA 基地址就可以计算出 GPIOA 寄存器对应的地址。GPIOA 寄存器地址如表 4-1 所示。

表 4-1　GPIOA 寄存器地址

寄 存 器	地址偏移量	寄存器地址=GPIOA 基地址+地址偏移量
GPIOA->CRL	0x00	0x4001_0800+0x00
GPIOA->CRH	0x04	0x4001_0800+0x04
GPIOA->IDR	0x08	0x4001_0800+0x08
GPIOA->ODR	0x0C	0x4001_0800+0x0C
GPIOA->BSRR	0x10	0x4001_0800+0x10
GPIOA->BRR	0x14	0x4001_0800+0x14
GPIOA->LCKR	0x18	0x4001_0800+0x18

GPIO_TypeDef 定义的成员变量（寄存器）顺序与 GPIO 寄存器地址映射顺序是一致的。

3. GPIOx 端口基地址

前面通过计算，获得了 GPIOA 基地址 0x4001_0800，与《STM32 中文参考手册 V10》中的 GPIOA 基地址是一样的。对所有的 GPIOx 基地址的宏定义如下：

```
#define GPIOA_BASE           (APB2PERIPH_BASE + 0x0800)
#define GPIOB_BASE           (APB2PERIPH_BASE + 0x0C00)
#define GPIOC_BASE           (APB2PERIPH_BASE + 0x1000)
#define GPIOD_BASE           (APB2PERIPH_BASE + 0x1400)
#define GPIOE_BASE           (APB2PERIPH_BASE + 0x1800)
#define GPIOF_BASE           (APB2PERIPH_BASE + 0x1C00)
#define GPIOG_BASE           (APB2PERIPH_BASE + 0x2000)
```

这样，我们就可以按照上面的 GPIOA 基地址计算方法，计算出其他的 GPIOx 基地址，如表 4-2 所示。

表 4-2 GPIOx 基地址一览表

起始地址	端口	地址偏移量	端口基地址=外设区基地址+APB2 偏移+端口偏移
0x4001_0800～0x4001_0BFF	GPIOA	0x0800	0x4000_0000 + 0x1_0000 + 0x0800
0x4001_0C00～0x4001_0FFF	GPIOB	0x0C00	0x4000_0000 + 0x1_0000 + 0x0C00
0x4001_1000～0x4001_13FF	GPIOC	0x1000	0x4000_0000 + 0x1_0000 + 0x1000
0x4001_1400～0x4001_17FF	GPIOD	0x1400	0x4000_0000 + 0x1_0000 + 0x1400
0x4001_1800～0x4001_1BFF	GPIOE	0x1800	0x4000_0000 + 0x1_0000 + 0x1800
0x4001_1C00～0x4001_1FFF	GPIOF	0x1C00	0x4000_0000 + 0x1_0000 + 0x1C00
0x4001_2000～0x4001_23FF	GPIOG	0x2000	0x4000_0000 + 0x1_0000 + 0x2000

4.2.2 端口复用使用

STM32 有很多的内置外设，这些内置外设的引脚都是与 GPIO 引脚复用的。简单地说，GPIO 的引脚可以重新定义为其他功能，这就叫作端口复用。

比如，STM32 串口 1 的引脚对应的 GPIO 引脚为 PA9 和 PA10，这两个引脚默认的功能是 GPIO。当 PA9 和 PA10 引脚作为串口 1 的 TX 和 RX 引脚使用时，就是端口复用了。

又如，串口 2 的 TX 和 RX 引脚使用的是 PA2 和 PA3，串口 3 的 TX 和 RX 引脚使用的是 PB10 和 PB11，这些引脚默认的功能也是 GPIO，这也是端口复用。

在使用默认的复用功能前，必须对复用的端口进行初始化。下面以串口 2 为例，初始化步骤如下如述。

（1）GPIO 端口时钟使能。由于要使用这个端口的复用功能，所以要使能这个端口的时钟，代码如下：

```
RCC_APB2PeriphClockCmd(RCC_APB2Periph_GPIOA, ENABLE);
```

（2）复用的外设时钟使能。在这里要把 GPIOA 口的 PA2 和 PA3 引脚复用为串口 2 的 TX 和 RX 引脚，所以要使能这个串口时钟，代码如下：

```
RCC_APB2PeriphClockCmd(RCC_APB2Periph_USART2, ENABLE);
```

（3）端口模式配置。在复用内置外设功能引脚时，必须设置 GPIO 端口的模式。至于在复用功能下，GPIO 端口模式到底怎么配置，可以参考《STM32 中文参考手册 V10》。GPIOA 口的 PA2 和 PA3 引脚复用为串口 2 的 TX 和 RX 引脚，其初始化代码如下：

● USART2_TX、PA2 复用推挽输出

```
GPIO_InitStructure.GPIO_Pin = GPIO_Pin_2;                //PA2
GPIO_InitStructure.GPIO_Speed = GPIO_Speed_50MHz;
GPIO_InitStructure.GPIO_Mode = GPIO_Mode_AF_PP;          //复用推挽输出
GPIO_Init(GPIOA, &GPIO_InitStructure);
```

● USART2_RX、PA3 浮空输入

```
GPIO_InitStructure.GPIO_Pin = GPIO_Pin_3;                //PA3
GPIO_InitStructure.GPIO_Mode = PIO_Mode_IN_FLOATING;     //浮空输入
GPIO_Init(GPIOA, &GPIO_InitStructure);
```

由上述初始化代码可以看出，在使用复用功能时，要对 GPIOx 端口和复用的外设这两个时钟进行使能，同时还要初始化 GPIOx 以及复用外设功能。

4.2.3 端口复用重映射

在 STM32 中，有很多内置外设的输入/输出引脚都具有重映射（remap）的功能，每个内置外设都有若干个输入/输出引脚，一般这些引脚的输出端口都是固定不变的。为了让设计工程师可以更好地安排引脚的走向和功能，在 STM32 中引入了外设引脚重映射的概念，即一个外设的引脚除了具有默认的端口外，还可以通过设置重映射寄存器的方式，把它映射到其他端口。

1. AFIO_MAPR 寄存器

为了使不同器件封装（64 脚或 100 脚封装）的外设 I/O 功能的数量达到最优，可以把一些复用功能重新映射到其他一些引脚上。也就是通过设置复用重映射和调试 I/O 配置寄存器 AFIO_MAPR，来实现引脚的重新映射。这时，复用功能就不再映射到它们的原始分配引脚上了。复用重映射和调试 I/O 配置寄存器 AFIO_MAPR 的各位描述如表 4-3 所示。

表 4-3　寄存器 AFIO_MAPR 的各位描述

位段	名　称	描　述
31:27		保留
26:24	SWJ_CFG[2:0]	SWJ_CFG[2:0]：串行线 JTAG 配置
23:21		保留
20	ADC2_ETRGREG_REMAP	ADC2_ETRGREG_REMAP：ADC2 规则转换外部触发重映射 可由软件置“1”或置“0”，控制与 ADC2 规则转换外部触发相连的触发输入。该位置“0”时，ADC2 规则转换外部触发与 EXTI11 相连；该位置“1”时，ADC2 规则转换外部触发与 TIM8_TRGO 相连
19	ADC2_ETRGINJ_REMAP	ADC2_ETRGINJ_REMAP：ADC2 注入转换外部触发重映射 可由软件置“1”或置“0”，控制与 ADC2 注入转换外部触发相连的触发输入。该位置“0”时，ADC2 注入转换外部触发与 EXTI15 相连；该位置“1”时，ADC2 注入转换外部触发与 TIM8 通道 4 相连
18	ADC1_ETRGREG_REMAP	ADC1_ETRGREG_REMAP：ADC1 规则转换外部触发重映射 可由软件置“1”或置“0”，控制与 ADC1 规则转换外部触发相连的触发输入。该位置“0”时，ADC1 规则转换外部触发与 EXTI11 相连；该位置“1”时，ADC1 规则转换外部触发与 TIM8_TRGO 相连
17	ADC1_ETRGINJ_REMAP	ADC1_ETRGINJ_REMAP：ADC1 注入转换外部触发重映射 可由软件置“1”或置“0”，控制与 ADC1 注入转换外部触发相连的触发输入。该位置“0”时，ADC1 注入转换外部触发与 EXTI15 相连；该位置“1”时，ADC1 注入转换外部触发与 TIM8 通道 4 相连
16	TIM5CH4_IREMAP	TIM5CH4_IREMAP：TIM5 通道 4 内部重映射 可由软件置“1”或置“0”，控制 TIM5 通道 4 内部重映射。该位置“0”时，TIM5_CH4 与 PA3 相连；该位置“1”时，LSI 内部振荡器与 TIM5_CH4 相连，目的是对 LSI 进行校准
15	PD01_REMAP	PD01_REMAP：端口 D0、端口 D1 映射到 OSC_IN/OSC_OUT
14:13	CAN_REMAP[1:0]	CAN_REMAP[1:0]：CAN 复用功能重映射

续表

位段	名　称	描　述
12	TIM4_REMAP	TIM4_REMAP：定时器 4 的重映射 可由软件置“1”或置“0”，控制定时器 4 的通道 1 至 4 在 GPIO 端口的映射。 0：没有重映射（TIM4_CH1/PB6、TIM4_CH1/PB7、TIM4_CH1/PB8、TIM4_CH1/PB9）； 1：完全映射（TIM4_CH1/PD12、TIM4_CH1/PD13、TIM4_CH1/PD14、TIM4_CH1/PD15）
11:10	TIM3_REMAP [1:0]	TIM3_REMAP[1:0]：定时器 3 的重映射 可由软件置“1”或置“0”，控制定时器 3 的通道 1 至 4 在 GPIO 端口的映射。 00：没有重映射（CH1/PA6、CH2/PA7、CH3/PB0、CH4/PB1）； 01：未组合； 10：部分映射（CH1/PB4、CH2/PB5、CH3/PB0、CH4/PB1）； 11：完全映射（CH1/PC6、CH2/PC7、CH3/PC8、CH4/PC9）
9:8	TIM2_REMAP [1:0]	TIM2_REMAP[1:0]：定时器 2 的重映射 可由软件置“1”或置“0”，控制定时器 2 的通道 1 至 4 和外部触发（ETR）在 GPIO 端口的映射。 00：没有重映射（CH1/ETR/PA0、CH2/PA1、CH3/PA2、CH4/PA3）； 01：部分映射（CH1/ETR/PA15、CH2/PB3、CH3/PA2、CH4/PA3）； 10：部分映射（CH1/ETR/PA0、CH2/PA1、CH3/PB10、CH4/PB11）； 11：完全映射（CH1/ETR/PA15、CH2/PB3、CH3/PB10、CH4/PB11）
7:6	TIM1_REMAP [1:0]	TIM1_REMAP[1:0]：定时器 1 的重映射 可由软件置“1”或置“0”，控制定时器 1 的通道 1 至 4、1N 至 3N、外部触发（ETR）和刹车输入（BKIN）在 GPIO 端口的映射。 00：没有重映射（ETR/PA12、CH1/PA8、CH2/PA9、CH3/PA10、CH4/PA11、BKIN/PB12、CH1N/PB13、CH2N/PB14、CH3N/PB15）； 01：部分映射（ETR/PA12、CH1/PA8、CH2/PA9、CH3/PA10、CH4/PA11、BKIN/PA6、CH1N/PA7、CH2N/PB0、CH3N/PB1）； 10：未组合； 11：完全映射（ETR/PE7、CH1/PE9、CH2/PE11、CH3/PE13、CH4/PW14、BKIN/PE15、CH1N/PE8、CH2N/PE10、CH3N/PE12）
5:4	USART3_ REMAP[1:0]	USART3_REMAP[1:0]：USART3 的重映射 可由软件置“1”或置“0”，控制 USART3 的 CTS、RTS、CK、TX 和 RX 复用功能在 GPIO 端口的映射。 00：没有重映射（TX/PB10、RX/PB11、CK/PB12、CTS/PB13、RTS/PB14）； 01：部分映射（TX/PC10、RX/PC11、CK/PC12、CTS/PB13、RTS/PB14）； 10：未组合； 11：完全映射（TX/PD8、RX/PD9、CK/PD10、CTS/PD11、RTS/PD12）
3	USART2_REMAP	USART2_REMAP：USART2 的重映射 由软件置“1”或置“0”，控制 USART2 的 CTS、RTS、CK、TX 和 RX 复用功能在 GPIO 端口的映射。 0：没有重映射（CTS/PA0、RTS/PA1、TX/PA2、RX/PA3、CK/PA4）； 1：重映射（CTS/PD3、RTS/PD4、TX/PD5、RX/PD6、CK/PD7）

续表

位段	名　称	描　述
2	USART1_REMAP	USART1_REMAP：USART1 的重映射 可由软件置“1”或置“0”，控制 USART1 的 TX 和 RX 复用功能在 GPIO 端口的映射。 0：没有重映射（TX/PA9、RX/PA10）；1：重映射（TX/PB6、RX/PB7）
1	I2C1_REMAP	I2C1_REMAP：I2C1 的重映射
0	SPI1_REMAP	SPI1_REMAP：SPI1 的重映射

表 4-3 只是着重介绍了本书中用到的 USARTx、TIMx 和 ADCx 的重映射。

从表 4-3 中可以看出，重映射就是把引脚的外设功能映射到另一个引脚，但这个引脚不是随便可以映射的，它们都有具体的对应关系，具体对应关系可以参考《STM32 中文参考手册 V10》中的复用重映射和调试 I/O 配置寄存器（AFIO_MAPR）。

2. 如何实现端口复用重映射

下面以定时器 TIM3 为例，介绍如何实现 TIM3 的重映射。AFIO_MAPR 的 11:10 位可以控制 TIM3 的通道 1 至通道 4 在 GPIO 端口的重映射。TIM3 复用功能重映射引脚一览表，如表 4-4 所示。

表 4-4　TIM3 复用功能重映射引脚一览表

复用功能	TIM3_REMAP[1:0]=00（没有重映射）	TIM3_REMAP[1:0]=10（部分重映射）	TIM3_REMAP[1:0]=11（完全重映射）
TIM3_CH1	PA6	PB4	PC6
TIM3_CH2	PA7	PB5	PC7
TIM3_CH3	PB0		PC8
TIM3_CH4	PB1		PC9

从表 4-4 中可以看到，TIM3 复用功能有部分重映射和完全重映射两种。部分重映射就是一部分引脚和默认是一样的，另一部分引脚重新映射到其他引脚。完全重映射就是所有引脚都重新映射到其他引脚。在默认情况下（即没有重映射），TIM3 的通道 1 至通道 4 复用功能引脚是 CH1/PA6、CH2/PA7、CH3/PB0 和 CH4/PB1。

我们也可以将通道 1 至通道 4 完全重映射到引脚 CH1/PC6、CH2/PC7、CH3/PC8 和 CH4/PC9 上。若想实现 TIM3 的完全重映射，要先使能复用功能的两个时钟，然后使能 AFIO 功能时钟，再调用重映射函数，具体步骤如下所述。

（1）使能 GPIOC 时钟。

```
RCC_APB2PeriphClockCmd(RCC_APB2Periph_GPIOC, ENABLE);
```

（2）使能 TIM3 时钟。

```
RCC_APB1PeriphClockCmd(RCC_APB1Periph_TIM3, ENABLE);
```

（3）使能 AFIO 时钟。

```
RCC_APB2PeriphClockCmd(RCC_APB2Periph_AFIO, ENABLE);
```

（4）开启重映射。

```
GPIO_PinRemapConfig(GPIO_FullRemap_TIM3, ENABLE);
```

（5）最后，还需要配置重映射的引脚，只需配置重映射后的引脚，原来的引脚不需要配置。这里重映射的引脚是 PC6、PC7、PC8 和 PC9，配置为复用推挽输出，代码如下：

```
GPIO_InitStructure.GPIO_Pin = GPIO_Pin_6|GPIO_Pin_7|GPIO_Pin_8|GPIO_Pin_9;
GPIO_InitStructure.GPIO_Speed = GPIO_Speed_50MHz;
GPIO_InitStructure.GPIO_Mode = GPIO_Mode_AF_PP;          //复用推挽输出
GPIO_Init(GPIOC, &GPIO_InitStructure);
```

通过将 TIM3 的通道 1 至通道 4 在 GPIO 端口完全重映射的例子，我们初步认识了端口复用功能重映射，以及如何实现。这里只是简单介绍了端口复用功能重映射，后面还会在有关项目中进行详细介绍。

【技能训练 4-2】串口 1（USART1）重映射实现

前面介绍了端口复用和端口重映射的基本概念，以及实现的步骤。那么我们应该如何实现串口 1 的重映射呢?

1. USART1 重映射分析

参考《STM32 中文参考手册 V10》中的复用重映射和调试 I/O 配置寄存器（AFIO_MAPR），其中的两位可以控制 USART1 在 GPIO 端口的重映射。USART1 复用功能重映射引脚一览表，如表 4-5 所示。

表 4-5 USART1 复用功能重映射引脚一览表

复用功能	TIM3_REMA=0（没有重映射）	TIM3_REMAP=1（重映射）
USART1_TX	PA9	PB6
USART1_RX	PA10	PB7

从表 4-5 中可以看到，USART1 重映射就是把串口 1 复用时的 PA9 和 PA10 引脚重新映射到 PB6 和 PB7 引脚上。

2. USART1 重映射实现

要实现 USART1 的重映射，首先使能复用功能的两个时钟，然后使能 AFIO 功能时钟，再调用重映射函数，最后初始化 GPIO 以及复用外设功能。具体实现步骤如下所述。

（1）使能 GPIOB 时钟。

```
RCC_APB2PeriphClockCmd(RCC_APB2Periph_GPIOB, ENABLE);
```

（2）使能 USART1 时钟。

```
RCC_APB1PeriphClockCmd(RCC_APB1Periph_USART1, ENABLE);
```

（3）使能 AFIO 时钟。

```
RCC_APB2PeriphClockCmd(RCC_APB2Periph_AFIO, ENABLE);
```

（4）开启重映射。

```
GPIO_PinRemapConfig(GPIO_FullRemap_USART1, ENABLE);
```

（5）最后配置重映射的引脚，只需配置重映射后的引脚，原来的引脚不需要配置。这里重映射的引脚是 PB6 和 PB7，PB6（TX）配置为复用推挽输出，PB7（RX）配置为浮空输入或上拉输入，代码如下：

```
//配置 PB6（TX）为复用推挽输出
```

```
GPIO_InitStructure.GPIO_Pin = GPIO_Pin_6;
GPIO_InitStructure.GPIO_Speed = GPIO_Speed_50MHz;
GPIO_InitStructure.GPIO_Mode = GPIO_Mode_AF_PP;            //复用推挽输出
GPIO_Init(GPIOB, &GPIO_InitStructure);
//配置 PB7（RX）为浮空输入
GPIO_InitStructure.GPIO_Pin = GPIO_Pin_7;
GPIO_InitStructure.GPIO_Mode = GPIO_Mode_IN_FLOATING;      //浮空输入
GPIO_Init(GPIOB, &GPIO_InitStructure);
```

4.3 任务 9 中断方式的按键控制设计与实现

在任务 8 按键控制 LED 电路的基础上进行修改，无键按下时，CPU 正常工作，不执行按键识别程序；有键按下时，产生中断申请，CPU 转去执行按键识别程序。其他功能同任务 8 一样。

4.3.1 STM32 中断

中断是 STM32 的核心技术之一，要想用好 STM32，就必须掌握中断。在任务 8 的按键控制中，无论是否有键按下，CPU 都要按时判断按键是否按下。而嵌入式电子产品在工作时，并非经常需要按键输入。因此，CPU 经常处于空的判断状态，浪费了 CPU 的时间。为了提高 CPU 的工作效率，按键可以采用中断的工作方式：当键盘无键按下时，CPU 正常工作，不执行按键识别控制程序；当键盘有按下时，产生中断，CPU 转去执行按键识别控制程序，然后返回。这样就充分体现了中断的实时处理功能，提高了 CPU 的工作效率。

1. 中断

当 CPU 正在执行某个程序时，由计算机内部或外部的原因引起的紧急事件向 CPU 发出请求处理的信号，CPU 在允许的情况下响应请求处理信号，暂时停止正在执行的程序，保护好断点处的现场，转向执行一个用于处理该紧急事件的程序，处理完后又返回被中止的程序断点处，继续执行原程序，这一过程就称为中断。

在日常生活中，“中断”的现象也比较普遍。例如，我正在打扫卫生，突然电话铃响了，我立即“中断”正在做的事转去接电话，接完电话，回头接着打扫卫生。在这里，接电话就是随机而又紧急的事件，必须去处理。

2. STM32 的中断通道和中断向量

在 Cortex-M3 内核中集成了中断控制器和中断优先级控制寄存器，Cortex-M3 内核支持 256 个中断，其中包含 16 个内核中断（也称为系统异常）和 240 个外部中断，并具有 256 级可编程的中断优先级设置。其中，除个别异常的优先级被固定外，其他优先级都是可编程的。

STM32 并没有使用 Cortex-M3 内核的全部（如内存保护单元 MPU、8 位中断优先级等），只使用了 Cortex-M3 内核的一部分。STM32 有 84 个中断，包括 16 个 Cortex-M3 内核中断线和 68 个可屏蔽中断通道，具有 16 级可编程中断优先级的设置（仅使用中断优先级设置 8 位中的高 4 位）。Cortex-M3 内核的 16 个中断通道对应的中断向量如表 4-6 所示。

表 4-6　Cortex-M3 内核的 16 个中断通道对应的中断向量

位置	优先级	优先级类型	名称	说　明	地址
	—	—	—	保留	0x0000_0000
	-3	固定	Reset	复位	0x0000_0004
	-2	固定	NMI	不可屏蔽中断，RCC 时钟安全系统（CSS）连接到 NMI 向量	0x0000_0008
	-1	固定	硬件失效	所有类型的失效	0x0000_000C
	0	可编程设置	存储管理	存储器管理	0x0000_0010
	1	可编程设置	总线错误	预取指失败，存储器访问失败	0x0000_0014
	2	可编程设置	错误应用	未定义的指令或者非法状态	0x0000_0018
	—	—	—	4 个保留	0x0000_001C ~0x0000_002B
	3	可编程设置	SVCall	通过 SWI 指令的系统服务调用	0x0000_002C
	4	可编程设置	调试监控	调试监控器	0x0000_0030
	—			保留	0x0000_0034
	5	可编程设置	PendSV	可挂起的系统服务请求	0x0000_0038
	6	可编程设置	Systick	系统滴答时钟	0x0000_003C

表 4-6 描述了 Cortex-M3 内核的 16 个中断通道对应的中断向量。比如，复位（Reset）中断的优先级是-3（优先级最高），中断向量是 0x0000_0004。当按复位键后，不论当前运行的是用户代码还是其他中断服务程序，都会转到地址 0x0000_0004，取出复位的中断服务程序的入口地址，然后转到该地址去执行复位的中断服务程序。

为什么在地址 0x0000_0004 只存放复位的中断服务程序的入口地址呢？因为 Reset 中断的中断向量和 NMI 中断的中断向量之间只有 4 个存储单元，所以只能存放中断服务程序的入口地址。

STM32F103 系列中有 60 个可屏蔽中断通道，STM32F107 系列中有 68 个。下面只列出部分可屏蔽中断通道对应的中断向量，如表 4-7 所示。

表 4-7　部分可屏蔽中断通道对应的中断向量

位置	优先级	优先级类型	名称	说　明	地址
0	7	可编程设置	WWDG	窗口看门狗定时器中断	0x0000_0040
1	8	可编程设置	PVD	连到 EXTI 的电源电压检测（PVD）中断	0x0000_0044
2	9	可编程设置	TAMPER	侵入检测中断	0x0000_0048
3	10	可编程设置	RTC	实时时钟（RTC）全局中断	0x0000_004C
4	11	可编程设置	FLASH	闪存全局中断	0x0000_0050
5	12	可编程设置	RCC	复位和时钟控制（RCC）全局中断	0x0000_0054
6	13	可编程设置	EXTI0	EXTI 线 0 中断	0x0000_0058
7	14	可编程设置	EXTI1	EXTI 线 1 中断	0x0000_005C
8	15	可编程设置	EXTI2	EXTI 线 2 中断	0x0000_0060
9	16	可编程设置	EXTI3	EXTI 线 3 中断	0x0000_0064

续表

位置	优先级	优先级类型	名称	说　明	地址
10	17	可编程设置	EXTI4	EXTI 线 4 中断	0x0000_0068
11	18	可编程设置	DMA 通道 1	DMA 通道 1 全局中断	0x0000_006C
12	19	可编程设置	DMA 通道 2	DMA 通道 2 全局中断	0x0000_0070
13	20	可编程设置	DMA 通道 3	DMA 通道 3 全局中断	0x0000_0074
—	—	—	—	—	—
23	30	可编程设置	EXTI9_5	EXTI 线[9:5]中断	0x0000_009C
—	—	—	—	—	—
40	47	可编程设置	EXTI15_10	EXTI 线[15:10]中断	0x0000_00E0

从表 4-7 中可以看出，EXTI 线 0 中断～EXTI 线 4 中断与中断通道 EXTI0～EXTI4 是一一对应的。而 EXTI 线 5 中断～EXTI 线 9 中断共用一个中断通道 EXTI9_5，同样也共用一个中断向量 0x0000_009C。另外，EXTI 线 10 中断～EXTI 线 15 中断也共用一个中断通道 EXTI15_10 和一个中断向量 0x0000_00E0。对于中断通道 EXTI9_5 和 EXTI15_10 的使用，一定要清楚它们对应的是哪几个中断。

注意

每个中断对应一个外围设备，该设备通常具备若干个能引起中断的中断源或中断事件，所有的中断只能通过指定的“中断通道”向内核申请；STM32 支持的 68 个外部中断通道，已经固定地分配给相应的外部设备。

3. STM32 的外部中断

STM32 的每一个 GPIO 引脚都可以作为外部中断的中断输入口，也就是都能配置成一个外部中断触发源，这也是 STM32 的强大之处。STM32F103 的中断控制器支持 19 个外部中断（对于互联型产品是 20 个）事件请求。每个中断设有状态位，每个中断/事件都有独立的触发和屏蔽设置。

STM32 根据 GPIO 端口的引脚序号不同，把不同 GPIO 端口、同一个序号的引脚组成一组，每组对应一个外部中断/事件源（即中断线）EXTIx（x：0～15），比如：PA0、PB0、PC0、PD0、PE0、PF0、PG0 为第一组，依此类推，我们就能将众多中断触发源分成 16 组。STM32 的 GPIO 与外部中断的映射关系如图 4-13 所示。

从图 4-13 中可以看出，每个中断线 EXTIx 对应了最多 7 个 GPIO 端口的引脚，而中断线每次只能连接到 1 个 GPIO 端口上，这样就需要通过配置来决定对应的中断线对应到哪个 GPIO 上了。也就是说，在同一时间，对于不同 GPIO 端口同一个序号的引脚，只能设置一个为中断（即每一组同时只能有一个中断触发源工作）！例如，可以设置 PA0、PB1、PC2 为中断输入线，而不能同时设置 PA0、PB1、PC0 为中断输入线。

另外，还有 3 个外部中断输入线连接什么呢？EXTI16 连接到 PVD 输出、EXTI17 连接到 RTC 闹钟事件、EXTI18 连接到 USB 唤醒事件。对于互联型产品，EXTI19 连接到以太网唤醒事件。

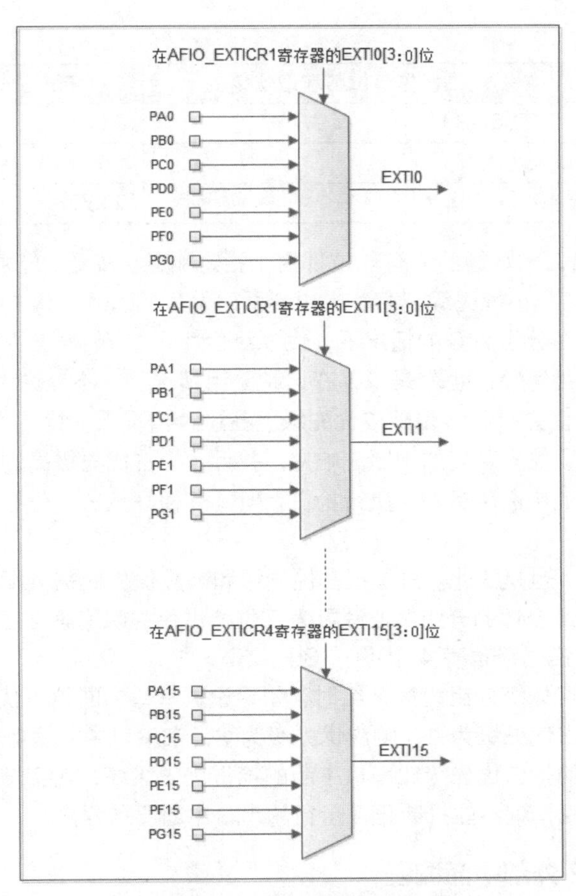

图4-13　GPIO与外部中断的映射关系

4. STM32 的中断优先级

中断优先级的概念是针对中断通道的，当中断通道的优先级确定后，也就确定了外围设备的中断优先级，并且该设备所能产生的所有类型的中断的中断优先级都与该中断通道的中断优先级一样。

STM32 内核有两个中断优先级的概念，分别是抢占优先级和响应优先级（也称为子优先级），每个中断源都需要指定这两种中断优先级。具有高抢占优先级的中断，可以在具有低抢占优先级的中断处理过程中被响应，即中断嵌套。

由于 STM32 有很多中断源，需要对中断优先级进行分组管理。在 Cortex-M3 中定义了 8bit（位）用于设置中断源的优先级，而 STM32 只使用了高 4 位，这 4 位中断优先级控制位分成两组。从高位开始，前面是定义抢占优先级的位，后面是定义响应优先级的位。STM32 中断优先级可以设置为 5 个分组中的一种，如表 4-8 所示。

表 4-8　STM32 中断优先级分组

分　组	抢占优先级位数和取值范围	响应优先级位数和取值范围
0	0（无）	4（0~15）
1	1（0~1）	3（0~7）

续表

分　组	抢占优先级位数和取值范围	响应优先级位数和取值范围
2	2（0~3）	2（0~3）
3	3（0~7）	1（0~1）
4	4（0~15）	0（无）

由表 4-8 可以看出，第 0 组的所有 4 位都用于指定响应优先级，无抢占优先级，16 个响应优先级（0～15），数值越小优先级越高。当中断同时发生的时候，优先级高的中断先响应，但不能互相打断。例如，在分组为 0 的情况下，优先级为 13 的中断服务程序正在运行时，优先级为 1 的中断来了，也只能等待。也就是说，在这种分组情况下，不允许中断嵌套。

第 1 组有 1 位抢占优先级和 3 位响应优先级。在这种情况下，抢占优先级高的中断先响应。抢占优先级相同的中断，优先级高的中断先响应。并且，抢占优先级高的中断来了，可以打断正在运行的抢占优先级低的中断的运行，执行抢占！但是有相同抢占优先级的任务，是不能互相打断的。

在其他分组方式中，也是如此。只是抢占优先级和响应优先级被分配的位数不同，用户可以选择一种对自己的项目最合适的分组。若设置为 2 位抢占优先级（第 2 组），那么抢占优先级就有 4 个（0～3），响应优先级也有 4 个（0～3）。

例如，当设置中断优先级分组为第 2 组时，如果设置串口中断抢占优先级为 2、响应优先级为 3，设置按键中断抢占优先级为 1、响应优先级为 3，在串口中断服务程序运行时，如果有按键按下，因为按键中断的抢占优先级比串口中断的抢占优先级高，就会发生中断嵌套。如果按键中断的抢占优先级也是 2，就不能打断正在运行的串口中断服务程序。

4.3.2 STM32 外部中断编程

STM32 外部中断编程主要涉及外部中断/事件管理库函数、嵌套向量中断控制器 NVIC 库函数以及中断服务函数等。下面主要按照 STM32 外部中断编程的步骤，介绍外部中断相关的函数。

1. GPIO_EXTILineConfig()函数

GPIO_EXTILineConfig()函数在 stm32f10x_gpio.h 中声明，在 stm32f10x_gpio.c 中实现，是用来配置 GPIO 引脚与中断线 EXTIx 的映射关系的函数，其函数原型如下：

```
void GPIO_EXTILineConfig(uint8_t GPIO_PortSource, uint8_t GPIO_PinSource);
```

例如：

```
GPIO_EXTILineConfig(GPIO_PortSourceGPIOE,GPIO_PinSource2);
```

该语句是将 EXTI2 中断线 2 与 PE2 映射起来，相当于把 PE2 引脚与 EXTI2 中断线 2 连接了。

2. EXTI_Init()函数

设置好中断线映射之后，还要通过 EXTI_Init()函数对中断线上的中断进行初始化。这个函数在 stm32f10x_exti.h 中声明，在 stm32f10x_exti.c 中实现，其函数原型如下：

```
void EXTI_Init(EXTI_InitTypeDef* EXTI_InitStruct);
```

其中，所有初始化的参数都是通过结构体指针 EXTI_InitStruct 来传递的，该指针指向 EXTI_InitTypeDef 类型的结构体。即 STM32 的外部中断初始化是通过结构体来初始化（设置初始值）的。EXTI_InitTypeDef 结构体的成员变量如下：

```
typedef struct
{
    uint32_t EXTI_Line;
    EXTIMode_TypeDef EXTI_Mode;
    EXTITrigger_TypeDef EXTI_Trigger;
    FunctionalState EXTI_LineCmd;
}EXTI_InitTypeDef;
```

第一个参数是中断线的标号，取值范围为 EXTI_Line0～EXTI_Line15。也就是说，这个参数是将中断映射到某个中断线 EXTIx 上的中断参数。

第二个参数是中断/事件模式选择，可选值为中断模式 EXTI_Mode_Interrupt 和事件模式 EXTI_Mode_Event。

第三个参数是触发方式，可选 EXTI_Trigger_Falling 下降沿触发、EXTI_Trigger_Rising 上升沿触发、EXTI_Trigger_Rising_Falling 双沿（上升沿和下降沿）触发。

最后一个参数是使能中断线。

例如：

```
EXTI_InitTypeDef   EXTI_InitStructure;
EXTI_InitStructure.EXTI_Line=EXTI_Line4;          //将中断映射到中断线 EXTI4 上
EXTI_InitStructure.EXTI_Mode = EXTI_Mode_Interrupt;    //设置为中断模式
EXTI_InitStructure.EXTI_Trigger = EXTI_Trigger_Falling;//设置为下降沿触发中断
EXTI_InitStructure.EXTI_LineCmd = ENABLE;              //中断使能，即开中断
//根据 EXTI_InitStruct 中指定的参数初始化外设 EXTI 寄存器
EXTI_Init(&EXTI_InitStructure);
```

上面这段代码主要是设置中断线 4（EXTI4）上的中断为下降沿触发。

3. NVIC_PriorityGroupConfig()函数

如何对中断优先级进行分组设置呢？可以通过调用 NVIC_PriorityGroupConfig()函数来选择使用哪种优先级分组方式。这个函数在 misc.h 中声明，在 misc.c 中实现，其函数原型如下：

```
void NVIC_PriorityGroupConfig(uint32_t NVIC_PriorityGroup);
```

这个函数的参数有 5 个，是在 misc.h 头文件中定义的，代码如下：

```
#define NVIC_PriorityGroup_0    ((uint32_t)0x700)   //第 0 组
#define NVIC_PriorityGroup_1    ((uint32_t)0x600)   //第 1 组
#define NVIC_PriorityGroup_2    ((uint32_t)0x500)   //第 2 组
#define NVIC_PriorityGroup_3    ((uint32_t)0x400)   //第 3 组
#define NVIC_PriorityGroup_4    ((uint32_t)0x300)   //第 4 组
```

例如，设置中断优先级分组为第 2 组，有 2 位抢占优先级、2 位响应优先级，代码如下：

```
NVIC_PriorityGroupConfig(NVIC_PriorityGroup_2);
```

4. NVIC_Init()函数

已经设置好了中断线和 GPIO 的映射关系，又设置好了中断的触发模式等初始化参数。既然是外部中断，当然还要通过 NVIC_Init()函数设置中断优先级。这个函数在 misc.h 中声明，在 misc.c 中实现，其函数原型如下：

```
void NVIC_Init(NVIC_InitTypeDef* NVIC_InitStruct);
```

其中，所有初始化的参数都是通过结构体指针 NVIC_InitStruct 来传递的，该指针指向

NVIC_InitTypeDef 类型的结构体。NVIC_InitTypeDef 结构体的成员变量如下：

```
typedef struct
{
    uint8_t NVIC_IRQChannel;
    uint8_t NVIC_IRQChannelPreemptionPriority;
    uint8_t NVIC_IRQChannelSubPriority;
    FunctionalState NVIC_IRQChannelCmd;
} NVIC_InitTypeDef;
```

例如：

```
NVIC_InitTypeDef  NVIC_InitStructure;
NVIC_InitStructure.NVIC_IRQChannel = EXTI2_IRQn;     //使能中断线 2 外部中断通道
NVIC_InitStructure.NVIC_IRQChannelPreemptionPriority = 0x02; //抢占优先级 2
NVIC_InitStructure.NVIC_IRQChannelSubPriority = 0x02;  //响应优先级 2
NVIC_InitStructure.NVIC_IRQChannelCmd = ENABLE;         //使能外部中断通道
NVIC_Init(&NVIC_InitStructure);                         //中断优先级分组初始化
```

5. 中断服务函数

配置完中断优先级之后，就要在 stm32f10x_it.c 中编写中断服务函数了。中断服务函数的名字怎么写？为什么要在 stm32f10x_it.c 中编写中断服务函数呢？

打开 startup_stm32f10x_hd.s 启动代码，在其中配置了中断向量表，有关外部中断的代码如下：

```
DCD     EXTI0_IRQHandler          ; EXTI Line 0
DCD     EXTI1_IRQHandler          ; EXTI Line 1
DCD     EXTI2_IRQHandler          ; EXTI Line 2
DCD     EXTI3_IRQHandler          ; EXTI Line 3
DCD     EXTI4_IRQHandler          ; EXTI Line 4
……
DCD     EXTI9_5_IRQHandler         ; EXTI Line 9..5
……
DCD     EXTI15_10_IRQHandler       ; EXTI Line 15..10
```

比如，外部中断 9~5 的中断向量就是 32 位的地址 EXTI9_5_IRQHandler。在 startup_stm32f10x_hd.s 中还有：

```
EXPORT  EXTI0_IRQHandler          [WEAK]
EXPORT  EXTI1_IRQHandler          [WEAK]
EXPORT  EXTI2_IRQHandler          [WEAK]
EXPORT  EXTI3_IRQHandler          [WEAK]
EXPORT  EXTI4_IRQHandler          [WEAK]
……
EXPORT  EXTI9_5_IRQHandler         [WEAK]
……
EXPORT  EXTI15_10_IRQHandler       [WEAK]
```

这里的 WEAK 是什么意思呢？比如，对于外部中断 9~5，定义 WEAK 的目的就是可以在 stm32f10x_it.c 中重写 EXTI9_5_IRQHandler 来覆盖它！

所以，我们要自己在 stm32f10x_it.c 中编写外部中断的中断服务函数。由于中断服务函数的名字是在 startup_stm32f10x_hd.s 中定义好的，STM32 的 GPIO 端口的外部中断函数只有以上 7 个。其中：

中断线 0～4 的每个中断线对应一个 EXTI0_IRQHandler～EXTI4_IRQHandler 中断服务函数；

中断线 5～9 共用一个 EXTI9_5_IRQHandler 中断服务函数；

中断线 10～15 共用一个 EXTI15_10_IRQHandler 中断服务函数。

常用的中断服务函数格式为：

```
void EXTI2_IRQHandler(void)
{
    if(EXTI_GetITStatus(EXTI_Line3)!=RESET)      //判断某个线上的中断是否发生
    {
        中断逻辑……
        EXTI_ClearITPendingBit(EXTI_Line3);      //清除 LINE 上的中断标志位
    }
}
```

6. ITStatus EXTI_GetITStatus()和 EXTI_ClearITPendingBit()函数

在编写中断服务函数的时候，还经常使用以下两个函数。

（1）ITStatus EXTI_GetITStatus()函数，判断某个中断线上的中断是否发生（标志位是否置位），该函数原型如下：

```
ITStatus EXTI_GetITStatus(uint32_t EXTI_Line);
```

这个函数一般使用在中断服务函数的开头用来判断中断是否发生。

（2）EXTI_ClearITPendingBit()函数，清除某个中断线上的中断标志位，该函数原型如下：

```
void EXTI_ClearITPendingBit(uint32_t EXTI_Line);
```

这个函数一般使用在中断服务函数结束之前，用于清除中断标志位。

另外，还有 EXTI_GetFlagStatus()和 EXTI_ClearFlag()两个函数，分别用来判断外部中断状态以及清除外部状态标志位，作用和前面两个函数类似。只是在 EXTI_GetITStatus()函数中会先判断这种中断是否使能，使能了才去判断中断标志位，而 EXTI_GetFlagStatus()函数直接判断状态标志位。

7. STM32 外部中断编程步骤

通过前面的介绍，已经对 STM32 的 GPIO 端口外部中断有了初步了解，若想正常使用外部中断，还需要掌握以下使用 GPIO 端口外部中断的步骤。

（1）初始化 I/O 口为输入。

（2）开启 I/O 口复用时钟，设置 I/O 口与中断线的映射关系。

（3）初始化线上中断，设置触发条件等。

（4）配置中断分组（NVIC），并使能中断。

（5）编写中断服务函数。

4.3.3　中断方式的按键控制程序设计

LED 和按键的初始化程序使用任务 8 的程序就可以了。本节主要围绕任务 9 涉及的外部中断如何实现来进行程序设计。

1. 编写外部中断配置文件

根据任务要求，当有按键按下时，就会产生中断。任务中有K1、K2、K3和K4按键，分别接在PB12、PB13、PB14和PB15引脚上。也就是说，有4个外部中断源，K1～K4分别对应的中断线是EXTI12～EXTI15。4个按键的中断配置步骤如下。

（1）使用GPIO_EXTILineConfig()函数设置PB12～PB15分别为EXTI12～EXTI15中断源。

（2）通过EXTI_InitTypeDef结构体，使用EXTI_Init(&EXTI_InitStructure)函数将4个中断映射到中断线EXTI_Line12～EXTI_Line15上，并将它们配置为中断模式和下降沿触发中断，最后使能中断（即开中断）。

（3）通过NVIC_InitTypeDef结构体，使用NVIC_Init(&NVIC_InitStructure)函数设置按键所在的外部中断通道（即外部中断向量）、优先级以及使能外部中断通道。

外部中断配置文件exit.c的代码如下：

```
#include "stm32f10x.h"
#include "stm32f10x_exti.h"
void exit_config(void)
{
    EXTI_InitTypeDef EXTI_InitStructure;
    NVIC_InitTypeDef  NVIC_InitStructure;
    RCC_APB2PeriphClockCmd(RCC_APB2Periph_AFIO, ENABLE);
    //以下4个语句设置PB12~PB15分别为EXTI12~EXTI15中断源
    GPIO_EXTILineConfig(GPIO_PortSourceGPIOB,GPIO_PinSource12);
    GPIO_EXTILineConfig(GPIO_PortSourceGPIOB,GPIO_PinSource13);
    GPIO_EXTILineConfig(GPIO_PortSourceGPIOB,GPIO_PinSource14);
    GPIO_EXTILineConfig(GPIO_PortSourceGPIOB,GPIO_PinSource15);
    //将中断映射到中断线EXTI_Line12~EXTI_Line15上
    EXTI_InitStructure.EXTI_Line=EXTI_Line12|EXTI_Line13\
    |EXTI_Line14|EXTI_Line15;
    EXTI_InitStructure.EXTI_Mode = EXTI_Mode_Interrupt;       //设置中断模式
    EXTI_InitStructure.EXTI_Trigger = EXTI_Trigger_Falling; //下降沿触发中断
    EXTI_InitStructure.EXTI_LineCmd = ENABLE;              //中断使能（开中断）
    EXTI_Init(&EXTI_InitStructure);                        //外部中断初始化
    //设置中断优先级分组为第0组，有0位抢占优先级、4位响应优先级
    NVIC_PriorityGroupConfig(NVIC_PriorityGroup_0);
    //设置按键所在的外部中断通道，即外部中断向量
    NVIC_InitStructure.NVIC_IRQChannel = EXTI15_10_IRQn;
    //设置抢占优先级为0位。响应优先级4位，优先级15为最低优先级
    NVIC_InitStructure.NVIC_IRQChannelPreemptionPriority = 0x0;
    NVIC_InitStructure.NVIC_IRQChannelSubPriority = 0x0f;
    NVIC_InitStructure.NVIC_IRQChannelCmd = ENABLE;      //使能外部中断通道
    NVIC_Init(&NVIC_InitStructure);                      //中断优先级初始化
}
```

在这里，需要说明的是，中断线EXTI9～EXTI5共用EXTI9_5_IRQn，EXTI15～EXTI10共用

EXTI15_10_IRQn。

外部中断配置头文件 exit.h 的代码如下：

```
#ifndef __EXIT_H
#define __EXIT_H
void exit_config(void);
#endif
```

通过以上 GPIO 端口的外部中断配置，就能正常对 STM32 的 GPIO 端口外部中断进行配置了。

2. 编写中断服务程序

中断线 EXTI15～EXTI10 共用一个外部中断通道 EXTI15_10_IRQn，同时也共用一个中断服务函数 EXTI15_10_IRQHandler()，其函数名是定义好的。直接在 stm32f10x_it.c 中添加中断服务函数 EXTI15_10_IRQHandler()，代码如下：

```
#include "stm32f10x_it.h"
#include "key.h"
#include "Delay.h"
#include "stm32f10x_exti.h"
void EXTI15_10_IRQHandler(void)
{
    static u8 k1=0,k2=0,k3=0,k4=0; //为 0，LED 是熄灭状态；为 1，LED 是点亮状态
    Delay(20);                     //延时去抖
    if(KEY1==0)                    //读取 K1 按键状态，判断 K1 按键是否按下
    {
        if(k1==0)
            GPIO_SetBits(GPIOD,GPIO_Pin_8);
        else
            GPIO_ResetBits(GPIOD,GPIO_Pin_8);
        k1=!k1;
    }
    else if(KEY2==0)               //读取 K2 按键状态，判断 K2 按键是否按下
    {
        if(k2==0)
            GPIO_SetBits(GPIOD,GPIO_Pin_9);
        else
            GPIO_ResetBits(GPIOD,GPIO_Pin_9);
        k2=!k2;
    }
    else if(KEY3==0)               //读取 K3 按键状态，判断 K3 按键是否按下
    {
        if(k3==0)
            GPIO_SetBits(GPIOD,GPIO_Pin_10);
        else
            GPIO_ResetBits(GPIOD,GPIO_Pin_10);
```

```
            k3=!k3;
        }
        else if(KEY4==0)                    //读取 K4 按键状态，判断 K4 按键是否按下
        {
            if(k4==0)
                GPIO_SetBits(GPIOD,GPIO_Pin_11);
            else
                GPIO_ResetBits(GPIOD,GPIO_Pin_11);
            k4=!k4;
        }
        while(KEY1!=1||KEY2!=1||KEY3!=1||KEY4!=1);      //等待按键释放
        EXTI_ClearITPendingBit(EXTI_Line12);    //清除 Line12 中断线上的中断标志位
        EXTI_ClearITPendingBit(EXTI_Line13);
        EXTI_ClearITPendingBit(EXTI_Line14);
        EXTI_ClearITPendingBit(EXTI_Line15);
    }
```

在编写 EXTI15_10_IRQHandler()中断服务函数时，可以结合任务 8 的按键扫描程序，把按键对应实现的功能加进来。只要任何一个按键按下，就会引起一个中断，去执行中断服务函数。最后，在中断服务函数结束之前，一定要使用 EXTI_ClearITPendingBit()函数将中断标志位清除。

另外，还要在 stm32f10x_it.h 头文件中添加如下一行代码：

```
void  EXTI15_10_IRQHandler(void);
```

3. 编写主文件

由于按键实现的功能都在中断服务程序里面，在主文件里只需要把相关头文件包含进来，对 LED、按键所接的 GPIO 端口进行初始化，以及对 GPIO 端口的外部中断进行配置。主文件 zdkz.c 的代码如下：

```
#include "stm32f10x.h"
#include "Delay.h"
#include "led.h"
#include "key.h"
#include "exit.h"
void main(void)
{
    //设置 NVIC 中断分组 2:2 位抢占优先级，2 位响应优先级
    NVIC_PriorityGroupConfig(NVIC_PriorityGroup_2);
    LED_Init();                 //LED 端口初始化
    KEY_Init();                 //初始化与按键连接的硬件接口
    exit_config();              //设置中断
    while(1);
}
```

其中，“while(1);”是一个死循环，等待按键按下引起中断，然后去执行中断服务程序，实现任务要求的功能。另外，也可以在循环体里添加一些其他功能模块，使得在按键未按下时可以

完成其他功能，提高工作效率。

4.3.4　中断方式的按键控制工程搭建、编译与调试

1．搭建中断方式的按键控制工程

（1）建立一个“任务 9　中断方式的按键控制”将工程目录，然后把任务 8 的“按键控制”工程直接复制到该目录下。

（2）在“任务 9　中断方式的按键控制”工程目录下，将工程目录名修改为“中断方式的按键控制”。

（3）在 USER 子目录下，把工程名修改为 zdkz.uvproj。

（4）在工程目录的 HARDWARE 子目录下，新建一个 EXIT 子目录，专门存放外部中断配置文件 exit.c 及其头文件 exit.h。

2．添加文件和工程配置

（1）把主文件 zdkz.c 添加到工程里面，并按照前面编写的代码添加和修改相关文件（包括对应的头文件）。

（2）添加外部中断的文件和头文件路径。

（3）在 Project Targets 栏下，把工程名修改为 zdkz，完成 zdkz 工程文件的添加、修改和配置。

3．工程编译与调试

单击 Rebuild 按钮对工程进行编译，生成 zdkz.hex 目标代码文件。若编译发生错误，要进行分析检查，直到编译正确。

然后设置 Keil μVision4，设置完成后单击 按钮，即可完成下载。

最后启动核心板，观察采用中断方式的按键是否能按照任务要求控制 LED，若运行结果与任务要求不一致，要对程序进行分析检查，直到运行正确。

【技能训练 4-3】中断方式的声光报警器

在 STM32F103VCT6 芯片 GPIO 引脚上分别接 2 个按键、1 个扬声器和 1 个 LED，通过 2 个按键控制声光报警器工作。其中，K1 控制声光报警器开启，K2 控制声光报警器停止工作，K1 和 K2 均采用中断方式。

1．声光报警器实现分析

声光报警器是在按键控制下工作的。当 K1 按下时，就会在 PD12 引脚上输出两种频率的脉冲方波，驱动扬声器进行声音报警。同时，还通过 PD8 引脚输出两种频率的脉冲方波，控制该引脚所接的 LED 闪烁报警；当 K2 按下时，声光报警器停止工作。

采用的两种频率分别是 1kHz 和 500Hz 的音频信号。实现的效果是 1kHz 信号响 100ms，500Hz 信号响 200ms，交替进行、声光报警器功能的实现过程如下。

（1）在 PD8 和 PD12 引脚输出低电平。

（2）延时。

（3）在 PD8 和 PD12 引脚输出高电平。

（4）延时。

（5）重复第一步（循环），就可以实现一种频率的声光报警器功能。

2. 通过工程移植，建立声光报警器工程

（1）建立一个“技能训练 4-3 中断方式的声光报警器”工程目录，然后把“任务 9 中断方式的按键控制”的工程直接复制到该目录下。

（2）在“技能训练 4-3 中断方式的声光报警器”工程目录下，把“任务 9 中断方式的按键控制”的工程名修改为“声光报警器”。

（3）在 USER 子目录下，把工程名修改为 sgbjq.uvproj。

（4）在 HARDWARE 子目录下，新建一个 speaker 子目录，这个子目录是专门用来存放扬声器设备相关文件的。

3. 编写扬声器设备文件

编写扬声器设备文件 speaker.c 和 speaker.h 代码，并保存在 speaker 子目录下面，代码如下：

（1）speaker.h 代码

```
#ifndef __SPEAKER_H
#define __SPEAKER_H
void SPEAKER_Init(void);  //初始化 LED
#endif
```

（2）speaker.c 代码

```
#include "stm32f10x.h"
#include "speaker.h"
void SPEAKER_Init(void)
{
    GPIO_InitTypeDef  GPIO_InitStructure;
    //使能 GPIOD 时钟
    RCC_APB2PeriphClockCmd(RCC_APB2Periph_GPIOD, ENABLE);
    //配置 PD12
    GPIO_InitStructure.GPIO_Pin = GPIO_Pin_12;
    GPIO_InitStructure.GPIO_Mode = GPIO_Mode_Out_PP;  //配置为推挽输出
    GPIO_InitStructure.GPIO_Speed = GPIO_Speed_50MHz;
    GPIO_Init(GPIOD, &GPIO_InitStructure);      //初始化 GPIOD 的 PD12
    GPIO_SetBits(GPIOD,GPIO_Pin_12);
}
```

4. 修改 EXTI15_10_IRQHandler()函数

在声光报警器中，使用了 K1 和 K2 这两个按键，分别接在 PB12 和 PB13 引脚上，有 2 个外部中断源，分别对应的中断线是 EXTI12 和 EXTI13。代码如下：

```
void EXTI15_10_IRQHandler(void)
{
    u8 count;
    Delay(20);
    if(KEY1==0)                //读取 K1 按键状态，判断 K1 按键是否按下
    {
        for(count=20;count>0;count--)
        {
```

```
            //输出 1kHz 的音频信号
            GPIO_ResetBits(GPIOD,GPIO_Pin_8|GPIO_Pin_12);
            Delay(100);
            GPIO_SetBits(GPIOD,GPIO_Pin_8|GPIO_Pin_12);
            Delay(100);
        }
        for(count=20;count>0;count--)
        {
            //输出 500Hz 的音频信号
            GPIO_ResetBits(GPIOD,GPIO_Pin_8|GPIO_Pin_12);
            Delay(200);
            GPIO_SetBits(GPIOD,GPIO_Pin_8|GPIO_Pin_12);
            Delay(200);
        }
    }
    else if(KEY2==0)          //读取 K2 按键状态，判断 K2 按键是否按下
    {
        GPIO_SetBits(GPIOD,GPIO_Pin_8);
        GPIO_ResetBits(GPIOD,GPIO_Pin_12);
    }
    while(KEY1!=1||KEY2!=1);
    EXTI_ClearITPendingBit(EXTI_Line12);
    EXTI_ClearITPendingBit(EXTI_Line13);
}
```

5. 编写主文件 sgbjq.c 代码

在 USER 文件夹下面，新建并保存 sgbjq.c 文件，在该文件中输入如下代码：

```
#include "stm32f10x.h"
#include "Delay.h"
#include "led.h"
#include "key.h"
#include "exit.h"
#include "speaker.h"
void main(void)
{
    //设置 NVIC 中断分组 2:2 位抢占优先级，2 位响应优先级
    NVIC_PriorityGroupConfig(NVIC_PriorityGroup_2);
    LED_Init();                //LED 端口初始化
    KEY_Init();                //初始化与按键连接的硬件接口
    exit_config();             //设置中断
    while(1);
}
```

6. 工程编译与调试

参考任务 6 和技能训练 3-1 的方法，把 sgbjq.c 主文件添加到工程里面，添加扬声器的文

件和头文件路径，把 Project Targets 栏下的工程名修改为 sgbjq，完成 sgbjq 工程的搭建和配置。

然后单击 Rebuild按钮对工程进行编译，生成 sgbjq.hex 目标代码文件。若编译发生错误，要进行分析检查，直到编译正确。

最后参考任务 7，设置 Keil μVision4。设置完成后单击按钮，即可完成下载。然后启动核心板，观察按键是否能控制声光报警器，若运行结果与任务要求不一致，要对程序进行分析检查，直到运行正确。

1. 按键实际上就是一个开关元件。机械触点式按键的主要功能是把机械上的通断转换为电气上的逻辑关系（1 和 0）。

2. 机械式按键在按下或释放时，通常伴随有一定时间的触点机械抖动，然后其触点才稳定下来。为了避免 CPU 多次处理按键的一次闭合，应采取措施消除抖动。消除抖动常用的有硬件去抖和软件去抖两种方法。在键数较少时，可采用硬件去抖；在键数较多时，采用软件去抖。

软件去抖的方法：在检测到有按键按下时，执行一个 10ms 左右（具体时间应根据所使用的按键进行调整）的延时程序后，再确认该键是否仍保持闭合状态的电平，若仍保持闭合状态的电平，则确认该键处于闭合状态。

3. STM32 有大量寄存器，在 STM32 固件函数库的 stm32f10x.h 头文件中，使用了很多与寄存器对应的结构体来描述 GPIO 寄存器的数据结构，把 GPIO 涉及的寄存器都定义成 GPIO_TypeDef 结构体成员变量。

4. STM32 有很多的内置外设，这些内置外设的引脚都是与 GPIO 引脚复用的。简单地说，GPIO 的引脚可以重新定义为其他功能，这就叫作端口复用。

如 STM32 串口 1 的引脚对应的 GPIO 引脚为 PA9 和 PA10，这两个引脚默认的功能是 GPIO。当 PA9 和 PA10 引脚作为串口 1 的 TX 和 RX 引脚使用时，就是端口复用了。

在使用默认的复用功能前，必须对复用的端口进行初始化。初始化步骤主要有：GPIO 端口时钟使能，复用的外设时钟使能，端口模式配置。

5. 端口复用重映射：一个外设的引脚除了具有默认的端口外，还可以通过设置重映射寄存器的方式，把这个外设的引脚映射到其他端口。端口复用重映射通过设置复用重映射和调试 I/O 配置寄存器 AFIO_MAPR 来实现引脚的重新映射。

实现 TIM3 的完全重映射的具体步骤：使能 GPIOC 时钟，使能 TIM3 时钟，使能 AFIO 时钟，开启重映射，配置重映射的引脚。

6. 在 Cortex-M3 内核中集成了中断控制器和中断优先级控制寄存器。Cortex-M3 内核支持 256 个中断，其中包含 16 个内核中断（也称为系统异常）和 240 个外部中断，并具有 256 级可编程的中断优先级设置。其中，除个别异常的优先级被固定外，其他优先级都是可编程的。

7. STM32 有 84 个中断，包括 16 个 Cortex-M3 内核中断线和 68 个可屏蔽中断通道，具有 16 级可编程中断优先级的设置（仅使用中断优先级设置 8 位中的高 4 位）。在 STM32F103 系列中有 60 个可屏蔽中断通道，在 STM32F107 系列中有 68 个。

8. STM32 的每一个 GPIO 引脚都可以作为外部中断的中断输入口，也就是都能配置成一个外部中断触发源，这也是 STM32 的强大之处。STM32F103 的中断控制器支持 19 个外部中断（对于互联型产品是 20 个）事件请求。每个中断设有状态位，每个中断/事件都有独立的触发和屏蔽设置。

9. STM32 内核有两个中断优先级，分别是抢占优先级和响应优先级（也称为子优先级），每个中断源都需要指定这两种中断优先级。具有高抢占优先级的中断，可以在具有低抢占优先级的中断处理过程中被响应，即中断嵌套。

10. STM32 外部中断编程主要涉及外部中断/事件管理库函数、嵌套向量中断控制器 NVIC 库函数以及中断服务函数等。

4-1　谨慎思考，简述软件去抖的方法。

4-2　在 STM32 中，为什么要使用与寄存器地址对应的结构体?

4-3　简述端口复用和端口复用重映射。

4-4　复用端口初始化有哪几个步骤? 以串口 1 为例，编写复用端口初始化代码。

4-5　简述如何实现 TIM1 的完全重映射。

4-6　Cortex-M3 内核支持多少个中断，其中包含多少个内核中断（也称为系统异常）和多少个外部中断，并具有多少级可编程的中断优先级设置?

4-7　STM32 有多少个中断，包括多少个 Cortex-M3 内核中断线和多少个可屏蔽中断通道，具有多少级可编程中断优先级的设置?

4-8　请完成按键控制跑马灯的电路和程序设计、运行与调试。

Chapter 5

项目五 定时器应用设计与实现

能力目标

能利用 STM32 定时器寄存器和库函数，通过 STM32 定时器，实现定时器定时和 PWM 输出控制电机的设计、运行与调试。

知识目标

1. 知道 STM32 定时器的分类和使用方法；
2. 知道 STM32 定时器编程相关的寄存器和库函数；
3. 会使用 STM32 的系统滴答定时器和 TIM 定时器，完成定时器定时时间的程序设计；
4. 会利用 STM32 定时器，实现 PWM 输出控制电机。

素养目标

围绕双碳环保、智慧交通等相关政策，将人文素养融入科学知识中，帮读者树立节能及绿色发展的理念。

5.1 任务 10 基于 SysTick 定时器的 1 秒延时设计与实现

利用系统滴答定时器（SysTick）控制 STM32F103VCT6 上的 4 个 LED 循环点亮，点亮时间都是 1 秒。

5.1.1 SysTick 定时器

在 STM32 中有很多定时器，可以分成两大类，一类是内核中的 SysTick（系统滴答）定时器；另一类是 STM32 的常规定时器，包括高级控制定时器（TIM1 和 TIM8）、通用定时器（TIMx：TIM2–TIM5）和基本定时器（TIM6 和 TIM7）3 种。

1. 认识 SysTick 定时器

SysTick 定时器又称系统滴答定时器，是一个 24 位的系统节拍定时器，具有自动重载和溢出中断功能，所有基于 Cortex_M3 的芯片都可以由这个定时器获得一定的时间间隔。SysTick 定时器位于 Cortex-M3 内核的内部，是一个倒计数定时器，当计数到 0 时，将从 RELOAD 寄存器中自动重载定时初值。只要不把它在 SysTick 控制及状态寄存器中的使能位清除，就会永远工作。

（1）单任务应用程序是以串行架构来处理任务的。当某个任务出现问题时，就会牵连到后续任务的执行，进而导致整个系统的崩溃。要解决这个问题，可以使用实时操作系统（RTOS）。

由于实时操作系统是以并行的架构处理任务，单一任务的崩溃并不会牵连到整个系统。用户出于可靠性的考虑，可能会基于实时操作系统来设计自己的应用程序。SysTick 定时器存在的意义，就是提供必要的时钟节拍，为实时操作系统的任务调度提供一个有节奏的“心跳”。

STM32 自身有 8 个定时器，为什么还要再提供一个 SysTick 定时器呢？由于所有基于 Cortex_M3 内核的控制器都带有 SysTick 定时器，所以使用 SysTick 定时器编写的代码在移植到同样使用 Cortex-M3 内核的不同器件时，代码不需要进行修改。在本任务中，我们就是利用 STM32 的内部 SysTick 来实现延时的，这样既不占用中断，也不占用系统定时器。

SysTick 定时器除了能服务于操作系统之外，还能用于其他目的。如作为一个闹铃，用于测量时间等。

（2）SysTick 定时器时钟选择

用户可以通过 SysTick 控制及状态寄存器来选择 SysTick 定时器的时钟源。如将 SysTick 控制及状态寄存器中的 CLKSOURCE 位置 1，SysTick 定时器就会在内核时钟（PCLK）频率下运行；而将 CLKSOURCE 位清零，SysTick 定时器就会以外部时钟源（STCLK）频率运行。

2. SysTick 定时器相关寄存器

SysTick 定时器在 Cortex-M3 内核的 NVIC 中，定时结束时会产生 SysTick 中断（中断号是 15）。SysTick 定时器有 4 个可编程寄存器，包括 SysTick 控制及状态寄存器、SysTick 重装载寄存器、SysTick 当前数值寄存器和 SysTick 校准数值寄存器。这里主要介绍前 3 个可编程寄存器。

（1）SysTick 控制及状态寄存器

SysTick 控制及状态寄存器（SysTick->CTRL）的地址是 0xE000E010，该寄存器各位定义如表 5-1 所示。

表 5-1　SysTick 控制及状态寄存器各位定义

位段	名称	类型	复位值	描　述
16	COUNTFLAG	R	0	如果在上次读取本寄存器后，SysTick 已经计数到了 0，则该位为 1。如果读取该位，该位将自动清零
2	CLKSOURCE	R/W	0	0=外部时钟源（STCLK） 1=内核时钟（PCLK）
1	TICKINT	R/W	0	1=SysTick 倒数为 0 时产生 SysTick 中断请求 0=数到 0 时无动作
0	ENABLE	R/W	0	SysTick 定时器的使能位

位 16 是 SysTick 控制及状态寄存器的计数溢出标志 COUNTFLAG 位。SysTick 是向下计数的，若计数完成，COUNTFLAG 的值变为 1。当读取 COUNTFLAG 的值为 1 之后，就处理 SysTick 计数完成事件，因此读取后该位会自动变为 0，这样在编程时就不需要通过代码来清零了。

位 2 是 SysTick 时钟源选择位。该位为 0 时，选择外部时钟 STCLK；该位为 1 时，选择内核时钟 PCLK。从 STM32 时钟系统图可以看出，PCLK 就是 HCLK，频率通常是 72MHz，而 STCLK 是 HCLK 的 1/8，STCLK 的频率是 9MHz。

位 1 是 SysTick 中断使能位。该位为 0 时，关闭 Systick 中断；该位为 1 时，开启 Systick 中断，当计数到 0 时就会产生中断。

位 0 是 SysTick 使能位。该位为 0 时，关闭 Systick 功能；该位为 1 时，开启 Systick 功能。

（2）SysTick 重装载寄存器

SysTick 重装载寄存器（SysTick-> LOAD）的地址是 0xE000E014，该寄存器各位定义如表 5-2 所示。

表 5-2　SysTick 重装载寄存器各位定义

位段	名称	类型	复位值	描　述
23:0	RELOAD	R/W	0	当倒数至 0 时，将被重装载的值

SysTick 重装载寄存器只使用了低 24 位，其取值范围是 0～2^{24}−1（0～16777215）。当系统时钟为 72MHz 时，SysTick 定时器每计数一次，就是 1/9μs，其最大定时时间大约是 1.864s（16777215/9μs）。那么 SysTick 定时器是从什么值开始计数的呢？例如，现在需要定时 50μs，SysTick 定时器每计数一次是 1/9μs，这时我们只要从 450 开始倒计数，计数到 0 时，50μs 定时时间就到了。

（3）SysTick 当前数值寄存器

SysTick 当前数值寄存器（SysTick-> VAL）的地址是 0xE000E018，通过读取该寄存器的值可以获得当前计数值。该寄存器各位定义如表 5-3 所示。

表 5-3　SysTick 当前数值寄存器各位定义

位段	名称	类型	复位值	描　述
23:0	CURRENT	R/W	0	读取时返回当前倒计数的值，写入时则使之清零，同时还会清除 SysTick 控制及状态寄存器中的 COUNTFLAG 标志

另外还有一个 SysTick 校准数值寄存器，不经常使用，在这里就不做介绍了。

3. SysTick 定时器操作

在 core_cm3.h 文件中，定义了 SysTick 定时器的 4 个寄存器的 SysTick_Type 结构体，代码如下：

```
typedef struct
{
    __IO uint32_t CTRL;          //SysTick 控制及状态寄存器地址偏移量：0x00
    __IO uint32_t LOAD;          //SysTick 重装载寄存器地址偏移量：0x04
    __IO uint32_t VAL;           //SysTick 当前数值寄存器地址偏移量：0x08
    __I  uint32_t CALIB;         //SysTick 校准寄存器地址偏移量：0x0C
} SysTick_Type;
```

在这里，需要注意的是 SysTick_Type 的使用，与 GPIO 的寄存器结构体的使用方法不一样。例如：

```
SysTick_Type  SysTick_TypeStructure;
```

这样使用就会报错，即使不报错，也不会使能 SysTick 定时器。由于在 core_cm3.h 文件中已经宏定义了 SysTick，代码如下：

```
#define  SCS_BASE     (0xE000E000)
#define  SysTick_BASE   (SCS_BASE + 0x0010)
#define  SysTick    ((SysTick_Type *) SysTick_BASE)
```

也就是说，SysTick 是 SysTick_Type 结构体的地址指针，指针的起始地址是 0xE000E010，SysTick 定时器的 4 个寄存器地址是 0xE000E010+偏移量。在操作 SysTick 定时器的寄存器时，可以采用如下方法：

```
SysTick-> VAL =0x0000;            //清空计数器的值
SysTick-> LOAD =9000*20;          //重装载寄存器赋初值（定时 20ms），倒计脉冲数
SysTick-> CTRL=0x00000001;        //使能 SysTick 定时器
```

其中，“->”是 C 语言的一个运算符，叫作指向结构体成员运算符，用处是使用一个指向结构体或对象的指针访问其成员。这里的系统时钟是 72MHz，72MHz 的 1/8 是 9 MHz，一个脉冲是 1/9μs，9000*1/9us 即为 1ms。

5.1.2 库函数中的 SysTick 相关函数

在 3.5 版的库函数中，与 SysTick 定时器相关的只有 SysTick_Config(uint32_t ticks)和 void SysTick_CLKSourceConfig(uint32_t SysTick_CLKSource)这两个函数。

1. SysTick 定时器的寄存器及位的定义

在这里，主要介绍 SysTick 定时器的 3 个寄存器，以及与 SysTick 寄存器相关的寄存器及位的定义，代码如下：

（1）控制及状态寄存器相关位的宏定义

● 溢出标志位的宏定义

```
#define  SysTick_CTRL_COUNTFLAG_Pos  16
#define  SysTick_CTRL_COUNTFLAG_Msk  (1ul << SysTick_CTRL_COUNTFLAG_Pos)
```

其中，“1ul”就是声明一个无符号长整型常量 1，若没有 ul 后缀，则系统默认为 int 类型。溢出标志位的宏定义语句就是把 1 左移 16 位，使得 SysTick_CTRL_COUNTFLAG_Msk 的位 16 为 1，其他位为 0。其值主要用于对控制及状态寄存器的低 16 位进行测试，判断溢出标志位（位 16）是否为 1。

● 时钟源选择位的宏定义，0=外部时钟；1=内核时钟

```
#define  SysTick_CTRL_CLKSOURCE_Pos  2
#define  SysTick_CTRL_CLKSOURCE_Msk  (1ul << SysTick_CTRL_CLKSOURCE_Pos)
```

把 1 左移 2 位，使得 SysTick_CTRL_CLKSOURCE_Msk 的位 2 为 1，其他位都为 0，其值是用来选择内核时钟的。

● 中断（异常）请求位的宏定义

```
#define  SysTick_CTRL_TICKINT_Pos   1
#define  SysTick_CTRL_TICKINT_Msk   (1ul << SysTick_CTRL_TICKINT_Pos)
```

把 1 左移 1 位，使得 SysTick_CTRL_TICKINT_Msk 的位 1 为 1，其他位都为 0，其值用来打开 systick 的中断。

● SysTick 定时器使能位的宏定义

```
#define  SysTick_CTRL_ENABLE_Pos   0
```

```
#define  SysTick_CTRL_ENABLE_Msk   (1ul << SysTick_CTRL_ENABLE_Pos)
```

把1左移0位，使得SysTick_CTRL_TICKINT_Msk的位0为1，其他位都为0，其值用来使能systick定时器。

（2）重装载寄存器的宏定义

```
#define  SysTick_LOAD_RELOAD_Pos   0
#define  SysTick_LOAD_RELOAD_Msk   (0xFFFFFFul << SysTick_LOAD_RELOAD_Pos)
```

宏定义SysTick_LOAD_RELOAD_Msk为0xFFFFFF，是重装载值的最大值，也就是说重装载值不能大于SysTick_LOAD_RELOAD_Msk。

（3）当前数值寄存器的宏定义

```
#define  SysTick_VAL_CURRENT_Pos   0
#define  SysTick_VAL_CURRENT_Msk   (0xFFFFFFul << SysTick_VAL_CURRENT_Pos)
```

宏定义SysTick_VAL_CURRENT_Msk为0xFFFFFF。

2. SysTick_Config()函数

SysTick_Config(uint32_t ticks)函数位于core_cm3.h头文件中，该函数的主要作用是：

- 初始化SysTick；
- 打开SysTick；
- 打开SysTick的中断并设置优先级；
- 返回0代表成功，返回1代表失败。

其中，uint32_t ticks是重装值，这个函数默认使用的时钟源是AHB（不分频）。若要分频，就需要调用void SysTick_CLKSourceConfig()函数。在函数调用时，需要注意区分函数调用的次序，首先调用 SysTick_Config()函数，然后调用 SysTick_CLKSourceConfig()函数。SysTick_Config()函数代码如下：

```
static __INLINE uint32_t SysTick_Config(uint32_t ticks)
{
    //这是一个24位的递减计数器，重装载值必须小于等于0xFF_FFFF
    if (ticks > SysTick_LOAD_RELOAD_Msk)  return (1);
    SysTick->LOAD = (ticks & SysTick_LOAD_RELOAD_Msk)- 1;    //设置重装载值
    NVIC_SetPriority(SysTick_IRQn,(1<<__NVIC_PRIO_BITS)-1); //设置优先级15
    SysTick->VAL = 0;                                        //当前值寄存器清零
    SysTick->CTRL = SysTick_CTRL_CLKSOURCE_Msk |             //选择内核时钟72MHz
                    SysTick_CTRL_TICKINT_Msk |               //打开systick的中断
                    SysTick_CTRL_ENABLE_Msk;                 //使能SysTick定时器
    return (0);
}
```

代码说明如下：

（1）参数ticks是SysTick定时器的重装载值。

（2）“if (ticks > SysTick_LOAD_RELOAD_Msk)　return (1);”语句主要是判断重装载值是否有效，若重装载值大于0xFF_FFFF（重装载值的最大值），返回1表示函数失败。

（3）NVIC_SetPriority (SysTick_IRQn, (1<<__NVIC_PRIO_BITS) − 1)函数是设置中断优先级的。参数“SysTick_IRQn”是SysTick定时器的中断通道，中断服务函数是SysTick_Handler()。参数“(1<<__NVIC_PRIO_BITS) − 1”的值对应优先级15，其中“__NVIC_PRIO_BITS”是在

stm32f10x.h 头文件中宏定义的，其值为 4。

（4）“return (0);” 语句返回 0，表示函数成功。

3. SysTick_CLKSourceConfig()函数

SysTick_CLKSourceConfig(uint32_t SysTick_CLKSource)函数在 misc.c 文件中，该函数的主要作用是选择 SysTick 定时器时钟。SysTick_CLKSourceConfig()函数代码如下：

```
void SysTick_CLKSourceConfig(uint32_t SysTick_CLKSource)
{
    assert_param(IS_SYSTICK_CLK_SOURCE(SysTick_CLKSource));
    if (SysTick_CLKSource == SysTick_CLKSource_HCLK)
    {
        SysTick->CTRL |= SysTick_CLKSource_HCLK;
    }
    else
    {
        SysTick->CTRL &= SysTick_CLKSource_HCLK_Div8;
    }
}
```

代码说明如下：

（1）在 misc.h 头文件中定义了如下宏：

```
#define SysTick_CLKSource_HCLK_Div8  ((uint32_t)0xFFFFFFFB)
#define SysTick_CLKSource_HCLK       ((uint32_t)0x00000004)
#define IS_SYSTICK_CLK_SOURCE(SOURCE) (((SOURCE) == SysTick_CLKSource_HCLK)
        ||((SOURCE) == SysTick_CLKSource_HCLK_Div8))
```

第一条宏定义是将控制状态寄存器的第二位置 0，即使用外部时钟源；第二条宏定义是将控制状态寄存器的第二位置 1，即使用内核时钟；第三条宏定义是判断 SysTick 定时器的时钟选择的是内核时钟还是外部时钟源。

（2）“assert_param(IS_SYSTICK_CLK_SOURCE(SysTick_CLKSource));” 语句是检查函数的参数是内核时钟还是外部时钟源。

（3）if 语句根据参数来设置时钟源。

5.1.3 SysTick 的关键函数编写

本小节的任务主要是利用前面介绍的关于 SysTick 定时器的知识，编写延时初始化函数、微秒级延时函数、毫秒级延时函数和 SysTick 中断服务函数。其中，SysTick 的延时函数是在未使用 μcos 的情况下编写的。

1. 延时初始化函数

延时初始化函数主要完成时钟源的选择，这是选择 SysTick 的时钟源为外部时钟。同时还要对微秒级和毫秒级两个重要参数进行初始化。延时初始化函数代码如下：

```
static u8  fac_us=0;            //延时微秒的频率
static u16 fac_ms=0;            //延时毫秒的频率
void delay_init()
{
```

```
    SysTick_CLKSourceConfig(SysTick_CLKSource_HCLK_Div8);
    fac_us=SystemCoreClock/8000000;
    fac_ms=(u16)fac_us*1000;
}
```

代码说明如下：

（1）fac_us 和 fac_ms 是静态变量，分别存放微秒级和毫秒级的延时参数，也是两个重要的延时基数。其中：

fac_us=SystemCoreClock/8000000=9，表示每微秒（μs）需要 9 个 SysTick 时钟周期；

fac_ms=(u16)fac_us*1000=9000，由于 1ms=1000μs，每毫秒（ms）就需要 9000 个 SysTick 时钟周期。

（2）“SysTick_CLKSourceConfig(SysTick_CLKSource_HCLK_Div8);”语句是选择外部时钟作为 SysTick 的时钟源。

2. 微秒级延时函数

微秒级延时函数主要用来指定延时多少微秒，其参数 nus 为要延时的微秒数。微秒级延时函数代码如下：

```
void delay_us(u32 nus)
{
    u32 temp;
    SysTick->LOAD=nus*fac_us;
    SysTick->VAL=0x00;                              //当前数值寄存器初始化为 0
    SysTick->CTRL|=SysTick_CTRL_ENABLE_Msk;         //使能 SysTick 定时器
    do
    {
        temp=SysTick->CTRL;
    }while((temp&0x01)&&!(temp&(1<<16)));           //等待计数时间到达（位 16）
    SysTick->CTRL&=~SysTick_CTRL_ENABLE_Msk;        //关闭使能
    SysTick->VAL =0X00;                             //重置当前值寄存器
}
```

代码说明如下所述。

（1）“SysTick->LOAD=nus*fac_us;”语句的作用是设置重载值，其中，参数 nus 是延时多少微秒，nus*fac_us 表示延时 nus 微秒需要多少个 SysTick 时钟周期。在这里要注意的是，nus*fac_us 的值不能超过 0xFF_FFFF（即 16777215）。

（2）“temp&0x01”用来判断 SysTick 定时器是否处于开启状态，可以防止 SysTick 被意外关闭导致的死循环。

（3）“temp&(1<<16)”用来判断 SysTick 定时器的控制及状态寄存器位 16 是否为 1，若为 1 表示延时时间到。

（4）延时时间到了之后，必须关闭 SysTick 定时器，并清空当前数值寄存器。

3. 毫秒级延时函数

毫秒级延时函数主要用来指定延时多少毫秒，其参数 nms 为要延时的毫秒数。毫秒级延时函数代码如下：

```
void delay_ms(u16 nms)
{
```

```
    u32 temp;
    SysTick->LOAD=(u32)nms*fac_ms;
    SysTick->VAL =0x00;
    SysTick->CTRL|=SysTick_CTRL_ENABLE_Msk ;
    do
    {
        temp=SysTick->CTRL;
    }while((temp&0x01)&&!(temp&(1<<16)));
    SysTick->CTRL&=~SysTick_CTRL_ENABLE_Msk;
    SysTick->VAL =0X00;
}
```

代码说明如下所述。

（1）与微秒级延时函数的代码基本一样。

（2）根据公式 nms<=0xFF_FFFF*8*1000/SYSCLK 计算，如果 SYSCLK 为 7340032（72M），那么 nms 的最大值为 1864ms。若超过了这个值，建议多次调用 delay_ms 来达到。由于重装载寄存器是一个 24 位的寄存器，若延时的毫秒数超过了最大值 1864ms，就会超出该寄存器的有效范围，高位会被舍去，导致延时不准。

4. SysTick 中断服务函数

SysTick 定时器的中断处理函数在 startup_stm32f10x_hd.s 启动文件中定义，代码如下：

```
DCD  SysTick_Handler    ;SysTick Handler
```

从上述代码可以看出，SysTick 定时器的中断服务函数名是 SysTick_Handler，可以根据需要，直接编写中断服务函数，形式如下：

```
Void SysTick_Handler (void)
{
    ……        //中断服务函数体
}
```

在中断服务函数体中，可以编写 SysTick 定时器中断服务函数需要完成的功能，以及其他的相关代码。

由于在 stm32f10x_it.h 头文件中有这个中断服务函数的声明，在 stm32f10x_it.c 文件中也有 SysTick 定时器中断服务函数，但内容是空的，可以直接在里面添加中断服务函数体。当然也可以在主函数中编写中断服务函数，这时要把 stm32f10x_it.h 和 stm32f10x_it.c 文件中的 SysTick 定时器中断服务函数相关内容注释掉才行。

5.1.4 基于 SysTick 定时器的 1 秒延时设计与实现

SysTick 定时器是 Cortex-M3 的标配，使用起来非常方便。仅仅使用内核中提供的 SysTick_Config()和 void SysTick_CLKSourceConfig()两个函数，以及前面编写的 SysTick 定时器延时函数，就可以完成 SysTick 定时器的 1 秒延时设计。

1. 新建 SysTick 工程

（1）建立一个“任务 10　SysTick 定时器 1 秒钟定时”工程目录，然后把任务 9 的工程直接复制到该目录下。

（2）在“任务 10　SysTick 定时器 1 秒钟定时”工程目录下，把任务 10 的工程目录名修改为“SysTick 定时器 1 秒钟定时”。

（3）在 USER 子目录下，把工程名修改为 SysTick_led.uvproj。

2. 编写 delay.h 头文件和 delay.c 文件

先在 SYSTEM 子目录下新建一个 delay 子目录，然后在 delay 子目录下新建 delay.h 头文件和 delay.c 文件。

（1）编写 delay.h 头文件

在 delay.h 头文件中，主要声明延时初始化函数、微秒级延时函数和毫秒级延时函数，代码如下：

```
#ifndef __DELAY_H
#define __DELAY_H
#include "sys.h"
void delay_init(void);
void delay_ms(u16 nms);
void delay_us(u32 nus);
#endif
```

（2）编写 delay.c 文件

在 delay.c 文件中，主要编写延时初始化函数、微秒级延时函数和毫秒级延时函数，以及声明两个静态变量 fac_us 和 fac_ms，代码如下：

```
#include "delay.h"
#include "sys.h"
static u8  fac_us=0;          //us 延时倍乘数
static u16 fac_ms=0;          //ms 延时倍乘数
void delay_init()
{
  SysTick_CLKSourceConfig(SysTick_CLKSource_HCLK_Div8);
  fac_us=SystemCoreClock/8000000;
  fac_ms=(u16)fac_us*1000;
}
void delay_us(u32 nus)
{
   u32 temp;
   SysTick->LOAD=nus*fac_us;
   SysTick->VAL=0x00;                            //当前数值寄存器初始化为 0
   SysTick->CTRL|=SysTick_CTRL_ENABLE_Msk;       //使能 SysTick 定时器
   do
   {
       temp=SysTick->CTRL;
   }while((temp&0x01)&&!(temp&(1<<16)));         //等待计数时间到（位 16）
   SysTick->CTRL&=~SysTick_CTRL_ENABLE_Msk;      //关闭使能
   SysTick->VAL =0X00;                           //重置当前数值寄存器
}
```

```
void delay_ms(u16 nms)
{
    u32 temp;
    SysTick->LOAD=(u32)nms*fac_ms;
    SysTick->VAL =0x00;
    SysTick->CTRL|=SysTick_CTRL_ENABLE_Msk ;
    do
    {
        temp=SysTick->CTRL;
    }while((temp&0x01)&&!(temp&(1<<16)));
    SysTick->CTRL&=~SysTick_CTRL_ENABLE_Msk;
    SysTick->VAL =0X00;
}
```

3. 编写 SysTick 定时器 1 秒钟定时主文件

根据任务要求，需要利用 SysTick 定时器来控制 STM32F103VCT6 上的 4 个 LED 循环点亮，点亮时间都是 1 秒钟。STM32F103VCT6 和 4 个 LED 的电路，在前面的任务中都已经介绍过了，在这里就不做介绍。主文件 SysTick_led.c 的代码如下：

```
#include "stm32f10x.h"
#include "led.h"
#include "delay.h"
#include "sys.h"
uint16_t temp,i;
int main(void)
{
    delay_init();          //延时函数初始化
    LED_Init();            //LED 端口初始化
    while(1)
    {
        temp=0x0100;
        for(i=0;i<4;i++)
        {
            GPIO_Write(GPIOD,temp);
            delay_ms(1000);
            temp=temp<<1;
        }
    }
}
```

4. 工程搭建、编译与调试

（1）把 SysTick_led.c 主文件添加到工程里面，把 Project Targets 栏下的工程名修改为 SysTick_led。

（2）在 SysTick_led 工程中，在 SYSTEM 组里面添加 delay.c 文件，同时还要添加 delay.h 头文件以及编译文件的路径。

（3）完成了 SysTick_led 工程的搭建和配置后，单击 Rebuild 按钮对工程进行编译，生成 SysTick_led.hex 目标代码文件。若编译发生错误，要进行分析检查，直到编译正确。

（4）单击 按钮，完成 SysTick_led.hex 下载。

（5）启动核心板，观察采用 SysTick 定时器定时 1 秒钟，是否能按照任务要求控制 LED 循环点亮，若运行结果与任务要求不一致，要对程序进行分析检查，直到运行正确。

5.2 任务 11 STM32 定时器的定时设计与实现

利用 STM32 定时器实现 1 分钟的定时。在定时时间未到时，LED 闪烁，闪烁间隔时间是 1s；定时时间到，蜂鸣器响、LED 停止闪烁。

5.2.1 认识 STM32 定时器

STM32 定时器有高级控制定时器（TIM1 和 TIM8）、通用定时器（TIMx：TIM2～TIM5）和基本定时器（TIM6 和 TIM7）3 种。

1. 计数器模式

STM32 定时器由一个通过可编程预分频器（PSC）驱动的 16 位自动装载计数器（CNT）组成。计数器模式有向上计数、向下计数或者向上向下双向计数 3 种。

（1）向上计数模式

在向上计数模式中，计数器从 0 计数到自动加载值（TIMx_ARR 计数器的值），然后重新从 0 开始计数并且产生一个计数器上溢事件。

在此模式下，TIMx_CR1 中的 DIR 方向位为 0。

（2）向下计数模式

在向下计数模式中，计数器从自动装入的值（TIMx_ARR 计数器的值）开始向下计数到 0，然后从自动装入的值重新开始计数并且产生一个计数器下溢事件。

在此模式下，TIMx_CR1 中的 DIR 方向位为 1。

（3）向上向下双向计数模式（中央对齐模式）

在向上向下双向计数模式（中央对齐模式）中，计数器从 0 计数到自动加载值（TIMx_ARR 寄存器）减 1，产生一个计数器上溢事件，然后向下计数到 1 并且产生一个计数器下溢事件；然后再从 0 开始重新计数。

在此模式下，不能写入 TIMx_CR1 中的 DIR 方向位，其由硬件更新并指示当前的计数方向。

2. 高级控制定时器

TIM1 和 TIM8 是可编程高级控制定时器，主要部分是一个 16 位计数器和与其相关的自动装载寄存器。

- 计数器可以向上计数、向下计数或者向上向下双向计数；
- 计数器时钟由预分频器分频得到。

计数器、自动装载寄存器和预分频器寄存器可以由软件读写，时基单元包含：

- 计数器寄存器（TIMx_CNT）
- 预分频器寄存器（TIMx_PSC）
- 自动装载寄存器（TIMx_ARR）
- 重复次数寄存器（TIMx_RCR）

3. 通用定时器

通用定时器（TIMx：TIM2～TIM5）由一个通过可编程预分频器驱动的 16 位自动装载计数器构成，适用于多种场合，可以测量输入信号的脉冲长度（输入捕获）或者产生输出波形（输出比较和 PWM）。

使用定时器预分频器和 RCC 时钟控制器预分频器，脉冲长度和波形周期可以在几个微秒到几个毫秒间进行调整。

每个定时器都是完全独立的，没有互相共享任何资源。STM32 的通用 TIMx（TIM2、TIM3、TIM4 和 TIM5）定时器主要包括的功能如下所述。

（1）16 位向上、向下、向上向下自动装载计数器（TIMx_CNT）。

（2）16 位可编程（可以实时修改）预分频器（TIMx_PSC），计数器时钟频率的分频系数为 1～65535 之间的任意数值。

（3）具有 4 个独立通道（TIMx_CH1～4），可以用来进行输入捕获、输出比较、PWM 生成（边沿或中间对齐模式）和单脉冲模式输出。

（4）可使用外部信号（TIMx_ETR）控制定时器和定时器互连（可以用一个定时器控制另外一个定时器）的同步电路。

（5）发生如下事件时，会产生中断/DMA：

- 更新事件：计数器向上/向下溢出，计数器初始化（通过软件或者内部/外部触发）；
- 触发事件：计数器启动、停止、初始化或者由内部/外部触发计数；
- 输入捕获；
- 输出比较；
- 支持针对定位的增量（正交）编码器和霍尔传感器电路；
- 触发输入作为外部时钟或者按周期的电流管理。

4. 基本定时器

基本定时器 TIM6 和 TIM7 各包含一个 16 位自动装载计数器，由各自的可编程预分频器驱动。

基本定时器既可以为通用定时器提供时间基准，也可以为数模转换器（DAC）提供时钟。实际上，基本定时器在芯片内部直接连接到 DAC，并通过触发输出直接驱动 DAC。

这两个定时器也是互相独立的，不共享任何资源。

5.2.2　STM32 定时器与定时相关的寄存器

STM32 定时器比较复杂，为了深入了解 STM32 的寄存器，在这里主要介绍与本任务相关的寄存器。

1. 控制寄存器 1

控制寄存器 1（TIMx_CR1）的各位描述如表 5-4 所示。

表 5-4　TIMx_CR1 控制寄存器 1

位段	名称	类型	复位值	描　述
15:10	保留	R/W	0	
9:8	CKD[1:0]	R/W	0	CKD[1:0]：时钟分频因子。这两位定义在定时器时钟（CK_INT）频率、死区时间和由死区发生器与数字滤波器（ETR,TIx）所用的采样时钟之间的分频比例。 00：$t_{DTS}=t_{CK\_INT}$ 01：$t_{DTS}=2\times t_{CK\_INT}$ 10：$t_{DTS}=4\times t_{CK\_INT}$ 11：保留，不要使用这个配置
7	ARPE	R/W	0	ARPE：自动重装载预装载允许位。 0：TIMx_ARR 寄存器没有缓冲； 1：TIMx_ARR 寄存器被装入缓冲器
6:5	CMS[1:0]	R/W	0	CMS[1:0]：选择中央对齐模式。 00：边沿对齐模式。计数器依据方向位（DIR）向上或向下计数。 01：中央对齐模式 1。计数器交替地向上和向下计数。配置为输出的通道（TIMx_CCMRx 寄存器中 CCxS=00）的输出比较中断标志位，只在计数器向下计数时被设置。 10：中央对齐模式 2。计数器交替地向上和向下计数。配置为输出的通道（TIMx_CCMRx 寄存器中 CCxS=00）的输出比较中断标志位，只在计数器向上计数时被设置。 11：中央对齐模式 3。计数器交替地向上和向下计数。配置为输出的通道（TIMx_CCMRx 寄存器中 CCxS=00）的输出比较中断标志位，在计数器向上和向下计数时均被设置。 注：在计数器开启时（CEN=1），不允许从边沿对齐模式转换到中央对齐模式
4	DIR	R/W	0	DIR：方向。 0：计数器向上计数；1：计数器向下计数。 注：当计数器配置为中央对齐模式或编码器模式时，该位为只读。默认的计数方式是向上计数，也可以设置为向下计数
3	OPM	R/W	0	OPM：单脉冲模式 0：在发生更新事件时，计数器不停止； 1：在发生下一次更新事件（清除 CEN 位）时，计数器停止
2	URS	R/W	0	URS：更新请求源。软件通过该位选择更新（UEV）事件的源。 0：如果使能了更新中断或 DMA 请求，则下述任一事件产生更新中断或 DMA 请求：计数器上溢/下溢，设置 UG 位，从模式控制器产生的更新。 1：如果使能了更新中断或 DMA 请求，则只有计数器上溢/下溢才产生更新中断或 DMA 请求
1	UDIS	R/W	0	UDIS：禁止更新。软件通过该位允许/禁止 UEV 事件的产生。 0：允许 UEV。更新（UEV）事件由下述任一事件产生：计数器上溢/下溢，设置 UG 位，从模式控制器产生的更新。 具有缓存的寄存器被装入它们的预装载值。 1：禁止 UEV。不产生更新事件，寄存器（ARR、PSC、CCRx）保持它们的值。如果设置了 UG 位或从模式控制器发出了一个硬件复位，则计数器和预分频器被重新初始化

续表

位段	名称	类型	复位值	描　述
0	CEN	R/W	0	CEN：使能计数器。 0：禁止计数器；1：使能计数器。 注：在软件设置了 CEN 位后，外部时钟、门控模式和编码器模式才能工作。触发模式可以自动地通过硬件设置 CEN 位。 在通用定时器（TIMx：TIM2～TIM5）的单脉冲模式下，当发生更新事件时，CEN 被自动清除

本任务主要用到第 0 位（计数器使能 CEN 位）和第 4 位（计数方式选择 DIR 位），例如：

```
TIM1->CR1|=1<<0;            //使能定时器 1
```

2. 自动重装载寄存器

自动重装载寄存器（TIMx_ARR）的位描述如表 5-5 所示。

表 5-5　TIMx_ARR 自动重装载寄存器

位段	名称	类型	复位值	描　述
15: 0	ARR[15:0]	R/W	0	ARR[15:0]：自动重装载的值。 包含了将要装载入实际的自动重装载寄存器的值。 当自动重装载的值为空时，计数器不工作

其中，TIMx_CNT 寄存器是定时器的计数器，该寄存器存储了当前定时器的计数值。例如：

```
TIM1->ARR= 5000;                //设定计数器自动重装值
```

3. 预分频器

预分频器（TIMx_PSC）的位描述如表 5-6 所示。

表 5-6　TIMx_PSC 预分频器

位段	名称	类型	复位值	描　述
15: 0	PSC[15:0]	R/W	0	PSC[15:0]：预分频器的值。 计数器的时钟频率（CK_CNT）等于 fCK_PSC/(PSC[15:0]+1)。 PSC 包含了每次更新事件产生时，装入当前预分频器寄存器的值。在高级控制定时器（TIM1 和 TIM8）中，更新事件包括计数器被 TIM_EGR 的 UG 位清零或被工作在复位模式的从控制器清零

该寄存器用设置对时钟进行分频，然后提供给计数器，作为计数器的时钟。这里的定时器时钟来源有 4 个。

（1）内部时钟（CK_INT）。

（2）外部时钟模式 1：外部输入脚（TIx）。

（3）外部时钟模式 2：外部触发输入（ETR）。

（4）内部触发输入（ITRx）：使用 A 定时器作为 B 定时器的预分频器（A 为 B 提供时钟）。

这 4 个时钟的选择，可以通过 TIMx_SMCR 寄存器的相关位来设置。

CK_INT 时钟是从 APB1 倍频来的，除非 APB1 的时钟分频数设置为 1，否则通用定时器 TIMx 的时钟是 APB1 时钟的两倍。当 APB1 的时钟不分频的时候，通用定时器 TIMx 的时钟就等于 APB1 的时钟。高级定时器的时钟不是来自于 APB1 时钟，而是来自于 APB2 的时钟。例如：

```
TIM1->PSC= 7199;                //预分频器不分频
```

4. DMA/中断使能寄存器

DMA/中断使能寄存器（TIMx_DIER）是一个 16 位的寄存器，该寄存器各位描述如表 5-7 所示。

表 5-7　TIMx_DIER 寄存器

位段	名称	类型	复位值	描　　述
15	保留			保留，始终读为 0
14	TDE[1:0]	R/W	0	TDE：允许触发 DMA 请求。 0：禁止触发 DMA 请求，1：允许触发 DMA 请求
13	COMDE	R/W	0	COMDE：允许 COM 的 DMA 请求。 0：禁止 COM 的 DMA 请求；1：允许 COM 的 DMA 请求
12	CC4DE	R/W	0	CC4DE：允许捕获/比较 4 的 DMA 请求。 0：禁止捕获/比较 4 的 DMA 请求， 1：允许捕获/比较 4 的 DMA 请求
11	CC3DE	R/W	0	CC3DE：允许捕获/比较 3 的 DMA 请求。 0：禁止捕获/比较 3 的 DMA 请求， 1：允许捕获/比较 3 的 DMA 请求
10	CC2DE	R/W	0	CC2DE：允许捕获/比较 2 的 DMA 请求。 0：禁止捕获/比较 2 的 DMA 请求， 1：允许捕获/比较 2 的 DMA 请求
9	CC1DE	R/W	0	CC1DE：允许捕获/比较 1 的 DMA 请求。 0：禁止捕获/比较 1 的 DMA 请求， 1：允许捕获/比较 1 的 DMA 请求
8	UDE	R/W	0	UDE：允许更新的 DMA 请求。 0：禁止更新的 DMA 请求，1：允许更新的 DMA 请求
7	BIE	R/W	0	BIE：允许刹车中断。 0：禁止刹车中断，1：允许刹车中断
6	TIE	R/W	0	TIE：触发中断使能。 0：禁止触发中断，1：使能触发中断
5	COMIE	R/W	0	COMIE：允许 COM 中断。 0：禁止 COM 中断，1：允许 COM 中断
4	CC4IE	R/W	0	CC4IE：允许捕获/比较 4 中断。 0：禁止捕获/比较 4 中断，1：允许捕获/比较 4 中断
3	CC3IE	R/W	0	CC3IE：允许捕获/比较 3 中断。 0：禁止捕获/比较 3 中断，1：允许捕获/比较 3 中断
2	CC2IE	R/W	0	CC2IE：允许捕获/比较 2 中断。 0：禁止捕获/比较 2 中断，1：允许捕获/比较 2 中断
1	CC1IE	R/W	0	CC1IE：允许捕获/比较 1 中断。 0：禁止捕获/比较 1 中断，1：允许捕获/比较 1 中断
0	UIE	R/W	0	UIE：允许更新中断。 0：禁止更新中断，1：允许更新中断

在这里仅使用第 0 位，该位是更新中断允许位。本任务用到的是定时器的更新中断，所以该位要设置为 1，来允许由于更新事件所产生的中断。

5．状态寄存器

状态寄存器（TIMx_ SR）用来标记当前与定时器相关的各种事件/中断是否发生，该寄存器的各位描述如表 5-8 所示。

表 5-8　TIMx_ SR 状态寄存器

位段	名称	类型	复位值	描　述
15:13	保留			保留，始终读为 0
12	CC4OF	RC W0	0	CC4OF：捕获/比较 4 重复捕获标记。参考 CC1OF 描述
11	CC3OF	RC W0	0	CC3OF：捕获/比较 3 重复捕获标记。参考 CC1OF 描述
10	CC2OF	RC W0	0	CC2OF：捕获/比较 2 重复捕获标记。参考 CC1OF 描述
9	CC1OF	RC W0	0	CC1OF：捕获/比较 1 重复捕获标记。仅当相应的通道被配置为输入捕获时，该标记可由硬件置 1。写入 0 可清除该位。 0：无重复捕获产生； 1：计数器的值被捕获到 TIMx_CCR1 寄存器时，CC1IF 的状态已经为 1
8	保留			保留，始终读为 0。
7	BIF	RC W0	0	BIF：刹车中断标记。一旦刹车输入有效，由硬件对该位置 1。如果刹车输入无效，则该位可由软件清零。 0：无刹车事件产生；1：刹车输入上检测到有效电平
6	TIF	RC W0	0	TIF：触发器中断标记。当发生触发事件（当从模式控制器处于除门控模式外的其他模式时，在 TRGI 输入端检测到有效边沿，或检测到门控模式下的任一边沿）时由硬件对该位置 1，该位由软件清零。 0：无触发器事件产生，1：触发中断等待响应
5	COMIF	RC W0	0	COMIF：COM 中断标记。一旦产生 COM 事件（当捕获/比较控制位 CCxE、CCxNE、OCxM 已被更新）该位由硬件置 1，该位由软件清零。 0：无 COM 事件产生，1：COM 中断等待响应
4	CC4IF	RC W0	0	CC4IF：捕获/比较 4 中断标记。参考 CC1IF 描述
3	CC3IF	RC W0	0	CC3IF：捕获/比较 3 中断标记。参考 CC1IF 描述
2	CC2IF	RC W0	0	CC2IF：捕获/比较 2 中断标记。参考 CC1IF 描述
1	CC1IF	RC W0	0	CC1IF：捕获/比较 1 中断标记。如果通道 CC1 配置为输出模式： 当计数器值与比较值匹配时该位由硬件置 1，但中心对称模式除外（参考 TIMx_CR1 寄存器的 CMS 位）。该位由软件清零。 0：无匹配发生；1：TIMx_CNT 的值与 TIMx_CCR1 的值匹配。 当 TIMx_CCR1 的内容大于 TIMx_APR 的内容时，在向上或向上向下计数模式时计数器溢出，或者在向下计数模式时的计数器下溢条件下，CC1IF 位变高。 如果通道 CC1 配置为输入模式：当捕获事件发生时该位由硬件置 1，它由软件清零或通过读 TIMx_CCR1 清零。 0：无输入捕获产生； 1：计数器值已被捕获（复制）至 TIMx_CCR1（在 IC1 上检测到与所选极性相同的边沿）

续表

位段	名称	类型	复位值	描　述
0	UIF	RC W0	0	UIF：更新中断标记。当产生更新事件时该位由硬件置 1。该位由软件清零。 0：无更新事件产生； 1：更新中断等待响应。当寄存器被更新时该位由硬件置 1： 若 TIMx_CR1 寄存器的 UDIS=0，当重复计数器数值上溢或下溢时（重复计数器=0 时产生更新事件）； 若 TIMx_CR1 寄存器的 URS=0、UDIS=0，当设置 TIMx_EGR 寄存器的 UG=1 时产生更新事件，通过软件对计数器 CNT 重新初始化时； 若 TIMx_CR1 寄存器的 URS=0、UDIS=0，当计数器 CNT 被触发事件重新初始化时

5.2.3 STM32 定时器相关的库函数

通过对前面几个寄存器进行设置，就可以使用定时器了，并可以产生中断，然后执行定时器的中断服务函数来完成定时器的定时任务。我们应该如何通过库函数来实现定时器的定时任务呢？与定时器相关的库函数主要集中在固件库文件 stm32f10x_tim.h 和 stm32f10x_tim.c 中。

1. TIM_TimeBaseInit()函数

在库函数中，初始化定时器的自动重装值、分频系数、计数方式等参数，是通过初始化函数 TIM_TimeBaseInit()实现的。其原型如下：

```
void TIM_TimeBaseInit(TIM_TypeDef* TIMx,
TIM_TimeBaseInitTypeDef* TIM_TimeBaseInitStruct);
```

第一个参数是确定定时器；第二个参数是定时器初始化参数结构体指针，结构体类型为 TIM_TimeBaseInitTypeDef，其结构体定义如下：

```
typedef struct
{
    uint16_t TIM_Prescaler;
    uint16_t TIM_CounterMode;
    uint16_t TIM_Period;
    uint16_t TIM_ClockDivision;
    uint8_t TIM_RepetitionCounter;
} TIM_TimeBaseInitTypeDef;
```

该结构体有 5 个成员变量，要说明的是，前 4 个成员变量对通用定时器有用，最后一个成员变量 TIM_RepetitionCounter 只对高级定时器有用。

TIM_Prescaler 是用来设置分频系数的。

TIM_CounterMode 是用来设置计数方式的。可以设置为向上计数、向下计数以及中央对齐计数方式，比较常用的是向上计数模式 TIM_CounterMode_Up 和向下计数模式 TIM_CounterMode_Down。

TIM_Period 是用来设置自动重载计数周期值的。

TIM_ClockDivision 是用来设置时钟分频因子的。

TIM_RepetitionCounter 是用来配置重复计数的，就是重复溢出多少次才出现一次溢出中断，只有高级定时器才需要配置。

针对本任务使用的 TIM3，初始化代码如下：

```
TIM_TimeBaseInitTypeDef  TIM_TimeBaseStructure;
//设置在下一个更新事件装入活动的自动重装载寄存器周期的值
TIM_TimeBaseStructure.TIM_Period = 5000;
//设置用来作为 TIMx 时钟频率除数的预分频值
TIM_TimeBaseStructure.TIM_Prescaler =7199;
//设置时钟分割:TDTS = Tck_tim
TIM_TimeBaseStructure.TIM_ClockDivision = TIM_CKD_DIV1;
//TIM 向上计数模式
TIM_TimeBaseStructure.TIM_CounterMode = TIM_CounterMode_Up;
//根据指定的参数初始化 TIMx 的时间基数单位
TIM_TimeBaseInit(TIM3, &TIM_TimeBaseStructure);
```

2. TIM_ITConfig()函数

在库函数里面，定时器中断使能是通过 TIM_ITConfig()函数实现的，即 TIM_ITConfig()函数用来设置 TIMx_DIER 允许更新中断。其原型如下：

```
void TIM_ITConfig(TIM_TypeDef* TIMx,uint16_t TIM_IT,
                              FunctionalState NewState);
```

第一个参数选择定时器号，取值为 TIM1～TIM17。

第二个参数非常关键，用来指明使能的定时器中断的类型，定时器中断的类型有很多，包括更新中断 TIM_IT_Update、触发中断 TIM_IT_Trigger 以及输入捕获中断等。

第三个参数设置是否使能。

使能 TIM3 的更新中断的代码如下：

```
TIM_ITConfig(TIM3,TIM_IT_Update,ENABLE );
```

3. TIM_Cmd()函数

在库函数里面，开启定时器是通过 TIM_Cmd ()函数实现的，即使用 TIM_Cmd ()函数设置 TIM3_CR1 的 CEN 位开启定时器。其原型如下：

```
void TIM_Cmd(TIM_TypeDef* TIMx, FunctionalState NewState) ;
```

第一个参数确定开启哪个定时器，第二个参数开启定时器。开启 TIM3 的代码如下：

```
TIM_Cmd(TIM3, ENABLE);    //使能 TIMx 外设
```

4. 定时器中断服务函数

可以用定时器的中断服务函数来处理定时器产生的相关中断，那么如何编写定时器中断服务函数呢？编写定时器中断服务函数的步骤如下所述。

在中断产生后，通过状态寄存器 SR 的值来判断此次产生的中断属于什么类型。然后执行相关的操作，这里使用的是更新（溢出）中断，所以在状态寄存器 SR 的最低位。在处理完中断之后应该向 TIMx_SR 的最低位写 0，来清除该中断标志。

（1）判断中断类型函数

读取中断状态寄存器的值，以及判断中断类型的库函数原型如下：

```
ITStatus TIM_GetITStatus(TIM_TypeDef* TIMx, uint16_t TIM_IT)
```

该函数的作用是，判断定时器 TIMx 的中断类型 TIM_IT 是否发生中断。判断 TIM3 是否发生更新（溢出）中断的代码如下：

```
if(TIM_GetITStatus(TIM3, TIM_IT_Update) != RESET)
{
    ……      清除 TIMx 更新中断标志，以及功能实现代码
}
```

（2）清除中断标志位函数

清除中断标志位的库函数原型如下：

```
void TIM_ClearITPendingBit(TIM_TypeDef* TIMx, uint16_t TIM_IT)
```

该函数的作用是，清除定时器 TIMx 的中断 TIM_IT 的标志位。使用起来非常简单，若在 TIM3 的溢出中断发生后，清除中断标志位的代码如下：

```
TIM_ClearITPendingBit(TIM3, TIM_IT_Update);
```

另外，库函数还提供了判断定时器状态以及清除定时器状态标志位的函数 TIM_GetFlagStatus()和 TIM_ClearFlag()，它们的作用和前面两个函数的作用类似，只是 TIM_GetITStatus()函数会先判断这种中断是否使能，使能了才去判断中断标志位，而 TIM_GetFlagStatus()函数直接判断状态标志位。

（3）定时器中断服务函数向量表

定时器中断服务函数对应的中断向量，在启动文件中已经定义，代码如下：

```
DCD     TIM1_BRK_IRQHandler          ; TIM1 Break
DCD     TIM1_UP_IRQHandler           ; TIM1 Update
DCD     TIM1_TRG_COM_IRQHandler      ; TIM1 Trigger and Commutation
DCD     TIM1_CC_IRQHandler           ; TIM1 Capture Compare
DCD     TIM2_IRQHandler
DCD     TIM3_IRQHandler
DCD     TIM4_IRQHandler
……
DCD     TIM8_BRK_IRQHandler          ; TIM8 Break
DCD     TIM8_UP_IRQHandler           ; TIM8 Update
DCD     TIM8_TRG_COM_IRQHandler      ; TIM8 Trigger and Commutation
DCD     TIM8_CC_IRQHandler           ; TIM8 Capture Compare
……
DCD     TIM5_IRQHandler
……
DCD     TIM6_IRQHandler
DCD     TIM7_IRQHandler
```

从定义的定时器中断服务函数向量表中可以看出，定时器的每个中断都对应一个中断服务函数。如 TIM3 的中断服务函数的代码如下：

```
void  TIM3_IRQHandler(void)
{
    //判断 TIM3 更新中断发生与否
    if(TIM_GetITStatus(TIM3, TIM_IT_Update) != RESET)
    {
        TIM_ClearITPendingBit(TIM3, TIM_IT_Update  ); //清除 TIM3 更新中断标志
        ……//功能实现代码
```

```
        }
    }
```

5. STM32 定时器的初始化步骤

前面介绍了 STM32 的 TIMx 定时器相关寄存器和库函数，如何对 STM32 的 TIMx 定时器进行初始化呢？其初始化步骤具体如下。

（1）时钟使能。

（2）配置预分频、自动重装值和重复计数值。

（3）清除中断标志位（否则会先进入一次中断）。

（4）使能 TIM 中断，选择中断源。

（5）设置中断优先级。

（6）使能 TIMx 外设。

5.2.4　STM32 定时器的定时设计

1. 新建 Timer 工程

（1）建立一个“任务 11　定时器 1 分钟定时”工程目录，然后把任务 10 的工程直接复制到该目录下。

（2）在“任务 11　定时器 1 分钟定时”工程目录下，把任务 10 的工程目录名修改为“定时器 1 分钟定时”。

（3）在 USER 子目录下，把工程名修改为 Timer_led.uvproj。

（4）在 HARDWARE 子目录下，新建一个 timer 子目录，该子目录是存放 timer.c 文件和 timer.h 头文件的。

2. 编写 timer.c 文件和 timer.h 头文件

在本任务中，需要编写 timer.c 文件和 timer.h 头文件，timer.c 文件主要包括 TIM3 _Init()定时器初始化函数和 TIM3_IRQHandler()定时器中断服务函数。先在 HARDWARE 子目录下新建一个 timer 子目录，然后在 timer 子目录下新建 timer.c 文件和 timer.h 头文件。

（1）编写 timer.c 文件

TIM3 定时器中断服务函数的功能主要是在 1 分钟定时时间未到期间，实现 LED 闪烁，闪烁间隔时间是 1 秒；若定时时间到，蜂鸣器响、LED 停止闪烁。另外，中断服务函数并没有放在默认的 stm32f103_it.c 文件中，而是放在 timer.c 文件中。timer.c 文件主要采用库函数实现，其代码如下：

```
#include "timer.h"
#include "led.h"
void TIM3_Init(u16 arr,u16 psc)
{
    TIM_TimeBaseInitTypeDef  TIM_TimeBaseStructure;
    NVIC_InitTypeDef  NVIC_InitStructure;
    RCC_APB1PeriphClockCmd(RCC_APB1Periph_TIM3, ENABLE);    //时钟使能
    //定时器 TIM3 初始化
    TIM_TimeBaseStructure.TIM_Period = arr;
    TIM_TimeBaseStructure.TIM_Prescaler =psc;
```

```
    TIM_TimeBaseStructure.TIM_ClockDivision = TIM_CKD_DIV1;
    TIM_TimeBaseStructure.TIM_CounterMode = TIM_CounterMode_Up;
    TIM_TimeBaseInit(TIM3, &TIM_TimeBaseStructure);
    TIM_ITConfig(TIM3,TIM_IT_Update,ENABLE );  //使能TIM3中断，允许更新中断
    //中断优先级NVIC设置
    NVIC_InitStructure.NVIC_IRQChannel = TIM3_IRQn;        //TIM3中断
    //抢占优先级0级
    NVIC_InitStructure.NVIC_IRQChannelPreemptionPriority = 0;
    NVIC_InitStructure.NVIC_IRQChannelSubPriority = 3;     //从优先级3级
    NVIC_InitStructure.NVIC_IRQChannelCmd = ENABLE;        //IRQ通道被使能
    NVIC_Init(&NVIC_InitStructure);                       //初始化NVIC寄存器
    TIM_Cmd(TIM3, ENABLE);                                //使能TIM3
}
void  TIM3_IRQHandler(void)
{
    t++;
    if(t==60)
    {
        TIM_ITConfig(TIM3,TIM_IT_Update, DISABLE );     //禁止TIM3中断
        TIM_Cmd(TIM3, DISABLE);                         //TIM3停止
}
else if(TIM_GetITStatus(TIM3, TIM_IT_Update)!=RESET)
{
        LED1=!LED1;      //LED闪烁
    }
    TIM_ClearITPendingBit(TIM3, TIM_IT_Update  ); //清除TIM3更新中断标志
}
```

代码说明如下。

- 初始化函数中的 arr 为 4999、psc 为 7199，设置时钟分割为 TIM_CKD_DIV1 以及 TIM_CounterMode_Up 为 TIM3 向上计数模式；
- TIM3 定时器定时时间是 1000ms（即 1s），t 是一个静态变量，用于对 TIM3 定时器的定时时间次数进行计数；
- 当 t 计数到 60 时（也就是 1 分钟定时时间到），要禁止 TIM3 中断，还要 TIM3 停止工作。其中，DISABLE 参数在 stm32f103x.h 头文件中已定义，代码如下：

```
typedef enum {DISABLE = 0, ENABLE = !DISABLE} FunctionalState;
```

（2）编写 timer.h 头文件

```
timer.h头文件代码如下：
#ifndef __TIMER_H
#define __TIMER_H
#include "sys.h"
static u16 t=0;                             //t是对TIM3定时器的定时时间次数进行计数
void TIM3_Init(u16 arr,u16 psc);
#endif
```

3. 编写主文件

在主文件中，主要完成 TIM3 定时器的自动重装值、分频系数、计数方式等参数的定义以及中断的初始化；完成 LED 和蜂鸣器的初始化；1 分钟定时到后，开蜂鸣器和熄灭 LED。主文件 main.c 的代码如下：

```
#include "stm32f10x.h"
#include "led.h"
#include "delay.h"
#include "sys.h"
#include "timer.h"
#include "fmq.h"
int t=0;
void main(void)
{
    delay_init();                   //延时函数初始化
    NVIC_Configuration();           //设置中断分组 2:2 位抢占优先级，2 位响应优先级
    FMQ_Init();                     //蜂鸣器端口初始化
    LED_Init();                     //LED 端口初始化
    TIM3_Init(10000,7199);          //10kHz 的计数频率，计数到 5000 为 500ms
    while(1)
    {
        if(t==60)
        {
            LED1=1;                 //关闭 led
            fmq(50);                //打开蜂鸣器
        }
    }
}
```

4. 工程搭建、编译与调试

（1）把 main.c 主文件添加到工程里面，把 Project Targets 栏下的工程名修改为 Timer_led。

（2）在 Timer_led 工程中，在 HARDWARE 组中添加 timer.c 文件。同时还要添加 timer.h 头文件以及编译文件的路径。

（3）完成了 Timer_led 工程的搭建和配置后，单击 Rebuild 按钮对工程进行编译，生成 Timer_led.hex 目标代码文件。若编译发生错误，要进行分析检查，直到编译正确。

（4）单击 按钮，完成 Timer_led.hex 下载。

（5）启动核心板，观察是否能按照任务要求去控制 LED 闪烁，在定时 1 分钟时间到后，LED 是否熄灭以及蜂鸣器是否工作。若运行结果与任务要求不一致，要对程序进行分析检查，直到运行正确。

【技能训练 5-1】基于寄存器的 STM32 定时器定时设计与实现

我们如何利用 STM32 定时器的相关寄存器来实现 STM32 定时器定时设计与实现呢？参考任务 11，来完成基于寄存器的 STM32 定时器的定时设计。

技能训练要求：LED0 每 200ms 闪烁一次，LED1 每 500ms 闪烁一次，其中，LED1 的定时时间由定时器实现。

1. 编写 timer.c 文件和 timer.h 头文件

timer.c 文件主要是采用寄存器实现的，其代码如下：

```
#include "timer.h"
#include "led.h"
void TIM3_IRQHandler(void)                         //定时器 3 中断服务程序
{
    if(TIM3->SR&0X0001)                            //溢出中断
    {
        LED1=!LED1;
    }
    TIM3->SR&=~(1<<0);                             //清除中断标志位
}
//通用定时器中断初始化，这里的时钟选择为 APB1 的 2 倍，而 APB1 为 36MHz
void Timerx_Init(u16 arr,u16 psc)
{
    RCC->APB1ENR|=1<<1;             //TIM3 时钟使能
    TIM3->ARR=arr;                  //设定计数器自动重装值，刚好 1ms
    TIM3->PSC=psc;                  //预分频器 7200,得到 10kHz 的计数时钟
    //以下两个要同时设置才可以使用中断
    TIM3->DIER|=1<<0;               //允许更新中断
    TIM3->DIER|=1<<6;               //允许触发中断
    TIM3->CR1|=0x01;                //使能定时器 3
    MY_NVIC_Init(1,3,TIM3_IRQChannel,2);          //抢占 1、子优先级 3、组 2
}
```

timer.h 头文件的代码如下：

```
#ifndef __TIMER_H
#define __TIMER_H
#include "sys.h"
void Timerx_Init(u16 arr,u16 psc);
#endif
```

2. 编写主文件

在主文件中，主要完成 TIM3 定时器的自动重装值、分频系数、计数方式等参数的定义以及中断的初始化；完成 LED 和 SysTick 的初始化；实现 LED0 每 200ms 闪烁一次，LED1 每 500ms 闪烁一次（由定时器定时）。主文件 main.c 的代码如下：

```
#include "stm32f10x.h"
#include "sys.h"
#include "delay.h"
#include "led.h"
#include "timer.h"
void main(void)
{
```

```
    Stm32_Clock_Init(9);          //系统时钟设置
    delay_init(72);               //延时初始化
    LED_Init();                   //初始化与 LED 连接的硬件接口
    Timerx_Init(5000,7199);       //10kHz 的计数频率，计数到 5000 为 500ms
    while(1)
    {
        LED0=!LED0;
        delay_ms(200);
    }
}
```

5.3 任务 12 PWM 输出控制电机

利用 TIM1 的通道 3（PE13）产生 PWM、TIM1 的通道 1N（PE8）产生 PWM，来控制电机的速度，实现电机慢→快→慢→快的循环变化。

5.3.1 STM32 的 PWM 输出相关寄存器

脉冲宽度调制（PWM）简称脉宽调制，是利用微处理器的数字输出对模拟电路进行控制的一种非常有效的技术。简单来说，PWM 就是对脉冲宽度的控制。

在本任务中，利用 TIM1 的 CH1 和 CH3 产生两路 PWM 输出，通过软件配置相应寄存器，重新映射到 PE8 和 PE13 引脚上，要用到复用重映射和调试 I/O 配置寄存器（AFIO_MAPR）、捕获/比较模式寄存器（TIM1_CCMR1/2）、捕获/比较使能寄存器（TIM1_CCER）、捕获/比较寄存器（TIM1_CCR1～4）。接下来简单介绍这些寄存器。

1. 复用重映射和调试 I/O 配置寄存器 AFIO_MAPR

为了使不同器件封装的外设 I/O 功能的数量达到最优，可以把一些复用功能重新映射到其他引脚上，这时复用功能就不再映射到它们的原始引脚上了。

本任务是通过设置复用重映射和调试 I/O 配置寄存器（AFIO_MAPR），把 TIM1 的 CH1 和 CH3 产生的两路 PWM 输出（复用功能）重新映射到 PE8 和 PE13 引脚上，设置代码如下。

```
AFIO->MAPR&=0XFFFFFF3F;       //清除 MAPR 的[7:6]
AFIO->MAPR|=1<<7;             //完全重映射，TIM1_CH1N->PE8
AFIO->MAPR|=1<<6;             //完全重映射，TIM1_CH3->PE13
```

复用重映射和调试 I/O 配置寄存器（AFIO_MAPR）描述如图 5-1 所示。

定时器的重映射位在项目 4 中已经介绍过（见表 4-3）。在这里，主要介绍定时器 1 的重映射。

定时器 1 的重映射位是[7:6]，可由软件置 1 或置 0，控制定时器 1 的通道 1 至 4、1N 至 3N、外部触发（ETR）和刹车输入（BKIN）在 GPIO 端口的映射。

31	30	29	28	27	26	25	24	23	22	21	20	19	18	17	16
保留					SWJ_CFG[2:0]			保留			ADC2_ETRGREG_REMAP	ADC2_ETRGINJ_REMAP	ADC1_ETRGREG_REMAP	ADC1_ETRGINJ_REMAP	TIM5CH4_IREMAP
					w	w	w								

15	14	13	12	11	10	9	8	7	6	5	4	3	2	1	0
PD01_REMAP	CAN_REMAP[1:0]		TIM4_REMAP	TIM3_REMAP[1:0]		TIM2_REMAP[1:0]		TIM1_REMAP[1:0]		USART3_REMAP[1:0]		USART2_REMAP	USART1_REMAP	I2C1_REMAP	SPI1_REMAP
rw	rw	rw	rw	rw	rw	rw	rw	rw	rw	rw	rw	rw	rw	rw	rw

图5-1　AFIO_MAPR描述

（1）00：没有重映射（ETR/PA12，CH1/PA8，CH2/PA9，CH3/PA10，CH4/PA11，BKIN/PB12，CH1N/PB13，CH2N/PB14，CH3N/PB15）；

（2）01：部分映射（ETR/PA12，CH1/PA8，CH2/PA9，CH3/PA10，CH4/PA11，BKIN/PA6，CH1N/PA7，CH2N/PB0，CH3N/PB1）；

（3）10：未用组合；

（4）11：完全映射（ETR/PE7，CH1/PE9，CH2/PE11，CH3/PE13，CH4/PE14，BKIN/PE15，CH1N/PE8，CH2N/PE10，CH3N/PE12）。

2. 捕获/比较模式寄存器 TIMx_CCMR1

捕获/比较模式寄存器有两个：TIMx _CCMR1 和 TIMx _CCMR2，TIM1_CCMR1 控制 CH1/CH1N 和 CH2，而 TIM1_CCMR2 控制 CH3 和 CH4。该寄存器的各位描述如图 5-2 所示。

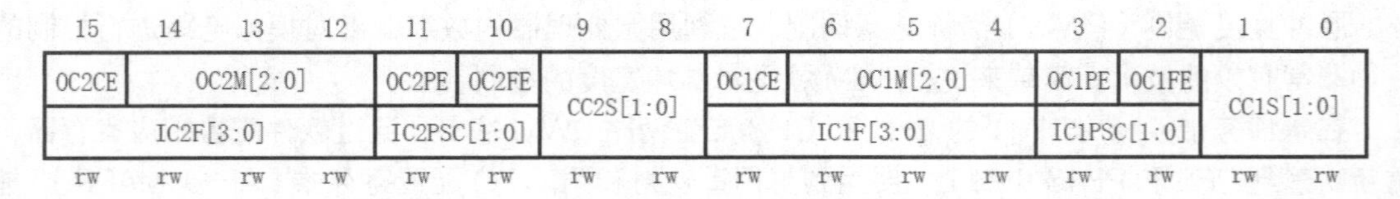

图5-2　寄存器TIMx_CCMR1各位描述

该寄存器的有些位在不同模式下的功能不一样，所以把寄存器分成两层。上面一层对应的是输出，下面一层对应的是输入。

在这里，需要着重说明的是模式设置位 OCxM 和预装载使能位 OCxPE。

（1）模式设置位 OCxM

模式设置位 OCxM 由 3 位组成，可以配置成 7 种模式。本任务使用的是 PWM 模式 1，下面主要介绍 PWM 模式 1 和 PWM 模式 2。

① PWM 模式 1

模式设置位 OCxM 设置为 110，即为 PWM 模式 1。例如：

```
TIM1->CCMR1|=6<<4;            //OC1M 设置为 110，CH1 为 PWM1 模式
TIM1->CCMR2|=6<<4;            //OC3M 设置为 110，CH3 为 PWM1 模式
```

② PWM 模式 2

模式设置位 OCxM 设置为 111，即为 PWM 模式 2。例如：

```
TIM1->CCMR1|=7<<4;            //OC1M 设置为 111，CH1 为 PWM2 模式
TIM1->CCMR2|=7<<4;            //OC3M 设置为 111，CH3 为 PWM2 模式
```

注意：在使用 PWM 模式时，模式设置位 OCxM 必须设置为 110/111，这两种 PWM 模式的

区别就是输出电平的极性相反。

在向上计数时，一旦 TIMx_CNT<TIMx_CCR1 时，通道 1 为有效电平，否则为无效电平；在向下计数时，一旦 TIMx_CNT>TIMx_CCR1 时，通道 1 为无效电平（OC1REF=0），否则为有效电平（OC1REF=1）。

（2）预装载使能位 OCxPE

① 预装载使能位 OCxPE 设置为 0

禁止 TIMx_CCR1 寄存器的预装载功能，可随时写入 TIMx_CCR1 寄存器，并且新写入的数值立即起作用。

② 预装载使能位 OCxPE 设置为 1

开启 TIMx_CCR1 寄存器的预装载功能，读写操作仅对预装载寄存器操作，TIMx_CCR1 的预装载值在更新事件到来时被传送至当前寄存器中。 例如：

```
TIM1->CCMR1|=1<<3;              //CH1 预装载使能
TIM1->CCMR2|=1<<3;              //CH3 预装载使能
```

3. 捕获/比较寄存器 TIMx_CCR1~4

捕获/比较寄存器（TIMx_CCR1～4），总共有 4 个，分别对应 4 个输出通道 CH1～4。由于这 4 个寄存器差不多，下面仅以 TIMx_CCR1 为例进行介绍，该寄存器的各位描述如图 5-3 所示。

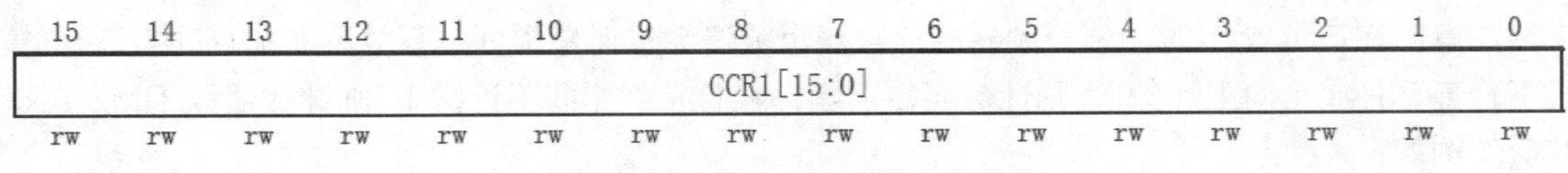

图5-3　寄存器TIMx_ CCR1各位描述

（1）CC1 通道配置为输出

CCR1[15:0]包含了装入当前捕获/比较 1 寄存器的值（预装载值）。在输出模式下，该寄存器的值与计数器 TIMx_CNT 的值比较，根据比较结果产生相应动作。利用这点，我们通过修改这个寄存器的值，就可以控制 PWM 的输出脉宽了。

（2）CC1 通道配置为输入

CCR1 包含了由上一次输入捕获 1 事件（IC1）传输的计数器值。

4. 捕获/比较使能寄存器 TIMx_CCER

捕获/比较使能寄存器（TIMx_CCER）控制着各个输入/输出通道的开关。该寄存器的各位描述如图 5-4 所示。

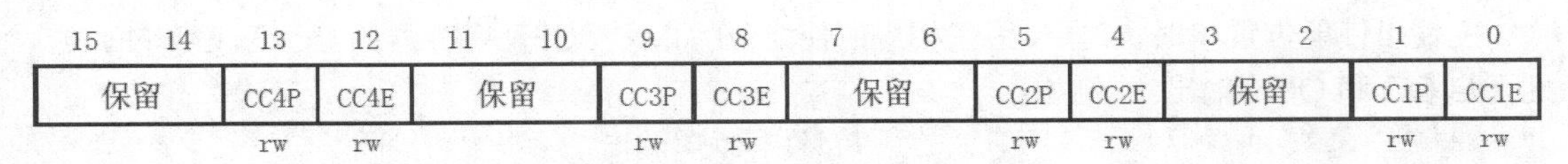

图5-4　寄存器TIMx_CCER各位描述

我们只介绍 TIMx_CCER 位 3:2。通用定时器的 TIMx_CCER 位 3:2 是保留的，始终读为 0。高级定时器 TIM1 和 TIM8 的 TIMx_CCER 位 3:2 描述如下。

（1）位 3 CC1NP

设置 TIMx_CCER 位 3 为 0：OC1N 高电平有效；

设置 TIMx_CCER 位 3 为 1：OC1N 低电平有效。

（2）位 2 CC1NE

设置 TIMx_CCER 位 2 为 0：关闭，OC1N 禁止输出；

设置 TIMx_CCER 位 2 为 1：开启，OC1N 信号输出到对应的输出引脚。

例如：

```
TIM1->CCER|=3<<8;                //OC3 输出使能
TIM1->CCER|=3<<2;                //OC1N 输出使能
```

5. 其他相关寄存器

（1）事件产生寄存器（TIMx_EGR）

事件产生寄存器（TIMx_EGR）的各位描述如图 5-5 所示。

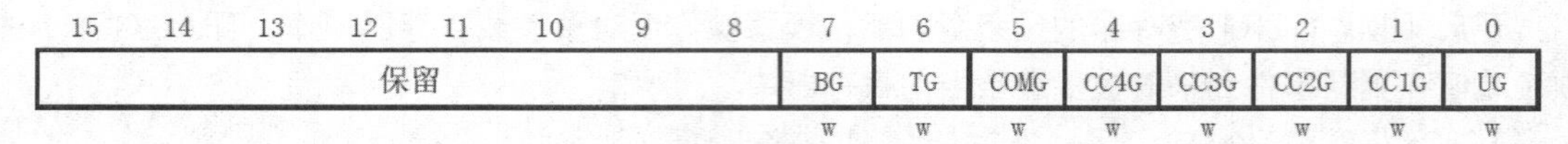

15	14	13	12	11	10	9	8	7	6	5	4	3	2	1	0
保留								BG	TG	COMG	CC4G	CC3G	CC2G	CC1G	UG
								w	w	w	w	w	w	w	w

图5-5　寄存器TIMx_EGR各位描述

本任务涉及的 UG 位的作用是设置产生更新事件，该位由软件置 1，由硬件自动清零。

该位置 0 时，无动作；

该位置 1 时，重新初始化计数器，并产生一个更新事件。

注意：在该位置 1 时，预分频器的计数器也被清零（但是预分频系数不变）。在中心对称模式下，若 DIR=0（向上计数），则计数器被清零，若 DIR=1（向下计数），则计数器取 TIMx_ARR 的值。例如：

```
TIM1->EGR |= 1<<0;               //初始化所有的寄存器
```

（2）刹车和死区寄存器 TIMx_BDTR

刹车和死区寄存器（TIMx_BDTR）的各位描述如图 5-6 所示。

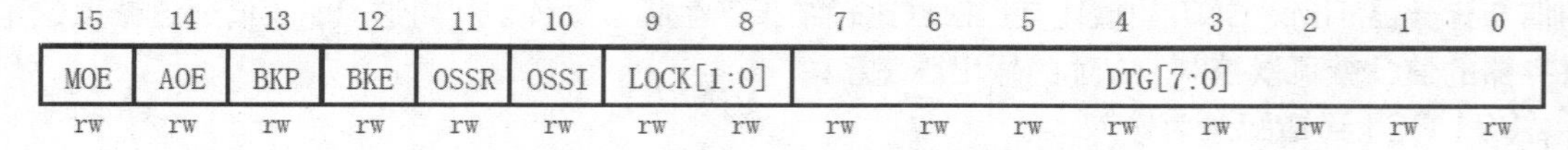

15	14	13	12	11	10	9	8	7	6	5	4	3	2	1	0
MOE	AOE	BKP	BKE	OSSR	OSSI	LOCK[1:0]		DTG[7:0]							
rw	rw	rw	rw	rw	rw	rw	rw	rw	rw	rw	rw	rw	rw	rw	rw

图5-6　寄存器TIMx_BDTR各位描述

本任务涉及的 MOE 位是设置主输出使能。一旦刹车输入有效，该位被硬件异步清零。根据 AOE 位的设置值，该位可以由软件清零或被自动置 1，它仅对配置为输出的通道有效。

主输出使能位置 0 时，禁止 OC 和 OCN 输出或强制为空闲状态；

主输出使能位置 1 时，如果设置了相应的使能位（TIMx_CCER 寄存器的 CCxE、CCxNE 位），则开启 OC 和 OCN 输出。 例如：

```
TIM1->BDTR |=1<<15;              //开启 OC 和 OCN 输出
```

5.3.2 STM32 的 PWM 输出编程思路

在前面，已把本任务要用的几个 TIMx 的 PWM 相关寄存器都介绍完了，下面介绍一下 STM32 的 PWM 输出编程思路以及要实现的功能。

1. PWM 模式实现

脉冲宽度调制（PWM）模式可以产生一个由 TIMx_ARR 寄存器确定频率、由 TIMx_CCRx

寄存器确定占空比的信号。

（1）在 TIMx_CCMRx 寄存器中的 OCxM 位写入 110（PWM 模式 1）或 111（PWM 模式 2），能够独立地设置每个 OCx 输出通道产生一路 PWM。

（2）必须通过设置 TIMx_CCMRx 寄存器的 OCxPE 位使能相应的预装载寄存器。

（3）最后还要设置 TIMx_CR1 寄存器的 ARPE 位（在向上计数或中心对称模式中）使能自动重装载的预装载寄存器。

（4）仅当发生一个更新事件的时候，预装载寄存器才能被传送到影子寄存器，因此在计数器开始计数之前，必须通过设置 TIMx_EGR 寄存器中的 UG 位来初始化所有的寄存器。

（5）OCx 的极性可以通过软件设置 TIMx_CCER 寄存器中的 CCxP 位，可以设置为高电平有效或低电平有效。OCx 的输出使能通过（TIMx_CCER 和 TIMx_BDTR 寄存器中）CCxE、CCxNE、MOE、OSSI 和 OSSR 位的组合控制，详见 TIMx_CCER 寄存器的描述。

（6）在 PWM 模式（模式 1 或模式 2）下，TIMx_CNT 和 TIMx_CCRx 始终在进行比较，以计数器的计数方向来确定是否符合 TIMx_CCRx<TIMx_CNT 或者 TIMx_CNT <TIMx_CCRx。

（7）根据 TIMx_CR1 寄存器中 CMS 位的状态，定时器能够产生边沿对齐的 PWM 信号或中央对齐的 PWM 信号。

2. STM32 的 PWM 输出编程步骤

针对本任务，要利用 TIM1 的 CH1N 和 CH3（重映射到 STM32 核心板的 PE8 和 PE13）输出两路 PWM 来控制电机的速度，实现电机慢→快→慢→快的循环变化。

在程序中，就是控制 TIM1_CH1N 和 TIM1_CH3 的 PWM 输出，接下来我们将介绍具体的步骤。

（1）开启 TIM1 和 PORTE 时钟，配置 PE8、PE13 为复用输出。

要使用 TIM1，就必须先开启 TIM1 的时钟（通过 APB2ENR 设置），例如：

```
RCC->APB2ENR|=1<<11;          //TIM1 时钟使能
RCC->APB2ENR|=1<<6;           //使能 PORTE 时钟
```

还要配置 PE8、PE13 为复用输出，这是因为 TIM1_CH1N 和 TIM1_CH3 通道是以 I/O 复用的形式连接到 PE8、PE13 上的，所以要使用复用输出功能。例如：

```
GPIOE->CRH&=0XFF000000;       //PE8、PE13 输出
GPIOE->CRH|=0X00B3333B;       //复用功能输出
```

（2）设置 AFIO_MAPR，把 TIM1 的两路 PWM 输出重新映射到 PE8 和 PE13 引脚上。

设置 AFIO_MAPR，把 TIM1 的 CH1N 和 CH3 产生的两路 PWM 输出（复用功能）重新映射到 PE8 和 PE13 引脚上。例如：

```
AFIO->MAPR&=0XFFFFFF3F;       //清除 MAPR 的[7:6]
AFIO->MAPR|=1<<7;             //完全重映射,TIM1_CH1N->PE8
AFIO->MAPR|=1<<6;             //完全重映射,TIM1_CH3->PE13
```

（3）设置 TIM1 的 ARR 和 PSC。

在开启了 TIM1 的时钟之后，还要设置 ARR 和 PSC 两个寄存器的值，来控制输出 PWM 的周期。例如：

```
TIM1->ARR=arr;                //设定计数器自动重装值
TIM1->PSC=psc;                //预分频器不分频
```

（4）设置 TIM1_CH1N 和 TIM1_CH3 的 PWM 模式。

通过配置 TIM1_CCMR1 和 TIM1_CCMR2 的相关位来设置 TIM1_CH1N 和 TIM1_CH3 为 PMW 模式。例如：

```
TIM1->CCMR1|=6<<4;          //CH1 为 PWM1 模式
TIM1->CCMR1|=1<<3;          //CH1 预装载使能
TIM1->CCMR2|=6<<4;          //CH3 为 PWM1 模式
TIM1->CCMR2|=1<<3;          //CH3 预装载使能
```

（5）使能 TIM1 的 CH1 和 CH3 输出，使能 TIM1。

在完成以上设置之后，还需要开启 TIM1_CH1N 通道、TIM1_CH3 通道以及 TIM1。开启 TIM1_CH1N 通道、TIM1_CH3 通道输出，是通过 TIM1_CCER 来设置的，是单个通道的开关；而开启 TIM1 是通过 TIM1_CR1 来设置的，是整个 TIM1 的总开关。

只有设置了这两个寄存器，才能在 TIM1 的 TIM1_CH1N 通道和 TIM1_CH3 通道上看到 PWM 波形输出。例如：

```
TIM1->CCER|=3<<8;           //OC3 输出使能
TIM1->CCER|=3<<2;           //OC1N 输出使能
TIM1->BDTR |=1<<15;         //开启 OC 和 OCN 输出
TIM1->CR1|=1<<7;            //ARPE 使能自动重装载预装载允许位
TIM1->CR1|=1<<4;            //向下计数模式
TIM1->CR1|=1<<0;            //使能定时器 1
```

（6）初始化所有的寄存器。

初始化所有的寄存器。例如：

```
TIM1->EGR |= 1<<0;          //初始化所有的寄存器
```

（7）修改 TIM3_CCR2 来控制占空比。

在经过以上设置之后，PWM 就开始输出了，其占空比和频率都是固定的，可以通过修改 TIM1_CCR1 和 TIM1_CCR3 来改变 CH1N 和 CH3 的输出占空比。例如：

在头文件 timer.h 中定义了 TIM1->CCR1 和 TIM1->CCR3。

```
#define  DJ0_PWM_VAL  TIM1->CCR3
#define  DJ1_PWM_VAL  TIM1->CCR1
```

在 int main(void)中，通过改变 TIM1_CCR1 和 TIM1->CCR3 的值来改变 CH1N 和 CH3 的输出占空比，从而控制电机速度。例如：

```
DJ0_PWM_VAL=DJ1_PWM_VAL=pwmval;
```

5.3.3 STM32 的 PWM 输出相关库函数

通过重映射，我们把 TIM1 的 CH1N 和 CH3 重新映射到 PE8 和 PE13 引脚上，由 TIM1 的 CH1N 和 CH3 输出两路 PWM，来控制直流电机的速度。下面介绍通过库函数来配置该功能的步骤。

与 PWM 相关的函数设置在库函数文件 stm32f10x_tim.h 和 stm32f10x_tim.c 中。

1. 开启 TIM1 时钟以及复用功能时钟，配置 PE8 和 PE13 为复用输出

要使用 TIM1，必须先开启 TIM1 的时钟。还要配置 PE8 和 PE13 为复用输出，这是因为 TIM1_CH1N 和 TIM1_CH3 通道将重映射到 PE8 和 PE13 上，此时 PE8 和 PE13 属于复用功能输出。

库函数使能 TIM1 时钟的方法如下：

```
RCC_APB2PeriphClockCmd(RCC_APB2Periph_TIM1, ENABLE);   //使能定时器 1 时钟
```

库函数设置 AFIO 时钟的方法如下：

```
RCC_APB2PeriphClockCmd(RCC_APB2Periph_AFIO, ENABLE);   //复用时钟使能
```

库函数使能外设时钟和库函数设置 AFIO 时钟的方法，在前面多个任务中都已经使用过了，这里就不做详细介绍了。同样设置 PE8 和 PE13 为复用功能输出的方法，在前面也有多次类似的设置，这里只给出复用推挽输出的设置代码，代码如下：

```
GPIO_InitStructure.GPIO_Mode = GPIO_Mode_AF_PP;         //复用推挽输出
```

2. 设置 TIM1_CH1N 和 TIM1_CH3 重映射到 PE8 和 PE13 上

由于 TIM1_CH1N 和 TIM1_CH3 默认是接在 PB13 和 PA10 上的，所以需要通过复用重映射和调试 I/O 配置寄存器（AFIO_MAPR）来设置 TIM1_REMAP 为完全重映射，使得 TIM1_CH1N 和 TIM1_CH3 重映射到 PE8 和 PE13 上。在库函数里设置重映射的函数是：

```
void GPIO_PinRemapConfig(uint32_t GPIO_Remap, FunctionalState NewState);
```

STM32 重映射只能重映射到特定的端口。这里的关键是第一个入口参数，用来设置重映射的类型。在 stm32f10x_gpio.h 头文件中都有定义，定时器的部分重映射代码如下：

```
#define GPIO_PartialRemap_TIM1     ((uint32_t)0x00160040)
#define GPIO_FullRemap_TIM1        ((uint32_t)0x001600C0)
#define GPIO_PartialRemap1_TIM2    ((uint32_t)0x00180100)
#define GPIO_PartialRemap2_TIM2    ((uint32_t)0x00180200)
#define GPIO_FullRemap_TIM2        ((uint32_t)0x00180300)
#define GPIO_PartialRemap_TIM3     ((uint32_t)0x001A0800)
#define GPIO_FullRemap_TIM3        ((uint32_t)0x001A0C00)
#define GPIO_Remap_TIM4            ((uint32_t)0x00001000)
```

TIM1 有部分重映射和完全重映射两个类型，入口参数分别为 GPIO_PartialRemap_TIM1 和 GPIO_FullRemap_TIM1。TIM1 完全重映射的库函数实现方法代码如下：

```
GPIO_PinRemapConfig(GPIO_FullRemap_TIM1, ENABLE);
```

3. 初始化 TIM1，设置 TIM1 的 ARR 和 PSC

在开启了 TIM1 的时钟之后，还要设置 ARR 和 PSC 两个寄存器的值来控制输出 PWM 的周期。在这里，设置 ARR 和 PSC 两个寄存器的值，是通过库函数的 TIM_TimeBaseInit()函数来实现的，设置代码如下：

```
TIM_TimeBaseStructure.TIM_Period = arr;          //设置自动重装载值
TIM_TimeBaseStructure.TIM_Prescaler =psc;        //设置预分频值
TIM_TimeBaseStructure.TIM_ClockDivision = 0;     //设置时钟分割:TDTS = Tck_tim
TIM_TimeBaseStructure.TIM_CounterMode = TIM_CounterMode_Up; //向上计数模式
TIM_TimeBaseInit(TIM1, &TIM_TimeBaseStructure);//根据指定的参数初始化 TIM1
```

4. 设置 TIM1_CH1N 和 TIM1_CH3 的 PWM 模式，使能 TIM1 的 CH1N 和 CH3 输出

在库函数中，PWM 通道是通过 TIM_OC1Init()～TIM_OC4Init()函数来设置的，这几个函数都在 stm32f10x_tim.c 文件中。不同的通道的设置函数不一样，这里使用的是通道 1 和通道 3，使用的函数是 TIM_OC1Init()和 TIM_OC3Init()。代码如下：

```
void TIM_OC1Init(TIM_TypeDef* TIMx, TIM_OCInitTypeDef* TIM_OCInitStruct);
```

```
void TIM_OC3Init(TIM_TypeDef* TIMx, TIM_OCInitTypeDef* TIM_OCInitStruct);
```

其中，定义结构体 TIM_OCInitTypeDef 的代码如下：

```
typedef struct
{
    uint16_t TIM_OCMode;
    uint16_t TIM_OutputState;
    uint16_t TIM_OutputNState;
    uint16_t TIM_Pulse;
    uint16_t TIM_OCPolarity;
    uint16_t TIM_OCNPolarity;
    uint16_t TIM_OCIdleState;
    uint16_t TIM_OCNIdleState;
} TIM_OCInitTypeDef;
```

在结构体 TIM_OCInitTypeDef 中，与本任务相关的几个成员变量说明如下。

参数 TIM_OCMode 用来设置模式是 PWM 还是输出比较，这里是 PWM 模式；

参数 TIM_OutputState 用来设置比较输出使能，也就是使能 PWM 输出到端口；

参数 TIM_OCPolarity 用来设置极性是高还是低。

TIM1_CH1N 和 TIM1_CH3 为 PWM1 模式，并使能 TIM1 的 CH1N 和 CH3 输出，其代码如下：

```
TIM_OCInitTypeDef  TIM_OCInitStructure;
```

（1）设置 TIM1_CH1N 为 PWM 模式 1

```
TIM_OCInitStructure.TIM_OCMode = TIM_OCMode_PWM1;
TIM_OCInitStructure.TIM_OutputState = TIM_OutputState_Enable;//比较输出使能
TIM_OCInitStructure.TIM_OCPolarity=TIM_OCPolarity_High; //TIM 输出比较极性高
TIM_OC1Init(TIM1, &TIM_OCInitStructure);  //T 指定的参数初始化外设 TIM1 的 OC1
```

（2）设置 TIM1_CH3 为 PWM 模式 1

```
TIM_OCInitStructure.TIM_OCMode = TIM_OCMode_PWM1;
TIM_OCInitStructure.TIM_OutputState = TIM_OutputState_Enable;
TIM_OCInitStructure.TIM_OCPolarity = TIM_OCPolarity_High;
TIM_OC3Init(TIM1, &TIM_OCInitStructure);  //T 指定的参数初始化外设 TIM1 的 OC3
```

其中，TIM_OCMode_PWM1 和 TIM_OCMode_PWM2 的宏定义在 stm32f10x_tim.h 头文件中，宏定义代码如下：

```
#define TIM_OCMode_PWM1      ((uint16_t)0x0060)
#define TIM_OCMode_PWM2      ((uint16_t)0x0070)
```

5. 使能 TIM1，修改 TIM1_CCR1 和 TIM1_CCR3 控制占空比

（1）使能 TIM1

在完成以上设置后，还需要使能 TIM1，使能 TIM1 的代码如下：

```
TIM_Cmd(TIM1, ENABLE);        //使能 TIM1
```

（2）修改 TIM1_CCR1 和 TIM1_CCR3 控制占空比

在库函数中，修改 TIM1_CCR1 和 TIM1_CCR3 占空比的函数是：

```
void TIM_SetCompare1(TIM_TypeDef* TIMx, uint16_t Compare1);
void TIM_SetCompare3(TIM_TypeDef* TIMx, uint16_t Compare3);
```

其他通道都有一个函数名字，函数格式为 TI M_SetComparex（x=1、2、3、4）。通过以上库函数的配置，我们就可以通过 TIM1 的 CH1N 和 CH3 输出 PWM 了。

5.3.4　PWM 输出控制电机设计

1. PWM 输出控制电路

STM32 核心板中 PWM 输出控制电路的 PE8 与 PE13 分别输出 LEFT_PWM 和 RIGHT_PWM 控制信号，可以直接控制小车的左右电机，如图 5-7 所示。

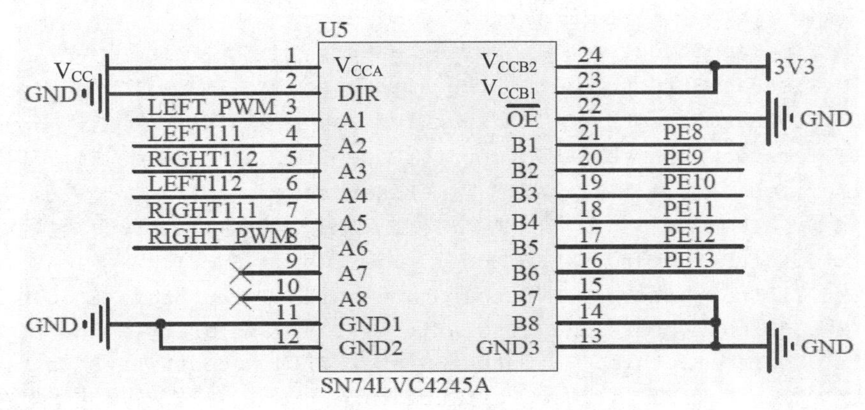

图5-7　PWM输出控制电路

2. 新建 Timer_pwm 工程

（1）建立一个“任务 12　PWM 输出控制”工程目录，然后把任务 11 的工程直接复制到该目录下。

（2）在“任务 12　PWM 输出控制”工程目录下，把任务 11 的工程目录名修改为“PWM 输出控制”。

（3）在 USER 子目录下，把工程名修改为 Timer_pwm.uvproj。

3. 编写 timer.c 文件和 timer.h 头文件

在本任务中，需要编写 timer.c 文件和 timer.h 头文件，timer.c 主要包括 TIM1 的 PWM 输出初始化函数 TIM1_PWM_Init ()。先在 HARDWARE 子目录下新建一个 timer 子目录，然后在 timer 子目录下新建 timer.c 文件和 timer.h 头文件。

（1）编写 timer.c 文件

在 TIM1 的 PWM 输出初始化函数中，主要是在 TIM1 的通道 1（PE8）和通道 3（PE13）产生 PWM。timer.c 文件的代码如下：

```
#include "timer.h"
void TIM1_PWM_Init(u16 arr,u16 psc)
{
    GPIO_InitTypeDef GPIO_InitStructure;
    TIM_TimeBaseInitTypeDef  TIM_TimeBaseStructure;
    TIM_OCInitTypeDef  TIM_OCInitStructure;
    RCC_APB2PeriphClockCmd(RCC_APB2Periph_TIM1, ENABLE);   //使能 T1 时钟
    RCC_APB2PeriphClockCmd(RCC_APB2Periph_GPIOE  | RCC_APB2Periph_AFIO,
```

```
                    ENABLE);        //使能 GPIO 外设和 AFIO 复用功能模块时钟
    /*TIM1 完全重映射：TIM1_CH1N->PE8，TIM1_CH3->PE13*/
    GPIO_PinRemapConfig(GPIO_FullRemap_TIM1, ENABLE);
    /*设置 PE8、PE13 为复用功能输出*/
    GPIO_InitStructure.GPIO_Pin = GPIO_Pin_8| GPIO_Pin_13;
    GPIO_InitStructure.GPIO_Mode = GPIO_Mode_AF_PP;     //复用推挽输出
    GPIO_InitStructure.GPIO_Speed = GPIO_Speed_50MHz;
    GPIO_Init(GPIOE, &GPIO_InitStructure);              //初始化 GPIO
    /*初始化 TIM1，设置 TIM1 的 ARR 和 PSC*/
    TIM_TimeBaseStructure.TIM_Period = arr;
    TIM_TimeBaseStructure.TIM_Prescaler =psc;
    TIM_TimeBaseStructure.TIM_ClockDivision = 0;        //设置时钟分割
    TIM_TimeBaseStructure.TIM_CounterMode=TIM_CounterMode_Up;//向上计数模式
    TIM_TimeBaseInit(TIM1, &TIM_TimeBaseStructure);         //初始化 TIM1
    /*设置 TIM1_CH1N 和 TIM1_CH3 的 PWM 模式，使能 TIM1 的 CH1N 和 CH3 输出*/
    TIM_OCInitStructure.TIM_OCMode = TIM_OCMode_PWM1;
    TIM_OCInitStructure.TIM_OutputState = TIM_OutputState_Enable;
    TIM_OCInitStructure.TIM_OCPolarity = TIM_OCPolarity_High;
    TIM_OCInitStructure.TIM_OutputNState = TIM_OutputNState_Enable;
    TIM_OC1Init(TIM1, &TIM_OCInitStructure); //指定的参数初始化外设 TIM1 的 OC1
    TIM_OCInitStructure.TIM_OCPolarity = TIM_OCPolarity_Low;
    TIM_OC3Init(TIM1, &TIM_OCInitStructure); //指定的参数初始化外设 TIM1 的 OC3
    TIM_OC1PreloadConfig(TIM1, TIM_OCPreload_Enable);  //CH1N 预装载使能
    TIM_ARRPreloadConfig(TIM1,ENABLE);//使能预装载寄存器
    TIM_OC3PreloadConfig(TIM1, TIM_OCPreload_Enable);      //CH3 预装载使能
    TIM_Cmd(TIM1, ENABLE);                                  //使能 TIM1
    TIM_CtrlPWMOutputs(TIM1, ENABLE);
}

void IO_Init(void)
{
    GPIO_InitTypeDef GPIO_InitStructure;
    RCC_APB2PeriphClockCmd(RCC_APB2Periph_GPIOE,ENABLE);   //使能 E 端口时钟
    //端口配置
    GPIO_InitStructure.GPIO_Pin =
    GPIO_Pin_9|GPIO_Pin_10|GPIO_Pin_11|GPIO_Pin_12;
    GPIO_InitStructure.GPIO_Mode = GPIO_Mode_Out_PP;        //推挽输出
    //I/O 口速度为 50MHz
    GPIO_InitStructure.GPIO_Speed = GPIO_Speed_50MHz;
    GPIO_Init(GPIOE, &GPIO_InitStructure);      //根据设定参数初始化 GPIOB.5
    GPIO_ResetBits(GPIOE,GPIO_Pin_9|GPIO_Pin_10|GPIO_Pin_11|GPIO_Pin_12);
}
```

（2）编写 timer.h 头文件

timer.h 头文件的代码如下：

```
#ifndef __TIMER_H
#define __TIMER_H
#include "sys.h"
void TIM1_PWM_Init(u16 arr,u16 psc);
void IO_Init(void);
#endif
```

4. 编写主文件

在主文件中，主要完成 TIM1 定时器的 PWM 输出初始化，通过 TIM1 的通道 1（PE8）和通道 3（PE13）产生的 PWM 来控制电机的速度，实现电机慢→快→慢→快的循环变化。主文件 main.c 的代码如下：

```
#include "stm32f10x.h"
#include "delay.h"
#include "sys.h"
#include "timer.h"
void main(void)
{
    u16 djpwmval=0;
    u8 dir=1;
    IO_Init
    delay_init();              //延时函数初始化
    TIM1_PWM_Init(899,0);      //不分频。PWM 频率=72000/900=8kHz
    L1=0; L2=1;                //小车左电机控制  前进
    R1=0; R2=1;                //小车右电机控制  前进
    while(1)
    {
        delay_ms(10);
        if(dir) led0pwmval++;
        else led0pwmval--;
        if(djpwmval>900) dir=0;
        if(djpwmval==0) dir=1;
        TIM_SetCompare1(TIM1,djpwmval);     //更新 TIM1 通道 1 的自动重装载值
        TIM_SetCompare3(TIM1,djpwmval);     //更新 TIM1 通道 3 的自动重装载值
    }
}
```

5. 工程搭建、编译与调试

（1）把 main.c 主文件添加到工程里面，把 Project Targets 栏下的工程名修改为 Timer_pwm。

（2）在 Timer_pwm 工程中，在 HARDWARE 组中添加 timer.c 文件。同时还要添加 timer.h 头文件以及编译文件的路径。

（3）完成了 Timer_pwm 工程的搭建和配置后，单击 Rebuild 按钮对工程进行编译，生成“Timer_pwm.hex”目标代码文件。若编译发生错误，要进行分析检查，直到编译正确。

（4）单击 LOAD 按钮，完成 Timer_pwm.hex 下载。

（5）启动核心板，观察电机速度是否按照慢→快→慢→快的顺序循环变化，若运行结果与任

务要求不一致，要对程序进行分析检查，直到运行正确。

【技能训练 5-2】基于寄存器的 PWM 输出控制电机设计与实现

我们如何利用 STM32 的 PWM 相关寄存器，来实现 PWM 输出控制电机设计与实现呢？

技能训练要求：参考任务 12 来完成基于寄存器的 PWM 输出控制电机的设计。

1. 编写 timer.c 文件以及头文件 timer.h

（1）头文件 timer.h

```
#ifndef __TIMER_H
#define __TIMER_H
#include "sys.h"
//通过改变 TIM1->CCR3 的值来改变占空比，从而控制电机速度
#define DJR_PWM_VAL TIM1->CCR3      //右电机
#define DJL_PWM_VAL TIM1->CCR1      //左电机
void PWM_Init(u16 arr,u16 psc);     //PWM 输出初始化，psc：时钟预分频数
#endif
```

（2）timer.c 文件

主要对 PWM 输出进行初始化，代码如下：

```
void PWM_Init(u16 arr,u16 psc)
{
   //此部分需手动修改 I/O 口设置
   RCC->APB2ENR|=1<<11;              //TIM1 时钟使能
   RCC->APB2ENR|=1<<6;               //使能 PORTE 时钟
   GPIOE->CRH&=0XFF000000;           //PE8、PE13 输出
   GPIOE->CRH|=0X00B3333B;           //复用功能输出
   RCC->APB2ENR|=1<<0;               //开启辅助时钟
   AFIO->MAPR&=0XFFFFFF3F;           //清除 MAPR 的[7:6]
   AFIO->MAPR|=1<<7;                 //完全重映射,TIM1_CH1N->PE8
   AFIO->MAPR|=1<<6;                 //完全重映射,TIM1_CH3->PE13
   TIM1->ARR=arr;                    //设定计数器自动重装值
   TIM1->PSC=psc;                    //预分频器不分频
   TIM1->CCMR2|=6<<4;                //CH3：PWM2 模式
   TIM1->CCMR2|=1<<3;                //CH3 预装载使能
   TIM1->CCMR1|=6<<4;                //CH1：PWM2 模式
   TIM1->CCMR1|=1<<3;                //CH1 预装载使能
   TIM1->CR1|=1<<7;                  //ARPE 使能自动重装载预装载允许位
   TIM1->CR1|=1<<4;                  //向下计数模式
   TIM1->CCER|=3<<8;                 //OC3 输出使能
   TIM1->CCER|=3<<2;                 //OC1N 输出使能
   TIM1->BDTR |=1<<15;               //开启 OC 和 OCN 输出
   TIM1->EGR |= 1<<0;                //初始化所有的寄存器
   TIM1->CR1|=1<<0;                  //使能定时器 1
}
```

2. 主文件

STM32 核心板的 TIM1 定时器的 PE8 与 PE13 分别输出 PWM 信号，可以直接控制小车电机。

```
#include "stm32f10x.h"
#include "sys.h"
#include "delay.h"
#include "timer.h"
void main(void)
{
    u16 pwmval=0;
    u8 dir=1;
    Stm32_Clock_Init(9);     //系统时钟设置
    delay_init(72);          //延时初始化
    uart_init(72,9600);      //串口初始化
    PWM_Init(900,0);         //不分频。PWM 频率=72000/900=80kHz

    L1=0; L2=1;       //小车左电机控制  前进
    R1=0; R2=1;       //小车右电机控制  前进
    while(1)
    {
        delay_ms(10);
        if(dir) pwmval++;
        else  pwmval--;
        if(pwmval>900)dir=0;
        if(pwmval==0)dir=1;
        DJL_PWM_VAL=DJR_PWM_VAL=pwmval;
    }
}
```

3. 运行与调试

观察电机的速度，是否按照慢→快→慢→快的顺序循环变化。

1. STM32 的定时器分为两大类，一类是内核中的 SysTick（系统滴答）定时器，另一类是 STM32 的常规定时器。

2. SysTick 定时器又称为系统滴答定时器，是一个 24 位的系统节拍定时器，具有自动重载和溢出中断功能，所有基于 Cortex_M3 的芯片都可以由 SysTick 定时器获得一定的时间间隔。

（1）SysTick 定时器位于 Cortex-M3 内核的内部，是一个倒计数定时器，当计数到 0 时，将从 RELOAD 寄存器中自动重装载定时初值，定时结束时会产生 SysTick 中断，中断号是 15。只要不把它在 SysTick 控制及状态寄存器中的使能位清除，就会永远工作下去。

（2）SysTick 定时器时钟选择，可以通过 SysTick 控制及状态寄存器来选择 SysTick 定时器的时钟源。如将 SysTick 控制及状态寄存器中的 CLKSOURCE 位置 1，SysTick 定时器就会在内核时钟（PCLK）频率下运行；而将 CLKSOURCE 位清零，SysTick 定时器就会以外部时钟源

（STCLK）频率运行。

（3）SysTick 定时器有 4 个可编程寄存器，包括 SysTick 控制及状态寄存器、SysTick 重装载寄存器、SysTick 当前数值寄存器和 SysTick 校准数值寄存器。

（4）在库函数中，与 SysTick 定时器相关的函数有 SysTick_Config(uint32_t ticks)和 void SysTick_CLKSourceConfig(uint32_t SysTick_CLKSource)这两个函数。

3. STM32 定时器有高级控制定时器（TIM1 和 TIM8）、通用定时器（TIMx：TIM2-TIM5）和基本定时器（TIM6 和 TIM7）3 种。

（1）STM32 定时器由一个通过可编程预分频器（PSC）驱动的 16 位的自动装载计数器（CNT）组成。计数器模式有向上计数、向下计数和向上向下双向计数。

（2）TIM1 和 TIM8 是可编程高级控制定时器，主要部分是一个 16 位计数器和与其相关的自动装载寄存器。计数器、自动装载寄存器和预分频器寄存器可以由软件读写。

（3）通用定时器（TIMx：TIM2-TIM5）由一个通过可编程预分频器驱动的 16 位自动装载计数器构成。每个定时器都是完全独立的，没有互相共享任何资源。

使用定时器预分频器和 RCC 时钟控制器预分频器，可以在几个微秒到几个毫秒间调整脉冲长度和波形周期。适用于多种场合，包括测量输入信号的脉冲长度（输入捕获）或者产生输出波形（输出比较和 PWM）。

（4）基本定时器 TIM6 和 TIM7 各包含一个 16 位自动装载计数器，由各自的可编程预分频器驱动。这两个定时器是互相独立的，不共享任何资源。

基本定时器既可以为通用定时器提供时间基准，也可以为数模转换器（DAC）提供时钟。实际上，基本定时器在芯片内部直接连接到 DAC，并通过触发输出直接驱动 DAC。

4. STM32 定时器主要有控制寄存器 1（TIMx_CR1）、自动重装载寄存器（TIMx_ARR）、预分频器（TIMx_PSC）、DMA/中断使能寄存器（TIMx_DIER）和状态寄存器（TIMx_ SR）等寄存器。

5. 与定时器相关的库函数主要集中在固件库文件 stm32f10x_tim.h 和 stm32f10x_tim.c 文件中。

（1）TIM_TimeBaseInit()函数的作用是初始化定时器自动重装值、分频系数、计数方式等参数。

（2）TIM_ITConfig()函数的作用是确定定时器中断的类型（包括更新中断 TIM_IT_Update、触发中断 TIM_IT_Trigger 以及输入捕获中断等）和中断使能。

（3）TIM_Cmd ()函数的作用是设置 TIMx_CR1 的 CEN 位，开启 TIMx 定时器。

6. 编写定时器中断服务函数步骤：在定时器中断产生后，通过状态寄存器 SR 的值来判断此次产生的中断属于什么类型；然后执行相关的功能实现操作；在处理完中断之后，要向 TIMx_SR 的最低位写 0，来清除该中断标志。

7. STM32 的 TIMx 定时器初始化步骤：时钟使能；配置预分频、自动重装值和重复计数值；清除中断标志位（否则会先进入一次中断）；使能 TIMx 中断，选择中断源；设置中断优先级；使能 TIMx 外设。

8. 脉冲宽度调制（PWM）简称脉宽调制，是利用微处理器的数字输出对模拟电路进行控制的一种非常有效的技术。简单来说，就是对脉冲宽度的控制。

（1）STM32 的 PWM 输出相关寄存器：复用重映射和调试 I/O 配置寄存器 AFIO_MAPR、捕获/比较模式寄存器 TIMx_CCMR1/2、捕获/比较使能寄存器 TIMx_CCER、捕获/比较寄存器 TIMx_CCR1～4。

(2)脉冲宽度调制模式可以产生一个由 TIMx_ARR 寄存器确定频率、由 TIMx_CCRx 寄存器确定占空比的信号。

9. PWM 相关的函数设置在库函数 stm32f10x_tim.h 和 stm32f10x_tim.c 文件中。库函数配置 PWM 的步骤如下。

(1)开启 TIMx 的时钟以及复用功能时钟，配置复用输出。

(2)设置 TIMx 通道的重映射。

(3)初始化 TIMx，设置 TIMx 的 ARR 和 PSC。

(4)设置 TIMx 通道的 PWM 模式，使能 TIMx 的通道输出。

(5)使能 TIMx，修改 TIMx_CCRx 控制占空比。

5-1　STM32 的定时器分为哪两大类?

5-2　STM32 的常规定时器分为哪 3 种?

5-3　SysTick 定时器位于 Cortex-M3 内核的什么位置? 简述其工作过程。

5-4　SysTick 定时器有哪 4 个可编程寄存器? 简述 SysTick 定时器时钟是如何选择的。

5-5　STM32 定时器的计数器模式有哪 3 种? 并简述这 3 种计数器模式的工作过程。

5-6　本章主要介绍了哪几个与 STM32 定时器相关的寄存器? 简述其作用。

5-7　本章主要介绍了哪几个与 STM32 定时器相关的函数? 简述其作用。

5-8　编写定时器的中断服务函数通常有哪几个步骤?

5-9　简述 STM32 的 TIMx 定时器初始化步骤。

5-10 简述使用库函数配置 PWM 的步骤。

5-11 结合节能低碳和绿色发展的理念，利用 TIM3 的通道 2 (PD5) 产生 PWM 脉冲波形，来控制 LED 闪烁的速度，实现 LED 闪烁慢→快→慢→快的循环变化。

Chapter

项目六 串行通信设计与实现

能力目标

能利用 STM32 的 USART 寄存器和库函数，通过 STM3F103VCT6 的 USART 串口发送数据和接收数据，实现串行通信的设计、运行与调试。

知识目标

1. 了解 USART 串口硬件连接的方法；
2. 了解 STM32 的 USART 串口编程相关的寄存器和库函数，完成串行通信程序设计；
3. 会利用 STM32 的 USART 串口，实现基于 WiFi 通信模块和 ZigBee 通信模块的无线通信。

素养目标

实践是检验真理的唯一标准，本项目遵循从易到难的思路，培养读者严谨的科学态度、良好的职业素养，精益求精的工匠精神。

6.1 STM32 的串行通信

6.1.1 串行通信基本知识

按照串行数据的时钟控制方式，串行通信可以分为异步通信和同步通信。

1. 异步通信

在异步通信中，数据通常是以字符为单位组成字符帧传送的。字符帧由发送端一帧一帧地发送，每一帧数据低位在前、高位在后，通过传输线被接收端一帧一帧地接收。发送端和接收端可以由各自独立的时钟来控制数据的发送和接收，这两个时钟彼此独立、互不同步。

在异步通信中，接收端是依靠字符帧格式来判断发送端是何时开始发送和何时结束发送的。

（1）字符帧格式

字符帧格式是异步通信的一个重要指标。字符帧也称数据帧，由起始位、数据位、奇偶校验位和停止位 4 部分组成，如图 6-1 所示。

起始位：位于字符帧开头，只占 1 位，为逻辑 0 低电平，向接收设备表明发送端开始发送一帧信息。

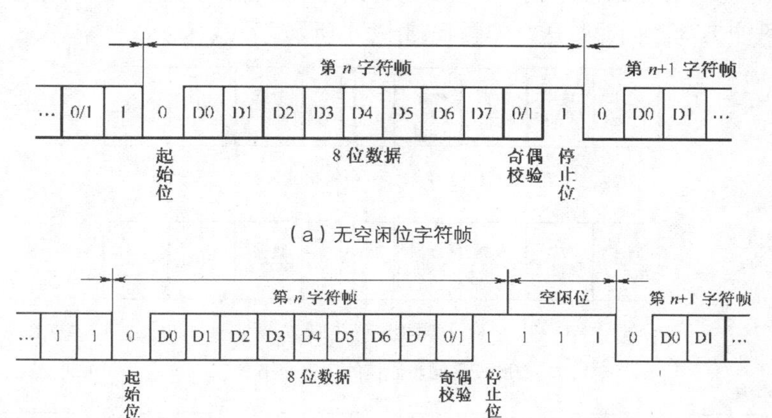

（a）无空闲位字符帧

（b）有空闲位字符帧

图6-1　异步通信的字符帧格式

数据位：紧跟起始位之后，根据情况可取 5 位、6 位、7 位或 8 位，低位在前、高位在后。

奇偶校验位：位于数据位之后，仅占 1 位，用来表征串行通信中采用奇校验还是偶校验，由用户决定。

停止位：位于字符帧最后，为逻辑 1 高电平。通常取 1 位、1.5 位或 2 位，用于向接收端表明一帧信息已经发送完，正为发送下一帧做准备。

在串行通信中，两相邻字符帧之间可以没有空闲位，也可以有若干空闲位，由用户决定。图 6-1（b）所示为有 3 个空闲位的字符帧格式。

（2）波特率

异步通信的另一个重要指标为波特率。波特率为每秒钟传送二进制数码的位数，也叫比特数，单位为 b/s，即位/秒。波特率用于表征数据传输的速度，波特率越高，数据传输速度越快。但波特率和字符的实际传输速率不同，字符的实际传输速率是每秒内所传字符帧的帧数，和字符帧格式有关。

异步通信的优点是不需要传送同步时钟，字符帧长度不受限制，故设备简单；缺点是字符帧中因包含起始位和停止位而降低了有效数据的传输速率。

2. 同步通信

同步通信是一种连续串行传送数据的通信方式，一次通信只传输一帧信息。这里的信息帧和异步通信的字符帧不同，通常有若干个数据字符，如图 6-2 所示。图 6-2（a）为单同步字符帧结构，图 6-2（b）为双同步字符帧结构，均由同步字符、数据字符和校验字符 CRC 三部分组成。在同步通信中，同步字符可以采用统一的标准格式，也可以由用户自行约定。

3. 串行通信的方式

串行通信根据数据传输的方向及时间关系可分为单工、半双工和全双工 3 种方式，如图 6-3 所示。

（1）单工方式。在单工方式下，通信线的一端接发送器，另一端接接收器，数据只能按照一个固定的方向传送，如图 6-3（a）所示。

（2）半双工方式。在半双工方式下，系统的每个通信设备都由一个发送器和一个接收器组成，数据可以沿两个方向传送，但需要分时进行，如图6-3（b）所示。

（3）全双工方式。在全双工方式下，系统的每端都有发送器和接收器，可以同时发送和接收，即数据可以在两个方向上同时传送，如图6-3（c）所示。

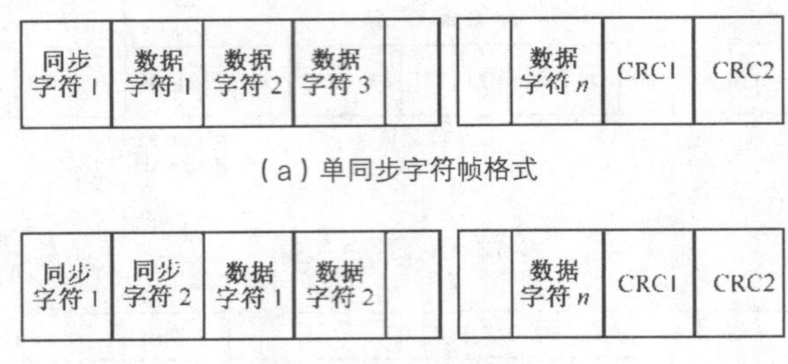

（a）单同步字符帧格式

（b）双同步字符帧格式

图6-2 同步通信的字符帧格式

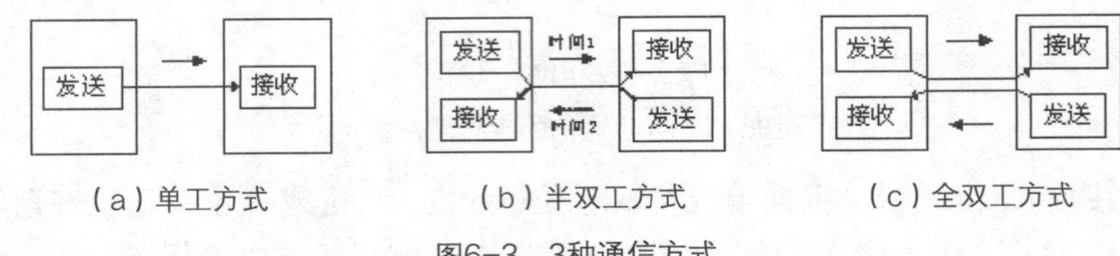

（a）单工方式　（b）半双工方式　（c）全双工方式

图6-3 3种通信方式

在实际应用中，尽管多数串行通信接口电路具有全双工功能，但一般情况下，只工作于半双工方式下，这种用法更简单实用。

6.1.2 认识STM32的USART串口

STM32拥有3路USART串口，串口资源丰富、功能强劲，且与传统的51单片机（或PC）的串口（UART）有所区别。

1. USART串口

USART（通用同步/异步串行收发器）是一种能够把二进制数据按位（bit）传送的通信方式。

STM32的USART串口采用了一种灵活的方法，使用异步串行数据格式进行外部设备之间的全双工数据交换。利用分数波特率发生器提供宽范围的波特率选择，并支持局部互联网LIN、智能卡协议和IrDA SIR ENDEC规范，还具有用于多缓冲器配置的DMA方式，可以实现高速数据通信。STM32的USART串口主要功能如下所述。

（1）分数波特率发生器系统：发送和接收共用的可编程波特率，最高达4.5Mb/s。

（2）可编程数据字长度（8位或9位）；可配置的停止位，支持1个或2个停止位。

（3）LIN主发送同步断开功能、LIN从发展检测断开功能，当USART硬件配置成LIN时，生成13位断开符；检测10/11位断开符。

（4）发送方为同步传输提供时钟。

（5）IRDA红外SIR编码器、解码器，在正常模式下支持3/16位宽时间的脉冲长度。

（6）智能卡模拟功能，支持ISO 7816-3标准中定义的异步协议智能卡，以及0.5和1.5个停止位。

（7）单独的发送器和接收器使能位。

（8）检测标志：接收缓冲器满、发送缓冲器空、传输结束标志。

（9）校验控制：发送数据校验位、接收数据校验位。

（10）4 个错误检测标志：溢出错误、噪声错误、帧错误、校验错误。

（11）10 个带标志的中断源：CTS 改变、LIN 断开符检测、发送数据寄存器空、发送完成、接收数据寄存器满、检测到总线为空闲、溢出错误、帧错误、噪声错误、校验错误。

2．USART 串口硬件连接

串行通信是 STM32 与外界进行信息交换的一种方式，被广泛应用于 STM32 双机、多机以及 STM32 与 PC 机之间通信等方面。

USART 串口是通过 RX（接收数据串行输入）、TX（发送数据输出）和地 3 个引脚与其他设备连接在一起的。

（1）USART1 串口的 TX 和 RX 引脚使用的是 PA9 和 PA10；

（2）USART2 串口的 TX 和 RX 引脚使用的是 PA2 和 PA3；

（3）USART3 串口的 TX 和 RX 引脚使用的是 PB10 和 PB11；

这些引脚默认的功能都是 GPIO，在作为串口使用时，就要用到这些引脚的复用功能，在使用复用功能前，必须对复用的端口进行设置。

6.1.3　STM32 串口的相关寄存器

与 STM32 的 USART 串口编程相关的寄存器有分数波特率发生寄存器 USART_BRR、控制寄存器 USART_CR1、数据寄存器 USART_DR 和状态寄存器 USART_SR。

1．分数波特率发生寄存器 USART_BRR

分数波特率发生寄存器 USART_BRR 只用了低 16 位（12 位整数和 4 位小数），高 16 位保留。STM32 的 USART 串口是通过 USART_BRR 来选择波特率的，其各位描述如图 6-4 所示。

31	30	29	28	27	26	25	24	23	22	21	20	19	18	17	16
保留															
15	14	13	12	11	10	9	8	7	6	5	4	3	2	1	0
DIV_Mantissa[11:0]												DIV_Fraction[3:0]			
rw	rw	rw	rw	rw	rw	rw	rw	rw	rw	rw	rw	rw	rw	rw	rw

图6-4　USART_BRR各位描述

（1）位 31:16

保留位，硬件强制为 0。

（2）位 15:4（DIV_Mantissa[11:0]）

这 12 位定义了 USART 分频器除法因子（USARTDIV）的整数部分。

（3）位 3:0（DIV_Fraction[3:0]）

这 4 位定义了 USART 分频器除法因子（USARTDIV）的小数部分。

接收器（Tx）和发送器（Rx）的波特率在 USARTDIV 的整数和小数寄存器中的值应设置成相同。USART 波特率与 USART_BRR 寄存器中的值 USARTDIV 的关系如下：

$$\text{Tx 的波特率/ Rx 的波特率} = \frac{f_{\mathrm{PCLKx}}}{(16 * \mathrm{USARTDIV})}$$

公式中的 f_{PCLKx} 是串口对应的时钟（PCLK1 用于 USART2、3、4、5，PCLK2 用于 USART1），

USARTDIV 是一个无符号的定点数。我们只要得到 USARTDIV 的值，就可以得到 USART_BRR 寄存器的值；反过来，我们得到 USART_BRR 寄存器的值，也可以推导出 USARTDIV 的值。

那么，如何从 USART_BRR 寄存器的值得到 USARTDIV 的值呢？

若 USART_BRR=0x1BC，DIV_Mantissa =27，DIV_Fraction=12/16=0.75，则 USARTDIV=27.75。

若要求 USARTDIV = 25.62，则 DIV_Fraction = 16×0.62 = 9.92≈10=0x0A，DIV_Mantissa = 25 = 0x19，得到 USART_BRR = 0x19A。

又如设置 USART1 串口的波特率为 115200Hz，USART_BRR 寄存器的值是多少？

由于 USART1 串口的时钟来自 PCLK2=72MHz，由公式得到：

$$USARTDIV=72000000/(115200\times16)=39.0625$$

整数部分是 DIV_Mantissa=39=0x27，小数部分是 DIV_Fraction=16×0.0625=1=0x01，所以设置 USART_BRR=0x0271，就可以设置 USART1 串口的波特率为 115200Hz。

注 意

在写入 USART_BRR 之后，波特率计数器会被波特率寄存器的新值替换。因此，不要在通信进行中改变波特率寄存器的数值。

2. 控制寄存器 USART_CR1

控制寄存器 USART_CR1 只用了低 14 位，高 18 位保留，其各位描述如图 6-5 所示。

31	30	29	28	27	26	25	24	23	22	21	20	19	18	17	16
保留															

15	14	13	12	11	10	9	8	7	6	5	4	3	2	1	0
保留		UE	M	WAKE	PCE	PS	PEIE	TXEIE	TCIE	RXNEIE	IDLEIE	TE	RE	RWU	SBK
res	rw	rw	rw	rw	rw	rw	rw	rw	rw	rw	rw	rw	rw	rw	rw

图6-5 USART_CR1各位描述

在这里，主要介绍 USART_CR1 常用的位，其他位请参考《STM32 中文参考手册》。

（1）位 13（UE）

该位使能 USART。0：USART 分频器和输出被禁止，1：USART 模块使能。

当该位被清零时，在当前字节传输完成后 USART 的分频器和输出停止工作，以减少功耗。

（2）位 12（M）

该位定义了数据字的长度。0：1 个起始位、8 个数据位、n 个停止位，1：1 个起始位、9 个数据位、n 个停止位。

（3）位 6（TCIE）

该位发送完成中断使能。0：禁止产生中断；1：当 USART_SR 中的 TC 为 1 时，产生 USART 中断。

（4）位 5（RXNEIE）

该位接收缓冲区非空中断使能。0：禁止产生中断；1：当 USART_SR 中的 ORE 或者 RXNE 为 1 时，产生 USART 中断。

（5）位 3（TE）

该位发送使能发送器。0：禁止发送，1：使能发送。

注意

在数据传输过程中（发送或者接收时），不能修改 M 位；

在数据传输过程中（除了在智能卡模式下），如果 TE 位上有个 0 脉冲（即设置为 0 之后再设置为 1），会在当前数据字传输完成后，发送一个“前导符”（空闲总线）；

当 TE 被设置后，在真正的发送开始之前，有一个比特时间的延迟。

（6）位 2（RE）

该位接收使能，0：禁止接收；1：使能接收，并开始搜寻 RX 引脚上的起始位。

以上位都由软件设置或清除。

3. 数据寄存器 USART_DR

数据寄存器 USART_DR 只用了低 9 位，高 23 位保留，其各位描述如图 6-6 所示。

31	30	29	28	27	26	25	24	23	22	21	20	19	18	17	16
保留															
15	14	13	12	11	10	9	8	7	6	5	4	3	2	1	0
保留							DR[8:0]								
							rw	rw	rw	rw	rw	rw	rw	rw	rw

图6-6　USART_DR各位描述

位 8:0（DR）是数据值，这 9 位包含了发送或接收的数据。

由于 USART_DR 是由两个寄存器组成的，一个用于发送（TDR），一个用于接收（RDR），因此该寄存器兼具读和写的功能。

- TDR 寄存器提供了内部总线和输出移位寄存器之间的并行接口；
- RDR 寄存器提供了输入移位寄存器和内部总线之间的并行接口。

当使能校验位（USART_CR1 中 PCE 位被置位）进行发送时，写到 MSB 的值（根据数据的长度不同，MSB 是第 7 位或者第 8 位）会被后来的校验位取代。

当使能校验位进行接收时，读到的 MSB 位是接收到的校验位。

4. 状态寄存器 USART_SR

状态寄存器 USART_SR 只用了低 10 位，高 22 位保留，其各位描述如图 6-7 所示。

31	30	29	28	27	26	25	24	23	22	21	20	19	18	17	16
保留															
15	14	13	12	11	10	9	8	7	6	5	4	3	2	1	0
保留						CTS	LBD	TXE	TC	RXNE	IDLE	ORE	NE	FE	PE
						rc w0	rc w0	r	rc w0	rc w0	r	r	r	r	r

图6-7　USART_SR各位描述

在这里，主要介绍 USART_SR 常用的位，其他位请参考《STM32 中文参考手册》。

（1）位6（TC）

该位是发送完成标志位。0：发送还未完成，1：发送完成。

当包含有数据的一帧发送完成并且 TXE=1 时，由硬件将该位置 1。如果 USART_CR1 中的 TCIE 为 1，则产生中断。由软件序列清除该位（先读 USART_SR，然后写入 USART_DR）。TC 位也可以通过写入 0 来清除。

（2）位5（RXNE）

该位是读数据寄存器非空标志位。0：数据没有收到；1：收到数据，可以读出。

当 RDR 移位寄存器中的数据被转移到 USART_DR 寄存器中时，该位被硬件置位。如果 USART_CR1 寄存器中的 RXNEIE 为 1，则产生中断。对 USART_DR 的读操作可以将该位清零，也可以通过写入 0 来清除。

（3）位0（PE）

该位是校验错误标志位。0：没有奇偶校验错误，1：有奇偶校验错误。

在接收模式下，如果出现奇偶校验错误，硬件将对该位置位，由软件序列对其清零（依次读 USART_SR 和 USART_DR）。在清除 PE 位之前，软件必须等待 RXNE 标志位被置 1。如果 USART_CR1 寄存器中的 PEIE 为 1，则产生中断。

6.2 任务13　USART 串口通信设计

利用 STM32 的 USART1 串口，计算机通过串口助手发送数据给 STM32，STM32 接收到数据后，通过接收数据串口中断来读取接收到的数据，然后再将接收到的数据通过串口发送回计算机，LED 闪烁表示系统正在运行。

6.2.1 STM32 串口的相关函数

本小节主要介绍与串口基本配置直接相关的库函数，这些函数在串口头文件 stm32f10x_usart.h 中声明，在 stm32f10x_usart.c 中实现。通常串口设置步骤可以分为以下几步。

- 串口时钟使能，GPIO 时钟使能；
- 串口复位；
- GPIO 端口模式设置；
- 串口参数初始化；
- 开启中断并且初始化 NVIC（如果需要开启中断才需要这个步骤）；
- 使能串口；
- 编写中断处理函数。

1. 使能 USART 串口的时钟

STM32 的 USART1 串口是挂载在 APB2（高速外设）下面的外设，USART2 和 USART3 串口是挂载在 APB1（低速外设）下面的外设。例如，使能 USART1 串口时钟的代码如下：

```
RCC_APB2PeriphClockCmd(RCC_APB2Periph_USART1 , ENABLE);
```

又如，使能 USART2 串口时钟的代码如下：

```
RCC_APB1PeriphClockCmd(RCC_APB1Periph_USART2 , ENABLE);
```

2. 设置 GPIO 复用端口

STM32 有很多的内置外设，这些内置外设的引脚都是与 GPIO 引脚复用的，即 GPIO 的引脚可以重新定义为其他功能。

STM32 的 USART1 串口的 TX 和 RX 引脚使用的是 PA9 和 PA10,USART2 串口的 TX 和 RX 引脚使用的是 PA2 和 PA3，USART3 串口的 TX 和 RX 引脚使用的是 PB10 和 PB11，这些引脚默认的功能都是 GPIO。在作为串口使用时，就要用到这些引脚的复用功能了。在使用其复用功能前，必须对复用的端口进行设置。下面以 USART1 串口为例，GPIO 复用功能设置步骤如下。

（1）由于 GPIOA 口的 PA9 和 PA10 引脚复用为 USART1 串口的 TX 和 RX 引脚，所以要使能 GPIOA 的时钟，代码如下：

```
RCC_APB2PeriphClockCmd(RCC_APB2Periph_GPIOA, ENABLE);
```

（2）PA9（TXD）用来向串口发送数据，应设置成复用功能的推挽输出（AF_PP），代码如下：

```
GPIO_InitStructure.GPIO_Pin = GPIO_Pin_9;
GPIO_InitStructure.GPIO_Mode = GPIO_Mode_AF_PP;
GPIO_InitStructure.GPIO_Speed = GPIO_Speed_50MHz;
GPIO_Init(GPIOA, &GPIO_InitStructure);
```

（3）PA10（RXD）用来从串口接收数据，应设置成浮空输入（IN_FLOATING），代码如下：

```
GPIO_InitStructure.GPIO_Pin = GPIO_Pin_10;
GPIO_InitStructure.GPIO_Mode = GPIO_Mode_IN_FLOATING;
GPIO_Init(GPIOA, &GPIO_InitStructure);
```

3. 串口复位

在以下两种情况下，需要对串口进行复位。

（1）在系统刚开始配置外设的时候，都会先执行复位外设的操作。

（2）当外设出现异常的时候，可以通过复位设置来实现该外设的复位，然后重新配置这个外设，达到让其重新工作的目的。

串口复位是在 USART_DeInit()函数中完成的，函数原型如下：

```
void USART_DeInit(USART_TypeDef* USARTx);  //串口复位
```

例如，复位 USART2 串口的代码如下：

```
USART_DeInit(USART2);                        //复位串口1
```

4. 初始化和使能串口

（1）初始化 USART 串口

USART 串口初始化主要是配置串口的波特率、校验位、停止位和时钟等基本功能，是通过 USART_Init()函数实现的。其函数原型如下：

```
void USART_Init(USART_TypeDef* USARTx,USART_InitTypeDef* USART_InitStruct);
```

第一个参数是选择初始化的串口，如选择 USART2（串口 2）。

第二个参数是一个 USART_InitTypeDef 类型的结构体指针，这个结构体指针的成员变量用来设置串口的波特率、字长、停止位、奇偶校验位、硬件数据流控制和收发模式等参数。USART_InitTypeDef 类型的结构体是在 stm32f10x_usart.h 中定义的，代码如下：

```
typedef struct
{
    uint32_t USART_BaudRate;                    //设置波特率
    uint16_t USART_WordLength;                  //字长 8 或 9（停止位）
    uint16_t USART_StopBits;                    //停止位
    uint16_t USART_Parity;                      //奇偶校验
    uint16_t USART_Mode;                        //发送接收使能
    uint16_t USART_HardwareFlowControl;         //硬件流控制
} USART_InitTypeDef;
```

下面是对USART2串口进行初始化的代码：

```
/*先声明一个 USART_InitTypeDef 类型的结构体变量 USART_InitStructure*/
USART_InitTypeDef  USART_InitStructure;
/*然后对 USART2 串口进行初始化*/
USART_InitStructure.USART_BaudRate = bound;    //一般设置为 9600
//设置字长为 8 位数据格式
USART_InitStructure.USART_WordLength = USART_WordLength_8b;
USART_InitStructure.USART_StopBits = USART_StopBits_1;     //一个停止位
USART_InitStructure.USART_Parity = USART_Parity_No;        //无奇偶校验位
//设置无硬件数据流控制
USART_InitStructure.USART_HardwareFlowControl= USART_HardwareFlowControl_
None;
USART_InitStructure.USART_Mode = USART_Mode_Rx | USART_Mode_Tx; //收发模式
USART_Init(USART2, &USART_InitStructure);      //初始化串口
```

（2）USART串口使能

USART串口使能是通过函数USART_Cmd()实现的，其函数原型如下：

```
void USART_Cmd(USART_TypeDef* USARTx, FunctionalState NewState);
```

例如，USART2串口使能代码如下：

```
USART_Cmd(USART2, ENABLE);
```

5. 数据发送和接收

STM32的USART串口发送与接收是通过数据寄存器USART_DR实现的，它是一个双寄存器，包含了TDR和RDR。当向该寄存器写数据的时候，串口会自动发送，当收到数据的时候，也是保存在该寄存器内。

（1）USART串口发送数据

USART串口发送数据是通过USART_SendData ()函数操作USART_DR寄存器来发送数据的，其函数原型如下：

```
void USART_SendData(USART_TypeDef* USARTx, uint16_t Data);
```

例如，向串口2发送数据的代码如下：

```
USART_SendData(USART2, USART_TX_BUF[t]);       //USART2->DR 发送数据
```

（2）USART串口接收数据

USART串口接收数据是通过USART_ReceiveData ()函数操作USART_DR寄存器来读取串口接收到的数据，其函数原型如下：

```
uint16_t USART_ReceiveData(USART_TypeDef* USARTx);
```

例如，读取串口 2 接收到的数据的代码如下：

```
Res =USART_ReceiveData(USART1);                    //USART2->DR 读取接收到的数据
```

6. 完成发送和接收数据的状态位

如何判断串口是否完成数据发送和接收呢？可以读取串口的 USART_SR 状态寄存器，然后根据 USART_SR 的第 5 位（RXNE）和第 6 位（TC）的状态来判断。

（1）RXNE（读数据寄存器非空）位

当 RXNE 位被置 1 时，说明串口已接收到了数据，并且可以读出来。这时就要尽快读取 USART_DR 中的数据。通过读取 USART_DR 可以将该位清零，也可以向该位写 0 直接清零。

（2）TC（发送完成）位

当该位被置 1 时，说明 USART_DR 内的数据已经发送完成了。若设置了这个位的中断，就会产生中断。通过读或写 USART_DR 可以将该位清零，也可以向该位写 0 直接清零。

读取串口的 USART_SR 状态寄存器（串口状态）是通过 FlagStatus USART_GetFlagStatus() 来实现的，其函数原型如下：

```
FlagStatus USART_GetFlagStatus(USART_TypeDef* USARTx, uint16_t USART_FLAG);
```

这个函数的第二个参数是非常重要的，涉及需要查看串口的哪个状态。

- 判断读寄存器是否非空（RXNE），代码如下：

```
USART_GetFlagStatus(USART1, USART_FLAG_RXNE);
```

- 判断发送是否完成（TC），代码如下：

```
USART_GetFlagStatus(USART1, USART_FLAG_TC);
```

以上用到的 USART_FLAG_RXNE 和 USART_FLAG_TC 标识，是在 stm32f10x_usart.h 头文件里通过宏定义的，宏定义代码如下：

```
#define USART_FLAG_CTS              ((uint16_t)0x0200)
#define USART_FLAG_LBD              ((uint16_t)0x0100)
#define USART_FLAG_TXE              ((uint16_t)0x0080)
#define USART_FLAG_TC               ((uint16_t)0x0040)
#define USART_FLAG_RXNE             ((uint16_t)0x0020)
#define USART_FLAG_IDLE             ((uint16_t)0x0010)
#define USART_FLAG_ORE              ((uint16_t)0x0008)
#define USART_FLAG_NE               ((uint16_t)0x0004)
#define USART_FLAG_FE               ((uint16_t)0x0002)
#define USART_FLAG_PE               ((uint16_t)0x0001)
```

7. 开启串口响应中断

在串行通信时，有时还需要开启串口中断，即使能串口中断。使能串口中断的函数原型如下：

```
void USART_ITConfig(USART_TypeDef* USARTx, uint16_t USART_IT,
FunctionalState NewState);
```

这个函数的第二个参数代表使能串口的中断类型，也就是使能哪种中断，因为串口的中断类型有很多种。

（1）USART1 串口在接收到数据的时候（RXNE 读数据寄存器非空），就要产生中断。开启 USART1 串口接收到数据中断的代码是：

```
USART_ITConfig(USART1, USART_IT_RXNE, ENABLE);      //开启中断，接收到数据中断
```

（2）USART1 串口在发送数据结束的时候（TC 发送完成），就要产生中断，其代码如下：

```
USART_ITConfig(USART1, USART_IT_TC, ENABLE);
```

8. 获取相应中断状态

在使能了某个中断后，如该中断发生，就会设置状态寄存器中的某个标志位。我们经常需要在中断处理函数中，判断该中断是哪种中断，函数的原型如下：

```
ITStatus USART_GetITStatus(USART_TypeDef* USARTx, uint16_t USART_IT);
```

例如，使能了 USART1 串口发送完成中断，如中断发生，便可以在中断处理函数中调用这个函数，来判断是否为串口发送完成中断，代码如下：

```
USART_GetITStatus(USART1, USART_IT_TC);
```

返回值是 SET，说明发生了串口发送完成中断。

6.2.2 STM32 的 USART1 串口通信设计

根据任务要求，计算机通过串口助手发送数据给 STM32；STM32 接收到数据，就会进入接收数据串口中断，读取 DR 寄存器中接收到的数据；然后将接收到的数据通过串口发送回计算机；同时，还要 LED 闪烁，表示系统正在运行。

1. 编写 usart.h 头文件

usart.h 头文件的代码如下：

```
#ifndef __USART_H
#define __USART_H
#include "stdio.h"
#include "sys.h"
#define USART_REC_LEN  200        //定义最大接收字节数 200，末字节为换行符
#define EN_USART1_RX   1          //串口 1 接收：使能为“1”，禁止为“0”
extern u8  USART_RX_BUF[USART_REC_LEN];     //定义接收缓冲区，末字节为换行符
extern u16 USART_RX_STA;                    //接收状态标记
void uart_init(u32 bound);
#endif
```

2. 编写 usart.c 文件

usart.c 文件主要包括支持 printf 函数的代码、串口初始化函数和串口中断服务函数等。串口初始化函数 uart_init()主要用于串口和接收中断的初始化，串口中断服务函数 USART1_IRQHandler()主要用于串口接收数据和发送数据。

（1）编写支持 printf 函数的代码

在 usart.c 文件中加入支持 printf 函数的代码，就可以通过 printf 函数向串口发送我们需要的数据，以便在开发过程中查看代码执行情况和一些变量值。支持 printf 函数的代码如下：

```
#if 1
#pragma import(__use_no_semihosting)
struct __FILE        //标准库需要的支持函数
{
    int handle;
};
FILE __stdout;
```

```
_sys_exit(int x)                         //定义_sys_exit()以避免使用半主机模式
{
    x = x;
}
int fputc(int ch, FILE *f)               //重定义 fputc 函数
{
    while((USART1->SR&0X40)==0);         //循环发送,直到发送完毕
    USART1->DR = (u8) ch;
    return ch;
}
#endif
```

（2）编写串口初始化函数

在这里编写的串口初始化函数只是针对 USART1 串口的，若改用其他的串口，只需对代码稍微修改一下就可以了。串口初始化代码如下：

```
void uart_init(u32 bound)
{
    GPIO_InitTypeDef  GPIO_InitStructure;
    USART_InitTypeDef  USART_InitStructure;
    NVIC_InitTypeDef  NVIC_InitStructure;
    RCC_APB2PeriphClockCmd(RCC_APB2Periph_USART1
    |RCC_APB2Periph_GPIOA, ENABLE);          //使能 USART1, GPIOA 时钟
    USART_DeInit(USART1);                    //复位 USART1 串口
    //配置 PA9 (USART1_TX) 为复用推挽输出
    GPIO_InitStructure.GPIO_Pin = GPIO_Pin_9;
    GPIO_InitStructure.GPIO_Speed = GPIO_Speed_50MHz;
    GPIO_InitStructure.GPIO_Mode = GPIO_Mode_AF_PP;
    GPIO_Init(GPIOA, &GPIO_InitStructure);
    //配置 PA.10 (USART1_RX) 为浮空输入
    GPIO_InitStructure.GPIO_Pin = GPIO_Pin_10;
    GPIO_InitStructure.GPIO_Mode = GPIO_Mode_IN_FLOATING;
    GPIO_Init(GPIOA, &GPIO_InitStructure);
    //USART 初始化设置
    USART_InitStructure.USART_BaudRate = bound;     //一般设置为 9600;
    USART_InitStructure.USART_WordLength = USART_WordLength_8b;//字长为 8 位
    USART_InitStructure.USART_StopBits = USART_StopBits_1; //1 个停止位
    USART_InitStructure.USART_Parity = USART_Parity_No;    //无奇偶校验位
    USART_InitStructure.USART_HardwareFlowControl =
    USART_HardwareFlowControl_None;                 //无硬件数据流控制
    USART_InitStructure.USART_Mode=USART_Mode_Rx | USART_Mode_Tx;//收发模式
    USART_Init(USART1, &USART_InitStructure);       //初始化 USART1 串口
#if EN_USART1_RX                                    //如果使能了接收
    //设置中断优先级 (Usart1 NVIC 配置)
    NVIC_InitStructure.NVIC_IRQChannel = USART1_IRQn;
```

```
    NVIC_InitStructure.NVIC_IRQChannelPreemptionPriority=3 ;  //抢占优先级 3
    NVIC_InitStructure.NVIC_IRQChannelSubPriority = 3;        //子优先级 3
    NVIC_InitStructure.NVIC_IRQChannelCmd = ENABLE;           //IRQ 通道使能
    NVIC_Init(&NVIC_InitStructure);        //根据指定的参数初始化 VIC 寄存器
    USART_ITConfig(USART1, USART_IT_RXNE, ENABLE);            //接收中断使能
#endif
    USART_Cmd(USART1, ENABLE);             //使能（打开）USART1 串口
}
```

（3）编写串口中断服务函数

USART1 串口中断服务函数 USART1_IRQHandler()主要用于串口接收数据，其中接收状态标记 USART_RX_STA 的 bit15 是接收完成标志（在接收到 0x0a 时，使其置 1），bit14 是接收到 0x0d，bit13~0 是接收到的有效字节数。其代码如下：

```
void USART1_IRQHandler(void)                    //USART1 串口中断服务函数
{
    u8 Res;
    /*接收中断，接收到的数据必须以 0x0d（回车符\n）和 0x0a（换行符\r）结尾*/
    if(USART_GetITStatus(USART1, USART_IT_RXNE) != RESET)
    {
        Res =USART_ReceiveData(USART1);     //读取（USART1->DR）接收到的数据
        if((USART_RX_STA&0x8000)==0)        //接收未完成
        {
            if(USART_RX_STA&0x4000)         //接收到了 0x0d
            {
                if(Res!=0x0a)USART_RX_STA=0;    //接收错误，重新开始
                else USART_RX_STA|=0x8000;      //接收完成
            }
            else            //还没收到 0x0d
            {
                if(Res==0x0d)USART_RX_STA|=0x4000;
                else
                {
                    USART_RX_BUF[USART_RX_STA&0X3FFF]=Res;
                    USART_RX_STA++;
                    //若接收到的字节数超过了最大接收字节数,接收数据错误,重新开始接收
                    if(USART_RX_STA>(USART_REC_LEN-1)) USART_RX_STA=0;
                }
            }
        }
    }
}
```

3. 编写主文件

在 main.c 主文件中，主要通过 NVIC_Configuration()和 uart_init(9600)函数来设置 NVIC 中断分组 2，以及对 USART1 串口进行初始化，其代码如下：

```
#include "stm32f10x.h"
#include "led.h"
#include "delay.h"
#include "sys.h"
#include "usart.h"
int main(void)
{
    U16 t;
    U16 len;
    u16 times=0;
    delay_init();                    //延时初始化
    NVIC_Configuration();            //设置NVIC中断分组2:2位抢占优先级，2位响应优先级
    uart_init(9600);                 //初始化USART1串口相关引脚配置、波特率为9600
    LED_Init();                      //LED端口初始化
    while(1)
    {
        if(USART_RX_STA&0x8000)
        {
            len=USART_RX_STA&0x3fff;                    //得到此次接收到的数据长度
            printf("\r\n发送的消息为:\r\n\r\n");
            for(t=0;t<len;t++)
            {
                USART_SendData(USART1, USART_RX_BUF[t]); //向串口1发送数据
                //等待发送结束
                while(USART_GetFlagStatus(USART1,USART_FLAG_TC)!=SET);
            }
            printf("\r\n\r\n");              //插入换行
            USART_RX_STA=0;
        }
        else
        {
            times++;
            if(times%5000==0)
            {
                printf("\r\nSTM32核心板串口通信\r\n");
                printf("嵌入式技术与应用开发项目教程（STM32版）\r\n\r\n");
            }
            if(times%200==0)printf("请输入数据,以回车键结束\n");
            if(times%30==0) LED0=!LED0;           //LED闪烁，提示系统正在运行
            delay_ms(10);
        }
    }
}
```

6.2.3 STM32串行通信设计与调试

根据任务要求，计算机通过串口助手发送数据给STM32；STM32接收到数据，就会进入接收数据串口中断，读取DR寄存器中接收到的数据；然后将接收到的数据通过串口发送回计算机。

1. 新建USART工程

（1）建立一个“任务13 串行通信”工程目录，然后把任务12的工程直接复制到该目录下。

（2）在“任务13串行通信”工程目录下，把任务12工程目录名修改为“串行通信”。

（3）在USER子目录下，把工程名修改为USART.uvproj。

（4）在SYSTEM子目录下，新建一个usart子目录，该子目录是存放usart.c文件和usart.h头文件的。

2. 工程搭建、编译与调试

（1）把main.c主文件添加到工程里面，把Project Targets栏下的工程名修改为USART。

（2）在USART工程中，在SYSTEM组中添加usart.c文件，同时还要添加usart.h头文件以及编译文件的路径。

（3）完成了 USART 工程的搭建和配置后，单击 Rebuild按钮对工程进行编译，生成USART.hex目标代码文件。若编译发生错误，要进行分析检查，直到编译正确。

（4）单击按钮，完成USART.hex下载。

（5）先用串口连接线把核心板和计算机连接起来，然后在计算机上用串口调试助手或超级终端等工具向核心板发送字符，也会收到核心板发回的字符。若运行结果与任务要求不一致，要对程序进行分析检查，直到运行正确。

【技能训练6-1】基于寄存器的STM32串行通信设计

我们如何利用STM32的USART相关寄存器来完成STM32串行通信设计与实现呢？参考任务13，完成基于寄存器的STM32串行通信设计的步骤如下所述。

1. 编写usart.h头文件

usart.h头文件的代码如下：

```
#ifndef __USART_H
#define __USART_H
#include "stdio.h"
#include "sys.h"
#define USART_REC_LEN  200        //定义最大接收字节数200
#define EN_USART1_RX   1          //串口1接收：使能为“1”，禁止为“0”
extern u8  USART_RX_BUF[USART_REC_LEN];     //定义接收缓冲区，末字节为换行符
extern u16 USART_RX_STA;                    //接收状态标记
void uart_init(u32 bound);
#endif
```

2. 编写usart.c文件

usart.c文件的代码如下：

```
……                          //支持printf函数代码同任务13一样
#ifdef EN_USART1_RX          //如果使能了接收
```

```
u8 USART_RX_BUF[64];         //接收缓冲,最大 64 字节
//接收状态标记。bit7：接收完成标志，bit6：接收到 0x0d，bit5~0：接收到的有效字节数
u8 USART_RX_STA=0;
/*串口 1 中断服务程序。注意：读取 USARTx->SR 能避免莫名其妙的错误*/
void USART1_IRQHandler(void)
{
    u8 res;
    if(USART1->SR&(1<<5))                          //接收到数据
    {
        res=USART1->DR;
        if((USART_RX_STA&0x80)==0)                 //接收未完成
        {
            if(USART_RX_STA&0x40)                  //接收到了 0x0d
            {
                if(res!=0x0a) USART_RX_STA=0;      //接收错误,重新开始
                else USART_RX_STA|=0x80;           //接收完成
            }
            else                                   //还没收到 0x0d
            {
                if(res==0x0d)USART_RX_STA|=0x40;
                else
                {
                    USART_RX_BUF[USART_RX_STA&0X3F]=res;
                    USART_RX_STA++;
                    //接收数据错误，重新开始接收
                    if(USART_RX_STA>63)USART_RX_STA=0;
                }
            }
        }
    }
}
#endif
/*初始化 IO 串口 1。pclk2：PCLK2 时钟频率(MHz)，bound：波特率，CHECK：OK*/
void uart_init(u32 pclk2,u32 bound)
{
    float temp;
    u16 mantissa;
    u16 fraction;
    temp=(float)(pclk2*1000000)/(bound*16);    //得到 USARTDIV
    mantissa=temp;                         //得到整数部分
    fraction=(temp-mantissa)*16;           //得到小数部分
    mantissa<<=4;
    mantissa+=fraction;
    RCC->APB2ENR|=1<<2;                    //使能 PORTA 口时钟
```

```
    RCC->APB2ENR|=1<<14;                       //使能串口时钟
    GPIOA->CRH=0X444444B4;                     //I/O 状态设置
    RCC->APB2RSTR|=1<<14;                      //复位串口 1
    RCC->APB2RSTR&=~(1<<14);                   //停止复位
    USART1->BRR=mantissa;                      //波特率设置
    USART1->CR1|=0X200C;                       //1 位停止,无校验位
#ifdef EN_USART1_RX                            //如果使能了接收，使能接收中断
    USART1->CR1|=1<<8;                         //PE 中断使能
    USART1->CR1|=1<<5;                         //接收缓冲区非空中断使能
    MY_NVIC_Init(3,3,USART1_IRQChannel,2);     //组 2，最低优先级
#endif
}
void Delay(vu32 nCount)
{
    for(; nCount != 0; nCount--);
}
/*发送一个字符*/
int SendChar(int ch)
{
    while (!(USART1->SR & USART_FLAG_TXE));
    USART1->DR = (ch & 0x1FF);
    return (ch);
}
int GetKey(void)
{
    while (!(USART1->SR & USART_FLAG_RXNE));
    return ((int)(USART1->DR & 0x1FF));
}
void UART_Send_Enter()  //换行程序
{
    SendChar(0x0d);
    SendChar(0x0a);
}
/*发送一个字符串*/
void UART_Send_Str(char *s)
{
    int len=strlen(s)-1;
    int i;
    for(i=0;i<len;i++)
    {
        SendChar(s[i]);
    }
    if(s[i]=='\n')
    {
```

```
        UART_Send_Enter();
    }
    else
    {
        SendChar(s[i]);
    }
}
```

3. 编写主文件

main.c 主文件的代码如下：

```
#include "stm32f10x.h"
#include "led.h"
#include "delay.h"
#include "sys.h"
#include "usart.h"
int main(void)
{
    u8 t;
    u8 len;
    Stm32_Clock_Init(9);          //系统时钟设置
    delay_init(72);               //延时初始化
    uart_init(72,115200);         //串口初始化为 115200
    LED_Init();                   //初始化与 LED 连接的硬件接口
    while(1)
    {
        if(USART_RX_STA&0x80)
        {
            if(USART_RX_BUF[0]=='d')
            {
                LED0=!LED0;
            }
            len=USART_RX_STA&0x3f;                 //得到此次接收到的数据长度
            for(t=0;t<len;t++)
            {
                USART1->DR=USART_RX_BUF[t];
                while((USART1->SR&0X40)==0);    //等待发送结束
            }
            printf("\n\n");//插入换行
            USART_RX_STA=0;
        }
        else
        {
            times++;
            if(times%5000==0)
            {
```

```
                printf("\r\nSTM32 核心板串口通信\r\n");
                printf("嵌入式技术与应用开发项目教程（STM32 版）\r\n\r\n");
            }
            if(times%200==0)
                printf("请输入数据,以回车键结束\n");
            if(times%30==0)
                LED0=!LED0;//闪烁 LED,提示系统正在运行
            delay_ms(10);
        }
    }
}
```

6.3 任务14 STM32串口无线传输设计与实现

Wi-Fi 通信模块实现串口-以太网-无线网之间的转换，嵌入式智能车 STM32 的 USART1 串口通过 Wi-Fi 通信模块可以与智能移动终端进行无线数据传输；

ZigBee 通信模块实现串行通信与 ZigBee 无线通信相互转换，嵌入式智能车 STM32 的 USART2 串口通过 ZigBee 通信模块可以与运输车和道闸等设备进行无线数据传输。

说明：这里涉及的智能移动终端、嵌入式智能车、运输车和道闸等设备，都是全国技能大赛“嵌入式应用技术与开发”赛项用到的设备。

6.3.1 基于Wi-Fi的STM32串口无线传输电路设计

1. 认识WiFi通信模块

嵌入式智能车核心板的 Wi-Fi 通信模块采用的是 RM04 模块，这是一个低成本、高性能的嵌入式 UART-ETH-Wi-Fi（串口-以太网-无线网）模块。RM04 模块如图 6-8 所示。

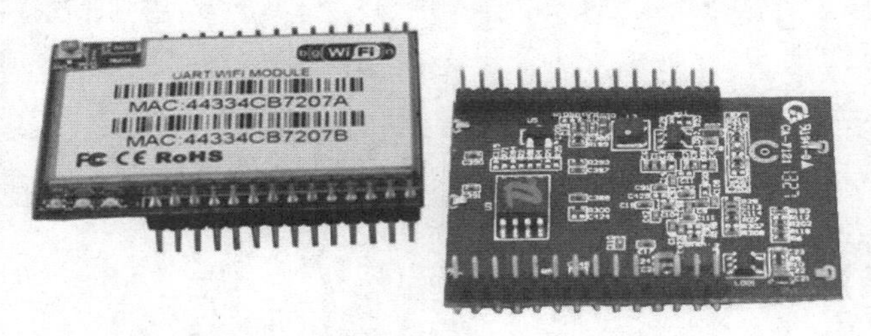

图6-8 RM04模块

RM04 模块是基于通用串行接口的符合网络标准的嵌入式模块，内置了 TCP/IP 协议栈，能够实现用户串口、以太网、无线网（Wi-Fi）3 个接口之间的任意透明转换。

使用 RM04 模块，传统的串口设备在不需要更改任何配置的情况下，就能通过 Internet 传输自己的数据。通过 RM04 模块可以轻松提高产品档次，让你的设备可以用手机或者笔记本电脑

通过 Wi-Fi 控制，也可以通过 Wi-Fi 路由器联网。比如在 Wi-Fi 智能开关、LED 无线控制以及智能控制等方面的应用。

2. Wi-Fi 通信模块电路设计

Wi-Fi 通信模块与嵌入式智能车核心板间的通信通过串口方式连接，其接线方法是 Wi-Fi 模块的 RXD 接到核心板 STM32 的 TXD（PA9），Wi-Fi 模块的 TXD 接到核心板 STM32 的 RXD（PA10），电路如图 6-9 所示。

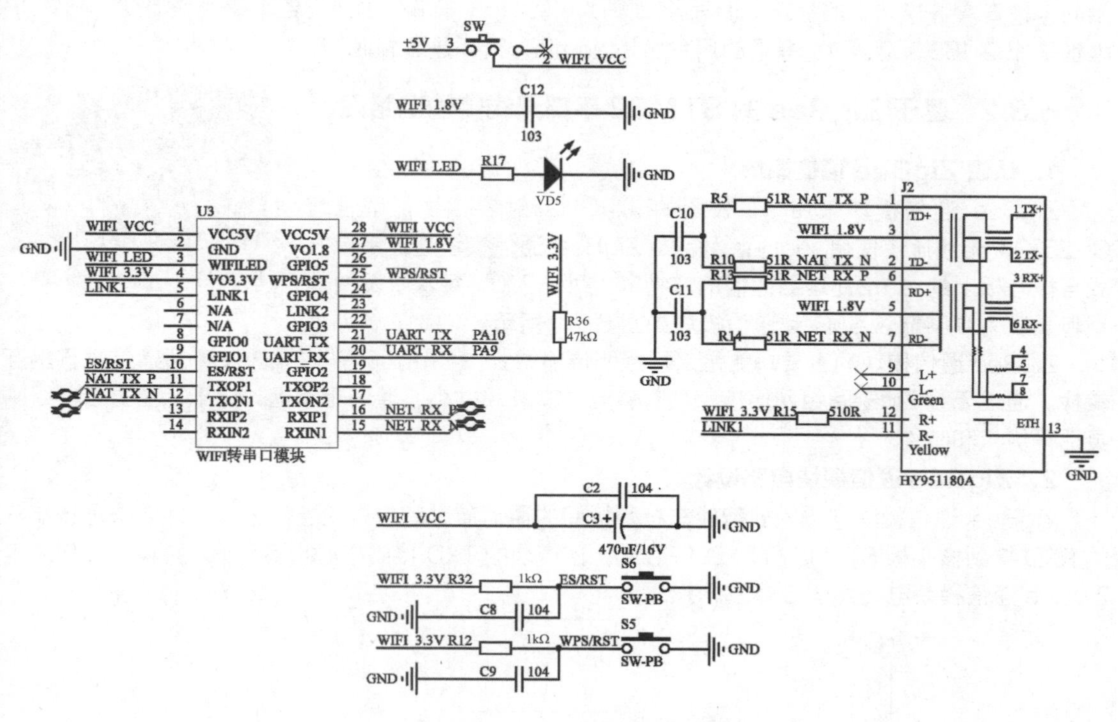

图6-9　Wi-Fi通信模块电路

其中，ES/RST 为退出透传（透明传输）/恢复出厂设置按键，WPS/RST 为 WPS 模式/恢复出厂设置按键。J5 为 Wi-Fi 模块电源选择（或 SW 开关），上边用跳线帽连接，为电源选通。核心板与 Wi-Fi 模块的连接如图 6-10 所示。

图6-10　核心板与Wi-Fi模块的连接

上电后 Wi-Fi 模块的红灯先亮，接着两个绿灯开始闪烁。复位时，长按 ES/RST 按键 7 秒以上，两个绿灯灭，只有红灯亮时，松开按键即可复位。

3. Wi-Fi 通信模块配置

在配置 Wi-Fi 通信模块之前，先将核心板 J5 的跳线帽连接至 ON 端（或将 SW 开关拨至 ON 端，为 Wi-Fi 通信模块供电）。

Wi-Fi 模块初始化的 ID 为 BKRC_加数字（如 ID 为 BKRC_032），初始化的密码为 12345678。模式选择 Wi-Fi（AP）-Serial，串口波特率设置为 115200，端口号设置为 60000。

Wi-Fi 模块已设置为服务器模式，使用 TCP 协议，端口统一设置为 60000。每个模块 IP 不相同，请查看各模块上的标签。IP 命名规则为 192.168.车编号.254，若车编号是 032，则其 IP 地址是 192.168.032.254。登录的用户名是 admin，密码是 admin。

6.3.2 基于 ZigBee 的 STM32 串口无线传输电路设计

1. 认识 ZigBee 通信模块

ZigBee 通信模块采用 TI 公司的 2.4GHz 射频芯片，型号为 CC2530，无线通信使用 ZigBee 协议。ZigBee 通信模块通过串口方式与核心板上的 Arm 处理器通信的波特率为 115200，每次收发的数据包长度为 6 字节。ZigBee 通信模块如图 6-11 所示。

图6-11 ZigBee通信模块

ZigBee 通信模块的主要功能是采用透明传输方式，对串行通信与 ZigBee 无线通信进行相互转换。通过无线 ZigBee 组网通信，具有省电、安装尺寸小、通信距离远、抗干扰能力强、组网灵活等优点和特性。

2. ZigBee 通信模块电路设计

ZigBee 通信模块与嵌入式智能车核心板间的通信通过串口方式连接，其接线方法是该模块的 RXD 接到核心板 STM32 的 TXD（PD5），该模块的 TXD 接到核心板 STM32 的 RXD（PD6）。ZigBee 通信模块电路如图 6-12 所示。

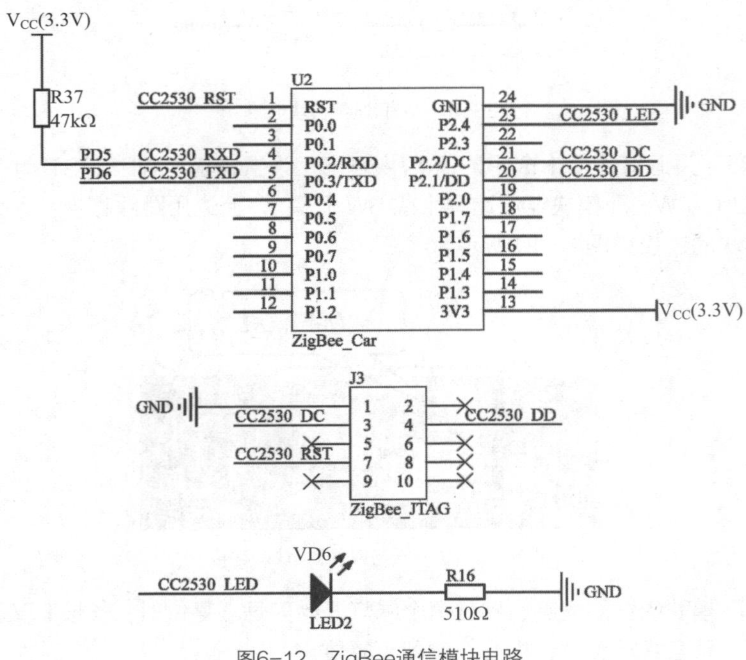

图6-12 ZigBee通信模块电路

6.3.3　嵌入式智能车通信协议

本任务涉及 Wi-Fi 通信模块和 ZigBee 通信模块，下面主要介绍智能移动终端-嵌入式智能车、智能移动终端-嵌入式智能车-运输车以及智能移动终端-嵌入式智能车-道闸的通信协议。

1. 智能移动终端向嵌入式智能车发送命令的数据结构

智能移动终端向嵌入式智能车发送命令的数据结构如表 6-1 所示。

表 6-1　智能移动终端发送命令的数据结构

0x55	0xAA	0xXX	0xXX	0xXX	0xXX	0xXX	0xBB
包头		主指令	副指令			校验和	包尾

智能移动终端发送命令的数据结构由以下 8 个字节组成：

前两个字节为数据包头（0x55 和 0xAA），固定不变；

第 3 个字节为主指令；

第 4 个字节 ~ 第 6 个字节为副指令；

第 7 个字节为主指令和 3 个副指令求和后对 0xFF 取余得到的校验值（以下校验和均这样定义）；

第 8 个字节为数据包尾（0xBB），固定不变。

注意：在本协议中数据格式若无特殊说明，一般默认为十六进制。

（1）主指令

主指令序号列表如表 6-2 所示。

表 6-2　主指令序号表

主 指 令	主指令说明
0x01	嵌入式智能车停止
0x02	嵌入式智能车前进
0x03	嵌入式智能车后退
0x04	嵌入式智能车左转
0x05	嵌入式智能车右转
0x06	嵌入式智能车循迹
0x07	码盘清零
0x10	前 3 字节红外数据
0x11	后 3 字节红外数据
0x12	发射 6 字节红外数据
0x20	指示灯
0x30	蜂鸣器
0x40	双色 LED 灯
0x50	相框照片上翻
0x51	相框照片下翻
0x60	光源档位加 0

续表

主 指 令	主指令说明
0x61	光源档位加1
0x62	光源档位加2
0x63	光源档位加3
0x80	嵌入式智能车上传运输车数据

（2）主指令对应的副指令

主指令对应的副指令说明如表6-3所示。

表6-3　主指令对应的副指令说明表

主 指 令	副 指 令		
0x01	0x00	0x00	0x00
0x02	速度值	码盘低8位	码盘高8位
0x03	速度值	码盘低8位	码盘高8位
0x04	速度值	0x00	0x00
0x05	速度值	0x00	0x00
0x06	速度值	0x00	0x00
0x07	0x00	0x00	0x00
0x10	红外数据[1]	红外数据[2]	红外数据[3]
0x11	红外数据[4]	红外数据[5]	红外数据[6]
0x12	0x00	0x00	0x00
0x20	0x01/0x00(开/关) 左灯	0x01/0x00(开/关) 右灯	0x00
0x30	0x01/0x00(开/关)	0x00	0x00
0x40	0x55/0xAA/0xXX (红灯/绿灯/其他)	0x00	0x00
0x50	0x00	0x00	0x00
0x51	0x00	0x00	0x00
0x60	0x00	0x00	0x00
0x61	0x00	0x00	0x00
0x62	0x00	0x00	0x00
0x63	0x00	0x00	0x00
0x80	0x01/0x00 （允许/禁止）	0x00	0x00

其中，速度值取值范围为0~100，码盘值取值范围为0~65535。

（3）码盘信息

码盘信息如表6-4所示。

表 6-4 码盘信息表

车轮旋转圈数	电机旋转圈数	脉冲数	车轮直径(mm)	路程(mm)
1	80	160	68	213.52

2. 嵌入式智能车向智能移动终端上传的数据结构

嵌入式智能车向智能移动终端上传的数据结构如表 6–5 所示。

表 6-5 嵌入式智能车上传的数据结构

0x55	0xAA/0x02	0xXX	0xXX	0xXX	0xXX	0xXX	0xXX	0xXX	0xXX
包头		运行状态	光敏状态	超声波低 8 位	超声波高 8 位	光照低 8 位	光照高 8 位	码盘低 8 位	码盘高 8 位

嵌入式智能车上传的数据结构由以下 10 个字节组成：

前两个字节为包头，包头的第 1 个字节固定为 0x55 不变，第 2 个字节分两种情况：0xAA 代表这组数据是嵌入式智能车的数据，0x02 代表这组数据是运输车的数据；

第 3 个字节数据可变，为嵌入式智能车或运输车运行状态；

第 4 个字节为 0 或 1，是嵌入式智能车或运输车任务板上当前光敏状态；

第 5 个字节与第 6 个字节数据可变，为嵌入式智能车或运输车当前超声波数据；

第 7 个与第 8 个字节数据可变，为嵌入式智能车或运输车当前环境中光照强度数据；

后两个字节数据可变，为竞赛平台或运输标志物当前码盘值。

3. 智能移动终端向运输车发送命令的数据结构

智能移动终端向运输车发送命令的数据结构如表 6–6 所示。

表 6-6 智能移动终端向运输车发送命令的数据结构

0x55	0x02	0xXX	0xXX	0xXX	0xXX	0xXX	0xBB
包头		主指令	副指令			校验和	包尾

智能移动终端向运输车发送命令的数据结构说明如下：

其数据结构和智能移动终端控制嵌入式智能车的数据结构，除去包头不完全一致之外，主指令和副指令是完全一致的；

校验和同上定义，包尾固定不变；

智能移动终端向运输车发送的命令，是先发给嵌入式智能车（不能直接发给运输车）的，若包头的第 2 个字节是 0x02，就把接收到的命令转发给运输车。即智能移动终端向运输车发送命令是通过嵌入式智能车转发的。

6.3.4 基于寄存器的 STM32 串口无线传输程序设计

在 STM32 串口无线传输程序中，Wi–Fi 通信模块使用 USART1 串口，ZigBee 通信模块使用 USART2 串口。本任务主要采用 STM32 的 USART 串口相关寄存器来完成基于寄存器的 STM32 串口无线传输的程序设计。下面主要给出 usart.h、usart.c 文件，以及主文件与串行通信相关的代码，详细代码见本书的资源库。

1. 编写 usart.h 头文件

usart.h 头文件的代码如下：

```
#ifndef __USART_H
#define __USART_H
#include "stdio.h"
#define  MAX_NUM  40
extern u8 USART1_RX_BUF[8];                    //USART1 串口接收缓冲
extern u8 USART2_RX_BUF[40];                   //USART2 串口接收缓冲
extern u8 USART_RX_STA;                        //USART 串口接收状态标记
extern u8 flag1,flag2;
extern u8 flag3;
extern void UART_Send_Str(char *s);
extern int U1SendChar(int ch);
extern int U2SendChar(int ch);
#define EN_USART1_RX                           //使能串口 1 接收
#define EN_USART2_RX                           //使能串口 2 接收
void uart1_init(u32 pclk2,u32 bound);
void uart2_init(u32 pclk2,u32 bound);
#endif
```

2. 编写 usart.c 文件

usart.c 文件主要包括串口 1 和串口 2 的初始化函数和中断服务函数、串口 1 和串口 2 的发送字符函数等。usart.c 文件的代码如下：

```
…… //头文件包含
u8 USART1_RX_BUF[8];              //USART1 串口接收缓冲，最大 8 个字节
u8 USART2_RX_BUF[MAX_NUM];        //USART2 串口接收缓冲，最大 8 个字节
u8 flag1=0;                       //串口接收状态，接收到控制指令
u8 flag2=0;                       //zigBee 返回信息
u8 flag3=0;                       //运输车返回信息
u8 USART_RX_STA=0;                //接收状态标记，bit7:接收是否完成标志
u8 RX_num1=0,RX_num2=0;           //接收到的有效字节数
u8 RX2_MAX=8;                     //定义接收的最长字节
//串口 1 接收的中断服务函数
void USART1_IRQHandler(void)
{
    u8 res,sum;
    res=USART1->DR;
    if(RX_num1>0)
    {
        USART1_RX_BUF[RX_num1]=res;
        RX_num1++;
    }
    else if (res==0x55)     // 寻找包头
    {
        USART1_RX_BUF[0]=res;
        RX_num1=1;
    }
```

```
    if(RX_num1>=8)
    {
        RX_num1=0;
        if(USART1_RX_BUF[7]==0xbb)      // 判断包尾
        {
            //主指令与 3 位副指令做求和校验。在求和溢出时，对和进行 256 取余
            sum=(USART1_RX_BUF[2]+USART1_RX_BUF[3]+USART1_RX_BUF[4]+
            USART1_RX_BUF[5])%256;
            if(sum==USART1_RX_BUF[6])
            {
                USART_RX_STA|=0x80;
                flag1=1;          //指令验证正确，标志位置 1
                LED2=0;           //关闭蜂鸣器
            }
            else
            {
                LED2=1; flag1=0;
            }
        }
        else                      //接收错误指令，打开蜂鸣器
        {
            LED2=1; flag1=0;
        }
    }
}
//串口 2 接收的中断服务函数
void USART2_IRQHandler(void)
{
    static u8 res,sum;
    res=USART2->DR;
    if(RX_num2>0)
    {
        USART2_RX_BUF[RX_num2]=res;
        RX_num2++;
    }
    else if (res==0x55)                  //寻找包头
    {
        USART2_RX_BUF[0]=res;
        RX_num2=1;
    }
    if(RX_num2>=RX2_MAX)
    {
        if(USART2_RX_BUF[RX2_MAX-1]==0xbb)  //判断包尾
        {
```

```
            RX_num2=0;                          //计数清零
            //主指令与3位副指令做求和校验。在求和溢出时，对和进行256取余
            sum=(USART2_RX_BUF[2]+USART2_RX_BUF[3]+USART2_RX_BUF[4]+
            USART2_RX_BUF[5])%256;
            if(sum==USART2_RX_BUF[6])
            {
                    USART_RX_STA|=0x80;
                    flag2=1;                    //指令验证正确，标志位置1
                    LED2=0;                     //关闭蜂鸣器
            }
            else
            {
                LED1=2; flag1=0;
            }
        }
    }
}
void uart1_init(u32 pclk2,u32 bound)
{
    float temp;
    u16 mantissa;
    u16 fraction;
    temp=(float)(pclk2*1000000)/(bound*16);     //得到USARTDIV
    mantissa=temp;                              //得到整数部分
    fraction=(temp-mantissa)*16;                //得到小数部分
    mantissa<<=4;
    mantissa+=fraction;
    RCC->APB2ENR|=1<<2;                 //使能PORTA口时钟
    RCC->APB2ENR|=1<<14;                //使能串口1时钟
    GPIOA->CRH=0X444444B4;              //I/O状态设置
    RCC->APB2RSTR|=1<<14;               //复位串口1
    RCC->APB2RSTR&=~(1<<14);            //停止复位
    USART1->BRR=mantissa;               //波特率设置
    USART1->CR1|=0X200C;                //1位停止，无校验位
#ifdef EN_USART1_RX                     //如果使能了接收
    //使能接收中断
    USART1->CR1|=1<<8;                  //PE中断使能
    USART1->CR1|=1<<5;                  //接收缓冲区非空中断使能
    MY_NVIC_Init(3,1,USART1_IRQChannel,1);      //组2，最低优先级
#endif
}
void uart2_init(u32 pclk2,u32 bound)
{
    float temp;
```

```
    u16 mantissa;
    u16 fraction;
    temp=(float)(pclk2*1000000)/(bound*32);//串口1时为(bound*16)
    mantissa=temp;                         //得到整数部分
    fraction=(temp-mantissa)*16;           //得到小数部分
    mantissa<<=4;
    mantissa+=fraction;
    RCC->APB2ENR|=1<<0;                    //使能AFIO口时钟
    RCC->APB2ENR|=1<<5;                    //使能PORT5口时钟
    RCC->APB1ENR|=1<<17;                   //使能串口2时钟
    AFIO->MAPR=0X0008;                     //串口2重映射功能：TX-PD5，RX-PD6
    GPIOD->CRL=0X44B44444;                 //I/O状态设置
    RCC->APB1RSTR|=1<<17;                  //复位串口2
    RCC->APB1RSTR&=~(1<<17);               //停止复位
    USART2->BRR=mantissa;                  //波特率设置
    USART2->CR1|=0X200C;                   //1位停止，无校验位
#ifdef EN_USART2_RX                        //如果使能了接收
    //使能接收中断
    USART2->CR1|=1<<8;                     //PE中断使能
    USART2->CR1|=1<<5;                     //接收缓冲区非空中断使能
    MY_NVIC_Init(3,2,USART2_IRQChannel,1); //组2，最低优先级
#endif
}
void Delay(vu32 nCount)
{
    for(; nCount != 0; nCount--);
}
//串口1发送一个字符
int U1SendChar(int ch)
{
    while (!(USART1->SR & USART_FLAG_TXE));
    USART1->DR = (ch & 0x1FF);
    return (ch);
}
//串口2发送一个字符
int U2SendChar(int ch)
{
    while (!(USART2->SR & USART_FLAG_TXE));
    USART2->DR = (ch & 0x1FF);
    return (ch);
}
```

3. 编写主文件

在main.c主文件中，通过USART1串口完成智能移动终端和嵌入式智能车之间的串行通信，通过USART2串口完成嵌入式智能车和运输车/道闸之间的串行通信。下面主要给出main.c主文

件中与串行通信相关的代码，代码如下：

```
……                                        //头文件包含
#define  NUM  10                          //定义接收数据长度
#define  ZCKZ_ADDR    0xAA                //定义嵌入式智能车地址编号，即包头的第 2 个字节
#define  YSBZW_ADDR   0x02                //定义运输车地址编号
#define  DZ_ADDR      0x03                //定义道闸地址编号
……
u8 S_Tab[NUM];                            //定义嵌入式智能车返回数据数组
u8 C_Tab[NUM];                            //定义运输车返回数据数组
u8 SD_Flag=1;                             //运动标志物数据返回允许标志位
u8 send_Flag=0;                           //发送标志位
……
int main(void)
{
    u8 i;
    Stm32_Clock_Init(9);                  //系统时钟设置
    delay_init(72);                       //延时初始化
    uart1_init(72,115200);                //串口初始化为 115200
    uart2_init(72,115200);                //串口初始化为 115200
    IO_Init();                            //I/O 初始化
    STOP();
    S_Tab[0]=0x55;
    S_Tab[1]=0xaa;
    C_Tab[0]=0x55;
    C_Tab[1]=0x02;
    while(1)
    {
        LED0=!LED0; //程序状态
        S_Tab[2]=Stop_Flag;               //小车运行状态
        if(PSS==1) S_Tab[3]=1;            //光敏状态值返回
        else S_Tab[3]=0;
        tran();                           //超声波测距
        S_Tab[4]=dis%256;                 //超声波数据
        S_Tab[5]=dis/256;
        Light= Dispose();                 //测试光照强度
        S_Tab[6]=Light%256;               //光照数据
        S_Tab[7]=Light/256;
        S_Tab[8]=CodedDisk%256; //码盘
        S_Tab[9]=CodedDisk/256;
        ……                                //按键模块代码
        if(flag1==1)                      //接收到控制指令
        {
            STOP();
            delay_us(5);
```

```
        if(USART1_RX_BUF[1]==ZCKZ_ADDR)        //主车控制
        {
            switch(USART1_RX_BUF[2])
            {
                case 0x01:  //停止
                    ……
                case 0x02:  //前进
                    ……
                    ……      //其他的通信协议
            }
            flag1=0;
        }
        else if(USART1_RX_BUF[1]==YSBZW_ADDR)  //将指令转发控制运输车
        {
            U2SendChar(0x55);
            U2SendChar(YSBZW_ADDR);
            U2SendChar(USART1_RX_BUF[2]);
            U2SendChar(USART1_RX_BUF[3]);
            U2SendChar(USART1_RX_BUF[4]);
            U2SendChar(USART1_RX_BUF[5]);
            U2SendChar(USART1_RX_BUF[6]);
            U2SendChar(USART1_RX_BUF[7]);
            LED1=!LED1;
            flag1=0;
        }
        else if(USART1_RX_BUF[1]==DZ_ADDR)      //将指令转发车道道闸
        {
            U2SendChar(0x55);
            U2SendChar(DZ_ADDR);
            ……                                  //同上
        }
        ……                                      //其他的 ZigBee 控制设备
        else flag1=0;
    }
    if(flag2==1)      //ZigBee 返回信息
    {
        ……
        flag2=0;
    }
    if(send_Flag==1)
    {
        for(i=0;i<USART2_RX_BUF[2];i++)          //数据通过串口 1 打包发出
        {
            U1SendChar(USART2_RX_BUF[i]);
```

```
            }
            send_Flag=0;
        }
        else if((flag3==1)&&(SD_Flag==0))
        {
            for(i=0;i<10;i++)                //智能车向智能移动终端发送运输车数据
            {
                U1SendChar(C_Tab[i]);
            }
            flag3 = 0;
        }
        else if((SD_Flag))
        {
            for(i=0;i<10;i++)                //智能车向智能移动终端发送智能车数据
            {
                U1SendChar(S_Tab[i]);
            }
        }
    }
}
……                                           //IO_Init()初始化核心板所用端口
```

参考本教材资源库的详细代码，完成基于寄存器的 STM32 串口无线传输程序设计。然后新建一个工程，通过工程搭建、编译、运行与调试，观察运行结果是否与任务要求一致。若不一致，就对程序进行分析检查，直到运行正确为止。

1. 在异步通信中，数据通常是以字符为单位组成字符帧进行传送的。字符帧由发送端一帧一帧地发送，每一帧数据低位在前、高位在后，通过传输线被接收端一帧一帧地接收。发送端和接收端由各自独立的时钟来控制数据的发送和接收，这两个时钟彼此独立、互不同步。

2. 同步通信是一种连续串行传送数据的通信方式，一次通信只传输一帧信息。这里的信息帧和异步通信的字符帧不同，信息帧通常有若干个数据字符，它们由同步字符、数据字符和校验字符 CRC 3 部分组成。在同步通信中，同步字符可以采用统一的标准格式，也可以由用户自行约定。

3. USART（通用同步/异步串行收发器）是一种把二进制数据按位（bit）传送的通信方式。STM32 的 USART 串口使用异步串行数据格式进行外部设备之间的全双工数据交换。串行通信有单工方式、半双工方式和全双工方式 3 种方式。

4. STM32 拥有 3 路 USART 串口，USART 串口是通过 RX（接收数据串行输入）、TX（发送数据输出）和地 3 个引脚与其他设备连接在一起的。USART 串口硬件连接方法如下：

（1）USART1 串口的 TX 和 RX 引脚使用的是 PA9 和 PA10；

（2）USART2 串口的 TX 和 RX 引脚使用的是 PA2 和 PA3；

（3）USART3 串口的 TX 和 RX 引脚使用的是 PB10 和 PB11；

这些引脚默认的功能都是 GPIO，在作为串口使用时，就要用到这些引脚的复用功能，在使用其复用功能前，必须对复用的端口进行设置。

5. 与 STM32 的 USART 串口编程相关的寄存器有分数波特率发生寄存器 USART_BRR、控制寄存器 USART_CR1、数据寄存器 USART_DR 和状态寄存器 USART_SR。

6. 通常的串口设置步骤如下：

串口时钟使能，GPIO 时钟使能；串口复位；GPIO 端口模式设置；串口参数初始化；开启中断并且初始化 NVIC（如果需要开启中断才需要这个步骤）；使能串口；编写中断处理函数。

7. STM32 的 USART 串口发送与接收是通过数据寄存器 USART_DR 实现的，它是一个双寄存器，包含 TDR 和 RDR。当向该寄存器写数据的时候，串口就会自动发送，当收到数据的时候，也存在该寄存器内。

（1）USART 串口发送数据是通过 USART_SendData ()函数来操作 USART_DR 寄存器发送数据的；USART 串口接收数据是通过 USART_ReceiveData ()函数来操作 USART_DR 寄存器读取串口接收到的数据的。

（2）判断串口是否完成发送和接收数据的方法是：通过读取串口的 USART_SR 状态寄存器，然后根据 USART_SR 的第 5 位（RXNE）和第 6 位（TC）的状态来判断。

8. 嵌入式智能车的 Wi-Fi 通信模块采用的是 RM04 模块——基于通用串行接口的符合网络标准的嵌入式模块，内置 TCP/IP 协议栈，能够实现用户串口、以太网、无线网（Wi-Fi）3 个接口之间的任意透明转换。

9. 嵌入式智能车的 ZigBee 通信模块采用 TI 公司的 2.4GHz 射频芯片，型号为 CC2530，无线通信使用 ZigBee 协议。其主要功能是采用透明传输方式对串行通信与 ZigBee 无线通信进行相互转换。

问题与讨论

6-1 串行通信分为异步通信和同步通信，简述异步通信和同步通信的区别。

6-2 串行通信有哪 3 种方式？简述这 3 种串行通信方式。

6-3 简述 STM32 的 USART 串口主要功能。

6-4 简述 USART 串口的硬件连接。

6-5 与 STM32 的 USART 串口编程相关的寄存器有哪几个？

6-6 STM32 的 USART 串口设置通常有哪几个步骤？

6-7 STM32 的 USART 串口发送与接收是通过哪个寄存器实现的？串口发送与接收又是通过哪两个函数实现的？

6-8 简述如何判断串口是否完成数据发送和接收。

6-9 以精益求精的工匠精神，参考技能训练 6-1，采用 STM32 的 USART 相关寄存器，完成 STM32 的 USART2 串口通信设计。

Chapter 7

项目七 模数转换设计与实现

能力目标

能利用 STM32 的 ADC 寄存器和库函数，通过程序控制 STM3F103VCT6 的 A/D 转换，实现模拟电压的采集、LCD12864 显示采样值和电压值的设计、运行与调试。

知识目标

1. 了解 STM32 的 ADC 编程相关的寄存器和库函数；
2. 会使用 STM32 的 ADC 寄存器和库函数，完成 A/D 转换程序设计；
3. 会利用 STM32 的 ADC，实现模拟电压的采集，并在 LCD12864 上显示采样值和电压值。

素养目标

在项目实践中培养读者团队合作意识、团队沟通能力；培养读者谨慎、不畏难、不怕苦、勇于创新的精神。

7.1 STM32 的模数转换

在 STM32 的数据采集应用中，外界物理量通常都是模拟信号，如温度、湿度、压力、速度、液位、流量等，而 STM32 处理的均是数字信号，因此在 STM32 的输入端需要进行模数转换。

7.1.1 STM32 的模数转换简介

将模拟信号转换成数字信号的电路，称为模数转换器（简称 A/D 转换器或 ADC）。模数转换的作用是将时间连续、幅值也连续的模拟量转换为时间离散、幅值也离散的数字信号，即将模拟信号转换成数字信号。

模数转换一般要经过取样、保持、量化及编码 4 个过程。在实际电路中，这些过程有的是合并进行的，例如，取样和保持、量化和编码往往都是在转换过程中同时实现的。

1. 认识 STM32 的模数转换

STM32 拥有 1～3 个 ADC，这些 ADC 可以独立使用，也可以使用双重模式（提高采样率）。

STM32 的 ADC 是 12 位逐次逼近型的模拟数字转换器。

（1）STM32F103 系列最少有 2 个 ADC，如 STM32F103VCT6 有 3 个 ADC、STM32F103RBT6 有 2 个 ADC。

（2）ADC 有 18 个通道，可测量 16 个外部信号源和 2 个内部信号源。各通道的 A/D 转换能以单次、连续、扫描或间断模式执行。

（3）ADC 的结果能以左对齐或右对齐的方式存储在 16 位数据寄存器中。

（4）模拟看门狗特性允许应用程序检测输入电压是否超出用户定义的高/低阈值。

（5）ADC 的输入时钟是由 PCLK2 经分频产生的，不能超过 14MHz，否则将导致转换结果准确度下降。

2. STM32 的 ADC 主要特征

STM32 的 ADC 主要特征如下。

（1）12 位分辨率，自校准，带内嵌数据一致的数据对齐方式。

（2）转换结束、注入转换结束和发生模拟看门狗事件时产生中断。

（3）单次和连续转换模式，从通道 0 到通道 n 的自动扫描模式。

（4）采样间隔可以按通道分别编程。

（5）规则转换和注入转换均有外部触发选项。

（6）间断模式，双重模式（带 2 个或以上 ADC 的器件）。

（7）ADC 最大的转换速率为 1MHz，即最快的转换时间为 1μs。

（8）ADC 供电要求为 2.4V～3.6V，ADC 输入范围为 V_{REF-}～V_{REF+}。

（9）规则通道转换期间有 DMA 请求产生。

3. STM32 的 ADC 结构

STM32 的 ADC 结构如图 7-1 所示。

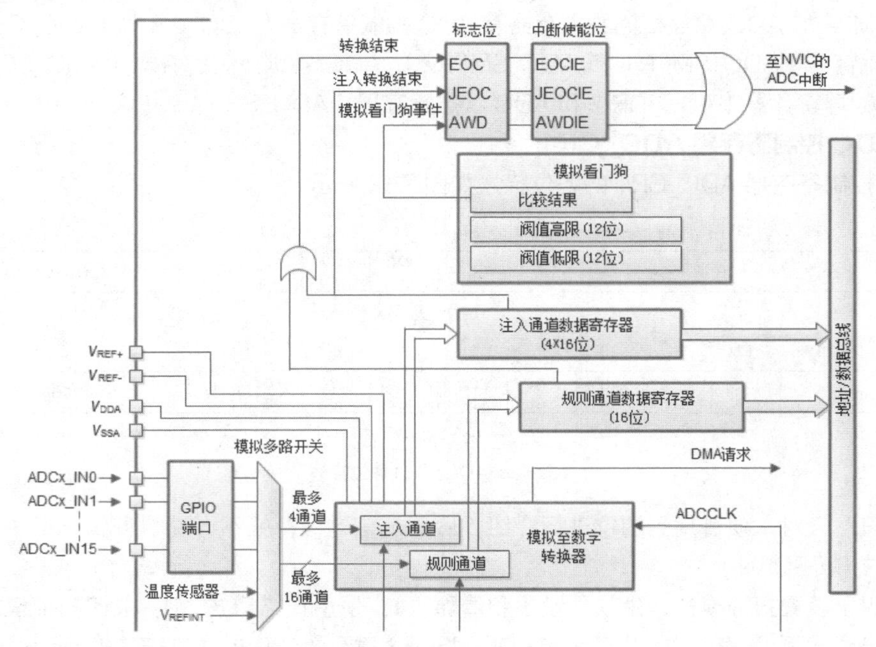

图7-1　STM32模数转换结构框图

在图 7-1 中，STM32 把 ADC 的转换分为规则通道组和注入通道组，规则通道组最多包含 16 个通道，注入通道组最多包含 4 个通道。

那么，规则通道组和注入通道组之间有什么关系呢？

规则通道相当于正常运行的程序，注入通道相当于中断。在正常执行程序（规则通道）的时候，中断（注入通道）可以打断正常程序的执行。注入通道的转换可以打断规则通道的转换，在注入通道转换完成之后，规则通道才得以继续转换。下面通过一个例子来说明规则通道和注入通道之间的关系。

比如在房间里面放 4 个温度传感器，设置为规则通道组，循环扫描房间里面的 4 个温度传感器，并显示 A/D 转换结果；在房间外面放 4 个温度传感器，设置为注入转换组，并暂时显示房间外面的温度。通常，我们都是一直监控房间里面的温度，若需要看房间外面的温度，通过一个按键启动注入转换组，就能看到房间外面的温度。当松开这个按键后，系统又回到规则通道组，继续监控房间里面的温度。

从上面的描述可以看出，检测和显示房间外面温度的过程，中断了检测和显示房间里面温度的过程，即注入通道的转换中断了规则通道的转换。

还可以想一下，如果没有规则通道组和注入通道组的划分，当按下按键后，就需要重新配置 ADC 循环扫描的通道；在松开按键后，也需要重新配置 ADC 循环扫描的通道。

为此，在程序初始化时要设置好规则通道组和注入通道组。这样在程序执行时，就不需要重新配置 ADC 循环扫描的通道，从而达到两个任务之间互不干扰和快速切换的目的。在工业应用领域中，有很多检测和监视都需要较快地处理，通过对 A/D 转换的分组，可以简化事件处理的程序，提高事件处理的速度。

7.1.2 ADC 相关的寄存器

与 STM32 的 ADC 编程相关的寄存器有 ADC 控制寄存器（ADC_CR1 和 ADC_CR2）、ADC 采样事件寄存器（ADC_SMPR1 和 ADC_SMPR2）、ADC 规则序列寄存器（ADC_SQR1～3）、ADC 规则数据寄存器（ADC_DR）和 ADC 状态寄存器（ADC_SR）。

1. ADC 控制寄存器 ADC_CR1

ADC 控制寄存器 ADC_CR1 的各位描述如图 7-2 所示。

31	30	29	28	27	26	25	24	23	22	21	20	19	18	17	16
保留								AWD EN	JAW DEN	保留		DUALMOD[3:0]			
								rw	rw			rw	rw	rw	rw

15	14	13	12	11	10	9	8	7	6	5	4	3	2	1	0
DISCNUM[2:0]			JDIS CEN	DISC EN	JAUT O	AWD SGL	SCA N	JEOC IE	AWD IE	EOC IE	AWDCH[4:0]				
rw	rw	rw	rw	rw	rw	rw	rw	rw	rw	rw	rw	rw	rw	rw	rw

图7-2 ADC_CR1各位描述

在这里，只对本项目用到的位进行介绍，后面也是这样，就不再说明了。

（1）位 8（SCAN）

该位用于设置扫描模式，由软件设置和清除，1：使用扫描模式，0：关闭扫描模式。

在扫描模式下，只有 ADC_SQRx 或 ADC_JSQRx 寄存器选中的通道被转换。若设置了 EOCIE

或 JEOCIE，只在最后一个通道转换完毕后，才产生 EOC 或 JEOC 中断。

（2）位 19:16（DUALMOD）

这 4 位用于设置 ADC 的操作模式，详细的对应关系如图 7-3 所示。

位 19:16	DUALMOD[3:0]：双模式选择 软件使用这些位选择操作模式。 0000：独立模式 0001：混合的同步规则+注入同步模式 0010：混合的同步规则+交替触发模式 0011：混合同步注入+快速交叉模式 0100：混合同步注入+慢速交叉模式 0101：注入同步模式 0110：规则同步模式 0111：快速交叉模式 1000：慢速交叉模式 1001：交替触发模式 注：在 ADC2 和 ADC3 中这些位为保留位 在双模式中，改变通道的配置会产生一个重新开始的条件，这将导致同步丢失。建议在进行任何配置改变前关闭双模式

图7-3　ADC操作模式

本项目使用的是独立模式，所以设置这几位为 0 就可以了。

2. ADC 控制寄存器 ADC_CR2

ADC 控制寄存器 ADC_CR2 的各位描述如图 7-4 所示。

31	30	29	28	27	26	25	24	23	22	21	20	19	18	17	16
保留								TSVREFE	SWSTART	JSWSTART	EXTTRIG	EXTSEL[2:0]			保留
								rw	rw	rw	rw	rw	rw	rw	

15	14	13	12	11	10	9	8	7	6	5	4	3	2	1	0
JEXTTRIG	JEXTSEL[2:0]			ALIGN	保留		DMA	保留				RSTCAL	CAL	CONT	ADON
rw	rw	rw	rw	rw			rw					rw	rw	rw	rw

图7-4　ADC_CR2各位描述

（1）位 0（ADON）

该位用于开/关 A/D 转换器，由软件设置和清除，1：开启 ADC 并启动转换，0：关闭 ADC 转换/校准，并进入断电模式。

（2）位 1（CONT）

该位用于设置是否进行连续转换，由软件设置和清除，1：连续转换模式，0：单次转换模式。本项目使用单次转换，CONT 位必须为 0。

（3）位 11（ALIGN）

该位用于设置数据对齐，由软件设置和清除，1：左对齐，0：右对齐。本项目使用右对齐，ALIGN 位必须为 0。

（4）位 19:17（EXTSEL）

这 3 位用于选择启动规则转换组转换的外部事件，详细的设置关系如图 7-5 所示。

本项目使用的是软件触发（SWSTART），这 3 位要设置为 111。

位 19:17	EXTSEL[2:0]：选择启动规则通道组转换的外部事件 这些位选择用于启动规则通道组转换的外部事件 ADC1 和 ADC2 的触发配置如下： 000：定时器 1 的 CC1 事件　　100：定时器 3 的 TRGO 事件 001：定时器 1 的 CC2 事件　　101：定时器 4 的 CC4 事件 010：定时器 1 的 CC3 事件　　110：EXTI 线 11/ TIM8_TRGO 事件，仅大容量产品具有 TIM8_TRGO 功能 011：定时器 2 的 CC2 事件　　111：SWSTART ADC3 的触发配置如下： 000：定时器 3 的 CC1 事件　　100：定时器 8 的 TRGO 事件 001：定时器 2 的 CC3 事件　　101：定时器 5 的 CC1 事件 010：定时器 1 的 CC3 事件　　110：定时器 5 的 CC3 事件 011：定时器 8 的 CC1 事件　　111：SWSTART

图7-5　ADC选择启动规则转换事件设置

（5）位 22（SWSTART）

该位用于开始转换规则通道，由软件设置该位以启动转换，转换开始后硬件马上清除此位。如果在 EXTSEL[2:0]位中选择了 SWSTART 为触发事件，则该位用于启动一组规则通道的转换。1：开始转换规则通道，0：复位状态。

在单次转换模式下，每次转换都需要向 SWSTART 位写 1。另外位 2（CAL）和位 3（RSTCAL）都是用于 AD 校准的。

3. ADC 采样事件寄存器 ADC_SMPR1~2

ADC 采样事件寄存器 ADC_SMPR1 的各位描述如图 7-6 所示。

31	30	29	28	27	26	25	24	23	22	21	20	19	18	17	16
保留								SMP17[2:0]			SMP16[2:0]			SMP15[2:1]	
					rw	rw	rw	rw	rw	rw	rw	rw	rw	rw	rw

15	14	13	12	11	10	9	8	7	6	5	4	3	2	1	0
SMP 15_0	SMP14[2:0]			SMP13[2:0]			SMP12[2:0]			SMP11[2:0]			SMP10[2:0]		
rw	rw	rw	rw	rw	rw	rw	rw	rw	rw	rw	rw	rw	rw	rw	rw

位 31:24	保留。必须保持为 0
位 23:0	SMPx[2:0]：选择通道 x 的采样时间 这些位用于独立地选择每个通道的采样时间。在采样周期中，通道选择位必须保持不变。 000：1.5 周期　　100：41.5 周期 001：7.5 周期　　101：55.5 周期 010：13.5 周期　　110：71.5 周期 011：28.5 周期　　111：239.5 周期 注：ADC1 的模拟输入通道 16 和通道 17，在芯片内部分别连到了温度传感器和 VREFINT。 ADC2 的模拟输入通道 16 和通道 17，在芯片内部连到了 Vss。 ADC3 模拟输入通道 14、15、16、17 与 Vss 相连

图7-6　ADC_SMPR1各位描述

ADC 采样事件寄存器 ADC_SMPR2 的各位描述如图 7-7 所示。

对于每个要转换的通道，采样时间要尽量设置长一点，以获得较高的准确度，这样做也会降低 ADC 的转换速率。ADC 的转换时间可由下面的公式获得：

$$T_{covn}=\text{采样时间}+12.5\text{ 个周期}$$

31	30	29	28	27	26	25	24	23	22	21	20	19	18	17	16
保留		SMP9[2:0]			SMP8[2:0]			SMP7[2:0]			SMP6[2:0]			SMP5[2:1]	
		rw	rw	rw	rw	rw	rw	rw	rw	rw	rw	rw	rw	rw	rw

15	14	13	12	11	10	9	8	7	6	5	4	3	2	1	0
SMP5_0	SMP4[2:0]			SMP3[2:0]			SMP2[2:0]			SMP1[2:0]			SMP0[2:0]		
rw	rw	rw	rw	rw	rw	rw	rw	rw	rw	rw	rw	rw	rw	rw	rw

位	描述
位 31:30	保留。必须保持为 0。
位 29:0	SMPx[2:0]：选择通道 x 的采样时间 这些位用于独立地选择每个通道的采样时间。在采样周期中，通道选择位必须保持不变。 000：1.5 周期　　100：41.5 周期 001：7.5 周期　　101：55.5 周期 010：13.5 周期　　110：71.5 周期 011：28.5 周期　　111：239.5 周期 注：ADC3 模拟输入通道 9 与 Vss 相连

图7-7　ADC_SMPR2各位描述

其中，T_{covn} 为总转换时间，采样时间是由每个通道的 SMP 位的设置决定的。

比如，当 ADCCLK=14MHz 时，设置 1.5 个周期的采样时间，根据公式计算，可以得到总转换时间：T_{covn}=1.5+12.5=14 个周期=1μs。

4. ADC 规则序列寄存器 ADC_SQR1～3

ADC 规则序列寄存器 ADC_SQR1～3 的功能基本一样，在这里只介绍 ADC_SQR1，其各位描述如图 7-8 所示。

31	30	29	28	27	26	25	24	23	22	21	20	19	18	17	16
保留								L[3:0]				SQ16[4:1]			
								rw	rw	rw	rw	rw	rw	rw	rw

15	14	13	12	11	10	9	8	7	6	5	4	3	2	1	0
SQ16_0	SQ15[4:0]					SQ14[4:0]					SQ13[4:0]				
rw	rw	rw	rw	rw	rw	rw	rw	rw	rw	rw	rw	rw	rw	rw	rw

位	描述
位 31:24	保留。必须保持为 0
位 23:20	L[3:0]：规则通道序列长度 这些位由软件定义在规则通道转换序列中的通道数目。 0000：1 个转换 0001：2 个转换 …… 1111：16 个转换
位 19:15	SQ16[4:0]：规则序列中的第 16 个转换 这些位由软件定义转换序列中的第 16 个转换通道的编号(0~17)
位 14:10	SQ15[4:0]：规则序列中的第 15 个转换
位 9:5	SQ14[4:0]：规则序列中的第 14 个转换
位 4:0	SQ13[4:0]：规则序列中的第 13 个转换

图7-8　ADC_SQR1各位描述

（1）位 23:20（L [3:0]）

这 4 位用于设置规则通道序列长度，由软件来定义在规则通道转换序列中的通道数目。本项目只用了 1 个，这 4 位设置为 0。

（2）SQ13～16 [4:0]

SQ13～16 用于设置规则通道序列中的第 13～16 个转换通道，这些位由软件来定义转换序列中的第 13～16 个转换通道的编号（0～17）。

另外两个 ADC 规则序列寄存器 ADC_SQR2～3 与 ADC_SQR1 大同小异，就不做介绍了。

说明：本项目选择的是单次转换，在规则通道序列里面只有一个通道，由 ADC_SQR3 的最低 5 位（即 SQ1）来设置。

5. ADC 规则数据寄存器 ADC_DR 和 ADC 注入数据寄存器 ADC_JDRx

ADC 规则数据寄存器 ADC_DR 的各位描述如图 7-9 所示。

31	30	29	28	27	26	25	24	23	22	21	20	19	18	17	16
ADC2DATA[15:0]															
r	r	r	r	r	r	r	r	r	r	r	r	r	r	r	r

15	14	13	12	11	10	9	8	7	6	5	4	3	2	1	0
DATA[15:0]															
r	r	r	r	r	r	r	r	r	r	r	r	r	r	r	r

位	描述
位 31:16	ADC2DATA[15:0]：ADC2 转换的数据 （1）在 ADC1 中：双模式下，这些位包含了 ADC2 转换的规则通道数据。 （2）在 ADC2 和 ADC3 中：不使用这些位
位 15:0	DATA[15:0]：规则转换的数据 这些位为只读，包含了规则通道的转换结果。数据是左对齐或右对齐

图7-9　ADC_DR各位描述

ADC 注入数据寄存器 ADC_JDRx（x=1～4）的各位描述如图 7-10 所示。

31	30	29	28	27	26	25	24	23	22	21	20	19	18	17	16
保留															

15	14	13	12	11	10	9	8	7	6	5	4	3	2	1	0
JDATA[15:0]															
r	r	r	r	r	r	r	r	r	r	r	r	r	r	r	r

位	描述
位 31:16	保留。必须保持为 0
位 15:0	JDATA[15:0]：注入转换的数据 这些位为只读，包含了注入通道的转换结果。数据是左对齐或右对齐

图7-10　ADC_JDRx各位描述

规则通道的 A/D 转换结果都保存在 ADC 规则数据寄存器 ADC_DR 的 DATA[15:0]中，注入通道的 A/D 转换结果都保存在 ADC 注入数据寄存器 ADC_JDRx 的 JDATA[15:0]中。

注意

在读取 A/D 转换结果的数据时，可以通过 ADC_CR2 的 ALIGN 位来设置是左对齐还是右对齐。

6. ADC 状态寄存器 ADC_SR

在 ADC 状态寄存器 ADC_SR 中，保存了 ADC 转换时的各种状态，其各位描述如图 7-11 所示。

31	30	29	28	27	26	25	24	23	22	21	20	19	18	17	16
保留															

15	14	13	12	11	10	9	8	7	6	5	4	3	2	1	0
保留											STRT	JSTRT	JEOC	EOC	AWD
											rc w0	rc w0	rc w0	rc w0	rc w0

位	描述
位 31:5	保留。必须保持为 0
位 4	STRT：规则通道开始位 该位由硬件在规则通道转换开始时设置，由软件清除。 0：规则通道转换未开始； 1：规则通道转换已开始
位 3	JSTRT：注入通道开始位 该位由硬件在注入通道组转换开始时设置，由软件清除。 0：注入通道组转换未开始； 1：注入通道组转换已开始
位 2	JEOC：注入通道转换结束位 该位由硬件在所有注入通道组转换结束时设置，由软件清除。 0：转换未完成； 1：转换完成
位 1	EOC：转换结束位 该位由硬件在(规则或注入)通道组转换结束时设置，由软件清除或由读取 ADC_DR 时清除。 0：转换未完成； 1：转换完成
位 0	AWD：模拟看门狗标志位 该位由硬件在转换的电压值超出了 ADC_LTR 和 ADC_HTR 寄存器定义的范围时设置，由软件清除。 0：没有发生模拟看门狗事件； 1：发生模拟看门狗事件

图7-11　ADC_SR各位描述

本项目用到了 EOC 位，可以通过 EOC 位来判断本次规则通道的 A/D 转换是否完成，若完成就从 ADC_DR 中读取转换结果，否则等待转换完成。

7.2 任务 15　基于寄存器的 STM32 模数转换设计

通过 STM32 的 ADC 相关寄存器，设计一个 STM32 模数转换器，完成模拟电压的采集，并在 LCD12864 上显示采样值和电压值。要求：在 STM32 的单次转换模式下，使用 ADC1 的通道 1 来进行 A/D 转换。

7.2.1 STM32 的 ADC 设置

通过前面对 ADC 编程相关寄存器的介绍，按照任务要求，使用 ADC1 的通道 1 进行 A/D 转换，来介绍 STM32 的单次转换模式的相关设置。其设置步骤如下如述。

1. 开启 PA 口时钟，设置 PA1 为模拟输入

STM32F103VCT6 的 ADC 通道 0 在 PA1 上，所以，先要使能 PORTA 的时钟，然后设置 PA1 为模拟输入。代码如下：

```
RCC->APB2ENR|=1<<2;            //使能 PORTA 口时钟
GPIOA->CRL&=0XFFFFFF0F;        //PA1 为模拟输入
```

2. 使能 ADC1 时钟，并设置分频因子

要使用 ADC1，第一步就是要使能 ADC1 的时钟，在使能完时钟之后，进行一次 ADC1 的复位。接着就可以通过 RCC_CFGR 设置 ADC1 的分频因子。分频因子的设置要确保 ADC1 的时钟（ADCCLK）不超过 14MHz，否则会导致 ADC 准确度下降。代码如下：

```
RCC->APB2ENR|=1<<9;            //ADC1 时钟使能
RCC->APB2RSTR|=1<<9;           //ADC1 复位
RCC->APB2RSTR&=~(1<<9);        //复位结束
RCC->CFGR&=~(3<<14);           //分频因子清零
RCC->CFGR|=2<<14;              //ADC 时钟设置为 12M
```

3. 设置 ADC1 的工作模式

在设置完分频因子之后，就可以开始 ADC1 的模式配置了，设置单次转换模式、触发方式、数据对齐方式等都在这一步实现。代码如下：

```
ADC1->CR1&=0XF0FFFF;           //工作模式清零
ADC1->CR1|=0<<16;              //独立工作模式
ADC1->CR1&=~(1<<8);            //非扫描模式
ADC1->CR2&=~(1<<1);            //单次转换模式
ADC1->CR2&=~(7<<17);
ADC1->CR2|=7<<17;              //软件控制转换
ADC1->CR2|=1<<20;              //使用外部触发(SWSTART)，必须使用一个事件来触发
ADC1->CR2&=~(1<<11);           //右对齐
```

4. 设置 ADC1 规则序列的相关信息

接下来要设置规则序列的相关信息，本项目只有一个通道，并且是单次转换的，所以设置规则序列中通道数为 1，然后设置通道 1 的采样周期。代码如下：

```
ADC1->SQR1&=~(0XF<<20);
ADC1->SQR1|=0<<20;             //1 个转换在规则序列中，也就是只转换规则序列 1
ADC1->SMPR2&=~(7<<3);          //通道 1 采样时间清空
ADC1->SMPR2|=7<<3;             //通道 1 采样时间是 239.5 周期，采样时间大能提高精确度
```

5. 开启 A/D 转换器和校准设置

开启 A/D 转换器，执行复位校准和 A/D 校准，注意这两步是必需的！不校准将导致结果不准确。代码如下：

```
ADC1->CR2|=1<<0;               //开启 A/D 转换器
ADC1->CR2|=1<<3;               //使能复位校准
while(ADC1->CR2&1<<3);         //等待复位校准结束
ADC1->CR2|=1<<2;               //开启 AD 校准
while(ADC1->CR2&1<<2);         //等待校准结束
```

6. 读取 ADC 值

在上面的校准完成之后，ADC 就准备好了。接下来要做的就是设置规则序列 1 里面的通道，然后启动 ADC 转换。在转换结束后，读取 ADC1_DR 里面的值就可以了。代码如下：

```
ADC1->SQR3&=0XFFFFFFE0;
ADC1->SQR3|=ch;                //设置转换序列 1 的通道 ch
ADC1->CR2|=1<<22;              //启动规则转换通道
while(!(ADC1->SR&1<<1));       //等待转换结束
temp=ADC1->DR;                 //读取 adc 值
```

通过以上几个步骤的设置，我们就可以正常地使用 STM32 的 ADC1，来完成 A/D 转换的操作了。

7.2.2 基于寄存器的 STM32 模数转换设计

根据任务要求，通过 STM32 的 ADC 相关寄存器，在 STM32 的单次转换模式下，采集 ADC1 的通道 1 上的模拟电压，并在 LCD12864 上显示采样值和电压值。

1. STM32 模数转换电路设计

STM32 模数转换电路由 STM32F103VCT6 芯片、模拟电压采集和 LCD12864 液晶显示屏等电路组成。

（1）模拟电压采集电路设计

根据任务要求，STM32F103VCT6 芯片 ADC1 的通道 1 在 PA1 上，通道 1（PA1）采集的模拟电压可以通过电位器来获得。模拟电压采集电路如图 7-12 所示。

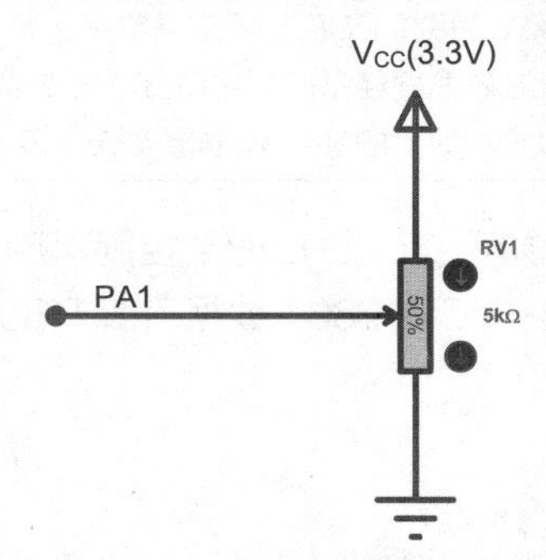

图7-12　模拟电压采集电路

（2）LCD12864 液晶显示电路设计

LCD12864 是采用并行通信方式来显示采样值及电压值的。LCD12864 引脚功能如表 7-1 所示。

表 7-1　LCD12864 引脚功能表

引脚号	引脚名称	电平	引脚功能描述
1	VSS	0V	电源地
2	VCC	3.0～+5V	电源正
3	V0	-	对比度（亮度）调整
4	RS（CS）	H/L	RS=“H”，表示 DB7～DB0 为显示数据 RS=“L”，表示 DB7～DB0 为显示指令数据

续表

引脚号	引脚名称	电平	引脚功能描述
5	R/W（SID）	H/L	R/W=“H”，E=“H”，数据被读到DB7~DB0 R/W=“L”，E=“H→L”，DB7~DB0的数据被写到IR或DR
6	E（SCLK）	H/L	使能信号
7	DB0	H/L	三态数据线
8	DB1	H/L	三态数据线
9	DB2	H/L	三态数据线
10	DB3	H/L	三态数据线
11	DB4	H/L	三态数据线
12	DB5	H/L	三态数据线
13	DB6	H/L	三态数据线
14	DB7	H/L	三态数据线
15	PSB	H/L	H：8位或4位并口方式，L：串口方式（见注①）
16	NC	–	空脚
17	/RESET	H/L	复位端，低电平有效（见注②）
18	VOUT	–	LCD驱动电压输出端
19	A	VDD	背光源正端（+5V）（见注③）
20	K	VSS	背光源负端（见注③）

注：① 如在实际应用中仅使用并口通信模式，可将PSB接固定高电平。
② 模块内部接有上电复位电路，因此在不需要经常复位的场合可将该端悬空。
③ 如背光和模块共用一个电源，可以将模块上的JA JK 连接到 V_{CC} 及GND电源口

LCD12864液晶显示电路设计如下：LCD12864控制引脚RS、RW、E、PSB和RST分别接PD0、PD1、PD2、PD3和PD4；LCD12864数据引脚DB0~DB7分别接 PD8~PD15。

2. 编写adc.h和adc.c

（1）编写adc.h头文件

adc.h头文件的代码如下：

```
#ifndef __ADC_H__
#define __ADC_H__
#include <sys.h>
#define ADC_CH0  0                //通道0
#define ADC_CH1  1                //通道1
#define ADC_CH2  2                //通道2
#define ADC_CH3  3                //通道3
void Adc_Init(void);
u16  Get_Adc(u8 ch);
u16 Get_Adc_Average(u8 ch,u8 times);
#endif
```

（2）编写adc.c文件

adc.c文件的代码如下：

```
#include "adc.h"
#include "delay.h"
/*初始化 ADC。采用规则通道，开启通道 1*/
void  Adc_Init(void)
{
    /*先初始化 I/O 口*/
    RCC->APB2ENR|=1<<2;           //使能 PORTA 口时钟
    GPIOA->CRL&=0XFFFFFF0F;       //PA1 为模拟输入
    /*通道 1 设置*/
    RCC->APB2ENR|=1<<9;           //ADC1 时钟使能
    RCC->APB2RSTR|=1<<9;          //ADC1 复位
    RCC->APB2RSTR&=~(1<<9);       //复位结束
    RCC->CFGR&=~(3<<14);          //分频因子清零
    //设置 ADC1 的分频因子，ADC 时钟设置为 12M（SYSCLK/DIV2=12M）
    //ADC 最大时钟不能超过 14M！否则将导致 ADC 准确度下降！
    RCC->CFGR|=2<<14;
    ADC1->CR1&=0xF0FFFF;          //工作模式清零
    ADC1->CR1|=0<<16;             //独立工作模式
    ADC1->CR1&=~(1<<8);           //关闭扫描模式
    ADC1->CR2&=~(1<<1);           //单次转换模式
    ADC1->CR2&=~(7<<17);          //选择启动规则通道组转换的外部事件清零
    ADC1->CR2|=7<<17;             //选择 SWSTART（软件控制转换）
    ADC1->CR2|=1<<20;   //使用外部事件启动转换（SWSTART）！必须使用一个事件来触发
    ADC1->CR2&=~(1<<11);          //右对齐
    ADC1->SQR1&=~(0xF<<20);       //规则通道转换序列中的通道数目清零
    ADC1->SQR1|=0<<20;            //规则通道转换序列中的通道数目有 1 个转换
    /*设置通道 1 的采样时间*/
    ADC1->SMPR2&=~(7<<3);   //通道 1 采样时间清零
    ADC1->SMPR2|=7<<3;      //通道 1 采样时间：239.5 周期，提高采样时间能提高精确度
    ADC1->CR2|=1<<0;        //开启 ADC，并启动转换
    /*该位由软件设置并由硬件清除，在校准寄存器被初始化后该位将被清除*/
    ADC1->CR2|=1<<3;        //初始化校准寄存器（使能复位校准）
    while(ADC1->CR2&1<<3); //等待初始化结束。在校准寄存器被初始化后，该位将被清除
    /*该位由软件设置开始校准，并在校准结束时由硬件清除*/
    ADC1->CR2|=1<<2;              //开始 A/D 校准
    while(ADC1->CR2&1<<2);        //等待校准结束。在校准结束时，该位由硬件清除
}
/*获得规则序列 1 的通道 ch 的 ADC 值。Ch：通道值 0~16，返回值：转换结果*/
u16 Get_Adc(u8 ch)
{
    /*设置转换规则序列*/
    ADC1->SQR3&=0xFFFFFFE0;       //规则序列中的第 1 个转换清除
    ADC1->SQR3|=ch;               //设置转换规则序列 1 的通道 ch
    ADC1->CR2|=1<<22;             //启动（开始）转换规则通道
```

```
    while(!(ADC1->SR&1<<1));    //等待转换结束。转换完成：EOC=1（ADC1->SR.1=1）
    return ADC1->DR;            //返回 adc 值
}
/*获取通道 ch 的 times 次转换结果平均值。ch：通道编号，times：获取次数，返回平均值。*/
u16 Get_Adc_Average(u8 ch,u8 times)
{
    u32 temp_val=0;
    u8 t;
    for(t=0;t<times;t++)
    {
        temp_val+=Get_Adc(ch); //累加通道 ch 每次转换的 ADC 值，共累加 times 次
        delay_ms(5);
    }
    return temp_val/times;
}
```

3. 编写 12864.h 和 12864.c

（1）编写 12864.h 头文件

12864.h 头文件的代码如下：

```
#ifndef __12864_H__
#define __12864_H__
#include "sys.h"
#define uint8_t unsigned char
/*12864 控制引脚和数据引脚的宏定义*/
#define PIN_RES                 (1 << 4)
#define PIN_PSB                 (1 << 3)
#define PIN_EN                  (1 << 2)
#define PIN_RW                  (1 << 1)
#define PIN_RS                  (1 << 0)
#define PIN_D0                  (1 << 8 )
#define PIN_D1                  (1 << 9 )
#define PIN_D2                  (1 << 10)
#define PIN_D3                  (1 << 11)
#define PIN_D4                  (1 << 12)
#define PIN_D5                  (1 << 13)
#define PIN_D6                  (1 << 14)
#define PIN_D7                  (1 << 15)
 /*12864 控制引脚和数据引脚写 x（x=1，0）的宏定义*/
#define e(x)        GPIOD->ODR = (GPIOD->ODR & ~PIN_EN)  | (x ? PIN_EN :  0);
#define rw(x)       GPIOD->ODR = (GPIOD->ODR & ~PIN_RW)  | (x ? PIN_RW :  0);
#define rs(x)       GPIOD->ODR = (GPIOD->ODR & ~PIN_RS)  | (x ? PIN_RS :  0);
#define psb(x)      GPIOD->ODR = (GPIOD->ODR & ~PIN_PSB) | (x ? PIN_PSB:  0);
#define res(x)      GPIOD->ODR = (GPIOD->ODR & ~PIN_RES) | (x ? PIN_RES:  0);
#define D0(x)       GPIOD->ODR = (GPIOD->ODR & ~PIN_D0)  | (x ? PIN_D0 : 0);
#define D1(x)       GPIOD->ODR = (GPIOD->ODR & ~PIN_D1)  | (x ? PIN_D1 : 0);
```

```
#define D2(x)       GPIOD->ODR = (GPIOD->ODR & ~PIN_D2)  | (x ? PIN_D2 : 0);
#define D3(x)       GPIOD->ODR = (GPIOD->ODR & ~PIN_D3)  | (x ? PIN_D3 : 0);
#define D4(x)       GPIOD->ODR = (GPIOD->ODR & ~PIN_D4)  | (x ? PIN_D4 : 0);
#define D5(x)       GPIOD->ODR = (GPIOD->ODR & ~PIN_D5)  | (x ? PIN_D5 : 0);
#define D6(x)       GPIOD->ODR = (GPIOD->ODR & ~PIN_D6)  | (x ? PIN_D6 : 0);
#define D7(x)       GPIOD->ODR = (GPIOD->ODR & ~PIN_D7)  | (x ? PIN_D7 : 0);
/*12864 的函数声明*/
void write_12864com(uint8_t com);
void write_12864data(uint8_t dat);
void Init_12864(void);
void Display_string(uint8_t x,uint8_t y,uint8_t *s) ;
#endif
```

（2）编写 12864.c 文件

12864.c 文件的代码如下：

```
#include "12864.h"
#include "delay.h"
/*写数据地址函数*/
void write_12864com(uint8_t com)
{
uint8_t temp = 0x01;
    uint8_t k[8] = {0};
    uint8_t i;
    rw(0);
    rs(0);
    delay_us(10);
    for(i=0;i<8;i++)
    {
        if(com & temp) k[i] = 1;
        else  k[i] = 0;
        temp=temp << 1;
    }
    temp = 0x01;
    D0(k[0]);
    D1(k[1]);
    D2(k[2]);
    D3(k[3]);
    D4(k[4]);
    D5(k[5]);
    D6(k[6]);
    D7(k[7]);
    e(1);
    delay_us(100);
    e(0);
    delay_us(100);
```

```
}
/*写数据函数*/
void write_12864data(uint8_t dat)
{
    uint8_t temp = 0x01;
    uint8_t k[8] = {0};
    uint8_t i;
    rw(0);
    rs(1);
    delay_us(10);
    for(i=0;i<8;i++)
    {
        if(dat & temp)  k[i] = 1;
        else  k[i] = 0;
        temp=temp << 1;
    }
    temp = 0x01;
    D0(k[0]);
    D1(k[1]);
    D2(k[2]);
    D3(k[3]);
    D4(k[4]);
    D5(k[5]);
    D6(k[6]);
    D7(k[7]);
    e(1);
    delay_us(100);
    e(0);
    delay_us(100);
}
/*12864初始化函数*/
void Init_12864()
{
    /*端口初始化*/
    RCC->APB2ENR|=1<<5;                    //使能PORTD时钟
    GPIOD->CRH&=0X00000000;
    GPIOD->CRH|=0X33333333;                //PD推挽输出
    GPIOD->ODR|=0XFFFFFFFF;                //PD输出高电平
    GPIOD->CRL&=0X00000000;
    GPIOD->CRL|=0X33333333;
    GPIOD->ODR|=0XFFFFFFFF;
    res(0);                                //复位
    delay_ms(10);                          //延时
    res(1);                                //复位置高
```

```
    delay_ms(50);                          //大于 10ms 的延时
    write_12864com(0x30);                  //8 位并行通信
    delay_us(200);                         //大于 100us 的延时
    write_12864com(0x30);
    delay_us(50);                          //大于 37us 的延时
    write_12864com(0x0c);                  //开显示
    delay_us(200);
    write_12864com(0x10);                  //光标设置
    delay_us(200);
    write_12864com(0x01);                  //清屏
    delay_ms(50);
    write_12864com(0x06);                  //光标从右向左加 1 位移动
    delay_us(200);
    /*12864 显示界面*/
    Display_string(0,0,"任务 15 模数转换");         //显示第 1 行
    Display_string(0,1,"  STM32 ADC    ");         //显示第 2 行
    Display_string(0,2,"ADC value: ");             //显示第 3 行
    Display_string(0,3,"Volum value: ");           //显示第 4 行
}
/*指定位置显示字符串。x：横坐标，y：纵坐标，*s：指针，为数据的首地址*/
void Display_string(uint8_t x,uint8_t y,uint8_t *s)
{
    switch(y)                                      //选择纵坐标
    {
        case 0: write_12864com(0x80+x);break;      //第 1 行的 x 坐标
        case 1: write_12864com(0x90+x);break;      //第 2 行的 x 坐标
        case 2: write_12864com(0x88+x);break;      //第 3 行的 x 坐标
        case 3: write_12864com(0x98+x);break;      //第 4 行的 x 坐标
        default:break;
    }
    while(*s!='\0')                                //写入数据，直到数据为空
    {
        write_12864data(*s);                       //写数据
        delay_us(50);                              //等待写入
        s++;                                       //指向下一个字符
    }
}
```

4．编写主文件

使用 STM32 的 ADC1 的通道 1（PA1）采集模拟电压，通过模数转换，在 LCD12864 上显示采样值及电压值。主文件 main.c 的代码如下：

```
#include "sys.h"
#include "usart.h"
#include "delay.h"
#include "led.h"
```

```
#include "adc.h"
#include "12864.h"
void display1(u16 val);
void display2(u16 vol);
void display( uint8_t *s);
uint8_t dis_val[5]={0};
uint8_t dis_vol[6]={0};
void main(void)
{
    u16 adcx;
    float temp;
    Stm32_Clock_Init(9);                        //系统时钟设置
    delay_init(72);                             //延时初始化
    Init_12864();                               //初始化带字库 12864 液晶
    LED_Init();
    Adc_Init();
    while(1)
    {
        adcx=Get_Adc_Average(ADC_CH1,10);       //得到平均采样值
        display1(adcx);                         //显示平均采样值
        temp=((float)adcx/4096)*3.3;            //计算电压
        temp*=100;                              //电压值扩大 100 倍
        display2(temp);                         //显示电压值
        LED0=!LED0;                             //LED0 闪烁表示系统正在运行
        delay_ms(1000);
    }
}

/*把平均采样值转成字符串*/
void display1(u16 val)
{
    dis_val[0]=val/1000+0x30;               //获得采样值的千位
    dis_val[1]=val/100%10+0x30;             //获得采样值的百位
    dis_val[2]=val/10%10+0x30;              //获得采样值的十位
    dis_val[3]=val%10+0x30;                 //获得采样值的个位
    write_12864com(0x88+8);                 //平均采样值显示在第 3 行第 8 位（列）
    display(dis_val);                       //显示采样值
}
/*把电压值转成字符串*/
void display2(u16 vol)
{

    dis_vol[0]=vol/100+0x30;                //获得电压值的百位（即整数位）
    dis_vol[1]='.';                         //获得电压值的小数点
```

```
    dis_vol[2]=vol/10%10+0x30;          //获得电压值的十位（即小数十分位）
    dis_vol[3]=vol%10+0x30;             //获得电压值的个位（即小数百分位）
    dis_vol[4]='V';                     //获得电压值的单位
    write_12864com(0x98+8);             //电压值显示在第 4 行第 8 位（列）
    display(dis_vol);                   //显示电压值
}
void display( uint8_t *s)
{
    while(*s>0)                         //写入数据，直到数据为空
    {
        write_12864data(*s);            //写数据
        delay_ms(1);                    //等待写入
        s++;                            //下一字符
    }
}
```

7.2.3　基于寄存器的 STM32 模数转换运行与调试

在 STM32 模数转换电路和程序设计完以后，还需要新建 ADC_R 工程、搭建工程、编译、运行与调试。

1. 新建 ADC_R 工程

（1）建立一个“任务 15 基于寄存器的 STM32 模数转换设计”工程目录，然后在该目录下新建 4 个子目录，分别为 USER、SYSTEM、HARDWARE 和 OUTPUT。

（2）把前面介绍过的 delay、sys 和 usart 文件夹复制到 SYSTEM 子目录下。

（3）在 HARDWARE 子目录下，新建 ADC 和 LCD 子目录，把 adc.c 和 adc.h 复制到 ADC 子目录下，把 12864.c 和 12864.h 复制到 LCD 子目录下，最后把前面介绍过的 LED 文件夹复制到 HARDWARE 子目录下。

（4）把主文件 main.c 复制到 USER 子目录下。

（5）新建 ADC_R 工程，并保存在 USER 子目录下。

其中，OUTPUT 子目录专门用来存放编译生成的目标代码文件。

2. 工程搭建、编译、运行与调试

（1）在 ADC_R 工程中，新建 STARTUP、USER、SYSTEM 和 HARDWARE 这 4 个组，在 STARTUP 组中添加 startup_stm32f10x_hd.s 文件，在 SYSTEM 组中添加 delay.c、sys.c 和 usart.c 文件，在 HARDWARE 组中添加 led.c、adc.c 和 12864.c 文件，最后在 USER 组中添加 main.c 文件。

在 ADC_R 工程中新建组和添加文件，详细步骤在项目 1 里面已做介绍。

（2）在 ADC_R 工程中，添加该任务的所有头文件以及设置编译文件的路径。具体方法在项目 1 里面已做介绍。

（3）完成了“ADC_R”工程的搭建和配置后，单击 Rebuild 按钮对工程进行编译，生成 ADC_R.hex 目标代码文件。若编译发生错误，要进行分析检查，直到编译正确。

（4）单击 按钮，完成 ADC_R.hex 下载。

（5）先连接好电路，然后上电运行。用改锥调节电位器，观察 LCD12864 液晶屏上是否能显示采样值和电压值，以及随着电位器的调节，采样值和电压值是否也随着变化。若运行结果与任务要求不一致，要对程序进行分析检查，直到运行正确为止。

7.3 任务 16　基于库函数的 STM32 模数转换设计

通过 STM32 的 ADC 相关库函数，根据任务 15 的要求，完成基于库函数的 STM32 模数转换的设计。

7.3.1　ADC 相关的库函数

与 STM32 的 ADC 编程相关的库函数，主要在 stm32f10x_adc.c 文件和 stm32f10x_adc.h 文件中。下面通过库函数来完成 STM32 模数转换设计。

1. 开启 PA 口时钟和 ADC1 时钟，设置 PA1 为模拟输入

STM32F103VCT6 的 ADC 通道 0 在 PA1 上，要先使能 PORTA 时钟和 ADC1 时钟，然后设置 PA1 为模拟输入。库函数实现的方法如下：

```
RCC_APB2PeriphClockCmd(RCC_APB2Periph_GPIOA |RCC_APB2Periph_ADC1,ENABLE );
GPIO_InitStructure.GPIO_Pin = GPIO_Pin_1;
GPIO_InitStructure.GPIO_Mode = GPIO_Mode_AIN;
GPIO_Init(GPIOA, &GPIO_InitStructure);          //PA1 作为模拟输入引脚
```

2. 复位 ADC1 并设置分频因子

开启 ADC1 时钟之后，要复位 ADC1，将 ADC1 的全部寄存器重设为默认值之后，还要通过 RCC_CFGR 设置 ADC1 的分频因子。库函数实现的方法如下：

```
ADC_DeInit(ADC1);                         //ADC1 复位
RCC_ADCCLKConfig(RCC_PCLK2_Div6);  //设置 ADC 分频因子为 6，72MHz/6=12MHz
```

3. 初始化 ADC1 参数，设置 ADC1 的工作模式以及规则序列的相关信息

在设置完分频因子之后，就可以开始 ADC1 的模式配置了，设置单次转换模式、触发方式、数据对齐方式等。还要设置 ADC1 规则序列的相关信息，在这里只有一个通道，又是单次转换，规则序列中的通道数要设置为 1。库函数实现的方法如下：

```
ADC_InitStructure.ADC_Mode = ADC_Mode_Independent; //ADC 的模式:独立工作模式
ADC_InitStructure.ADC_ScanConvMode = DISABLE;      //非扫描模式（单通道模式）
ADC_InitStructure.ADC_ContinuousConvMode = DISABLE;        //单次转换模式
//软件控制转换
ADC_InitStructure.ADC_ExternalTrigConv = ADC_ExternalTrigConv_None;
ADC_InitStructure.ADC_DataAlign = ADC_DataAlign_Right;     //ADC 数据右对齐
ADC_InitStructure.ADC_NbrOfChannel = 1;     //转换规则序列 1 的 ADC 通道的数目为 1
ADC_Init(ADC1, &ADC_InitStructure);//根据以上指定的参数，初始化外设 ADCx 的寄存器
```

4. 使能 A/D 转换器和校准设置

开启 A/D 转换器，执行复位校准和 A/D 校准，注意这两步是必需的！不校准将导致采样结果不准确。库函数实现的方法如下：

```
ADC_Cmd(ADC1, ENABLE);                              //使能指定的 ADC1
ADC_ResetCalibration(ADC1);                         //使能复位校准
while(ADC_GetResetCalibrationStatus(ADC1));         //等待复位校准结束
ADC_StartCalibration(ADC1);                         //开启 AD 校准
while(ADC_GetCalibrationStatus(ADC1));              //等待校准结束
```

5. 读取 ADC 值

在上面的校准完成之后，ADC 就准备好了。接下来要做的就是设置规则序列 1 的采样通道、采样顺序，以及通道的采样周期，然后启动 ADC 转换。在转换结束后，读取 ADC1_DR 里面的值就可以了。库函数实现的方法如下：

```
//ADC1 的通道 1 采样时间是 239.5 周期
ADC_RegularChannelConfig(ADC1,ch,1,ADC_SampleTime_239Cycles5 );
ADC_SoftwareStartConvCmd(ADC1,ENABLE);      //使能指定的 ADC1 的软件转换启动功能
while(!ADC_GetFlagStatus(ADC1, ADC_FLAG_EOC ));     //等待转换结束
temp=ADC_GetConversionValue(ADC1);          //读取 ADC1 规则组的转换结果
```

通过以上 ADC 编程相关的库函数，就可以正常地使用 STM32 的 ADC1 来完成 A/D 转换的操作了。

7.3.2 基于库函数的 STM32 模数转换程序设计

根据任务要求，通过 STM32 的 ADC 相关库函数，采集 ADC1 的通道 1 上的模拟电压，并在 LCD12864 上显示采样值和电压值。

在这里，基于库函数的 STM32 模数转换电路、LCD12864 文件和主文件都与任务 15 一样，就不做介绍了。

1. 编写 adc.h 头文件

adc.h 头文件的代码如下：

```
#ifndef __ADC_H__
#define __ADC_H__
#include <sys.h>
void Adc_Init(void);
u16  Get_Adc(u8 ch);
u16 Get_Adc_Average(u8 ch,u8 times);
#endif
```

2. 编写 adc.c 头文件

adc.c 文件的代码如下：

```
#include "adc.h"
#include "delay.h"
/*初始化 ADC。采用规则通道，开启通道 1*/
void  Adc_Init(void)
{
```

```
    ADC_InitTypeDef ADC_InitStructure;
    GPIO_InitTypeDef GPIO_InitStructure;
    RCC_APB2PeriphClockCmd(RCC_APB2Periph_GPIOA
    |RCC_APB2Periph_ADC1, ENABLE );     //使能 PORTA 时钟和 ADC1 通道时钟
    RCC_ADCCLKConfig(RCC_PCLK2_Div6);  //设置 ADC 分频因子为 6，72MHz/6=12MHz
    GPIO_InitStructure.GPIO_Pin = GPIO_Pin_1;
    GPIO_InitStructure.GPIO_Mode = GPIO_Mode_AIN;       //设置引脚为模拟输入
    GPIO_Init(GPIOA, &GPIO_InitStructure);              //PA1 作为模拟输入引脚
    ADC_DeInit(ADC1);                  //复位 ADC1，将 ADC1 的全部寄存器重设为默认值
    ADC_InitStructure.ADC_Mode = ADC_Mode_Independent; //独立工作模式
    ADC_InitStructure.ADC_ScanConvMode = DISABLE;  //非扫描模式（单通道模式）
    ADC_InitStructure.ADC_ContinuousConvMode = DISABLE;    //单次转换模式
    //软件控制转换
    ADC_InitStructure.ADC_ExternalTrigConv = ADC_ExternalTrigConv_None;
    ADC_InitStructure.ADC_DataAlign = ADC_DataAlign_Right; //ADC 数据右对齐
    ADC_InitStructure.ADC_NbrOfChannel = 1;//转换规则序列 1 的 ADC 通道数目为 1
    ADC_Init(ADC1, &ADC_InitStructure);                //初始化外设 ADC1 的寄存器
    ADC_Cmd(ADC1, ENABLE);                             //使能指定的 ADC1
    ADC_ResetCalibration(ADC1);                        //使能复位校准
    while(ADC_GetResetCalibrationStatus(ADC1));        //等待复位校准结束
    ADC_StartCalibration(ADC1);                        //开启 AD 校准
    while(ADC_GetCalibrationStatus(ADC1));             //等待校准结束
}
/*获得通道（ch）的 ADC 值。Ch：通道值 0~16，返回值：转换结果*/
u16 Get_Adc(u8 ch)
{
    /*设置指定 ADC 的规则组通道，一个序列，采样时间是 239.5 周期*/
    ADC_RegularChannelConfig(ADC1,ch,1,ADC_SampleTime_239Cycles5 );
    ADC_SoftwareStartConvCmd(ADC1, ENABLE);  //使能指定 ADC1 的软件转换启动功能
    while(!ADC_GetFlagStatus(ADC1, ADC_FLAG_EOC ));    //等待转换结束
    return ADC_GetConversionValue(ADC1);               //返回 adc 值
}
/*获取通道 ch 的 times 次转换结果平均值。ch：通道编号，times：获取次数，返回平均值*/
u16 Get_Adc_Average(u8 ch,u8 times)
{
    ……            //同任务 15 的 Get_Adc_Average()函数代码一样
}
```

7.3.3 基于库函数的 STM32 模数转换运行与调试

在 STM32 模数转换电路和程序设计好以后，还需要新建 ADC_H 工程、搭建工程、编译、运行与调试。

1. 新建 ADC_H 工程

（1）建立一个“任务 16 基于库函数的 STM32 模数转换设计”工程目录，然后把任务 12 工程直接复制到该目录下。

（2）在 USER 子目录下，把主文件 main.c 复制到 USER 子目录下。

（3）在 HARDWARE 子目录下，新建 ADC 和 LCD 子目录，把 adc.c 和 adc.h 复制到 ADC 子目录下，把 12864.c 和 12864.h 复制到 LCD 子目录下。

（4）把工程文件名修改为 ADC_H.uvproj。

2. 工程搭建、编译、运行与调试

（1）运行 ADC_H.uvproj，把 Project Targets 栏下的工程名修改为 ADC_H。

（2）在 ADC_H 工程中，在 HARDWARE 组中添加 adc.c 和 12864.c 文件。同时还要添加 adc.h 和 12864.h 头文件以及编译文件的路径。

（3）完成了 ADC_H 工程的搭建和配置后，单击 Rebuild 按钮对工程进行编译，生成 ADC_H.hex 目标代码文件。若编译发生错误，要进行分析检查，直到编译正确。

（4）单击 按钮，完成 ADC_H.hex 下载。

（5）先连接好电路，然后上电运行。用改锥调节电位器，观察 LCD12864 液晶屏上是否能显示采样值和电压值，以及随着电位器的调节，采样值和电压值是否也随着变化。若运行结果与任务要求不一致，要对程序进行分析检查，直到运行正确为止。

关键知识点小结

1. 将模拟信号转换成数字信号的电路，称为模数转换器（简称 A/D 转换器或 ADC）。A/D 转换是将时间连续、幅值也连续的模拟量转换为时间离散、幅值也离散的数字信号，即将模拟信号转换成数字信号。

2. STM32 拥有 1～3 个 ADC，这些 ADC 可以独立使用，也可以使用双重模式（提高采样率）。STM32 的 ADC 是 12 位逐次逼近型的模拟数字转换器。

3. STM32 把 ADC 的转换分为规则通道组和注入通道组，规则通道组最多包含 16 个通道，注入通道组最多包含 4 个通道。

（1）规则通道相当于我们正常运行的程序，注入通道相当于中断。

（2）在程序初始化中要设置好规则通道组和注入通道组。

4. 与 STM32 的 ADC 编程相关的寄存器有 ADC 控制寄存器（ADC_CR1 和 ADC_CR2）、ADC 采样事件寄存器（ADC_SMPR1 和 ADC_SMPR2）、ADC 规则序列寄存器（ADC_SQR1～3）、ADC 规则数据寄存器（ADC_DR）和 ADC 状态寄存器（ADC_SR）。

5. 与 STM32 的 ADC 编程相关的库函数主要在 stm32f10x_adc.c 文件和 stm32f10x_adc.h 文件中。

6. 对 STM32 的 ADC1 设置经过以下几个步骤：开启 PA 口时钟，设置 PA1 为模拟输入；使能 ADC1 时钟，并设置分频因子；设置 ADC1 的工作模式；设置 ADC1 规则序列的相关信息；开启 A/D 转换器和校准设置；读取 ADC 值。

7-1 简述 A/D 转换器和 A/D 转换的作用。

7-2 STM32 的 ADC 主要特征有哪些?

7-3 简述规则通道组和注入通道组之间的关系。

7-4 与 STM32 的 ADC 编程相关的寄存器有哪些?

7-5 STM32 的 ADC1 设置有哪几个步骤?

7-6 判断本次规则通道的 A/D 转换是否完成，是通过哪个寄存器的哪一位判断的?

7-7 若 A/D 转换完成，是通过哪个寄存器来读取转换结果的?

7-8 从创新的角度，参考任务 15，试着采用 STM32 的 ADC 相关寄存器，通过 ADC2 的通道 1 完成 A/D 转换。

Chapter

8

项目八

嵌入式智能车设计与实现

能力目标

利用全国职业技能大赛“嵌入式技术与应用开发”赛项的嵌入式智能车（竞赛平台），实现智能车综合控制的设计、运行与调试。

知识目标

1. 了解嵌入式智能车巡航、标志物的控制方法；
2. 掌握嵌入式智能车的停止、前进、后退、左转、右转、速度和寻迹等控制的功能函数编写；
3. 掌握嵌入式智能车对标志物控制的功能函数编写。

素养目标

提高读者自主学习、举一反三、团队合作能力，培养读者的爱国精神、科技自强精神、攻坚克难精神。

8.1 嵌入式智能车

8.1.1 认识嵌入式智能车

嵌入式智能车是全国职业技能大赛“嵌入式技术与应用开发”赛项的竞赛平台，该竞赛平台的摄像头由 Android 设备进行控制，在此不做介绍。

1. 嵌入式智能车组成

嵌入式智能车是以小车为载体，采用双 12.6V 锂电池供电，分为两路供电：电机供电和其他单元供电。功能单元包括核心板、任务板、驱动板、循迹板和摄像头。嵌入式智能车如图 8-1 所示。

2. 嵌入式智能车核心板

嵌入式智能车核心板以 Cortex-M3 为内核的微控制处理器作为核心芯片，并配有 Wi-Fi 通信模块和 ZigBee 通信模块，使嵌入式智能车具有无线操控和无线数据传输的能力。嵌入式智能车核心板如图 8-2 所示。

图8-1 嵌入式智能车

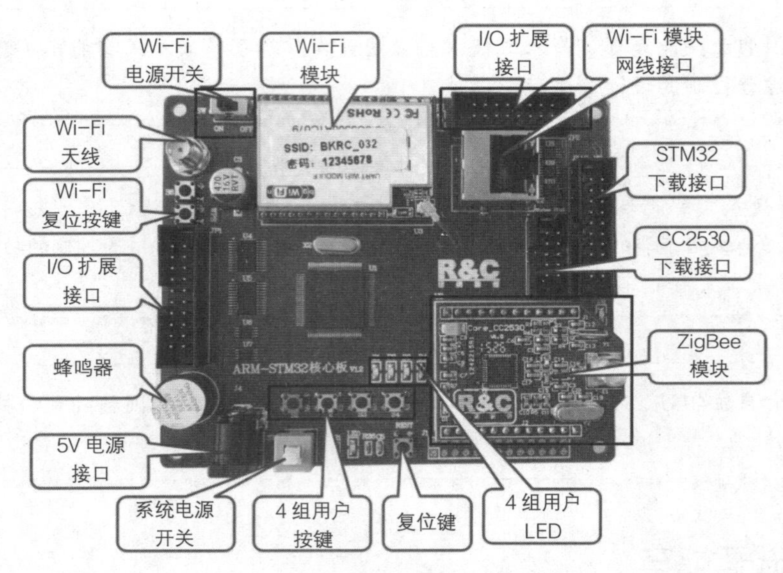

图8-2 嵌入式智能车核心板

3. 嵌入式智能车驱动板

嵌入式智能车驱动板有两组电源输入口，用于给嵌入式智能车供电；两组 L298N 电机驱动单元，用于驱动 4 个带测速码盘的直流电机；3 个光耦电路，用于隔离电路，有效地防止了电机转动存在的电磁感应产生的电流对其他芯片和电路造成损伤；板载 3 个 5V 稳压单元，分别给光耦、单片机、摄像头供电。嵌入式智能车驱动板如图 8-3 所示。

图 8-3 中的驱动板分左右两部分，由两块 12.6V 锂电池分别经电池电源输入供电。左边有一个 5V 稳压电源，给光耦供电；右边有两个 5V 稳压电源，一个给摄像头供电（JP2），一个给 ULN2003、核心板和循迹板等单元供电。其中，电机接口 JP3、JP4、JP5 和 JP6 分别接左后轮、左前轮、右后轮和右前轮。

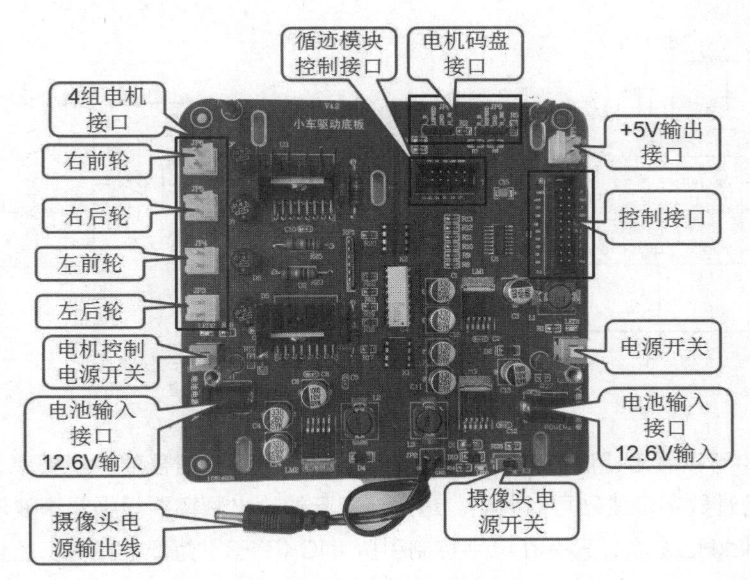

图8-3　嵌入式智能车驱动板

8.1.2　嵌入式智能车任务板

嵌入式智能车任务板作为数据采集单元，集成了多种传感器，如超声波传感器、红外发射传感器，光敏传感器和光照度采集传感器等，并配有 LED 灯和蜂鸣器等多个控制对象。为了便于控制，任务板电路还集成了多个逻辑芯片、方波发生器和电压比较电路。嵌入式智能车任务板如图 8-4 所示。

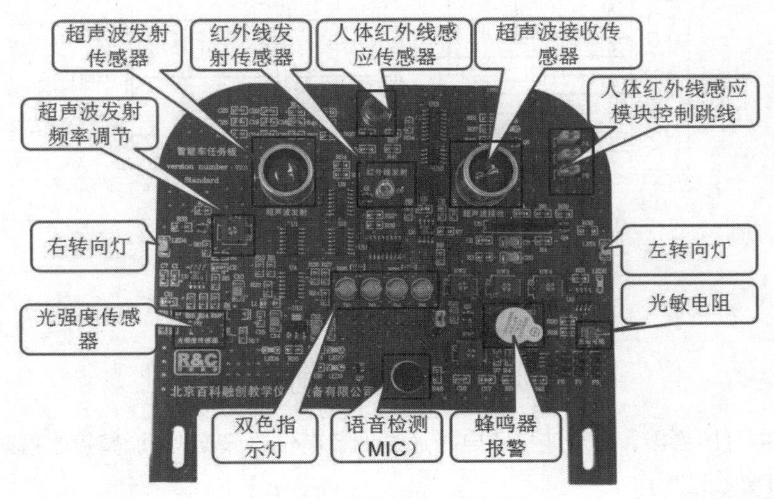

图8-4　嵌入式智能车任务板

1. 超声波发射电路

嵌入式智能车任务板上的超声波发射电路如图 8-5 所示。

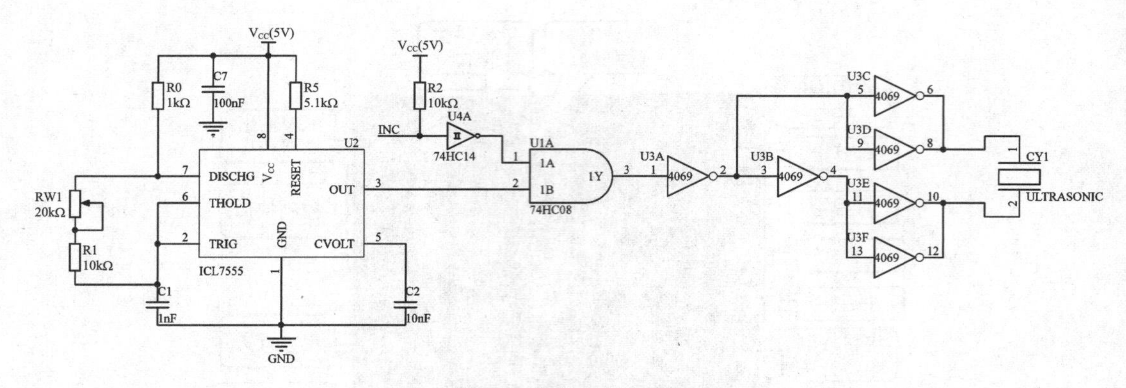

图8-5　超声波发射电路

从图 8-5 中可以看出，调节电位器 RW1 可以调节 555 定时器的输出频率，输出频率不能超过 40kHz，通过数字示波器可以看到。超声波实际的输出频率要根据超声波测距的误差进行调节，通常是 38kHz 左右；只有在电平控制引脚 INC（PE0）为低电平时，超声波信号才可以发射出去。

2. 超声波接收电路

嵌入式智能车任务板上的超声波接收电路如图 8-6 所示。

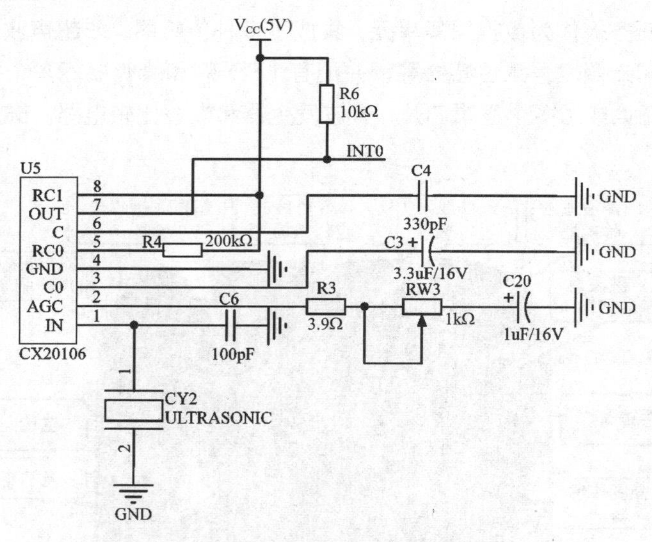

图8-6　超声波接收电路

从图 8-6 中可以看出，超声波接收电路通过调节电位器 RW3 来调整接收解码，将接收信号输出至 INT0（PB9 引脚）。

3. 红外发射电路

嵌入式智能车任务板上的红外发射电路如图 8-7 所示。

从图 8-7 中可以看出，555 定时器用于产生 38kHz 红外发射载波，通过 RW2 调节发射频率；通过 D6 发射红外信号，由 RI_TXD 引脚（PE1 引脚）控制输出。

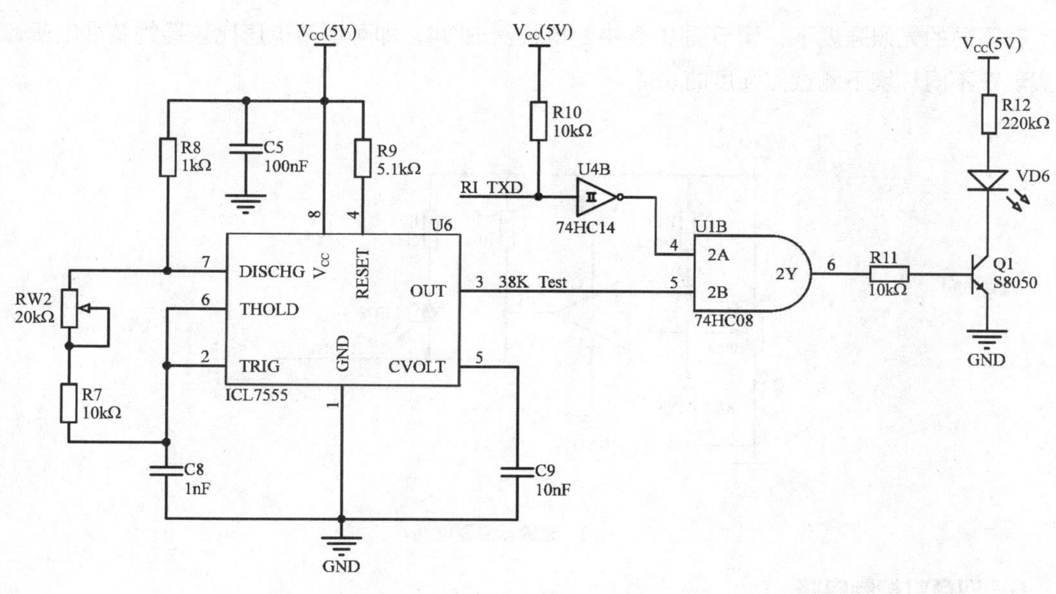

图8-7　红外发射电路

4. 光照度传感器电路

光照度传感器采用的是基于 IIC 总线的光照度传感器 BH1750，嵌入式智能车任务板上的光照度传感器电路如图 8-8 所示。

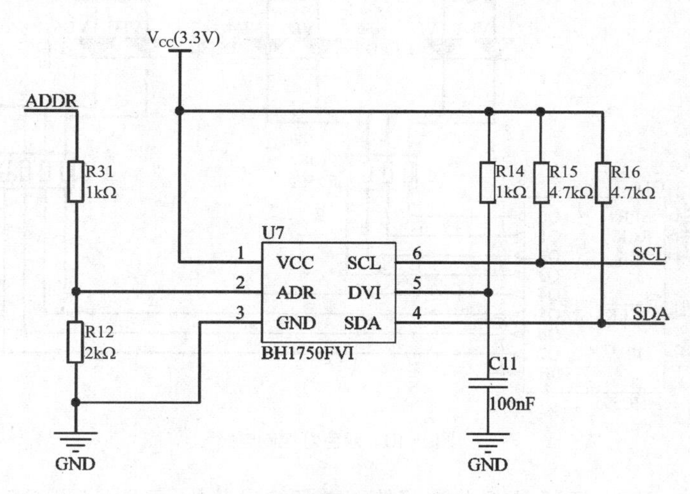

图8-8　光照度传感器电路

在图 8-8 中，ADDR 引脚（PB5）为高电平（ADDR≥0.7V_{CC}）时，地址为“1011100”；ADDR 引脚为低电平（ADDR≤0.3V_{CC}）时，地址为“0100011”。DVI 为参考电压，供电后，DVI 引脚至少延时 1μs 后变为高电平；若 DVI 持续低电平，则芯片不工作。

5. 光敏传感器电路

光敏传感器采用的是光敏电阻，嵌入式智能车任务板上的光敏传感器电路如图 8-9 所示。

在不同的光照强度下，调节图 8-9 中的电位器 RW4，即可调节电压比较器的基准电压，从而实现在不同环境下测试光强度的功能。

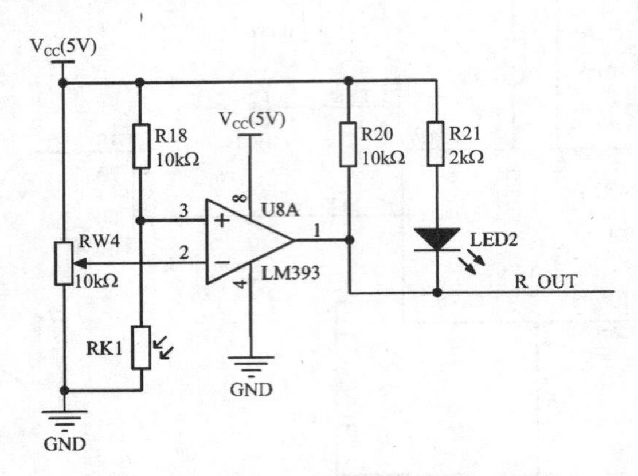

图8-9　光敏传感器电路

6. 双色灯控制电路

嵌入式智能车任务板上的双色灯控制电路如图 8-10 所示。

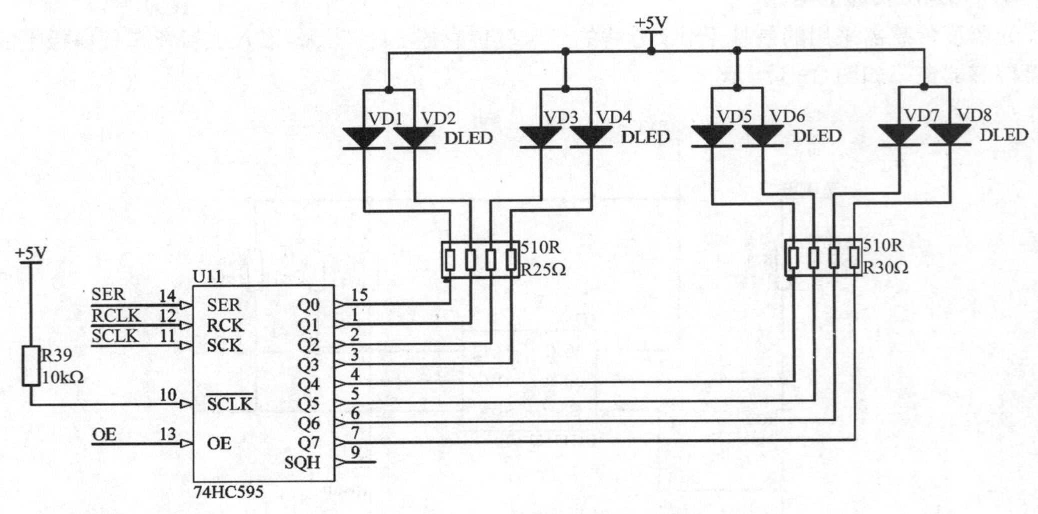

图8-10　双色灯控制电路

在图 8-10 中，74HC595 为 8 位串行输入并行输出芯片，可以通过 OE、RCLK、SCLK 和 SER 4 个引脚进行控制，将 8 位数据输入，从而控制 4 个双色灯。

7. 蜂鸣器控制电路

嵌入式智能车任务板上的蜂鸣器控制电路如图 8-11 所示。

在图 8-11 中，通过施密特触发器振荡产生的 2Hz 方波，送到与门 U1C 的第 9 引脚上；只要 BEEP 引脚（PC13）为低电平，与门 U1C 的第 10 引脚为高电平，蜂鸣器便会以 2Hz 频率发出响声。

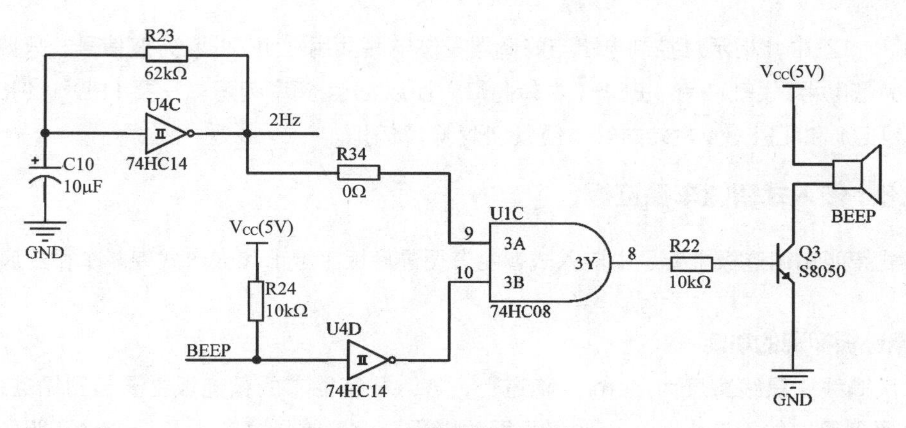

图8-11 蜂鸣器控制电路

8. 指示灯控制电路

嵌入式智能车任务板上的指示灯控制电路如图 8-12 所示。

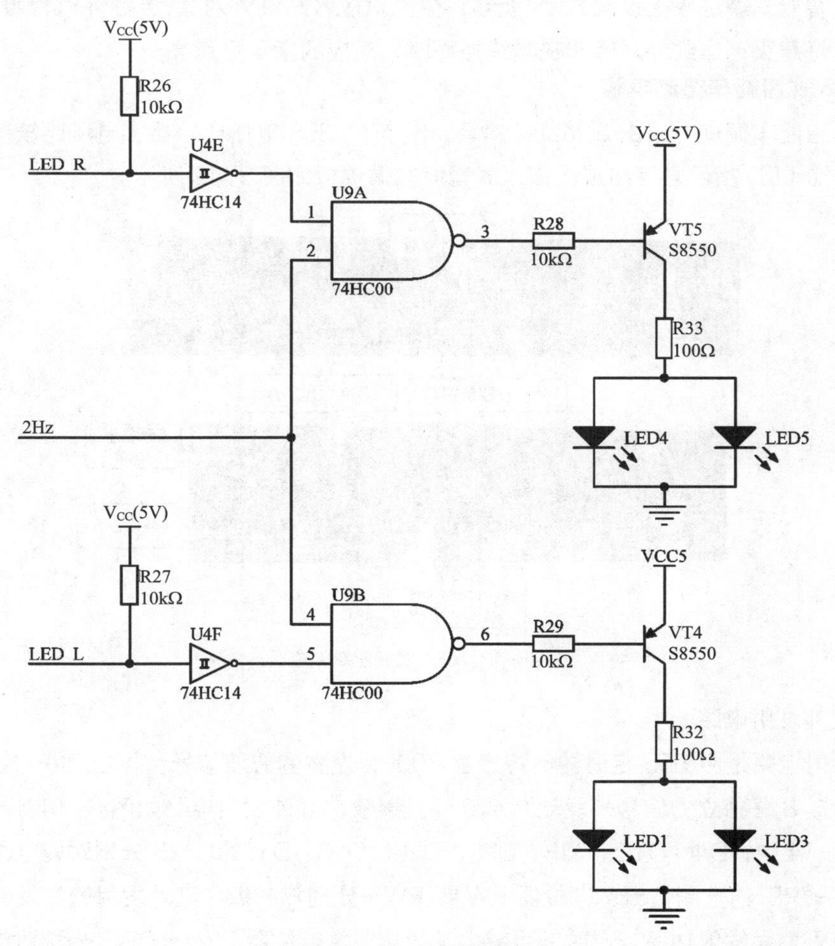

图8-12 指示灯控制电路

在图 8-12 中，指示灯控制电路与蜂鸣器控制电路共用一组 2Hz 方波信号。只要 LED_R（PC14）为低电平，LED4 和 LED5（右转向灯）便以 2Hz 频率闪烁；只要 LED_L（PC15）为低电平，LED1 和 LED3（左转向灯）便以 2Hz 频率闪烁。

8.1.3 嵌入式智能车循迹板

嵌入式智能车循迹板主要是由嵌入式智能车循迹底板（上）和嵌入式智能车循迹底板（下）组成。

1. 循迹板实现的功能

在白底黑线、黑线宽度为 3cm 的跑道上，嵌入式智能车的循迹板主要起到循迹作用。当红外对管照到黑白的跑道上时，会输出不同的电平，一般就是高电平和低电平，照到黑线上，输出低电平；照到白线上，输出高电平。从而实现识别白色跑道上的黑色路线，达到循迹的功能。

嵌入式智能车循迹板上设有 8 个指示灯，分别对应 8 路红外对管，当红外对管照在黑线上时，对应的指示灯熄灭；当红外对管照在黑线外面时，对应的指示灯点亮。

2. 嵌入式智能车循迹电路

嵌入式智能车循迹电路由 8 路红外对管、8 个 LM358 电压比较器（电压比较器基准电压可调）以及 8 个 LED 指示灯等组成。嵌入式智能车循迹板如图 8-13 所示。

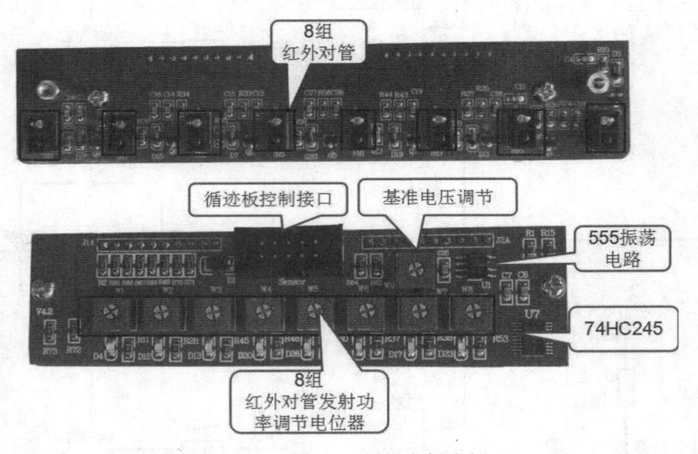

图8-13 嵌入式智能车循迹板

（1）红外发射电路

红外发射电路是由 555 定时器电路产生 700Hz 左右的方波信号，再由 74HC245 芯片将单路信号转换成 8 路独立的信号来驱动 8 个红外发射管。红外发射电路如图 8-14 所示。

在图 8-14 中，D4、D12、D13、D20、D26、D16、D17 和 D23 分别对应电路板上的红外发射管 IR1～IR8 的检测输出；电位器 RW1～RW8 分别控制每个红外发射管的发射功率，顺时针调节按钮可增大发射功率，逆时针可减少发射功率，电位器 RW1～RW8 分别对应 IR1～IR8。红外发射管 IR1～IR8 如图 8-15 所示。

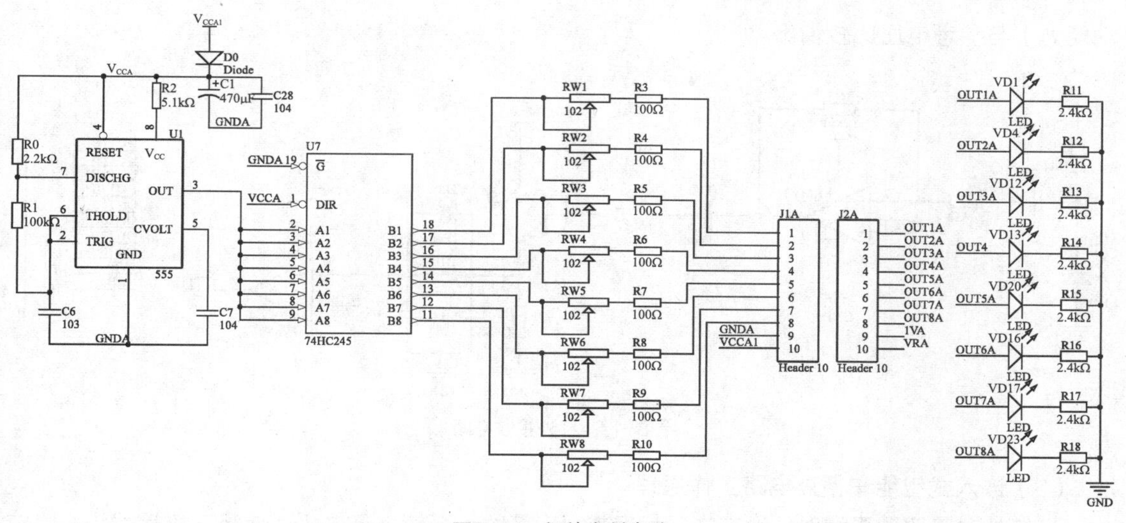

图8-14 红外发射电路

（2）红外接收电路

8个红外接收电路都是一样的，在这里只给出其中一个红外接收电路，如图8-16和图8-17所示。

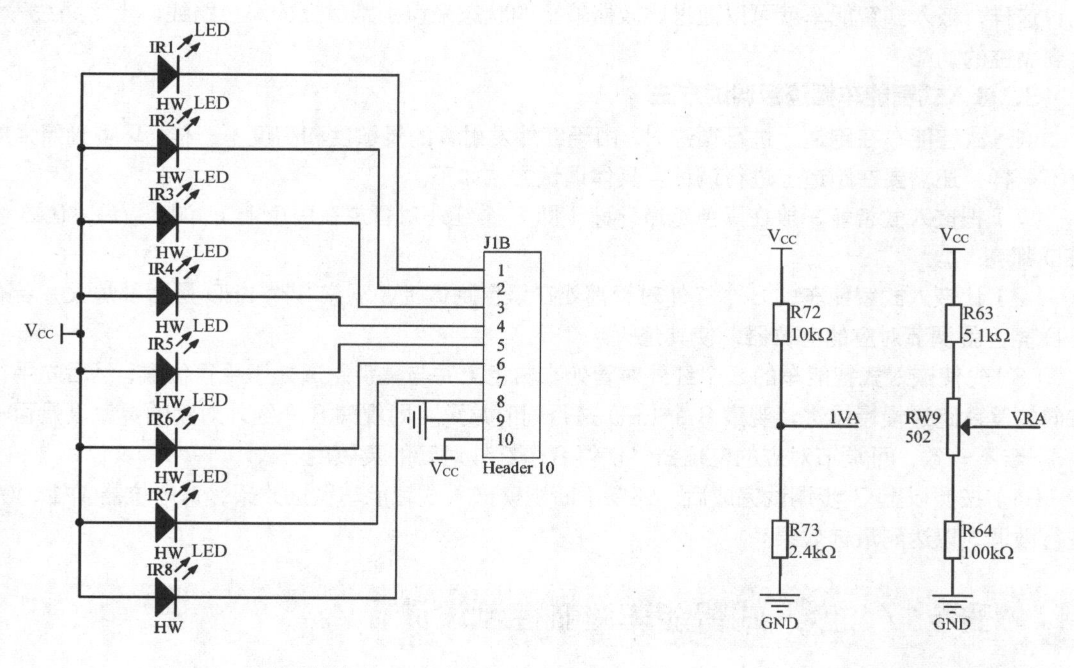

图8-15 红外发射管IR1～IR8电路

图8-16 比较电压电路

在图8-16中，1VA和VRA都是经J2A-J2B连接器，送到图8-17的1VB和VRB。其中，1VB是运算放大器的同端输入电压，VRB是比较器的比较电压（参考电压）。调节RW9控制红外传感器的灵敏度，即调节比较器的比较电压，顺时针调节为增大比较电压值。

在图8-17中，当红外接收器接收到信号后，先进行信号放大，再通过控制三极管（增加驱动能力）与参考电压比较输出。

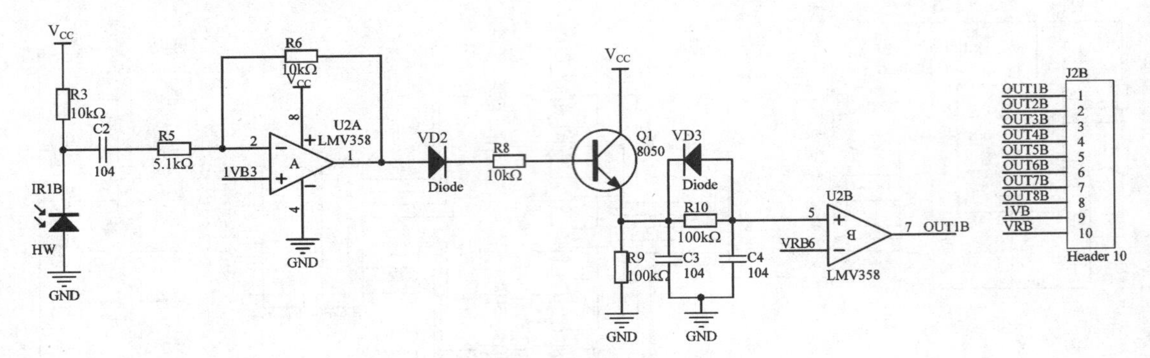

图8-17　红外接收电路

（3）嵌入式智能车循迹电路工作原理

当红外对管照到黑线时，没有光反射回来，运算放大器输出低电平，使得三极管截止，比较器输出低电平，LED 熄灭。

当红外对管没有照到黑线时，有光反射回来，运算放大器输出高电平，使得三极管导通，比较器输出高电平，LED 点亮。

这样，嵌入式智能车就可以通过比较器输出的状态来识别跑道上的黑色路线、十字路线等，达到循迹的功能。

3．嵌入式智能车循迹板调试方法

嵌入式智能车在跑道上进行循迹时，由于红外发射管的灵敏度和高度不一样，环境光照强度也不一样，还需要在跑道上进行调试。具体调试方法如下。

（1）把嵌入式智能车放在黑色跑道外面（即 8 个红外对管放在白色上），调节 W9，让 8 个 LED 都亮。

（2）让嵌入式智能车的 8 个红外对管都处在黑色跑道上，观察 8 个 LED 是否都熄灭。若有 LED 亮，就调节对应的电位器，使其熄灭。

（3）先使嵌入式智能车的 8 个红外对管处在白色上并与黑色跑道处于平行位置，然后向平行方向的黑色跑道慢慢推进，观察 8 个 LED 是否同时熄灭（即观察 8 个红外对管的灵敏度是否一致）。若不一致，可调节对应的电位器，使得 8 个红外对管的灵敏度一致。

（4）按照以上 3 步调试完成后，还要不断观察嵌入式智能车循迹效果，对电位器 W1 ~ W8 进行微调，以达到最佳效果。

8.2 任务 17　嵌入式智能车巡航控制设计

采用 STM32 的相关寄存器，完成嵌入式智能车停止、前进、后退、左转、右转、速度和循迹控制，实现嵌入式智能车巡航控制的设计、运行与调试。

8.2.1 嵌入式智能车电机驱动电路

通过前面对嵌入式智能车驱动板的介绍可知，本书使用的嵌入式智能车系统是通过两组 L298N 驱动电路中的 4 个直流电机，4 个直流电机分别连接左后轮、左前轮、右后轮和右前轮。

1. 认识 L298N

L298N 是 ST 公司生产的一款单片集成的高电压、高电流、双路全桥式电机驱动芯片，可以连接标准 TTL 逻辑电平，驱动电感负载（如继电器、线圈、直流电机和步进电机）。L298N 可以直接驱动 2 个直流电机或 1 个 2 相（4 相）步进电机。

L298N 的主要特点是工作电压高，最高工作电压可达 46V；输出电流大，瞬间峰值电流可达 3A，持续工作电流为 2A；额定功率 25W。

（1）L298N 结构及工作过程

L298N 内部包含 4 通道逻辑驱动电路，即内含两个 H 桥的高电压大电流全桥式驱动器，如图 8-18 所示。

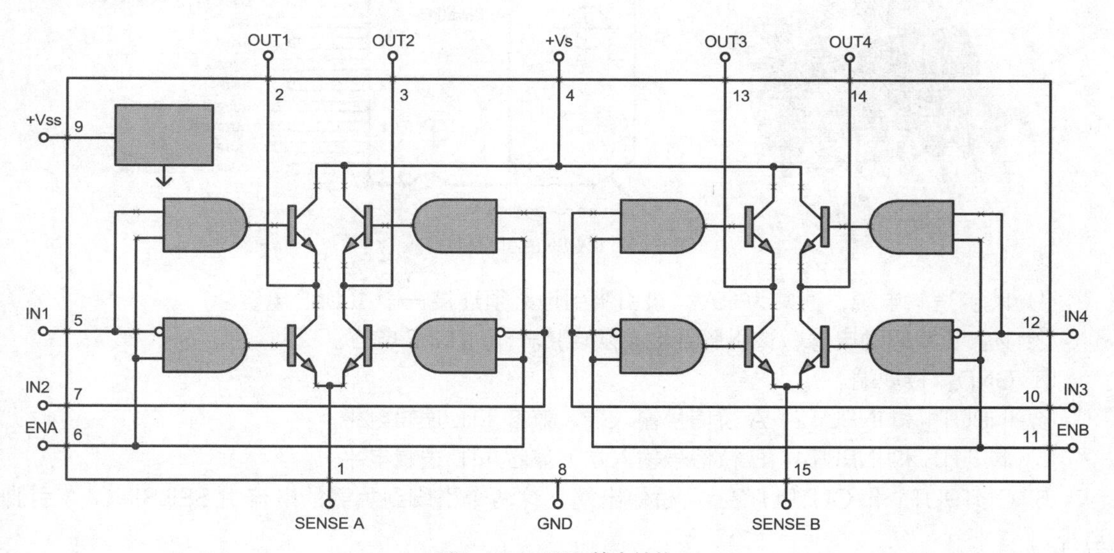

图8-18　L298N基本结构

由图 8-18 可以看出，L298N 的 A 桥有一个使能 ENA，B 桥有一个使能 ENB，其工作过程如下所述。

① 在 ENA 和 ENB 引脚为高电平“1”时，A 桥和 B 桥使能处于使能状态，输入 IN1～IN4 与输出 OUT1～OUT4 的状态保持相同。如 IN1 引脚输入为“1”，OUT1 引脚输出也为“1”。

② 在 ENA 和 ENB 引脚为低电平“0”时，A 桥和 B 桥使能处于禁止状态，所有的驱动三极管都处于截止状态。

直流电机与 A 桥有 4 种对应状态，如表 8-1 所示。

表 8-1　直流电机与 A 桥 4 种状态的对应关系

ENA	IN1	IN2	OUT1	OUT2	运行状态
1	1	0	1	0	正转

续表

ENA	IN1	IN2	OUT1	OUT2	运行状态
1	0	1	0	1	反转
1	1	1	1	1	制动
1	0	0	0	0	停止
0	X	X	X	X	停止

（2）L298N 引脚功能

L298N 采用 15 脚封装，是 Multiwatt15 直插封装，如图 8-19 所示。

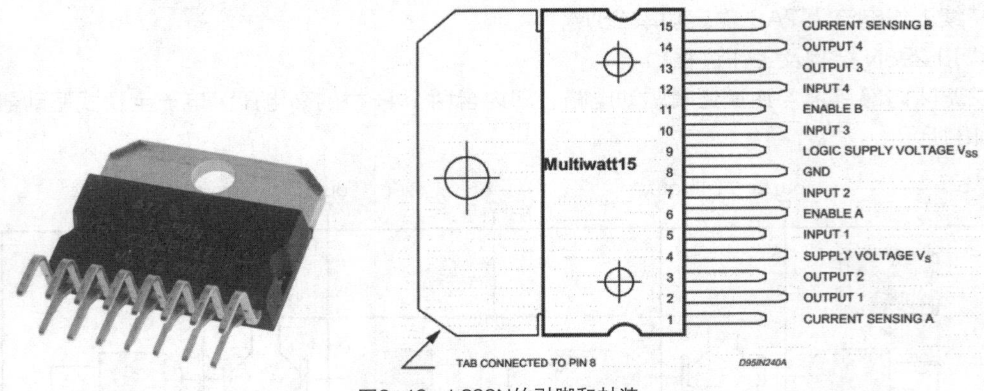

图8-19　L298N的引脚和封装

① V_{SS}：逻辑电源，通常为+5V，该引脚到地必须连接一个 100nF 电容。

② V_S：负载驱动电源，该引脚到地必须连接一个 100nF 电容。

③ GND：接地端。

④ INPUT1 和 INPUT2：A 桥信号输入端，兼容 TTL 逻辑电平。

⑤ INPUT3 和 INPUT4：B 桥信号输入端，兼容 TTL 逻辑电平。

⑥ OUTPUT1 和 OUTPUT2：A 桥输出端，这两个引脚到负载的电流由 SENSING A 引脚监控。

⑦ OUTPUT3 和 OUTPUT4：B 桥输出端，这两个引脚到负载的电流由 SENSING B 引脚监控。

⑧ ENABLE A 和 ENABLE B：使能输入，兼容 TTL 逻辑电平。ENABLE A 和 ENABLE B 分别使能 A 桥和 B 桥，为“1”使能，为“0”禁止。

⑨ SENSING A 和 SENSING B：连接一采样电阻到地，以控制负载电流。

2. L298N 电机驱动电路

嵌入式智能车通过两组 L298N 电机驱动电路驱动 4 个直流电机，每组 L298N 电机驱动电路驱动 2 个同侧直流电机（即左侧和右侧电机）。

（1）驱动右侧电机的 L298N 电机驱动电路

驱动右侧电机的 L298N 电机驱动电路，如图 8-20 所示。

在图 8-20 中，为了便于控制，将嵌入式智能车右侧电机的控制端并接（IN1 和 IN3 并接、IN2 和 IN4 并接），右侧电机用于控制同侧的右后轮和右前轮，电机接口 JP5 和 JP6 分别接右后轮和右前轮。1BQ20 为整流桥，起续流保护作用。

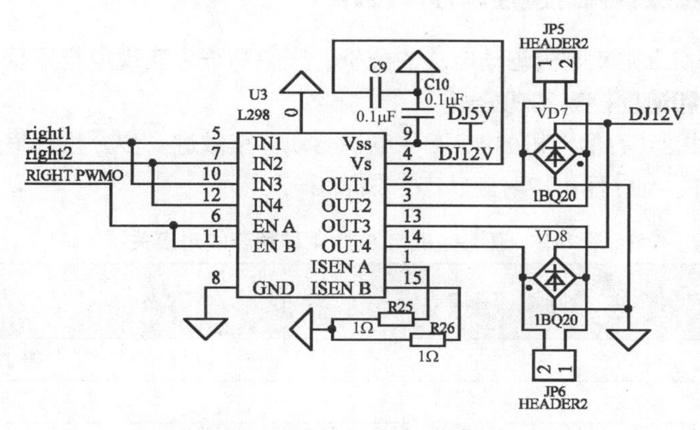

图8-20　驱动右侧电机的L298N电机驱动电路

图 8-20 中的 right1、right2 和 RIGHT_PWMO 分别经 ULN2003（反相）等，接到 Arm 处理器 STM32F103VCT6 的 PE12、PE10 和 PE13 引脚上，如图 8-21 所示。

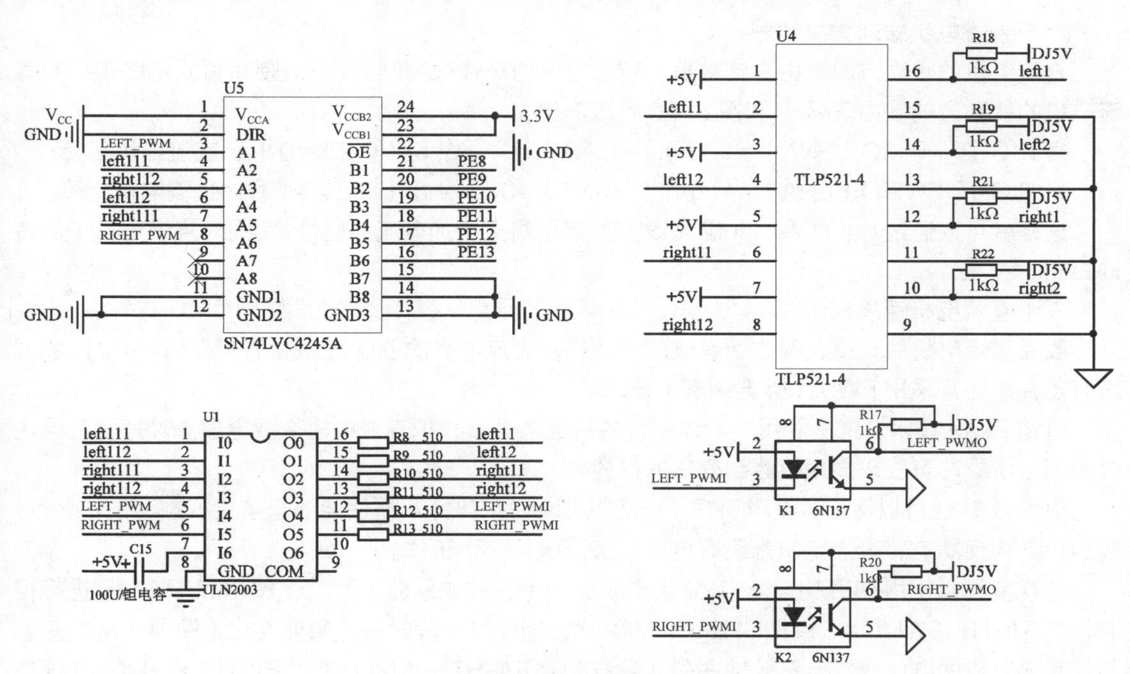

图8-21　嵌入式智能车电机控制信号图

从图 8-21 中可以看出，由于 ULN2003 具有反相功能，所以在 RIGHT_PWM 和 LEFT_PWM 为低电平时，ENA 和 ENB 为高电平。

（2）驱动左侧电机的 L298N 电机驱动电路

驱动左侧电机的 L298N 电机驱动电路，与图 8-20 所示的电路图一样。

left1、left2 和 LEFT_PWMO 分别经 ULN2003（反相）等，接到 Arm 处理器 STM32F103VCT6 的 PE9、PE11 和 PE8 引脚上，电机接口 JP3 和 JP4 分别接左后轮和左前轮。

8.2.2 电机正反转和速度控制程序设计

下面根据前面对 L298N 电机驱动电路的分析，来编写程序实现电机正反转和速度控制。

1. 电机正反转和速度控制实现分析

通过图 8-20 对驱动右侧电机的 L298N 电机驱动电路做进一步分析，根据表 8-1 可以得到右侧电机与 L298N 的 A 桥有 4 种对应状态，如表 8-2 所示。

表 8-2 直流电机与 A 桥 4 种状态的对应关系

RIGHT_PWMO（ENA）	right1（IN1）	right 2（IN2）	电机运行状态
0	X	X	停止
1	1	0	正转（逆时针）
1	0	1	反转（顺时针）
0	0	0	停止
0	1	1	停止

（1）直流电机转动方向控制

直流电机的转动方向是由直流电机上所加电压的极性来控制的，一般使用桥式电路来控制直流电机的转动方向。由表 8-2 和图 8-20 可以看出：

当 RIGHT_PWMO（ENA）=1、right1（IN1）=1、right2（IN2）=0 时，直流电机正转；

当 RIGHT_PWMO（ENA）=1、right1（IN1）=0、right2（IN2）=1 时，直流电机反转。

这样就可以通过 right1 和 right2 来改变直流电机上所加电压的极性，实现对直流电机正反转的控制。

（2）直流电机速度控制

改变直流电机的速度，最方便有效的方法是对直流电机的电压 U 进行控制。控制电压的方法有多种，通常采用 PWM（脉宽调制）技术。

所谓 PWM 技术，就是利用半导体器件的导通与关断，把直流电压变成电压脉冲序列，再通过控制电压脉冲宽度或周期以达到变压的目的。

由表 8-2 还可以看出：当 RIGHT_PWMO（ENA）=0 时，A 桥使能处于禁止状态，不论 right1 和 right2 为何状态，直流电机都没有电压，直流电机停止工作。

这样就可以使用 PWM 技术，在直流电机运行（正转或反转）时，对 RIGHT_PWMO 进行控制，让 RIGHT_PWMO=1 和 RIGHT_PWMO=0 分别保持一段时间，周期变化（周期保持不变），即把直流电机的电压变成电压脉冲序列。通过改变 RIGHT_PWMO=1 和 RIGHT_PWMO=0 保持的时间，即控制电压脉冲宽度，来改变直流电机电压的大小，从而实现对直流电机的速度控制。

2. 电机正反转控制程序设计

从图 8-21 中可以看出，right1、right2、RIGHT_PWMO、left1、left2 和 LEFT_PWMO 分别经 ULN2003（反相）等，接到 RIGHT111（PE12）、RIGHT112（PE10）、RIGHT_PWM（PE13）、LEFT111（PE9）、LEFT112（PE11）和 LEFT_ PWM（PE8）上。

（1）电机驱动端口宏定义

电机驱动端口宏定义的代码如下：

```
#define LEFT_PWM PEout(8)        //PE8
#define LEFT111 PEout(9)         //PE9
#define RIGHT112 PEout(10)       //PE10
#define LEFT112 PEout(11)        //PE11
#define RIGHT111 PEout(12)       //PE12
#define RIGHT_PWM PEout(13)      //PE13
```

电机驱动端口宏定义涉及的位操作，可以参考项目三的 I/O 口的位操作与实现和 sys.h 头文件。

（2）电机驱动端口初始化函数

在编写电机正反转控制程序之前，要先对电机驱动端口对应的引脚进行配置。电机驱动端口初始化函数 Motor_Init()的代码如下：

```
void Motor_Init(void)
{
    GPIOE->CRH&=0XFF000000;
    GPIOE->CRH|=0X00333333;        //PE8/PE9/PE10/PE11/PE12/PE13 推挽输出
    GPIOE->ODR|=0X0000;
    LEFT111=1;
    LEFT112=1;
    RIGHT112=1;
    RIGHT111=1;
}
```

电机驱动端口初始化 Motor_Init()函数在后面的任务中可以直接使用，不再做说明了。

（3）电机正转控制程序

右侧电机正转：

RIGHT_PWMO=1、right1=1、right2=0，即 RIGHT_PWM=0、right111=0、right 112=1。

左侧电机正转：

LEFT_PWMO=1、left1=1、left2=0，即 LEFT _PWM=0、left111=0、left112=1。

电机正转控制函数 Motor_Forward()的代码如下：

```
void Motor_Forward()(void)
{
    RIGHT_PWM=0;  right111=0;  right 112=1;      //右侧电机正转
    LEFT_PWM=0;  left111=0;  left112=1;          //左侧电机正转
}
```

（4）电机反转控制程序

右侧电机反转：

RIGHT_PWMO=1、right1=0、right2=1，即 RIGHT_PWM=0、right111=1、right 112=0。

左侧电机反转：

LEFT_PWMO=1、left1=1、left2=0，即 LEFT_PWM=0、left111=1、left112=0。

电机反转控制函数 Motor_Reverse()的代码如下：

```
void Motor_Reverse(void)
{
```

```
    RIGHT_PWM=0;  right111=1;  right 112=0;      //右侧电机反转
    LEFT _PWM=0;  left111=1;  left112=0;         //左侧电机反转
}
```

这里给出的电机正反转控制程序只是帮助理解电机正反转是怎么控制的、程序是怎么编写的，后面会在这些代码的基础上继续完善。

3．电机速度控制程序设计

在电机正反转控制程序的基础上，采用 PWM 控制技术来实现电机的速度控制程序设计。在这里先给出相关的部分代码。

（1）编写 motorDrive.h 头文件

结合电机正反转控制程序，给出电机完整的头文件，方便以后直接使用。motorDrive.h 头文件代码如下：

```
#ifndef __MOTORDRIVE_H
#define __MOTORDRIVE_H
#include "sys.h"
#include "delay.h"
/*电机驱动端口定义*/
#define LEFT_PWM PEout(8)        //PE8
#define LEFT111 PEout(9)         //PE9
#define RIGHT112 PEout(10)       //PE10
#define LEFT112 PEout(11)        //PE11
#define RIGHT111 PEout(12)       //PE12
#define RIGHT_PWM PEout(13)      //PE13
void Motor_Init(void);
void PWM_Init(void);
void Stop (void);
void Motor_Control(int L_Spend,int R_Spend);
#endif
```

（2）编写 motorDrive.c 文件

电机速度控制是使用 TIM1 的 PWM 模式来完成的。这里是把 RIGHT_PWM（PE13）和 LEFT_PWM（PE8）设置为 TIM1 的 CH1 和 CH3 通道的 PWM1 模式来控制左右电机的速度。在这里也给出完整的 motorDrive.c 文件，该文件能完成 PWM 初始化、左右电机的正反转和速度控制，以后可以直接使用。代码如下：

```
#include <stm32f10x.h>
#include "motorDrive.h"
/*电机驱动端口初始化*/
void Motor_Init(void)
{
    GPIOE->CRH&=0XFF000000;
    GPIOE->CRH|=0X00333333;     //PE8/PE9/PE10/PE11/PE12/PE13 推挽输出
    GPIOE->ODR|=0X0000;
    LEFT111=1;
    LEFT112=1;
```

```
    RIGHT112=1;
    RIGHT111=1;
}
/*电机停止旋转*/
Void Stop(void)
{
    u16 st;
    for(st=0;st<10;st++)
    {
        TIM1->CCR1=st*10;
        TIM1->CCR3=st*10;
    }
    LEFT111=0;LEFT112=0;
    RIGHT112=0;RIGHT111=0;
}
/*PWM 初始化*/
void PWM_Init(void)
{
    RCC->APB2ENR|=1<<11;          //TIM1 时钟使能
    GPIOE->CRH&=0XFF0FFFF0;       //PE8、PE13 输出
    GPIOE->CRH|=0X00B0000B;       //复用功能输出
    AFIO->MAPR&=0XFFFFFF3F;       //清除 MAPR 的[7:6]
    AFIO->MAPR|=1<<7;             //完全重映射,TIM1_CH1N->PE8
    AFIO->MAPR|=1<<6;             //完全重映射,TIM1_CH3->PE13
    TIM1->ARR=100;                //设定计数器自动重装值，占空比：0~100
    TIM1->PSC=9;                  //10 分频，PWM 频率输出
    TIM1->CCMR2|=6<<4;            //CH3：PWM1 模式
    TIM1->CCMR2|=1<<3;            //CH3 预装载使能
    TIM1->CCMR1|=6<<4;            //CH1：PWM1 模式
    TIM1->CCMR1|=1<<3;            //CH1 预装载使能
    TIM1->CR1|=1<<7;              //ARPE 使能自动重装载预装载允许位
    TIM1->CR1|=1<<4;              //向下计数模式
    TIM1->CCER|=3<<8;             //OC3 输出使能
    TIM1->CCER|=3<<2;             //OC1N 输出使能
    TIM1->EGR |= 1<<0;            //初始化所有的寄存器
    TIM1->CR1|=1<<0;              //使能定时器 1
}
/*电机控制函数。L_Spend：左电机速度， R_Spend：右电机速度*/
void Motor_Control(int L_Spend,int R_Spend)
{
    Stop();
    if(L_Spend>=0)                        //左轮速度大于等于 0，前进
    {
        if(L_Spend>100)L_Spend=100;
```

```
        if(L_Spend<5)L_Spend=5;             //限制速度参数，占空比范围 5~100
        LEFT111=0;LEFT112=1;                //左轮逆时针旋转
        TIM1->CCR1=L_Spend;                 //更新左轮的 PWM 占空比，即控制速度
    }
    else                                    //左轮速度小于 0，后退
    {
        if(L_Spend<-80)L_Spend=-80;
        if(L_Spend>-5)L_Spend=-5;
        LEFT111=1;LEFT112=0;                //左轮顺时针旋转
        TIM1->CCR1=-L_Spend;                //-L_Spend：使得小于 0 的负数变为正数
    }
    if(R_Spend>=0)                          //右轮速度大于等于 0，前进
    {
        if(R_Spend>100)R_Spend=100;
        if(R_Spend<5)R_Spend=5;
        RIGHT112=0;RIGHT111=1;              //右轮顺时针旋转
        TIM1->CCR3=R_Spend;
    }
    else                                    //右轮速度小于 0，后退
    {
        if(R_Spend<-80)R_Spend=-80;
        if(R_Spend>-5)R_Spend=-5;
        RIGHT112=1;RIGHT111=0;              //右轮逆时针旋转
        TIM1->CCR3=-R_Spend;
    }
    TIM1->BDTR |=1<<15;                     //开启 OC 和 OCN 输出
}
```

修改 TIM1->CCR1 和 TIM1->CCR3 这两个寄存器的值，就可以控制左右电机的 PWM 输出脉宽，即控制左右电机的速度。电机速度控制程序涉及的 PWM 代码，在本书的项目五中有详细介绍。

在电机速度控制程序中编写的 PWM_Init()函数，在后面的任务中都可以直接使用，不再做说明了。

8.2.3 嵌入式智能车停止、前进和后退程序设计

前面完成了电机控制设计，下面完成嵌入式智能车停止、前进和后退的控制设计。先给出相关的部分代码。

1. 外部中断初始化和服务函数

在嵌入式智能车停止、前进和后退控制设计中，我们需要知道嵌入式智能车前进和后退的距离。嵌入式智能车使用的直流电机带有测速码盘，可以通过外部中断服务函数获得码盘值。码盘值与距离的对应关系如表 8-3 所示。

表 8-3　码盘值与距离的对应关系

车轮旋转圈数	电机旋转圈数	脉冲数	车轮直径（mm）	路程（mm）
1	80	160	68	213.52

（1）外部中断初始化函数

外部中断初始化函数 EXTIX_Init()的代码如下：

```
void EXTIX_Init(void)
{
    GPIOB->CRH&=0XFFFFF00F;                         //PB9、PB10 设置成输入
    GPIOB->CRH|=0X00000880;
    GPIOB->ODR|=3<<9;
    GPIOE->CRL&=0XFFFFFFF0;                         //PE0 设置成输出
    GPIOE->CRL|=0X00000003;
    GPIOE->ODR|=1<<0;                               //PE0 上拉
    Ex_NVIC_Config(GPIO_B,9,FTIR);                  //下降沿触发
    Ex_NVIC_Config(GPIO_B,10,FTIR);                 //下降沿触发
    MY_NVIC_Init(2,2,EXTI9_5_IRQChannel,2);         //抢占 2，子优先级 2，组 2
    MY_NVIC_Init(2,3,EXTI15_10_IRQChannel,2);       //抢占 2，子优先级 3，组 2
}
```

EXTIX_Init()函数说明如下。

① PB10 引脚是码盘信号输入（即作为码盘信号的外部中断输入），PB9 引脚是超声波的外部中断输入，PE0 引脚是发送超声波的。

②"Ex_NVIC_Config(GPIO_B,10,FTIR);"语句是外部中断配置函数，配置 PB10 为 EXTI15_10 中断通道，是下降沿触发；

③"Ex_NVIC_Config(GPIO_B,9,FTIR);"语句是配置 PB9 为 EXTI9_5 中断通道，也是下降沿触发。

EXTIX_Init()函数在后面的超声波测距任务中还会用到，就不再做介绍了。关于外部中断的使用，可以参考项目四的外部中断以及 sys.c 文件。

（2）外部中断服务函数

在外部中断初始化函数 EXTIX_Init()中，PB10 配置为码盘信号的外部中断输入，使用的外部中断服务函数是 EXTI15_10_IRQHandler()函数。每来一个码盘信号（脉冲），就会产生一个码盘外部中断，执行一次 EXTI15_10_IRQHandler()函数，对码盘数（码盘值）进行计数。代码如下：

```
void EXTI15_10_IRQHandler(void)             //下降沿触发
{
    if(SPEED==0)                            //码盘脉冲为低电平
    {
        if(tx>5)
        {
            tx=0;
            CodedDisk++;                    //CodedDisk 是统计码盘值
            MP++;                           //MP 是控制码盘值的
        }
```

```
        else tx++;
    }
    EXTI->PR=1<<10;                              //清除 LINE10 上的中断标志位
}
```

EXTI15_10_IRQHandler()函数说明如下：

① 在使用 EXTI15_10_IRQHandler()函数之前，要先对 SPEED 进行宏定义，代码如下：

```
#define SPEED PBin(10)        //定义码盘信号输入引脚
```

② CodedDisk 和 MP 变量是在主文件中定义的。

2. 嵌入式智能车停止控制

由表 8-2 可以看出，控制嵌入式智能车停止，就是控制左右电机停止转动。在本项目中，控制电机停止的方法如下所述。

左电机停止：left1=1、left2=1，即 left111=0、left112=0；

右电机停止：right1=1、right2=1，即 right111=0、right 112=0。

嵌入式智能车停止控制函数 Stop ()在 motorDrive.c 文件中已经给出，这里就不做进一步介绍了。

3. 嵌入式智能车前进控制

在嵌入式智能车前进控制设计中，涉及前进的距离，而距离与直流电机的码盘值有对应关系，见表 8-3。我们可以通过预设码盘值（即距离），然后将预设值与直流电机的码盘值不断进行比较，来控制嵌入式智能车前进的距离。

（1）电机控制函数

在嵌入式智能车前进控制中，要用到电机控制函数 Motor_Control()。Motor_Control()函数在 motorDrive.c 文件中已经给出，在这就不做进一步介绍了。

（2）定时器 2 中断初始化和服务函数

预设的码盘值与直流电机的码盘值比较，是在定时器 2 中断中完成的。若直流电机的码盘值达到了预设的码盘值（即达到了预设的距离），就会控制嵌入式智能车停止前进，并设置相关的标志状态。

① 定时器 2 中断初始化函数 Timer2_Init()的代码如下：

```
void Timer2_Init(u16 arr,u16 psc)
{
    RCC->APB1ENR|=1<<0;                  //TIM2 时钟使能
    TIM2->ARR=arr;                       //设定计数器自动重装值
    TIM2->PSC=psc;                       //预分频器 7200,得到 10kHz 的计数时钟
    TIM2->DIER|=1<<0;                    //允许更新中断
    TIM2->DIER|=1<<6;                    //允许触发中断
    TIM2->CR1|=0x01;                     //使能定时器 2
    MY_NVIC_Init(1,2,TIM2_IRQChannel,3);    //抢占 1，子优先级 2，组 3
}
```

② 定时器 2 中断服务函数 TIM2_IRQHandler()的代码如下：

```
void TIM2_IRQHandler(void)
{
```

```
        if(TIM2->SR&0X0001)                   //溢出中断
        {
            ……                                //循迹控制代码
            if(G_Flag&&(MP>tempMP))           //前进标志为1且码盘值MP大于预设码盘值，停止
            {
                G_Flag=0;                     //前进标志为0。前进标志为1：表示处于前进状态
                Stop_Flag=3;                  //状态标志位Stop_Flag=3：表示停止前进/后退
                STOP();                       //嵌入式智能车停止前进
            }
            ……                                //后退控制代码
            ……                                //左转控制代码
            ……                                //右转控制代码
        }
        TIM2->SR&=~(1<<0);                    //清除中断标志位
    }
```

其中，Stop_Flag 是嵌入式智能车的状态标志位。Stop_Flag=1 表示停止循迹状态，Stop_Flag=2 表示停止转弯状态，Stop_Flag=3 表示停止前进或后退状态；Stop_Flag=4 表示在黑线外停止。

在这里，TIM2_IRQHandler()函数只给出了与前进相关的部分代码，其他在后面的代码中给出。

（3）前进控制函数

在嵌入式智能车前进时，从左边看，轮子是逆时针旋转；从右边看，轮子是顺时针旋转。因此，控制左轮逆时针旋转、右轮顺时针旋转，就能控制嵌入式智能车前进。嵌入式智能车前进控制函数 SmartCar_Go()的代码如下：

```
    void SmartCar_Go(u16 newMP)               //参数为预设码盘值。newMP=37：距离大约为5cm
    {
        MP=0;
        G_Flag=1;
        Stop_Flag=0;
        tempMP=0;
        tempMP=newMP;                         //读取预设的码盘值
        Car_Spend = 80;                       //设置前进速度。增大速度变快，减少速度变慢
        Motor_Control(Car_Spend,Car_Spend);//左右轮的速度都为正值，表示是前进
        while(MP<=tempMP);                    //等待直流电机的码盘值超过预设的码盘值
        CodedDisk=0;                          //码盘值统计清零
    }
```

4．嵌入式智能车后退控制

后退控制设计中用到的一些函数以及中断，在前面已经给出，就不做介绍了。在这里，只给出与前进控制不一样的函数和代码。

（1）后退控制在定时器 2 中断服务函数中相关的代码

在定时器 2 中断服务函数 TIM2_IRQHandler()中，只给出与后退控制相关的代码，代码如下：

```
void TIM2_IRQHandler(void)
{
    if(TIM2->SR&0X0001)                   //溢出中断
    {
        ……                                //循迹控制代码
        ……                                //前进控制代码
        if(B_Flag&&(MP>tempMP))           //后退标志为 1 且码盘值 MP 大于预设码盘值，停止
        {
            B_Flag=0;                     //后退标志为 0。后退标志为 1：表示处于后退状态
            Stop_Flag=3;                  //状态标志位 Stop_Flag=3：表示停止前进/后退
            STOP();                       //嵌入式智能车停止后退
        }
        ……                                //左转控制代码
        ……                                //右转控制代码
    }
    TIM2->SR&=~(1<<0);                    //清除中断标志位
}
```

（2）后退控制函数

在嵌入式智能车后退时，从左边看，轮子是顺时针旋转；从右边看，轮子是逆时针旋转。因此控制左轮顺时针旋转、右轮逆时针旋转，就能控制嵌入式智能车后退。嵌入式智能车后退控制函数 SmartCar_Back ()的代码如下：

```
void SmartCar_Back(u16 newMP)
{
    MP=0;B_Flag=1;  Stop_Flag=0;tempMP=0;
    tempMP=newMP;
    Car_Spend = 80;
    Motor_Control(-Car_Spend,-Car_Spend);  //左右轮的速度都为负值，表示是后退
    while(MP<=tempMP);
    CodedDisk=0;
}
```

8.2.4 嵌入式智能车循迹、左转和右转程序设计

完成了嵌入式智能车停止、前进和后退的控制设计，接下来完成嵌入式智能车循迹、左转和右转的控制设计。

1. 嵌入式智能车循迹控制

嵌入式智能车循迹，就是在黑色跑道上，嵌入式智能车能按照指定的路线进行循迹行驶。循迹的 8 路红外对管 IR1～IR8 的检测输出分别送到 Arm 处理器 STM32F103VCT6 的 PA0～PA7 引脚上。

（1）循迹功能实现分析

红外对管照到黑线时，没有光反射回来，输出低电平，LED 熄灭；红外对管未照到黑线时，有光反射回来，输出高电平，LED 点亮。8 路红外对管 IR1～IR8 的检测输出与 PA0～PA7 引脚

的对应关系，如表 8-4 所示。

表 8-4　红外对管检测输出与 PA0～PA7 引脚的对应关系

PA0 IR1-LED 1	PA1 IR2-LED 2	PA2 IR3-LED 3	PA3 IR4-LED 4	PA4 IR5-LED 5	PA5 IR6-LED 6	PA6 IR7-LED 7	PA7 IR8-LED 8	车位置
1（亮）	1（亮）	1（亮）	0（灭）	0（灭）	1（亮）	1（亮）	1（亮）	居中
黑线外	黑线外	黑线外	黑线内	黑线内	黑线外	黑线外	黑线外	
1（亮）	0（灭）	0（灭）	1（亮）	1（亮）	1（亮）	1（亮）	1（亮）	偏右
黑线外	黑线内	黑线内	黑线外	黑线外	黑线外	黑线外	黑线外	
1（亮）	1（亮）	1（亮）	1（亮）	1（亮）	0（灭）	0（灭）	1（亮）	偏左
黑线外	黑线外	黑线外	黑线外	黑线外	黑线内	黑线内	黑线外	

表 8-4 中没有给出的检测输出与 PA0～PA7 引脚的对应关系，可以自行分析获得。这样，嵌入式智能车就可以按照表 8-4 来调整行驶的位置，进而能始终处在黑色路线上。

（2）循迹端口初始化函数

循迹端口初始化函数 Track_Init()的代码如下：

```
void Track_Init()
{
    GPIOA->CRL&=0X00000000;
    GPIOA->CRL|=0X88888888; //PA0.PA1.PA2.PA3.PA4.PA5.PA6.PA7 设置成输入
    GPIOA->ODR|=0X00FF;     //PA0.PA1.PA2.PA3.PA4.PA5.PA6.PA7 上拉
}
```

（3）循迹函数

循迹函数 Track()能识别跑道上的黑色路线和十字路口等，达到循迹的功能。Track()函数的代码如下：

```
void Track(void)
{
    gd=GPIOA->IDR&0Xff;           //读取 IR1~IR8 的检测输出（PA0~PA7）的值，送入 gd
    //8 个传感器都检测到黑线，都在黑线上，循迹灯全灭，停止。表示循迹到一个十字路口
    if(gd==0)
    {
        Stop();
        Track_Flag=0;             //循迹标志状态为 0
        Stop_Flag=1;              //状态标志位 Stop_Flag=1：表示停止循迹
    }
    else
    {
        Stop_Flag=0;
        //（1）处在中间位置，4 和 5 或 4 或 5 的传感器检测到黑线，全速运行
        if(gd==0XE7||gd==0XF7||gd==0XEF)
        {
```

```
        LSpeed=Car_Spend;
        RSpeed=Car_Spend;
    }
    if(Line_Flag!=2)
    {
        //（2）处在中间稍微偏左一点的位置，4 和 3 或 3 的传感器检测到黑线，右转小弯
        if(gd==0XF3||gd==0XFB)
        {
            LSpeed=Car_Spend+17;
            RSpeed=Car_Spend-67;
            Line_Flag=0;
        }
        //（3）处在中间偏左的位置，3 和 2 或 2 的传感器检测到黑线，再右转小弯
        if(gd==0XF9||gd==0XFD)
        {
            LSpeed=Car_Spend+33;
            RSpeed=Car_Spend-100;
            Line_Flag=0;
        }
        //（4）处在中间偏左多点的位置，2 和 1 的传感器检测到黑线，右转大弯
        if(gd==0XFC)
        {
            LSpeed=Car_Spend+67;
            RSpeed=Car_Spend-167;
            Line_Flag=0;
        }
        //（5）处在中间偏左最大的位置，最右边 1 的传感器检测到黑线，再右转大弯
        if(gd==0XFE)
        {
            LSpeed=Car_Spend+83;
            RSpeed=Car_Spend-200;
            Line_Flag=1;
        }
    }
    if(Line_Flag!=1)
    {
        //（6）处在中间稍微偏右一点的位置，6 和 5 的传感器检测到黑线，左转小弯
        if(gd==0XCF)
        {
            RSpeed=Car_Spend+17;
            LSpeed=Car_Spend-67;
            Line_Flag=0;
        }
        //（7）处在中间偏右的位置，7 和 6 或 6 的传感器检测到黑线，再左转小弯
```

```
                if(gd==0X9F||gd==0XDF)
                {
                    RSpeed=Car_Spend+33;
                    LSpeed=Car_Spend-100;
                    Line_Flag=0;
                }
                //（8）处在中间偏右强点的位置，中间 8 和 7 或 7 的传感器检测到黑线，左转大弯
                if(gd==0X3F||gd==0XBF)
                {
                    RSpeed=Car_Spend+67;
                    LSpeed=Car_Spend-167;
                    Line_Flag=0;
                }
                //（9）处在中间偏右最大的位置，最左边 8 的传感器检测到黑线，再左转大弯
                if(gd==0X7F)
                {
                    RSpeed=Car_Spend+83;
                    LSpeed=Car_Spend-200;
                    Line_Flag=2;
                }
            }
            //8 个传感器都没有检测到黑线，都没有在黑线上，循迹灯全亮，行驶一段时间停止
            if(gd==0xFF)
            {
                if(Line_Flag==0)
                {
                    if(count++>1000)
                    {
                        count=0;
                        Stop();
                        Track_Flag=0;
                        Stop_Flag=4;          //表示在黑线外停止
                    }
                }
            }
            else count=0;
            if(!Track_Flag==0)
            {
                Motor_Control(LSpeed,RSpeed);
            }
        }
    }
```

其中，Line_Flag 是嵌入式智能车处在黑线边沿状态的标志位，Line_Flag=0 表示没有处在黑线的边沿上，Line_Flag=1 表示处在黑线的左边沿上，Line_Flag=2 表示处在黑线的右边沿上。

Track_Flag 是循迹标志位，Track_Flag=0 表示没有循迹，Track_Flag=1 表示正在循迹。

（4）定时器 2 中断服务函数中相关的循迹代码

在定时器 2 中断服务函数 TIM2_IRQHandler()中，只给出与循迹控制相关的代码，代码如下：

```
void TIM2_IRQHandler(void)
{
    if(TIM2->SR&0X0001)                 //溢出中断
    {
        if(Track_Flag)                  //循迹标志为 1，继续循迹
        {
            Track();                    //循迹函数
        }
        ……                              //前进控制代码
        ……                              //后退控制代码
        ……                              //左转控制代码
        ……                              //右转控制代码
    }
    TIM2->SR&=~(1<<0);                  //清除中断标志位
}
```

（5）循迹控制函数

嵌入式智能车循迹控制函数 SmartCar_Track()的代码如下：

```
void SmartCar_Track(void)
{
    Track_Flag=1;                   //循迹标志位
    while(Track_Flag==1);           //等待循迹结束，通常是循迹到一个十字路口结束
    MP=0;                           //码盘值清零，为后面做好准备
}
```

2. 嵌入式智能车左转控制

本任务中，嵌入式智能车左转控制的目的是在一个十字路口左转 90°，转到另一条黑线上。

（1）在定时器 2 中断服务函数中相关的左转代码

在定时器 2 中断服务函数 TIM2_IRQHandler()中，只给出与左转控制相关的代码，代码如下：

```
void TIM2_IRQHandler(void)
{
    if(TIM2->SR&0X0001)                 //溢出中断
    {
        ……                              //循迹控制代码
        ……                              //前进控制代码
        ……                              //后退控制代码
        if(L_Flag)
        {
            //左转距离若大于 50cm，即左转没有找到循迹线，停止左转
            if(MP>550)
            {
```

```
                L_Flag=0;               //左转标志，L_Flag=0 表示左转停止
                Wheel_flag=0;           //转弯状态标志，Wheel_flag=0 表示转弯停止
                Stop();
            }
            else
            {
                //当 4 和 5 或 3 和 4 的传感器检测到黑线，即左转时找到了循迹线，左转停止
                if((GPIOA->IDR&0Xff)==0XE7||(GPIOA->IDR&0Xff)==0XF3)
                {
                    if(Wheel_flag)
                    {
                        L_Flag=0;
                        Wheel_flag=0;
                        Stop_Flag=2;        //停止转弯状态
                        Stop();
                    }
                }
                //当 8 个传感器检测到黑线，即都没有在黑线上，转弯标志置 1，继续转弯
                if((GPIOA->IDR&0Xff)==0xFF) Wheel_flag=1;
            }
        }
        ……                                  //右转控制代码
    }
    TIM2->SR&=~(1<<0);                      //清除中断标志位
}
```

（2）左转控制函数

在嵌入式智能车左转时，从左边看，轮子是顺时针旋转；从右边看，轮子也是顺时针旋转。因此控制左轮顺时针旋转、右轮顺时针旋转，就能控制嵌入式智能车左转。嵌入式智能车左转控制函数 SmartCar_Left()的代码如下：

```
void SmartCar_Left(void)
{
    LED_L=0;                                    //开左转向灯
    delay_ms(300);
    MP=0;
    L_Flag=1;                                   //左转标志置 1
    Stop_Flag=0;
    Car_Spend = 80;
    Motor_Control(-Car_Spend,Car_Spend);        //左轮后退、右轮前进，实现左转
    while(L_Flag==1);                           //等待左转结束
    delay_ms(300);
    LED_L=1;                                    //关闭左转向灯
}
```

3. 嵌入式智能车右转控制

嵌入式智能车右转控制的目的是在一个十字路口右转90°，转到另一条黑线上。

（1）在定时器2中断服务函数中相关的右转代码

在定时器2中断服务函数TIM2_IRQHandler()中，只给出与右转控制相关的代码，代码如下：

```
void TIM2_IRQHandler(void)
{
    if(TIM2->SR&0X0001)                //溢出中断
    {
        ……                             //循迹控制代码
        ……                             //前进控制代码
        ……                             //后退控制代码
        ……                             //左转控制代码
        if(R_Flag)
        {
            //右转距离若超过50cm，即右转没有找到循迹线，就停止右转
            if(MP>550)
            {
                R_Flag=0;              //右转标志，L_Flag=0表示右转停止
                Wheel_flag=0;
                Stop();
            }
            else
            {
                //当4和5或5和6的传感器检测到黑线，即右转时找到了循迹线，右转停止
                if((GPIOA->IDR&0Xff)==0XE7||(GPIOA->IDR&0Xff)==0XCF)
                {
                    if(Wheel_flag)
                    {
                        R_Flag=0;
                        Wheel_flag=0;
                        Stop_Flag=2;
                        Stop();
                    }
                }
                //当8个传感器检测到黑线，即都没有在黑线上，转弯标志置1，继续转弯
                if((GPIOA->IDR&0Xff)==0xFF)Wheel_flag=1;
            }
        }
    }
    TIM2->SR&=~(1<<0);                 //清除中断标志位
}
```

（2）右转控制函数

在嵌入式智能车右转时，从左边看，轮子是逆时针旋转；从右边看，轮子也是逆时针旋转。

因此，控制左轮逆时针旋转、右轮逆时针旋转，就能控制嵌入式智能车右转。嵌入式智能车右转控制函数 SmartCar_Right()的代码如下：

```
void SmartCar_Right(void)
{
    LED_R=0;                                    //开右转向灯
    delay_ms(300);
    MP=0;
    R_Flag=1;                                   //右转标志置 1
    Stop_Flag=0;
    Car_Spend = 80;
    Motor_Control(Car_Spend,-Car_Spend);        //左轮前进、右轮后退，实现右转
    while(R_Flag==1);                           //等待右转结束
    delay_ms(300);
    LED_R=1;                                    //关闭右转向灯
}
```

定时器 2 中断服务函数 TIM2_IRQHandler()代码说明如下。

前面按照前进、后退、左转、右转和循迹等部分，分别给出相关的代码，我们只要按照注释的位置，把这些相关代码放进去，即可获得 TIM2_IRQHandler()函数的完整代码。

4．编写循迹和中断相关的文件

在前面，完成了嵌入式智能车的循迹、左转和右转控制设计。为了方便以后直接使用这些代码，下面整合涉及循迹和中断方面的代码，编写 Track.h 头文件、Track.c 文件、exit.h 头文件和 exit.c 文件。

（1）编写 Track.h 头文件

Track.h 头文件的代码如下：

```
#ifndef __TRACK_H
#define __TRACK_H
#include "sys.h"
#include "motorDrive.h"
#include "main.h"
extern u8 gd;
void Track_Init(void);          //初始化
void Track(void);
#endif
```

（2）编写 Track.c 文件

Track.c 文件的代码如下：

```
#include <stm32f10x.h>
#include "usart.h"
#include "Track.h"
#include "motorDrive.h"
#include "test.h"
u8 gd;
/*循迹端口初始化*/
```

```
void Track_Init()
{
    ……        //省略的Track_Init()函数代码在前面已经给出，自己把相关代码放进去即可
}
/*循迹函数*/
void Track(void)
{
    ……        //省略的Track()函数代码在前面已经给出，自己把相关代码放进去即可
}
```

（3）编写exit.h头文件

exit.h头文件的代码如下：

```
#ifndef __EXIT_H
#define __EXIT_H
#include "sys.h"
void Timer2_Init(u16 arr,u16 psc);       //通用定时器中断初始化
void TIM2_IRQHandler(void);              //定时中断3服务程序
#endif
```

（4）编写exit.c文件

exit.c文件的代码如下：

```
#include <stm32f10x.h>
#include "exit.h"
#include "main.h"
#include "Track.h"
u8 Wheel_flag=0;
/*定时器2中断服务程序*/
void TIM2_IRQHandler(void)
{
    ……            //省略的TIM2_IRQHandler()函数代码在前面已经给出，把代码放进去即可
}
/*定时器2中断初始化。arr：自动重装值，psc：时钟预分频数*/
void Timer2_Init(u16 arr,u16 psc)
{
    ……            //省略的Timer2_Init()函数代码在前面已经给出，把代码放进去即可
}
```

代码中的main.h头文件，以后再给出完整的代码。

【技能训练8-1】嵌入式智能车巡航控制

在全国职业技能大赛“嵌入式应用技术与开发”赛项的竞赛地图上，利用竞赛平台（嵌入式智能车）的停止、前进、后退、左转、右转、速度和循迹等控制功能，完成以下嵌入式智能车巡航控制任务。

（1）嵌入式智能车从出发点B1出发（出车库）。

（2）前进到B4位置，然后左转前进。

（3）前进到 F4 位置，然后右转前进。

（4）前进到 F6 位置，然后调头后退到 F7 位置（进车库）。

竞赛地图如图 8-22 所示。

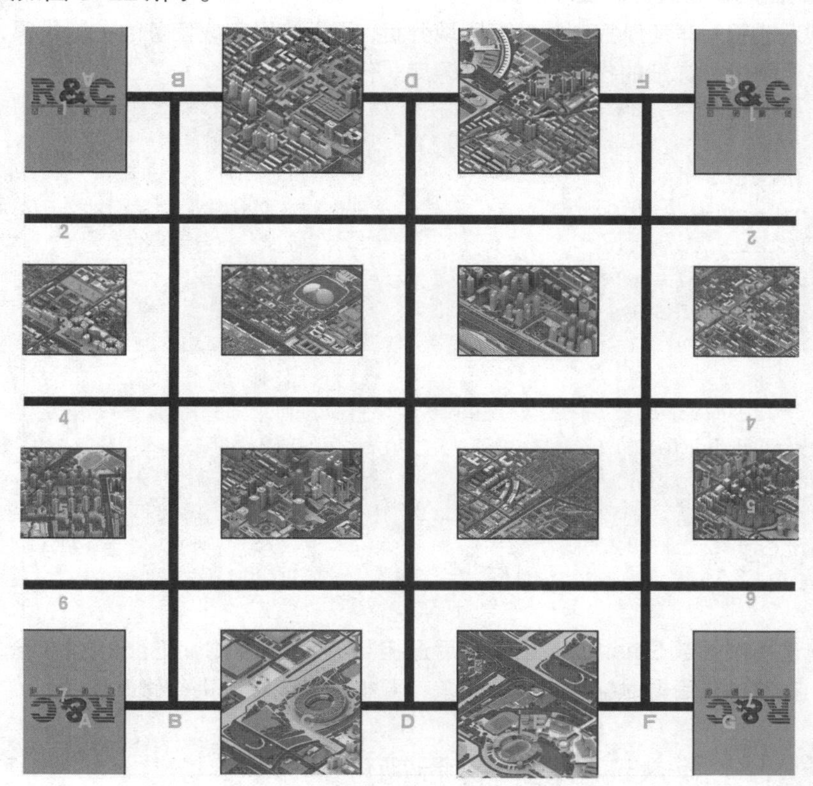

图8-22　竞赛地图

1. 嵌入式智能车巡航控制任务实现分析

根据嵌入式智能车巡航控制任务要求，任务实现分析如下。

（1）嵌入式智能车从出发点 B1 出发，可使用循迹函数 SmartCar_Track()循迹到 B2 十字路口停止，此时的循迹电路板处在 B2 十字路口的黑色横线上。

（2）使用前进控制函数 SmartCar_Go()。嵌入式智能车过黑色横线。

（3）嵌入式智能车过黑色横线后，使用循迹函数 SmartCar_Track()到达下一个十字路口 B4 位置的黑色横线。

（4）使用前进控制函数 SmartCar_Go()，使得 4 位置的黑色横线处于车的中间位置，能使左转顺利完成。

（5）使用左转控制函数 SmartCar_Left()，嵌入式智能车完成左转 90°。

（6）采用上面的方法，嵌入式智能车行驶到 F4 位置，并使 F 位置的黑色横线处于车的中间位置。

（7）使用右转控制函数 SmartCar_Right()，嵌入式智能车完成右转 90°。

（8）采用上面的方法，嵌入式智能车行驶到 F6 位置，并使 6 位置的黑色横线处于车的中间位置。

（9）嵌入式智能车的调头方法是左转 90° 两次，或右转 90° 两次。

（10）使用后退控制函数 SmartCar_back()，后退到 F7 位置（进车库）。

2. 嵌入式智能车巡航控制程序设计

通过对嵌入式智能车巡航控制的任务实现分析，下面给出完成任务的控制代码，其他相关代码在前面已经介绍过，详细的代码见本书资源库。代码如下：

```
void SmartCar_Task(void)
{
    SmartCar_Track();                          //起点是 B1，循迹到 B2 十字路口
    SmartCar_Go(130);                          //过黑色横线，黑色横线处于车的中间位置
    SmartCar_Track();                          //循迹到 B4 十字路口
    SmartCar_Go(130);                          //过黑色横线
    SmartCar_Left();                           //左转 90 度
    SmartCar_Track(); SmartCar_Go(130);  SmartCar_Track();
                                               //行驶到 F4 十字路口
    SmartCar_Go(130);                          //过黑色横线
    SmartCar_Right();                          //右转 90 度
    SmartCar_Track(); SmartCar_Go(130);  //循迹到 F6 十字路口，并过黑色横线
    SmartCar_Left(); SmartCar_Left();    //左转 90 度两次，完成调头
    SmartCar_Back(390);                  //后退到 F7 位置（进车库）
    while(1);                            //任务完成结束
}
```

说明：前进控制函数 SmartCar_Go()和后退控制函数 SmartCar_Back()的实参（数码盘值）只是参考值，在前进或后退时会存在距离误差，要根据实际情况进行修改调试。

8.3 任务 18 嵌入式智能车标志物控制设计

通过嵌入式智能车，完成对道闸、LED 显示（计时器）、立体旋转、隧道风扇、烽火台报警等标志物的控制设计，并完成光强度测量和超声波测距设计。

8.3.1 道闸标志物控制设计

道闸标志物的功能是控制道闸的打开和关闭，使得嵌入式智能车能顺利出库和入库。通过嵌入式智能车与道闸标志物之间的通信协议，我们如何对道闸的打开和关闭进行远程控制呢？

1. 嵌入式智能车向道闸发送命令的数据结构

嵌入式智能车向道闸发送命令的数据结构如表 8-5 所示。

表 8-5 嵌入式智能车向道闸发送命令的数据结构

0x55	0x03	0x01	0x01/0x02 打开/关闭	0x00	0x00	0xXX	0xBB
包头		主指令	副指令			校验和	包尾

数据结构由以下 8 个字节组成：

第 1 个字节为数据包头 0x55，固定不变；

第 2 个字节为 0x03，是与道闸进行通信的固定包头；

第 3 个字节为主指令 0x01，是控制道闸指令；

第 4 个字节～第 6 个字节为副指令，控制道闸打开和关闭：副指令 0x01 控制道闸打开、0x02 控制道闸关闭，后两个副指令保留不用；

第 7 个字节为校验和，对主指令和 3 个副指令求和、并对 0xFF 取余得到校验值（以下校验和均这样定义）；

第 8 个字节为数据包尾（0xBB），也固定不变。

2. 道闸控制程序设计

嵌入式智能车与道闸标志物之间的通信是通过基于 ZigBee 的串行通信实现的，采用的是 USART2 串口。根据嵌入式智能车与道闸标志物之间的通信协议，道闸控制函数 Gate_Open() 的代码如下：

```
void Gate_Open(void)
{
    U2SendChar(0x55);
    U2SendChar(0x03);    //数据包头（0x55 和 0x03），其中 0x03 是道闸标志物
    U2SendChar(0x01);    //第 3 个字节是控制道闸的指令
    U2SendChar(0x01);    //第 4 个字节是控制道闸打开
    U2SendChar(0x00);
    U2SendChar(0x00);    //第 5 个和第 6 个字节保留不用，默认为 0
    U2SendChar((0x01+0x01+0x00+0x00)%256);      //第 7 个字节为校验和
    U2SendChar(0xbb);    //第 8 个字节为数据包尾（0xBB）
    LED1=!LED1;          //LED 闪烁表示系统正在运行
    delay_ms(1100);      //延时一段时间，确保控制道闸命令能通过 ZigBee 发送给道闸
}
```

说明：若要关闭道闸，只要把第 4 个字节的 0x01 修改为 0x02 即可。在实际使用中，道闸打开后，过一段时间会自动关闭，所以这里只给出打开道闸的控制函数。

8.3.2 LED 显示标志物控制设计

LED 显示标志物的功能是显示计时的时间和超声波测量的距离。通过嵌入式智能车与 LED 显示标志物之间的通信协议，我们如何来远程控制 LED 显示标志物显示计时的时间和超声波测量的距离呢?

1. 嵌入式智能车向 LED 显示标志物发送命令的数据结构

嵌入式智能车向 LED 显示标志物发送命令的数据结构如表 8-6 所示。

表 8-6　嵌入式智能车向 LED 显示标志物发送命令的数据结构

0x55	0x04	0xXX	0xXX	0xXX	0xXX	0xXX	0xBB
包头		主指令	副指令			校验和	包尾

数据结构由以下 8 个字节组成：

前两个字节为数据包头（0x55 和 0x04），固定不变；
第 3 个字节为主指令 0xXX；
第 4 个字节~第 6 个字节为副指令；
第 7 个字节为校验和，同道闸一样；
第 8 个字节为数据包尾（0xBB），也固定不变。
（1）控制 LED 显示标志物主指令
控制 LED 显示标志物的主指令功能如表 8-7 所示。

表 8-7　LED 显示标志物主指令功能

主 指 令	指令说明
0x01	数据写入第一排数码管
0x02	数据写入第二排数码管
0x03	LED 显示标志物进入计时模式
0x04	LED 显示标志物第二排显示距离

（2）控制 LED 显示标志物副指令
控制 LED 显示标志物的副指令功能如表 8-8 所示。

表 8-8　LED 显示标志物副指令功能

主 指 令	副 指 令		
0x01	数据[1]、数据[2]	数据[3]、数据[4]	数据[5]、数据[6]
0x02	数据[1]、数据[2]	数据[3]、数据[4]	数据[5]、数据[6]
0x03	0x00/0x01/0x02 (关闭/打开/清零)	0x00	0x00
0x04	0x00	0x0X	0xXX

说明：LED 显示标志物在第 2 排显示距离时，第 2 个和第 3 个副指令中的“X”代表要显示的距离值（注意：距离显示格式为十进制），距离单位为 cm。

2. LED 显示标志物控制程序设计

嵌入式智能车与 LED 显示标志物之间的通信是通过基于 ZigBee 的串行通信实现的，采用的是 USART2 串口。根据嵌入式智能车与 LED 显示标志物之间的通信协议，LED 显示标志物控制有开始计时、停止计时和显示超声波测距的距离 3 种。

（1）开始计时函数

控制 LED 显示标志物的开始计时函数 LED_Time_Open()的代码如下：

```
void LED_Time_Open(void)
{
    U2SendChar(0x55);
    U2SendChar(0x04);          //数据包头（0x55 和 0x04），其中 0x04 是 LED 显示标志物
    U2SendChar(0x03);          //第 3 个字节主指令 0x03：LED 显示标志物进入计时模式
    U2SendChar(0x01);          //第 4 个字节为 0x01，是控制 LED 显示标志物开始计时
    U2SendChar(0x00);
    U2SendChar(0x00);          //在 LED 显示标志物打开时，第 5 个和第 6 个字节默认为 0
    U2SendChar((0x03+0x01+0x00+0x00)%256); //第 7 个字节为校验和
```

```
    U2SendChar(0xbb);           //第 8 个字节为数据包尾（0xBB）
    delay_ms(1000);             //见道闸注释
}
```

（2）停止计时函数

控制 LED 显示标志物的停止计时函数 LED_Time_Close()的代码如下：

```
void LED_Time_Close(void)
{
    U2SendChar(0x55);
    U2SendChar(0x04);
    U2SendChar(0x03);
    U2SendChar(0x00);           //第 4 个字节为 0x00，是控制 LED 显示标志物停止计时
    U2SendChar(0x00);
    U2SendChar(0x00);
    U2SendChar((0x03+0x00+0x00+0x00)%256);
    U2SendChar(0xbb);
    delay_ms(1000);
}
```

说明：在 LED 显示标志物的停止计时函数中，只要把 LED 显示标志物的开始计时函数的第 4 个字节的 0x01 修改为 0x00 即可。

（3）LED 显示标志物清零

对 LED 显示标志物进行清零的函数 LED_Time_Reset()的代码如下：

```
void LED_Time_Reset(void)
{
    delay_ms(200);
    U2SendChar(0x55);
    U2SendChar(0x04);
    U2SendChar(0x03);           //第 3 个字节主指令 0x03：LED 显示标志物进入计时模式
    U2SendChar(0x02);           //第 4 个字节为 0x02，是对 LED 显示标志物清零
    U2SendChar(0x00);
    U2SendChar(0x00);
    U2SendChar((0x03+0x02+0x00+0x00)%256);
    U2SendChar(0xbb);
    delay_ms(200);
    U2SendChar(0x55);
    U2SendChar(0x04);
    U2SendChar(0x02);     //第 3 个字节为 0x02，数据写入 LED 显示标志物第 2 排数码管
    U2SendChar(0x00);
    U2SendChar(0x00);
    U2SendChar(0x00);     //以上 3 个字节都为 0x00，写入 0x00 即清零
    U2SendChar((0x00+0x02+0x00+0x00)%256);
    U2SendChar(0xbb);
    delay_ms(200);
}
```

说明：LED_Time_Reset()函数中对 LED 显示标志物的第 2 排数码管清零的代码，实际上是对 LED 显示标志物第 2 排数码管写 0。我们可以试一试，把它们单独写为一个函数，完成向第 2 排数码管写数据的任务。

8.3.3 基于红外线的标志物控制设计

基于红外线控制的标志物有立体旋转显示、智能路灯、烽火台报警和隧道风扇等标志物，那么，我们如何完成对它们的控制呢?

1. 红外发射控制

在嵌入式智能车的红外发射电路中，红外线是由 RI_TXD 引脚（PE1 引脚）控制输出的。

（1）红外发射控制数组

红外发射控制数组是在主文件中定义的，代码如下：

```
u8 H_S[4]={0x80,0x7F,0x05,~(0x05)};                //照片上翻
u8 H_X[4]={0x80,0x7F,0x1B,~(0x1B)};                //照片下翻
……                                                 //光源挡位在后面介绍
u8 H_SD[6]= {0x67,0x34,0x78,0xA2,0xFD,0x27};       //隧道风扇系统打开
u8 HW_K[6]={0x03,0x05,0x14,0x45,0xDE,0x92};        //报警器打开
```

（2）编写 Infrared.h 头文件

Infrared.h 头文件的代码如下：

```
#ifndef __INFRARED_H
#define __INFRARED_H
#include "sys.h"
#define RI_TXD PEout(1)          //红外发射输出：PE1
void Infrared_Init(void);
void Transmition(u8 *s,int n);
#endif
```

（3）编写 Infrared.c 文件

在嵌入式智能车的红外发射电路中，红外线是由 RI_TXD 引脚（PE1 引脚）控制输出的，需要对红外发射端口进行初始化和红外发射控制。

```
#include <stm32f10x.h>
#include "delay.h"
#include "Infrared.h"
/*红外发射端口初始化*/
void Infrared_Init()
{
    GPIOE->CRL&=0XFFFFFF0F;
    GPIOE->CRL|=0X00000030;          //PE1 推挽输出
    GPIOE->ODR|=0X0002;              //PE1 输出高
    RI_TXD=1;
}
/*红外发射控制*/
void Transmition(u8 *s,int n)        //*s：指向要发送的数据，n：数据长度
{
```

```
    u8 i,j,temp;
    RI_TXD=0;
    delay_ms(9);
    RI_TXD=1;
    delay_ms(4);
    delay_us(560);
    for(i=0;i<n;i++)
    {
        for(j=0;j<8;j++)
        {
            temp=(s[i]>>j)&0x01;
            if(temp==0)                //发射 0
            {
                RI_TXD=0;
                delay_us(560);         //延时 0.56ms
                RI_TXD=1;
                delay_us(560);         //延时 0.56ms
            }
            if(temp==1)                //发射 1
            {
                RI_TXD=0;
                delay_us(560);         //延时 0.56ms
                RI_TXD=1;
                delay_ms(1);
                delay_us(690);         //延时 1.69ms
            }
        }
    }
    RI_TXD=0;                          //结束
    delay_us(560);                     //延时 0.56ms
    RI_TXD=1;                          //关闭红外发射
}
```

2. 立体旋转显示标志物控制程序设计

在红外线控制的标志物中，只有立体旋转显示标志物与嵌入式智能车之间有通信协议。根据通信协议，完成立体旋转显示标志物显示车牌号信息的程序设计。其他的信息显示，可以参考显示车牌号的程序来完成。

（1）嵌入式智能车向立体旋转显示标志物发送命令的数据结构

嵌入式智能车向立体旋转显示标志物发送命令的数据结构共有 6 个字节，如表 8-9 所示。

表 8-9　嵌入式智能车向立体旋转显示标志物发送命令的数据结构

0xFF	0xXX	0xXX	0xXX	0xXX	0xXX
起始位	模式	数据[1]	数据[2]	数据[3]	数据[4]

数据结构由以下 6 个字节组成：

第 1 个字节为起始位（0xFF），固定不变；

第 2 个字节为模式编号；

第 3 个字节～第 6 个字节为可变数据。

- 立体旋转显示标志物的模式

立体旋转显示标志物的模式编号如表 8-10 所示。

表 8-10 立体旋转显示标志物模式编号

模式编号	模式说明
0x20	接收前 4 位车牌信息模式
0x10	接收后两位车牌信息与两位坐标信息模式并显示
0x11	显示距离模式
0x12	显示图形模式
0x13	显示颜色模式
0x14	显示路况模式
0x15	默认模式

- 车牌显示模式的数据

车牌显示模式的数据说明如表 8-11 所示。

表 8-11 车牌显示模式的数据说明

模　式	数据[1]	数据[2]	数据[3]	数据[4]
0x20	车牌[1]	车牌[2]	车牌[3]	车牌[4]
0x10	车牌[5]	车牌[6]	横坐标	纵坐标

说明：在车牌显示模式下，车牌信息包括 6 个车牌字符和地图上某个位置的坐标，共 8 个字符（注意：车牌信息格式为字符串格式）。

- 距离显示模式的数据

距离显示模式的数据说明如表 8-12 所示。

表 8-12 距离显示模式的数据说明

模　式	数据[1]	数据[2]	数据[3]	数据[4]
0x11	距离十位	距离个位	0x00	0x00

说明：在距离显示模式下，数据[1]和数据[2]为需要显示的距离信息（注意：距离显示格式为十进制）。其余位为 0x00，保留不用。

由于其他模式要结合 Android 设备才能使用，在这里就不做介绍了，详细介绍可参见全国技能大赛“嵌入式应用技术与开发”赛项的通信协议。

（2）显示车牌号信息的程序设计

立体旋转显示标志物显示车牌号信息函数 Stereo_Display()的代码如下：

```
void Stereo_Display(u8 *spin)   //车牌信息格式为字符串格式，spin 是指针变量
{
    u8 temp[6];
```

```
    temp[0]=0xff;                //起始位 0xff，固定不变
    temp[1]=0x20;                //模式为 0x20，接收车牌号的前 4 位
    temp[2]=spin[0];             //数据[1]
    temp[3]=spin[1];             //数据[2]
    temp[4]=spin[2];             //数据[3]
    temp[5]=spin[3];             //数据[4]
    Transmition(temp,6);         //红外发射 1，发送以上 6 个字节数据到立体旋转显示标志物
    delay_ms(1000);
    temp[1]=0x10;                //模式为 0x10，接收车牌号的后 2 位和 2 位坐标并显示
    temp[2]=spin[4];             //数据[5]
    temp[3]=spin[5];             //数据[6]
    temp[4]=spin[6];             //横坐标
    temp[5]=spin[7];             //纵坐标
    Transmition(temp,6);         //红外发射 2，发送以上 6 个字节数据到立体旋转显示标志物
    delay_ms(1000);
}
```

假如，立体旋转显示标志物显示的车牌信息是 BJ2089F4，其中车牌号是 BJ2089、坐标是 F4。完成显示车牌号信息的代码如下：

```
u8 STRING[]="BJ2089F4";                 //车牌号是 BJ2089、坐标是 F4
Stereo_Display(STRING);                 //把车牌号信息发送给立体旋转显示标志物
```

3. 基于红外发射控制数组的标志物控制程序设计

在基于红外发射控制数组的标志物中，有 LCD 照片、隧道风扇、烽火台报警以及智能路灯等标志物，在前面已经对它们的红外发射控制数组进行了定义，其中智能路灯（即光强度测量）放在后面介绍。那么，我们如何完成对它们的控制呢?

（1）打开隧道风扇系统程序设计

隧道风扇系统打开函数 TunnelFan_Open()的代码如下：

```
void TunnelFan_Open(void)       //打开风扇
{
    Transmition(H_SD,6);        //H_SD 是打开隧道风扇系统的红外发射控制数组
    delay_ms(200);
}
```

（2）打开烽火台报警程序设计

烽火台报警打开函数 Alarm_Open()的代码如下：

```
void Alarm_Open(void)
{
    Transmition(HW_K,6);        //HW_K 是打开烽火台报警的红外发射控制数组
    delay_ms(200);
}
```

（3）LCD 相册上翻程序设计

LCD 相册上翻函数 LCD_Upturn()的代码如下：

```
void LCD_Upturn(void)
{
```

```
    Transmition(H_S,6);          //H_S 是 LCD 相册上翻的红外发射控制数组
    delay_ms(1000);
}
```

（4）LCD 相册下翻程序设计

LCD 相册下翻函数 LCD_Downturn()的代码如下：

```
void LCD_Downturn(void)         //相册下翻
{
    Transmition(H_X,6);          //H_X 是 LCD 相册下翻的红外发射控制数组
    delay_ms(1000);
}
```

8.3.4 智能路灯控制设计

利用数字型光强度传感器 BH1750FVI 采集环境光线强度数据，对道路灯光进行控制，完成智能路灯的控制设计。

1. 认识 BH1750FVI

BH1750FVI 是一种两线式串行总线接口的数字型光强度传感器集成电路。BH1750FVI 可以探测光线强度，并具有较大范围的光强度变化（1lx～65535lx），我们可以根据采集到的光线强度值来控制路灯的亮度。BH1750 内部结构图如图 8-23 所示。

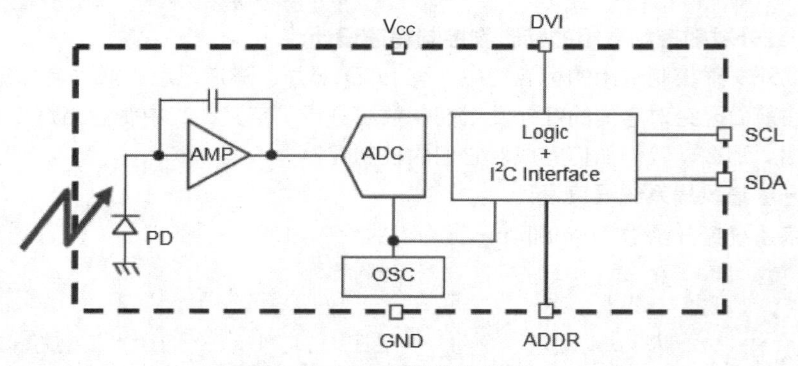

图8-23　BH1750内部结构图

BH1750 内部结构说明如下所述。

（1）PD：具有近似人眼反应的光电二极管。

（2）APM：用于将 PD 电流转换为电压的 OPAMP。

（3）ADC：16 位 A/D 转换器。

（4）Logic+I²C interface：环境光计算和 I²C 总线接口。包括如下两个寄存器：

数据寄存器：用于环境光数据的存储，初值为 0000_0000_0000_0000。

测量时间寄存器：用于测量时间的存储，初值为 0100_0101。

（5）OSC：内部振荡器（典型值 320kHz），它是内部逻辑的时钟。

（6）ADDR：BH1750 芯片的地址。

ADDR 引脚为高电平（ADDR≥0.7VCC）时，地址为“1011100”；

ADDR 引脚为低电平（ADDR≤0.3VCC）时，地址为“0100011”。

（7）DVI：参考电压。供电后，DVI 引脚至少延时 1μs 后变为高电平；若 DVI 持续低电平，则芯片不工作。

BH1750FVI 测量分为 3 种模式，如表 8-13 所示。

表 8-13　测量模式表

测量模式	测量时间	分辨率
L–分辨率模式	16ms	4 lx
H–分辨率模式 1	120ms	1 lx
H–分辨率模式 2	120ms	0.5 lx

在 H 分辨率模式下，只要有足够长的测量时间（积分时间），就能够抑制一些噪声。H–分辨率模式 1 的分辨率低于 1lx，适用于黑暗场合下，同样 H–分辨率模式 2 也适用于黑暗场合下的检测。

下面以 H–分辨率模式 2 为例，看看如何完成从“写指令”到“读出测量结果”的步骤。

第 1 步：发送“连续高分辨率模式”指令；

第 2 步：等待完成第 1 次高分辨率模式的测量（最大时间为 180ms）；

第 3 步：读出测量结果。

当数据的高字节为“10000011”、低字节为“10010000”时，通过计算得到如下结果：

$$(2^{15}+2^{9}+2^{8}+2^{1}+2^{4})/1.2 = 28067\ \text{lx}$$

具体的控制指令可以参考 BH1750 的参考手册。

2. 编写 BH1750.h 头文件

在嵌入式智能车的光强度测量电路中，数字型光强度传感器 BH1750FVI 的 ADDR、SCL 和 SDA 引脚分别接 PB5、PB6 和 PB7 引脚。BH1750.h 头文件的代码如下：

```
#ifndef __BH1750_H
#define __BH1750_H
#include "sys.h"
/* BH1750 端口定义。SDA 方向不能用 GPIOB->CRL|=3<<7 设置，否则 IIC 会不起作用*/
#define SDA_IN()  {GPIOB->CRL&=0X0FFFFFFF;GPIOB->CRL|=0x80000000;}
#define SDA_OUT() {GPIOB->CRL&=0X0FFFFFFF;GPIOB->CRL|=0x30000000;}
/*IO 位操作函数*/
#define IIC_SCL     PBout(6)          //SCL 输出
#define IIC_SDA     PBout(7)          //SDA 输出
#define READ_SDA    PBin(7)           //输入 SDA
#define ADDR        PBout(5)          //ADDR 地址输出
/*IIC 所有操作函数*/
void IIC_Init(void);
void BH1750_Init(void);
void conversion(unsigned int temp_data);
void  Single_Write_BH1750(u8 REG_Address);      //单个写入数据
u8 Single_Read_BH1750(u8 REG_Address);          //单个读取内部寄存器数据
void  Multiple_Read_BH1750(void);               //连续读取内部寄存器数据
void BH1750_Start(void);                        //起始信号
```

```
void BH1750_Stop(void);                    //停止信号
void BH1750_SendACK(u8 ack);               //应答ACK
u8  BH1750_RecvACK(void);                  //读ACK
void BH1750_SendByte(u8 dat);              //IIC单个字节写
u8 BH1750_RecvByte(void);                  //IIC单个字节读
unsigned int Dispose(void);
#endif
```

3. 编写BH1750.c文件

BH1750.c文件的代码如下：

```
#include < stm32f10x.h >
#include "delay.h"
#include "bh1750.h"
//定义器件在IIC总线中的从地址，根据地址引脚不同修改
#define  SlaveAddress   0x46
u8  BUF[4];                       //接收数据缓存区
/*IIC端口初始化*/
void IIC_Init(void)
{
    GPIOB->CRL&=0X000FFFFF;       //PB6/PB7/PB5 推挽输出
    GPIOB->CRL|=0X33300000;
    GPIOB->ODR|=7<<5;             //PB6,PB7,PB5 输出高
}
/*产生IIC起始信号*/
void BH1750_Start()
{
    SDA_OUT();                    //SDA线输出
    IIC_SDA=1;
    IIC_SCL=1;
    delay_us(4);
    IIC_SDA=0;                    //起始信号:当CLK为高时，DATA从高电平到低电平
    delay_us(4);
    IIC_SCL=0;                    //保持IIC总线，准备发送或接收数据
}
/*产生IIC停止信号*/
void BH1750_Stop()
{
    SDA_OUT();                    //SDA线输出
    IIC_SDA=0;                    //停止信号: 当CLK为高时，DATA从低电平到高电平
    IIC_SCL=1;
    delay_us(4);
    IIC_SDA=1;                    //发送IIC总线结束信号
    delay_us(4);
}
/*产生IIC应答信号*/
```

```
void BH1750_SendACK(u8 ack)
{
    SDA_OUT();                      //SDA 线输出
    if(ack) IIC_SDA=1;              //写应答信号
    else IIC_SDA=0;
    IIC_SCL=1;                      //拉高时钟线
    delay_us(2);
    IIC_SCL=0;                      //拉低时钟线
    delay_us(2);
}
/*产生 IIC 接收信号*/
u8 BH1750_RecvACK()
{
    u8 data;
    SDA_IN();                       //SDA 设置为输入
    IIC_SCL=1;                      //拉高时钟线
    delay_us(2);
    data = READ_SDA;                //读应答信号
    IIC_SCL=0;                      //拉低时钟线
    delay_us(2);
    return data;                    //返回读到的应答信号
}
/*向 IIC 总线发送一个字节数据*/
void BH1750_SendByte(u8 dat)
{
    u8 i,bit;
    SDA_OUT();                      //SDA 线输出
    for(i=0; i<8; i++)              //8 位计数器
    {
        bit=dat&0x80;
        if(bit) IIC_SDA=1;
        else IIC_SDA=0;
        dat <<= 1;                  //移出数据的最高位
        IIC_SCL=1;                  //拉高时钟线
        delay_us(2);
        IIC_SCL=0;                  //拉低时钟线
        delay_us(2);
    }
    BH1750_RecvACK();
}
/*从 IIC 总线接收一个字节数据*/
u8 BH1750_RecvByte()
{
    u8 i;
```

```
    u8 dat = 0;
    SDA_IN();                          //SDA 设置为输入
    IIC_SDA=1;                         //使能内部上拉,准备读取数据
    for (i=0; i<8; i++)                //8 位计数器
    {
        dat <<= 1;
        IIC_SCL=1;                     //拉高时钟线
        delay_us(2);
        if(READ_SDA) dat+=1;
        IIC_SCL=0;                     //拉低时钟线
        delay_us(2);
    }
    return dat;                        //返回接收到的一字节数据
}
/*向 BH1750 写入命令*/
void Single_Write_BH1750(u8 REG_Address)
{
    BH1750_Start();                            //起始信号
    BH1750_SendByte(SlaveAddress);             //发送设备地址+写信号
    BH1750_SendByte(REG_Address);              //内部寄存器地址
    BH1750_Stop();                             //发送停止信号
}
/*连续读出 BH1750 内部数据*/
void Multiple_Read_BH1750(void)
{
u8 i;
    BH1750_Start();                            //起始信号
    BH1750_SendByte(SlaveAddress+1);           //发送设备地址+读信号
    for (i=0; i<3; i++)                        //连续读取 2 个地址数据，存储于 BUF 中
    {
        BUF[i] = BH1750_RecvByte();            //BUF[0]存储 0x32 地址中的数据
        if (i == 3)
        {
            BH1750_SendACK(1);                 //最后一个数据需要回应 NOACK
        }
        else
        {
            BH1750_SendACK(0);                 //回应 ACK
        }
    }
    BH1750_Stop();                             //停止信号
    delay_ms(150);
}
/*初始化 BH1750*/
```

```
void BH1750_Init()
{
    Single_Write_BH1750(0x01);
    ADDR = 0;                                   //将 ADDR 位初始化拉低
}
/*读取光强度值*/
unsigned int Dispose()
{
    static float temp;
    unsigned int data;
    int dis_data ;
    Single_Write_BH1750(0x01);                  //开电源
    Single_Write_BH1750(0x10);                  //H-分辨率模式
    delay_ms(200);                              //延时 200ms
    Multiple_Read_BH1750();                     //连续读出数据，存储在 BUF 中
    dis_data=BUF[0];
    dis_data=(dis_data<<8)+BUF[1];              //合成数据，即光强度数据
    temp=(float)dis_data/1.2;
    data=(int)temp;
    return data;                                //返回光强度值
}
```

4. 红外发射智能路灯的光挡程序设计

前面定义的红外发射控制数组有光挡加 1、光挡加 2 和光挡加 3，智能路灯光挡控制函数 Light_Gear()的代码如下：

```
void Light_Gear(u8 temp)          //temp=1：光挡加 1，=2：光挡加 2，=3：光挡加 3
{
    if(temp==1)
    {
        Transmition(H_1,4);       //H_1 是光挡加 1 的红外发射控制数组，4 个字节
    }
    else if(temp==2)
    {
        Transmition(H_2,4);       //H_2 是光挡加 2 的红外发射控制数组，4 个字节
    }
    else if(temp==3)
    {
        Transmition(H_3,4);       //H_3 是光挡加 3 的红外发射控制数组，4 个字节
    }
    delay_ms(1000);
}
```

其中，光挡加 1、光挡加 2 和光挡加 3 的红外发射控制数组是在主文件中定义的，代码如下：

```
u8 H_1[4]={0x00,0xFF,0x0C,~(0x0C)};             //光源挡位加 1
u8 H_2[4]={0x00,0xFF,0x18,~(0x18)};             //光源挡位加 2
```

```
u8 H_3[4]={0x00,0xFF,0x5E,~(0x5E)};              //光源挡位加 3
```

5. 智能路灯的光挡控制程序设计

根据数字型光强度传感器 BH1750FVI 获得的光强度值来设置智能路灯的光挡位。智能路灯的光挡控制函数 Light_Control()的代码如下：

```
void Light_Control(u8 a)          //参数 a 是要求设置的挡位
{
    int i,j,b=0;                  //初始值
    int gq[4];
    u8 c;                         //排序变量
    u8 d;                         //初始挡位
    for(i=0;i<4;i++) //从当前挡位开始获得 4 个光挡位的光强度值
    {
        gq[i]=Dispose();          //读取 4 个光挡的光强度值存放在 gq[0]~gq[3]中
        delay_ms(1500);           //延迟 1.5s 等待采集
        Light_Gear(1);            //红外发射智能路灯的另外 3 个光挡，每次加 1 挡
        delay_ms(100);            //延迟 100ms 等待光源稳定
    }
    b=gq[0];                      //保存当前光强度值
    /*对 gq[0]~gq[3]进行排序，从小到大排序，即 gq[0]最小*/
    for(i=0;i<3;i++)
    {
        for(j=0;j<(3-i);j++)
        {
            if(gq[j]>gq[j+1])
            {
                c=gq[j+1];
                gq[j+1]=gq[j];
                gq[j]=c;
            }
        }
    }
    delay_ms(10);
    //判断当前光强度处于哪个挡位，获得当前的挡位
    if(b==gq[0])  d=1;
    if(b==gq[1])  d=2;
    if(b==gq[2])  d=3;
    if(b==gq[3])  d=4;
    Light_Gear((a+4-d)%4);        //(a+4-d)%4：计算当前的挡位与指定的挡位差几个挡位
}
```

例如：指定智能路灯挡位值是 2 挡，其代码如下：

```
Light_Control(2);                 //光档调节到 2 挡
```

说明：若智能路灯当前的挡位值是 3，根据公式(a+4−d)%4（其中 a=2，d=3）计算，应加 3 挡；代码中只有光挡加 1、光挡加 2 和光挡加 3 的红外发射控制数组。而光挡有光挡 1、光挡

2、光挡 3 和光挡 4，若超过光挡 4，就从光挡 1 开始。

8.3.5　超声波测距设计

本小节利用超声波传感器，测量嵌入式智能车与障碍物之间的距离，完成嵌入式智能车避障功能的设计。

1. 超声波测距原理

超声波测距是通过超声波发射装置发出超声波与接收器接收到超声波的时间差来获得距离。

超声波发射器向某一方向发射超声波，在发射的同时开始计时，超声波在空气中传播，途中碰到障碍物就立即返回，超声波接收器收到反射波则立即停止计时。超声波在空气中的传播速度为 V，计时器记录并计算发射和接收回波的时间差Δt，这样就可以计算出发射点到障碍物的距离 S，计算公式如下：

$$S = V \cdot \Delta t / 2$$

由于超声波也是一种声波，其速度 V与温度有关。声速与温度的关系如表 8-14 所示。

表 8-14　声速与温度关系表

温度（° C）	−30	−20	−10	0	10	20	30	100
声速（m/s）	313	319	325	332	338	344	349	386

表 8-14 列出了几种不同温度下的声速。常温下超声波的传播速度是 334m/s，如果温度变化不大，则可以认为声速是基本不变的。

超声波的传播速度 V易受空气中温度、湿度、压强等因素的影响，其中受温度的影响较大。温度每升高 1° C，声速就增加约 0.6m/s。如果测距精度要求很高，则应通过温度补偿的方法加以校正。已知现场环境温度 T，超声波传播速度 V的计算公式为：

$$V = 331.45 + 0.607 * T$$

声速确定后，再测得超声波往返的时间，即可求得距离。这就是超声波测距的原理。

2. 编写 csb.h 头文件

在嵌入式智能车的超声波测距电路中，PE0 引脚是超声波发送使能引脚、PB9 引脚是超声波中断输入引脚。超声波的 csb.h 头文件代码如下：

```
#ifndef __CSB_H
#define __CSB_H
#include "sys.h"
#define CSB_TX PEout(0)                    //PE0 引脚发送超声波
#define INT0 PBin(9)                       //定义超声波中断输入引脚
#define SPEED PBin(10)                     //定义码盘信号输入引脚
extern u16 dis;                            //返回超声波所测得距离
void EXTI9_5_IRQHandler(void);             //外部中断服务程序
void EXTIX_Init(void);                     //外部中断初始化程序
void Timer3_Init(u16 arr,u16 psc);         //通用定时器中断初始化
void TIM3_IRQHandler(void);                //定时 3 中断服务程序
void tran(void);                           //发送超声波函数
#endif
```

3. 编写 csb.c 文件

超声波的 csb.c 文件代码如下：

```
#include <stm32f10x.h>
#include "sys.h"
#include "delay.h"
#include "csb.h"
u32 status=0;                             //计数值
u8 tx=0;
float  real_time;                         //读回值
u16 dis;                                  //距离计算值
/*计算超声波所测得距离*/
void CSB_Calculation()
{
    real_time = status;
    //计算距离。S=Vt/2，减 20 是误差补偿
    real_time=(float)real_time*1.72-20;
    dis=(u16)real_time;                   //返回超声波所测得距离
}
/*外部中断 9-5 服务程序，使用了中断 9*/
void EXTI9_5_IRQHandler(void)
{
    if(INT0==0)
    {
        TIM3->CR1&=~(0x01);               //关定时器 3
        CSB_Calculation();                //计算超声波所测得距离
    }
    EXTI->PR=1<<9;                        //清除 LINE9 上的中断标志位
}
/*外部中断 15-10 服务程序，使用了中断 10*/
void EXTI15_10_IRQHandler(void)
{
if(SPEED==0)
    {
        if(tx>5)
        {
            tx=0;
            CodedDisk++;
            MP++;                         //码盘值加 1 计数
        }
        else tx++;
    }
    EXTI->PR=1<<10;                       //清除 LINE10 上的中断标志位
}
/*外部中断初始化*/
```

```
void EXTIX_Init(void)
{
    GPIOB->CRH&=0XFFFFF00F;                          //PB9/PB10 设置成输入
    GPIOB->CRH|=0X00000880;
    GPIOB->ODR|=3<<9;
    GPIOE->CRL&=0XFFFFFFF0;                          //PE0 设置成输出
    GPIOE->CRL|=0X00000003;
    GPIOE->ODR|=1<<0;                                //PE0 上拉
    Ex_NVIC_Config(GPIO_B,9,FTIR);                   //下降沿触发
    Ex_NVIC_Config(GPIO_B,10,FTIR);                  //下降沿触发
    MY_NVIC_Init(2,2,EXTI9_5_IRQChannel,2);         //抢占 2，子优先级 2，组 2
    MY_NVIC_Init(2,3,EXTI15_10_IRQChannel,2);       //抢占 2，子优先级 3，组 2
}
/*定时器 3 中断服务函数，定时的时间是 10us*/
void TIM3_IRQHandler(void)
{
    if(TIM3->SR&0X0001)            //溢出中断
    {
        status++;                  //计数值加 1，每次加 1 是 10us
    }
TIM3->SR&=~(1<<0);                 //清除中断标志位
}
/*定时器 3 中断初始化。arr：自动重装值，psc：时钟预分频数*/
void Timer3_Init(u16 arr,u16 psc)
{
    RCC->APB1ENR|=1<<1;            //TIM3 时钟使能
    TIM3->ARR=arr;                 //设定计数器自动重装值，刚好为 1ms
    TIM3->PSC=psc;                 //预分频器 7200，得到 10kHz 的计数时钟
    TIM3->DIER|=1<<0;              //允许更新中断
    TIM3->DIER|=1<<6;              //允许触发中断
    MY_NVIC_Init(1,3,TIM3_IRQChannel,3);     //抢占 1，子优先级 3，组 3
}
/*超声波发生函数*/
void CSB_Send(void)
{
    CSB_TX = 1;                    //CSB_TX（PE0）发送超声波引脚
    delay_us(3);
    CSB_TX = 0;
    TIM3->CR1|=0x01;               //使能定时器 3
    TIM3->SR&=~(1<<0);             //清除中断标志位
    status  = 0;                   //定时器清零
    delay_ms(30) ;                 //等待一段时间，等待发送超声波控制信号
    CSB_TX = 1;
    delay_ms(5);
}
```

4．编写超声波测量距离的显示函数

控制 LED 显示标志物显示超声波测量距离的函数 CSB_Display()的代码如下：

```
void CSB_Display(void)
{
    delay_ms(100);
    CSB_Send();          //超声波测距函数，此函数在后面介绍，距离返回值是 dis
    U2SendChar(0x55);
    U2SendChar(0x04);    //数据包头（0x55 和 0x04），其中 0x04 是指 LED 显示标志物
    U2SendChar(0x04);    //第 3 个字节主指令 0x04：LED 显示标志物的第 2 排显示距离
    U2SendChar(0x00);    //第 4 个字节默认为 0
    U2SendChar(dis/100);     //第 5 个字节发送距离的百位数
    U2SendChar(dis%100);     //第 6 个字节发送距离的十位和个位数
    U2SendChar((0x04+0x00+dis/100+dis%100)%255);
    U2SendChar(0xbb);
    delay_ms(1500);
}
```

说明：超声波测距函数 CSB_Send()的距离返回值是 dis，距离单位是 cm，距离显示格式为十进制，距离值不超过 3 位数。

8.3.6 双色灯控制程序设计

双色灯控制电路是通过 8 位串行输入并行输出的 74HC595 芯片来控制双色灯的。

1．编写 74hc595.h 头文件

74HC595 芯片的 OE、RCLK、SCLK 和 SER 引脚分别接在 PC0、PC1、PC2 和 PC3 引脚上。74hc595.h 头文件的代码如下：

```
#ifndef __74HC595_H
#define __74HC595_H
#include "sys.h"
/*74HC595 控制引脚定义*/
#define OE   PCout(0)                //PC0 输出
#define RCLK PCout(1)                //PC1 输出
#define SCLK PCout(2)                //PC2 输出
#define SER  PCout(3)                //PC3 输出
extern void HC595_Init(void);        //74HC595 芯片初始化
extern void Write_595(u8 Data);
#endif
```

2．编写 74hc595.c 文件

74hc595.c 文件的代码如下：

```
#include <stm32f10x.h>
#include "delay.h"
#include "74hc595.h"
/*74HC595 端口初始化*/
void HC595_Init()
```

```
{
    GPIOC->CRL&=0XFFFF0000;
    GPIOC->CRL|=0X00003333;          //PC0/PC1/PC2/PC3 推挽输出
    GPIOC->ODR|=0X0000;              //PC0/PC1/PC2/PC3 输出低
    OE=0;
    SER=0;
    SCLK=0;
    RCLK=0;
}
/*向 74HC595 写入数据，Data：被写入的数据*/
void Write_595(u8 Data)
{
    u8 i,Data_Bit;
    SCLK = 0;
    RCLK = 0;
    for(i=0;i<8;i++)
    {
        Data_Bit = Data&0x80;
        if(Data_Bit)                 //输出 1bit 数据
        {
            SER=1;                   //将 74HC595 串行数据输入引脚设置为高电平
        }
        else
        {
            SER=0;                   //将 74HC595 串行数据输入引脚设置为低电平
        }
        SCLK = 0;
        delay_us(10);
        SCLK = 1;
        delay_us(10);
        Data <<= 1;
    }
    RCLK = 1;
}
```

Write_595(u8 Data)函数的 Data 参数说明：

Data=0x55，说明双色灯全亮红灯，Data=0xAA，说明双色灯全亮绿灯，Data=0x66 或 Data=0x99，说明双色灯红绿间隔闪烁。

【技能训练 8-2】嵌入式智能车标志物控制

在全国技能大赛“嵌入式应用技术与开发”赛项的竞赛地图上，利用竞赛平台（嵌入式智能车）的 ZigBee 和红外等无线数据传输的控制功能，完成嵌入式智能车对标志物的控制任务。嵌入式智能车任务流程表如表 8-15 所示。

表 8-15 嵌入式智能车任务流程表

序号	任务要求	说 明
1	嵌入式智能车在出发点 F1 位置（车库），打开计时器，开始计时	转弯时，对应的转向灯需要点亮
2	打开 G4 位置的道闸	
3	行驶到 F6 位置，打开 G6 位置的烽火台警示系统	
4	行驶到 D6 位置，对 D7 位置的障碍标志物进行超声波测距	
5	将距离发送到 LED 标志物第二行	
6	行驶到 B4 位置，控制 A4 位置的智能路灯亮度挡位为 4 挡	
7	进入 D1 位置（车库）	
8	蜂鸣器响 5 秒，计时停止	

1. 嵌入式智能车标志物控制任务实现分析

根据嵌入式智能车标志物控制任务要求来看，任务不仅涉及标志物控制，还涉及巡航控制。任务实现分析如表 8-16 所示。

表 8-16 嵌入式智能车任务实现分析表

实现步骤	任务要求
1	在 F1 位置，出发前，打开计时器，开始计时
2	行驶到 F2 位置
3	打开 G4 位置的道闸
4	行驶到 F6 位置，左转 90°
5	打开 G6 位置的烽火台警示系统
6	调头：左转 90 度两次或右转 90° 两次
7	行驶到 D6 位置，左转 90°
8	对 D7 位置的障碍标志物进行超声波测距
9	将距离发送到 LED 标志物第二行显示
10	右转 90°
11	行驶到 B6 位置，右转 90°
12	行驶到 B4 位置，左转 90°
13	控制 A4 位置的智能路灯亮度挡位为 4 挡
14	右转 90°
15	行驶到 B2 位置，右转 90°
16	行驶到 D2 位置，左转 90°
17	进入 D1 位置（车库）
18	蜂鸣器响 3 秒，计时停止

2. 嵌入式智能车标志物控制程序设计

前面对嵌入式智能车标志物控制的任务实现进行了分析，下面只给出完成任务的控制代码，详细的代码见本书资源库。代码如下：

```
void SmartCar_Task(void)
{
```

```
    LED_Time_Open();                      //打开计时器，开始计时
    SmartCar_Track();                     //起点是 F1，循迹到 F2 十字路口
    SmartCar_Go(130);                     //过黑色横线，黑色横线处于车的中间位置
    Gate_Open();                          //打开 G4 位置的道闸
    SmartCar_Track();                     //循迹到 F6 十字路口
    SmartCar_Go(130);
    LED_L=0;                              //开左转向灯
    SmartCar_Left();                      //左转 90 度
    LED_L=1;                              //关左转向灯
    Alarm_Open();                         //打开 G6 位置的烽火台警示系统
    SmartCar_Left(); SmartCar_Left();     //调头
    SmartCar_Track();                     //循迹到 D6 十字路口
    SmartCar_Go(130);
    LED_L=0; SmartCar_Left(); LED_L=1;    //左转 90 度开左转向灯
    CSB_Send();                           //对 D7 位置的障碍标志物进行超声波测距
    CSB_Display();                        //将距离发送到 LED 标志物第二行显示
    LED_R=0;                              //开右转向灯
    SmartCar_Right();                     //右转 90 度
    LED_R=1;                              //关右转向灯
    SmartCar_Track();                     //循迹到 B6 十字路口
    SmartCar_Go(130);
    LED_R=0; SmartCar_Right();  LED_R=1;     //右转 90 度开右转向灯
    SmartCar_Track();                        //循迹到 B4 十字路口
    SmartCar_Go(130);
    LED_L=0; SmartCar_Left(); LED_L=1;
    Light_Control(4);                     //控制 A4 位置的智能路灯亮度挡位为 4 挡
    LED_R=0; SmartCar_Right();  LED_R=1;
    SmartCar_Track();                     //循迹到 B2 十字路口
    SmartCar_Go(130);
    LED_R=0; SmartCar_Right();  LED_R=1;
    SmartCar_Track();                     //循迹到 D2 十字路口
    SmartCar_Go(130);
    LED_L=0; SmartCar_Left(); LED_L=1;
    SmartCar_Track();                     //循迹到 D1 横线
    SmartCar_Go(130);                     //进入车库
    BEEP=0;                               //蜂鸣器响
    delay_ms(1500);                       //延时 3 秒
    delay_ms(1500);
    BEEP=1;                               //蜂鸣器响停止
    LED_Time_Close();                     //计时停止
    while(1);                             //任务完成结束
}
```

说明：任务板上的左右转向灯 LED_L 和 LED_R 分别由 PC15 和 PC14 引脚控制，任务板上的蜂鸣器由 PC13 引脚控制，核心板上的蜂鸣器由 PD12 引脚控制。

8.4 任务 19 嵌入式智能车综合控制设计

在全国职业技能大赛“嵌入式应用技术与开发”赛项的竞赛地图上，通过竞赛平台（嵌入式智能车）完成嵌入式智能车在竞赛地图上行驶的任务，以及对标志物进行控制的任务。

标志物摆放位置如表 8-17 所示。

表 8-17 标志物摆放位置表

序 号	设备名称	摆放位置
01	LED 显示标志物	A4
02	道闸标志物	G6
03	语音播报标志物	A5
04	智能路灯标志物	B7
05	静态标志物	D1
06	LCD 动态显示标志物	B1
07	立体显示标志物	C3
08	烽火台报警系统标志物	G4
09	隧道标志物	E4
10	嵌入式智能车车库	F7
11	运输车车库	D7

嵌入式智能车任务流程如表 8-18 所示。

表 8-18 嵌入式智能车任务流程表

序号	任务要求	说 明
1	嵌入式智能车在出发点 F7 位置（车库），通过 ZigBee 向 LED 显示标志物发送计时指令，并语音播报	（1）嵌入式智能车启动，通过核心板按键完成。（2）转弯时，对应的转向灯需要点亮。（3）小车停止时双色灯为红色。（4）运输车在执行任务期间，嵌入式智能车的双向灯一直闪烁
2	打开 G6 位置的道闸，并语音播报	
3	出库行驶到 B6 位置，通过红外控制 B7 位置的智能路灯标志物，将其光照强度挡位打开到 2 挡	
4	行驶到 B2 位置，通过红外控制 B1 位置的 LCD 动态显示标志物上翻图片	
5	行驶到 D2 位置，对 D1 位置的静态标志物进行超声波测距	
6	将距离发送到 LED 标志物第二行，并语音播报	
7	通过红外发送车牌号信息 BJ2089F4 到 C3 位置的立体显示标志物	
8	行驶到 D4 位置，通过红外打开 E4 位置的隧道标志物的隧道风扇	
9	行驶到 F4 位置，打开 G4 位置的烽火台警示系统	
10	嵌入式智能车通过 ZigBee 控制运输车从 D7 位置的车库出发，完成任务后再回到 D7 位置的车库。运输车的行驶路线和任务省略	

续表

序号	任务要求	说　明
11	运输车任务完成后，嵌入式智能车从 F4 位置回到 F7 位置（车库）	
12	通过 ZigBee 向 LED 显示标志物发送停止计时指令，并语音播报	

8.4.1　语音播报标志物控制设计

LED 显示标志物的功能是显示计时的时间和超声波测量的距离。通过嵌入式智能车与 LED 显示标志物之间的通信协议远程控制 LED 显示标志物显示计时的时间和超声波测量的距离。

1. 语音播报标志物控制指令结构

所有语音控制命令都需要用“帧”的方式封装之后传输。

（1）数据帧结构

语音播报标志物的数据帧结构如表 8-19 所示。

表 8-19　语音播报标志物的数据帧结构

帧　头	数据区长度	数 据 区
0xFD	0xXX，0xXX	data

数据帧结构由帧头标志、数据区长度和数据区 3 部分组成。为保证无线通信质量，规定每帧数据长度不超过 200 字节（包含帧头、数据区长度、数据）。

（2）状态查询命令数据帧

语音播报标志物的状态查询命令数据帧如表 8-20 所示。

表 8-20　语音播报标志物的状态查询命令数据帧

帧　头	数据区长度		数 据 区
0xFD	高字节	低字节	命令字
	0x00	0x01	0x21

通过该命令可以获取相应参数来判断 TTS 语音芯片是否处于合成状态。返回的参数是 0x4E，表示芯片仍在合成中；返回的参数是 0x4F，表示芯片处于空闲状态。

（3）语音合成命令数据帧

语音播报标志物的语音合成命令数据帧如表 8-21 所示。

表 8-21　语音播报标志物的语音合成命令数据帧

帧头	数据区长度		数据区		
0xFD	高字节	低字节	命令字	文本编码格式	待合成文本
	0xHH	0xLL	0x01	0x00～0x03	……

其中，命令字 0x01 是带文本编码设置的文本播放命令，如表 8-22 所示。

表 8-22　语音合成命令数据帧的文本编码格式说明

文本编码格式		
1Byte 表示文本的编码格式，取值为 0～3	取值参数	文本编码格式
	0x00	GB2312

续表

文本编码格式		
1Byte 表示文本的编码格式，取值为 0~3	0x01	GBK
	0x02	BIG5
	0x03	Unicode

说明：当语音芯片正在合成文本时，又接收到一帧有效的合成命令帧，芯片就会立即停止当前正在合成的文本，转去合成新收到的文本。

（4）停止合成语音命令数据帧

语音播报标志物的停止合成语音命令数据帧如表 8-23 所示。

表 8-23　语音播报标志物的停止合成语音命令数据帧

帧　头	数据区长度		数 据 区
0xFD	高字节	低字节	命令字
	0x00	0x01	0x02

其中，命令字 0x02 是停止合成语音命令。

（5）暂停合成语音命令数据帧

语音播报标志物的暂停合成语音命令数据帧如表 8-24 所示。

表 8-24　语音播报标志物的暂停合成语音命令数据帧

帧　头	数据区长度		数 据 区
0xFD	高字节	低字节	命令字
	0x00	0x01	0x03

其中，命令字 0x03 是暂停合成语音命令。

（6）恢复合成语音命令数据帧

语音播报标志物的恢复合成语音命令数据帧如表 8-25 所示。

表 8-25　语音播报标志物的恢复合成语音命令数据帧

帧　头	数据区长度		数 据 区
0xFD	高字节	低字节	命令字
	0x00	0x01	0x04

其中，命令字 0x04 是恢复合成语音命令。

（7）状态回传

语音芯片状态回传的返回状态值如表 8-26 所示。

表 8-26　语音播报标志物的状态回传

回传数据类型	回传数据	触发条件
初始化成功	0x4A	芯片初始化成功
收到正确命令帧	0x41	收到正确的命令帧
收到错误命令帧	0x45	收到错误的命令帧

续表

回传数据类型	回传数据	触发条件
芯片忙碌	0x4E	收到“状态查询命令”，芯片处于合成文本状态，回传 0x4E
芯片空闲	0x4F	当一帧数据合成完以后，芯片进入空闲状态，回传 0x4F； 收到“状态查询命令”，芯片处于空闲状态，回传 0x4F

语音芯片在上电时，会进行初始化。初始化成功，会向上位机发送一个字节的“初始化成功”回传；初始化不成功，则不发送回传。

在收到一个命令帧后，芯片会判断此命令帧是否正确。命令帧正确，返回“收到正确命令帧”回传；命令帧错误，返回“收到错误命令帧”回传。

在收到状态查询命令时，如果芯片正处于合成状态，返回“芯片忙碌”回传；如果芯片处于空闲状态，返回“芯片空闲”回传。

在一帧数据合成完毕后，芯片会自动返回一次“芯片空闲”的回传。

2. 语音播报程序设计

通过对语音播报标志物的语音合成命令数据帧（见表 8-19）的分析，向语音播报标志物发送语音播报内容的程序主要包括帧头、数据长度（高 8 位和低 8 位）、命令字、命令格式以及语音播报的内容。发送语音播报内容的函数 Voice_send()的代码如下：

```
void  Voice_send(u8 send[])
{
    int i;
    u16 size1=strlen(send);                    //计算语音播报内容的数据长度
    U2SendChar(0xfd);                          //帧头
    U2SendChar((size1+2)/256);                 //数据长度高 8 位
    U2SendChar((size1+2)%256);                 //数据长度低 8 位
    U2SendChar(0x01);                          //命令字
    U2SendChar(0x01);                          //命令格式
    for(i=0;i<size1;i++)                       //语音播报的内容
    {
        U2SendChar(send[i]);
    }
    flag1=0;
}
```

3. 语音播报超声波测距程序设计

首先把超声波测量的距离值转换为字符串，然后再与“超声波距离”进行合并，最后通过 ZigBee 发送给语音播报标志物。语音播报超声波测距函数 Voice_Send_Dis()的代码如下：

```
void  Voice_Send_Dis(void)
{
    u8 bobao[]={"超声波距离为"};
    u8 jlzf[]={""};
    sprintf(jlzf, "%d", dis);          //用 sprintf 函数把距离转换成字符串,送到 jlzf
    strcat(bobao,jlzf);                //jlzf 与 bobao 连接，保存在 bobao 里面
    Voice_send(bobao);
}
```

8.4.2 嵌入式智能车控制运输车标志物设计

在本任务的嵌入式智能车综合控制设计中，只要知道嵌入式智能车如何向运输车标志物发送控制命令就可以了。至于运输车标志物如何完成任务，跟嵌入式智能车完成任务的代码基本一样，可以参考嵌入式智能车的代码。本书中就不给出运输车标志物的代码了。

1. 嵌入式智能车向运输车发送命令的数据结构

嵌入式智能车向运输车发送命令的数据结构跟项目六的表 6-6 一样，如表 8-27 所示。

表 8-27 嵌入式智能车向运输车发送命令的数据结构

0x55	0x02	0xXX	0xXX	0xXX	0xXX	0xXX	0xBB
包头		主指令	副指令			校验和	包尾

表 8-27 中的主指令和副指令，分别见项目六的表 6-2 和表 6-3。

2. 嵌入式智能车控制运输车标志物程序设计

嵌入式智能车是通过 ZigBee 向运输车标志物发送控制命令的。我们可以在表 6-2 和表 6-3 里面增加一组主指令和副指令来控制运输车标志物开始执行任务。如，主指令为 0x99，副指令都为 0x00。控制运输车标志物开始执行任务的控制函数 TransportCar_Start()的代码如下：

```
void TransportCar_Start(void)
{
    U2SendChar(0x55);
    U2SendChar(0x02);              //发送给运输车标志物
    U2SendChar(0x99);              //主指令为 0x99，控制运输车标志物开始执行任务
    U2SendChar(0x00);              //以下 3 个副指令都为 0x00
    U2SendChar(0x00);
    U2SendChar(0x00);
    U2SendChar((0x99+0x00+0x00+0x00)%255);       //校验和
    U2SendChar(0xbb);
    delay_ms(500);
}
```

运输车标志物通过 ZigBee 接收到嵌入式智能车发来的开始执行任务控制命令后，运输车标志物就开始执行任务代码。

3. 查询运输车标志物返回运行状态程序设计

在嵌入式智能车的通信协议的运行状态表中，增加一个运行状态 0x90，表示运输车标志物完成任务。嵌入式智能车和运输车标志物的运行状态如表 8-28 所示。

表 8-28 运行状态表

运行状态	状态说明
0x00	循迹状态
0x01	十字路口状态
0x02	转弯完成
0x03	前进、后退完成

续表

运行状态	状态说明
0x04	出循迹线
0x05	道闸打开
0x4A	*语音芯片上电初始化成功后，芯片自动发送回传
0x41	*语音芯片收到正确的命令帧
0x45	*语音芯片收到错误的命令帧
0x4E	*语音芯片处于正在合成状态，收到状态查询命令帧
0x4F	*语音芯片处于空闲状态，收到状态查询命令帧； 一帧数据合成结束，芯片处于空闲状态
0x90	运输车标志物完成任务

其中，带*号的运行状态，没有运输车标志物。

运输车标志物在完成任务后，向嵌入式智能车返回一个运行状态 0x90。结合项目六的嵌入式智能车向智能移动终端上传的数据结构（见表 6-5），查询运输车标志物返回运行状态函数 TransportCar_Status()的代码如下：

```
u8 TransportCar_Status(void)
{
    if(USART2_RX_BUF[1]==0x02)
    {
        if(USART2_RX_BUF[2]==0x90)
        {
            return 1;          //返回 1，表示运输车标志物完成任务
        }
        else
        {
            return 0;          //返回 1，表示运输车标志物没有完成任务
        }
    }
}
```

8.4.3　编写嵌入式智能车的任务文件

嵌入式智能车的任务文件主要包括完成嵌入式智能车的基本任务（如嵌入式智能车前进、后退、打开道闸等）的函数和完成以上基本任务的嵌入式智能车综合控制函数。

1. 嵌入式智能车综合控制程序设计

在本任务的嵌入式智能车综合控制任务中，根据标志物摆放位置和嵌入式智能车任务流程，列出任务实现分析，如表 8-29 所示。

表 8-29　嵌入式智能车任务实现分析表

实现步骤	任务要求
1	在 F7 位置，出发前，打开计时器开始计时，并语音播报

续表

实现步骤	任务要求
2	打开 G6 位置的道闸，并语音播报
3	出库行驶到 F6 位置，左转 90°，左转的转向灯点亮
4	行驶到 B6 位置，左转 90°，左转的转向灯点亮
5	控制 B7 位置的智能路灯标志物将光照强度挡位打开到 2 挡
6	调头：左转 90° 两次或右转 90° 两次
7	行驶到 B2 位置
8	控制 B1 位置的 LCD 动态显示标志物上翻图片
9	右转 90°，右转的转向灯点亮
10	行驶到 D2 位置，左转 90°，左转的转向灯点亮
11	对 D1 位置的静态标志物进行超声波测距
12	将距离发送到 LED 标志物第二行显示，并语音播报距离
13	左转 90°，左转的转向灯点亮
14	左转 45°，左转的转向灯点亮
15	将车牌号信息 BJ2089F4 发送到 C3 位置的立体显示标志物
16	左转 45°，左转的转向灯点亮
17	行驶到 D4 位置，左转 90°，左转的转向灯点亮
18	打开 E4 位置的隧道标志物的隧道风扇
19	行驶到 F4 位置，打开 G4 位置的烽火台警示系统
20	停止等待运输车标志物完成任务期间，双向灯一直闪烁
21	控制运输车标志物开始执行任务
22	查询运输车标志物完成任务的运行状态
23	运输车标志物完成任务后，双向灯熄灭
24	右转 90°，右转的转向灯点亮
25	嵌入式智能车从 F4 位置回到 F7 位置（车库）
26	向 LED 显示标志物发送停止计时指令，并语音播报
27	双色灯为红色，嵌入式智能车任务完成

通过对嵌入式智能车综合控制的任务实现分析，得到嵌入式智能车综合控制的函数 SmartCar_Task()的代码如下：

```
void SmartCar_Task(void)
{
    LED_Time_Open();                        //打开计时器，开始计时
    Voice_send("计时开始");                 //语音播报：计时开始
    delay_ms(1200);
    Gate_Open();                            //打开 G6 位置的道闸
    delay_ms(1200);
    Voice_send("道闸打开");                 //语音播报：道闸打开
    delay_ms(1200);
```

```
SmartCar_Track();                          //起点是 F7，循迹到 F6 十字路口
SmartCar_Go(100);                          //过黑色横线，黑色横线处于车的中间位置
LED_L=0; SmartCar_Left(); LED_L=1; //左转 90 度，开左转方向灯
SmartCar_Track();   SmartCar_Go(100);         //循迹到 D6 十字路口
SmartCar_Track();   SmartCar_Go(100);         //循迹到 B6 十字路口
LED_L=0; SmartCar_Left(); LED_L=1;
Light_Control(2);                          //控制 B7 位置的智能路灯亮度挡位为 2 挡
delay_ms(1500);
SmartCar_Left(); SmartCar_Left();  //调头
SmartCar_Track();   SmartCar_Go(100);         //循迹到 B4 十字路口
SmartCar_Track();   SmartCar_Go(100);         //循迹到 B2 十字路口
LCD_Upturn();                              //控制 B1 位置 LCD 动态显示标志物上翻图片
LED_R=0; SmartCar_Right();  LED_R=1;          //右转 90 度,开右转方向灯
SmartCar_Track();   SmartCar_Go(100);         //循迹到 D2 十字路口
LED_L=0; SmartCar_Left(); LED_L=1;
CSB_Send();                                //对 D1 位置的静态标志物进行超声波测距
delay_ms(1500);
CSB_Display();                             //将距离发送到 LED 标志物第 2 行显示
Voice_Send_Dis();                          //语音播报：超声波距离为 XXX
LED_L=0;
SmartCar_Left();                           //左转 90 度
SmartCar_Left45();                         //左转 45 度
LED_L=1;
Stereo_Display("BJ2089F4");                //立体旋转显示标志物显示 BJ2089F4
delay_ms(1500);
LED_L=0; SmartCar_Left45 (); LED_L=1;
delay_ms(1500);
SmartCar_Track();
SmartCar_Go(100);                               //循迹到 D4 十字路口
LED_L=0; SmartCar_Left(); LED_L=1;
TunnelFan_Open();                               //打开 E4 位置的隧道风扇
SmartCar_Track();   SmartCar_Go(100);    //循迹到 F4 十字路口
Alarm_Open();                              //打开 G4 位置的烽火台警示系统
LED_L=0; LED_R=0;                          //双向灯闪烁，等待运输车标志物完成任务
TransportCar_Start();                      //控制运输车标志物开始执行任务
//while(TransportCar_Status()==0); //等待运输车标志物完成任务
LED_L=1; LED_R=1;                          //双向灯熄灭
LED_R=0; SmartCar_Right();  LED_R=1;
Gate_Open();                               //打开 G6 位置的道闸
delay_ms(1200);
SmartCar_Track();   SmartCar_Go(100);    //循迹到 F6 十字路口
SmartCar_Track();   SmartCar_Go(100);    //循迹到 F7 横线，入库
LED_Time_Close();                               //停止计时
delay_ms(1500);
```

```
    Voice_send("任务完成");                    //语音播报：任务完成
    Write_595(0x55);                          //双色灯全亮红灯
    while(1);                                 //任务完成
}
```

在完成本任务的过程中，一定要按照嵌入式智能车综合控制的任务要求，认真分析、规划出任务实现的流程。

2. 编写 SmartCarTask.h 头文件

SmartCarTask.h 头文件的代码如下：

```
#ifndef _SMARTCARTASK_H
#define _SMARTCARTASK_H
extern void SmartCar_Task(void);
#endif
```

3. 编写 SmartCarTask.c 文件

SmartCarTask.c 文件主要包括前面介绍的完成嵌入式智能车基本任务的函数以及完成本任务的嵌入式智能车综合控制函数，代码如下：

```
#include <stm32f10x.h>    //头文件包含
#include "sys.h"
#include "usart.h"
#include "delay.h"
#include "init.h"
#include "led.h"
#include "main.h"
#include "motorDrive.h"
#include "key.h"
#include "Track.h"
#include "csb.h"
#include "Infrared.h"
#include "74hc595.h"
#include "bh1750.h"
#include "SmartCarTask.h"
u8 H_S[4]={0x80,0x7F,0x05,~(0x05)};      //照片上翻
u8 H_X[4]={0x80,0x7F,0x1B,~(0x1B)};      //照片下翻
u8 H_1[4]={0x00,0xFF,0x0C,~(0x0C)};      //光源挡位加 1
u8 H_2[4]={0x00,0xFF,0x18,~(0x18)};      //光源挡位加 2
u8 H_3[4]={0x00,0xFF,0x5E,~(0x5E)};      //光源挡位加 3
u8 H_SD[6]= {0x67,0x34,0x78,0xA2,0xFD,0x27};   //隧道风扇系统打开
u8 HW_K[6]={0x03,0x05,0x14,0x45,0xDE,0x92};    //报警器打开
u8 HW_G[6]={0x37,0x89,0x5a,0xbc,0x00,0x01};    //报警器关闭
/*嵌入式智能车前进控制函数*/
void  SmartCar_Go(u16 newMP)    //参数为预设码盘值。newMP=37：距离大约为 5cm
{
    ……                          //嵌入式智能车前进控制代码
}
```

```
/*嵌入式智能车后退控制函数*/
void  SmartCar_Back(u16 huoMP)
{
    ……                              //嵌入式智能车后退控制代码
}
/*嵌入式智能车左转控制函数*/
void  SmartCar_Left(void)
{
    ……                              //嵌入式智能车左转控制代码
}
/*嵌入式智能车右转控制函数*/
void  SmartCar_Right(void)
{
    ……                              //嵌入式智能车右转控制代码
}
/*嵌入式智能车左转 45 度控制函数*/
void  SmartCar_Left45(void)
{
    delay_ms(300);
    MP=0;
        while(MP<130)          //参数 130 可以修改
        {
            Motor_Control(-Car_Spend,Car_Spend);
        }
        Stop();
    delay_ms(300);
}
/*嵌入式智能车右转 45 度控制函数*/
void  SmartCar_Right45(void)
{
    delay_ms(300);
    MP=0;
        while(MP<130)          //参数 130 可以修改
        {
            Motor_Control(Car_Spend,-Car_Spend);
        }
        Stop();
    delay_ms(300);
}
/*嵌入式智能车循迹控制函数*/
void  SmartCar_Track(void)
{
    ……                              //嵌入式智能车循迹控制代码
}
```

```
/*LED 显示标志物开始计时控制函数*/
void  LED_Time_Open(void)
{
    ……                                    //LED 显示标志物开始计时控制代码
}
/*LED 显示标志物停止计时控制函数*/
void  LED_Time_Close(void)  //停止计时
{
    ……                                    //LED 显示标志物停止计时控制代码
}
/*LED 显示标志物清零函数*/
void  LED_Time_Reset(void)
{
    ……                                    //LED 显示标志物清零代码
}
/*LED 显示标志物显示超声波测量距离控制函数。*/
void  CSB_Display(void)     //停止计时
{
    ……                                    //在 LED 显示标志物的第二排显示距离数据的代码
}
/*打开道闸控制函数*/
void  Gate_Open(void)
{
    ……                                    //打开道闸控制代码
}
/*LCD 相册上翻控制函数*/
void  LCD_Upturn(void)
{
    ……                                    //LCD 相册上翻控制代码
}
/*LCD 相册下翻控制函数*/
void  LCD_Downturn(void)
{
    ……                                    //LCD 相册下翻控制代码
}
/*打开隧道风扇控制函数*/
void  TunnelFan_Open(void)
{
    ……                                    //打开隧道风扇控制代码
}
/*打开烽火台报警控制函数*/
void  Alarm_Open(void)
{
    ……                                    //打开烽火台报警控制代码
```

```
    }
    /*智能路灯的光挡控制函数。参数 a 是指定要调节到的挡位*/
    void  Light_Control(u8 a)
    {
        ……                              //智能路灯的光挡控制代码
    }
    /*LED 立体旋转显示标志物控制函数*/
    void  Stereo_Display(u8 *spin)
    {
        ……                              //LED 立体旋转显示标志物控制代码
    }
    /*语音播报函数，发送语音播报的内容*/
    void  Voice_send(u8 send[])
    {
        ……                              //发送语音播报内容的代码
    }
    /*语音播报超声波测距函数*/
    void  Voice_Send_Dis(void)
    {
        ……                              //发送语音播报超声波测距的代码
    }

    /*控制运输车标志物开始执行任务的函数*/
    void  TransportCar_Start(void)
    {
        ……                              //控制运输车标志物开始执行任务的代码
    }
    /*查询运输车标志物返回运行状态的函数*/
    u8 TransportCar_Status(void)
    {
        ……                              //运输车标志物返回运行状态的代码
    }
    /*嵌入式智能车综合控制函数*/
    void SmartCar_Task(void)
    {
        ……                              //嵌入式智能车综合控制任务实现的代码
    }
}
```

在 SmartCarTask.c 文件中，凡是涉及前面介绍过的嵌入式智能车基本任务函数，其相关代码都省略了，自己把相关的代码放进去即可。

8.4.4　编写嵌入式智能车的主文件

嵌入式智能车的主文件主要包括完成嵌入式智能车的基本任务（如嵌入式智能车前进、后退、打开道闸等）的函数和完成本任务的嵌入式智能车综合控制函数。

1. 编写 main.h 头文件

main.h 头文件的代码如下：

```
#ifndef __MAIN_H
#define __MAIN_H
#include "sys.h"
#define LED_L PCout(15)          //PC15，任务板左灯定义
#define LED_R PCout(14)          //PC14，任务板右灯定义
#define BEEP PCout(13)           //PC13，任务板蜂鸣器定义
#define beep PDout(12)           //PD12，核心板蜂鸣器定义
#define PSS PBin(8)              //PB8，任务板光敏状态定义
extern u8 Stop_Flag;             //停止标志位
extern u8 Track_Flag;            //循迹标志位
extern u8 G_Flag;                //前进标志位
extern u8 B_Flag;                //后退标志位
extern u8 L_Flag;                //左转标志位
extern u8 R_Flag;                //右转标志位
extern u16 NowMP;
extern u16 CodedDisk;            //码盘值统计
extern u16 tempMP;               //接收码盘值
extern u16 MP;                   //控制码盘值
extern int Car_Spend;            //循迹速度
extern int count;
extern int corSpeed;             //循迹调节速度
extern int LSpeed;               //循迹左轮速度
extern int RSpeed;               //循迹右轮速度
extern u8 Line_Flag;
extern u8 send_Flag;             //发送标志位
extern u8 S_Tab[];
extern unsigned Light;
extern u8 dw;
extern u8 jtd;
#endif
```

2. 编写 main.c 主文件

嵌入式智能车主控制程序 main.c 主文件的代码如下：

```
#include <stm32f10x.h>
#include "sys.h"
#include "usart.h"
#include "delay.h"
#include "init.h"
#include "led.h"
#include "main.h"
#include "motorDrive.h"
```

```
#include "key.h"
#include "Track.h"
#include "csb.h"
#include "Infrared.h"
#include "74hc595.h"
#include "bh1750.h"
#include "uart_my.h"
#include "SmartCarTask.h"
void IO_Init(void);                    //IO 初始化
u8 Stop_Flag=0;                        //停止标志位
u8 Track_Flag=0;                       //循迹标志位
u8 G_Flag=0;                           //前进标志位
u8 B_Flag=0;                           //后退标志位
u8 L_Flag=0;                           //左转标志位
u8 R_Flag=0;                           //右转标志位
u8 SD_Flag=1;                          //运动标志物数据返回允许标志位
u16 CodedDisk=0;                       //码盘值统计
u16 tempMP=0;                          //接收码盘值
u16 MP;                                //控制码盘值
int Car_Spend = 70;                    //小车速度默认值
int count = 0;                         //计数
int LSpeed;                            //循迹左轮速度
int RSpeed;                            //循迹右轮速度
u8 Line_Flag=0;
u8 send_Flag=0;                        //发送标志位
unsigned Light=0;                      //光照度
/*主函数*/
int main(void)
{
    u8 i;
    Stm32_Clock_Init(9);               //系统时钟设置
    delay_init(72);                    //延时初始化
    uart1_init(72,115200);             //串口初始化为 115200
    uart2_init(72,115200);             //串口初始化为 115200
    IO_Init();                         //I/O 初始化
    STOP();
    while(1)
    {
        LED0=!LED0;                    //程序状态
        if(!KEY0)                      //判断按键 K1 是否按下
        {
            delay_ms(100);             //延时去抖
            if(!KEY0)                  //再判断按键 K1 是否按下
```

```
                {
                    Zcar_task();            //执行本任务函数，完成嵌入式智能车综合控制
                }
            }
        }
}
/*初始化核心板所用端口*/
void IO_Init(void)
{
    YJ_INIT();                              //初始化硬件
    GPIOB->CRH&=0XFFFFFFF0;
    GPIOB->CRH|=0X00000008;                 //PB8 设置成输入
    GPIOB->ODR|=1<<8;                       //PB8 上拉
    GPIOC->CRH&=0X000FFFFF;
    GPIOC->CRH|=0X33300000;                 //PC13/PC14/PC15 推挽输出
    GPIOC->ODR|=0XE000;                     //PC13/PC14/PC15 输出高
    GPIOD->CRH&=0XFFF0FFFF;
    GPIOD->CRH|=0X00030000;                 //PD12 推挽输出
    GPIOD->ODR|=0X1000;                     //PD12 推挽高
    LED_L=1;
    LED_R=1;
    BEEP=1;
    beep=1;
}
```

8.4.5 嵌入式智能车综合控制工程搭建、编译、运行与调试

在嵌入式智能车综合控制程序设计好之后，还需要新建 SmartCar 工程，搭建、编译、运行与调试工程。

1. 新建 SmartCar 工程

（1）建立一个“任务 19 嵌入式智能车综合控制”工程目录，然后在该目录下新建 4 个子目录，分别为 USER、SYSTEM、HARDWARE、SMARTCAR 和 OUTPUT。

（2）把 delay、sys 和 usart 文件夹复制到 SYSTEM 子目录下。

（3）在 HARDWARE 子目录下，新建 74HC595、BH1750、CSB、MOTORDRIVE、EXIT、INFRARED、INIT 和 TRACK 子目录，然后把编写好的文件和头文件复制到相应的子目录下，比如把 motorDrive.c 和 motorDrive.h 文件复制到 MOTORDRIVE 子目录下。另外，还要把前面项目中的 KEY 和 LED 子目录直接复制到 HARDWARE 子目录下。

（4）把 main.c 和 main.h 文件复制到 USER 子目录下。

（5）把 SmartCarTask.c 和 SmartCarTask.h 文件复制到 SMARTCAR 子目录下。

（6）新建 SmartCar 工程，并保存在 USER 子目录下。

（7）把 startup_stm32f10x_hd.s 文件复制到 SYSTEM 子目录下。

其中，OUTPUT 子目录专门用来存放编译生成的目标代码文件。

2. 搭建、配置与编译工程

（1）在 SmartCar 工程中，新建 HARDWARE、SMARTCAR、STARTUP、SYSTEM 和 USER 组。

在 STARTUP 组中添加 startup_stm32f10x_hd.s 文件，在 SYSTEM 组中添加 delay.c、sys.c 和 usart.c 文件，在 HARDWARE 组中添加 led.c、init.c、motorDrive.c、bh1750.c、key.c、74hc595.c、Track.c、csb.c、Infrared.c 和 exit.c 文件，在 SMARTCAR 组中添加 SmartCarTask.c 文件，最后在 USER 组中添加 main.c 文件。

在 SmartCar 工程中新建组和添加文件，详细步骤在项目一里面已做过介绍。

（2）在 SmartCar 工程中，添加任务的所有头文件以及设置编译文件的路径。具体方法在项目一里面已做过介绍。

（3）完成 SmartCar 工程的搭建和配置后，单击 Rebuild 按钮对工程进行编译，生成“SmartCar.hex”目标代码文件。若编译发生错误，要进行分析检查，直到编译正确。

（4）单击 按钮，完成 SmartCar.hex 下载。

3. 运行与调试工程

完成 SmartCar 工程的搭建、配置与编译之后，就可以对 SmartCar 工程进行运行与调试了，步骤如下。

（1）按照标志物摆放位置表放好所有的标志物。

（2）首先对嵌入式智能车的每个基本功能函数进行运行与调试，如循迹、前进、打开道闸以及语音播报等。

（3）然后对嵌入式智能车行驶路线（即从出发点到终点的路程）进行运行与调试，直到运行结果与任务要求一致。

（4）最后按照嵌入式智能车任务实现分析表 8-27，结合行驶路线，对标志物控制进行运行与调试，直到运行结果与任务要求一致。

8.4.6 嵌入式智能车综合控制设计经验和技巧

本节主要围绕全国技能大赛“嵌入式应用技术与开发”赛项，如何完成嵌入式智能车底层代码设计、运行与调试，介绍一些经验和技巧。

1. 准备工作

全国技能大赛“嵌入式应用技术与开发”赛项竞赛平台是嵌入式智能车，在使用（比赛）前要做好以下准备工作。

（1）检查嵌入式智能车的轮子是否松动，防止在行驶过程中脱落。

（2）检查嵌入式智能车各个连接线是否连接好、锂电池是否充满电等。

（3）保持循迹性能良好，否则需要进一步调试，如何调试循迹性能见前面的介绍。

（4）调试好嵌入式智能车的每个基本功能函数，若需要重新调试，只要微调参数即可。

2. 认真分析任务书，规划好任务实现的流程

（1）认真阅读任务书，分析任务书中的每个任务点。

（2）按照任务实现的流程，进一步细化到每个任务点对应的功能函数。同时还要参考表 8-27，制订出一张嵌入式智能车任务实现分析表。

（3）根据任务点的难易程度，对嵌入式智能车任务实现分析表进行标注，规划好任务点完成的顺序。

3. 程序设计、运行与调试

（1）嵌入式智能车行驶路线设计

按照嵌入式智能车任务实现分析表，对行驶路线（从出发点到终点的路程）进行程序设计，即嵌入式智能车巡航方面的功能函数与任务点一一对应即可。行驶路线程序设计完之后，进行运行与调试，直到运行结果与任务要求一致。

（2）标志物控制任务设计

结合嵌入式智能车任务实现分析表，按照控制标志物的完成顺序，把控制标志物的功能函数逐步写入行驶路线程序中。完成后对程序进行运行与调试，直到运行结果与任务要求一致。

（3）完成任务的原则是先易后难。

最后还有一个值得推荐的经验：嵌入式智能车核心板上有 4 个按键，可以用其中一个按键控制最有把握的嵌入式智能车的运行程序，用另一个按键控制闯关的嵌入式智能车的运行程序。

关键知识点小结

1. 嵌入式智能车是以小车为载体，采用双 12.6V 锂电池供电，分为两路供电：电机供电和其他单元供电。功能单元包括核心板、任务板、驱动板、循迹板和摄像头。

（1）核心板采用 Arm Cortex-M3 内核的 Arm 处理器 STM32F103VCT6，并配有 Wi-Fi 通信模块和 ZigBee 通信模块，使嵌入式智能车具有无线操控和无线数据传输能力。

（2）驱动板有两组电源输入口，给嵌入式智能车供电；两组 L298N 电机驱动单元，驱动 4 个带测速码盘的直流电机；3 个光耦电路，用于电路隔离，有效地防止了电机转动所存在的电磁感应产生的电流对其他芯片和电路造成损伤；板载 3 个 5V 稳压单元，分别给光耦、单片机、摄像头供电。

（3）任务板作为数据采集单元，集成了多种传感器，如超声波传感器、红外发射传感器、光敏传感器和光照度采集传感器等，并配有 LED 灯和蜂鸣器等多个控制对象。

（4）循迹板主要起到循迹作用。当红外对管照到黑白的跑道上时，会输出不同的电平，一般就是高电平和低电平。红外对管照到黑线上，输出低电平；照到白线上，输出高电平，从而可以识别跑道上的黑色路线，实现循迹的功能。

2. 嵌入式智能车电机驱动通过两组 L298N 驱动 4 个直流电机，这 4 个直流电机分别连接左后轮、左前轮、右后轮和右前轮。

（1）直流电机的转动方向由直流电机上所加电压的极性来控制，一般是使用桥式电路来控制直流电机的转动方向。

（2）改变直流电机的速度，最方便有效的方法是对直流电机的电压 U 进行控制。控制电压的方法有多种，通常是使用 PWM（脉宽调制）技术。

3. 本项目设计了嵌入式智能车的停止、前进、后退、左转、右转、速度和循迹等功能函数。

4. 本项目设计了嵌入式智能车对运输车、道闸、语音播报、LED 显示（计时器）、立体旋转显示、隧道风扇、烽火台报警等标志物进行控制的功能函数，还能完成光强度测量和超声波测距。

5. 本项目设计了智能路灯控制和超声波测距的功能函数。

（1）智能路灯利用数字型光强度传感器 BH1750FVI 采集环境光线强度数据，对道路灯光进行控制。

（2）超声波测距通过超声波发射装置发出超声波与接收器接收到超声波的时间差，来获得距离。计算公式如下：

$$S = V \cdot \Delta t / 2$$

由于超声波也是一种声波，其速度 V 与温度有关。

6. 嵌入式智能车综合控制实现的步骤。

（1）保持循迹性能良好，否则需要进一步调试。

（2）对嵌入式智能车的每个基本功能函数进行运行与调试，如循迹、前进、打开道闸以及语音播报等。

（3）根据嵌入式智能车综合控制要求，进一步细化每个任务点对应的功能函数，制订出一张嵌入式智能车任务实现分析表。

（4）按照嵌入式智能车任务实现分析表，对行驶路线（从出发点到终点的路程）进行程序设计，即嵌入式智能车巡航方面的功能函数与任务点一一对应即可。行驶路线程序设计完之后，进行运行与调试，直到运行结果与任务要求一致。

（5）结合嵌入式智能车任务实现分析表，按照控制标志物的完成顺序，把控制标志物的功能函数，逐步写入行驶路线程序中。完成后对程序进行运行与调试，直到运行结果与任务要求一致。

问题与讨论

8-1　围绕国家智慧交通等发展政策，利用超声波测距功能，完成嵌入式智能车避障功能的设计。设计要求：在障碍物前 200cm 处，嵌入式智能车停止、蜂鸣器响以及双向灯闪烁。

8-2　使用核心板上的 key1 和 key2 按键，分别控制技能训练 8-1 和技能训练 8-2 完成的嵌入式智能车控制程序的运行。

参考文献

[1] 卢有亮. 基于 STM32 的嵌入式系统原理与设计. 北京：机械工业出版社，2013.
[2] 彭刚，秦志强，姚昱. 基于 ARM Cortex-M3 的 STM32 系列嵌入式微控制器应用实践（第 2 版）. 北京：电子工业出版社，2017.
[3] 张洋，刘军，严汉宇. 原子教你玩 STM32（库函数版）. 北京：北京航空航天大学出版社，2013.
[4] 刘军，张洋，严汉宇. 原子教你玩 STM32（寄存器版）. 北京：北京航空航天大学出版社，2013.
[5] 周润景. ARM7 嵌入式系统设计与仿真——基于 Proteus、Keil 与 IAR. 北京：清华大学出版社，2012.
[6] 张石. ARM 嵌入式系统教程. 北京：机械工业出版社，2011.
[7] 徐英慧，马忠梅，王磊，王琳. ARM9 嵌入式系统设计——基于 S3C2410 与 Linux. 北京：北京航空航天大学出版社，2007.
[8] 张勇. ARM Cortex-M3 嵌入式开发与实践-基于 STM32F103. 北京：清华大学出版社，2017.